CAXA 数控车实用教程

宛剑业　马英强　吴永国　等编著

胡建生　主审

化学工业出版社

·北京·

CAXA 数控车是优秀的 CAD/CAM 国产软件，也是全国数控工艺员职业资格培训指定使用软件。它高效易学，具有卓越的数控加工工艺性能和完善的外部数据接口。本书通过大量的数控加工实例，重点介绍该软件的使用方法。同时简要介绍了 CAXA 数控车结合 MasterCAM 和 UG 等软件的加工技术，为更深入学习和应用 CAD/CAM/CAE 软件打下基础。

本书既可作为普通高等学校、高职高专院校机械类、机电类专业的教学用书，又可作为数控工艺员考证的培训教材，也可作为成人教育及工程技术人员的参考书。

图书在版编目（CIP）数据

CAXA 数控车实用教程/宛剑业等编著．—北京：化学工业出版社，2005.5（2022.4重印）
ISBN 978-7-5025-7078-1

Ⅰ.C… Ⅱ.宛… Ⅲ.数控机床-计算机辅助设计-软件包，CAXA-教材 Ⅳ.TG659-39

中国版本图书馆 CIP 数据核字（2005）第 050571 号

责任编辑：李玉晖　　文字编辑：廉　静
责任校对：凌亚男　　装帧设计：尹琳琳

出版发行：化学工业出版社（北京市东城区青年湖南街 13 号　邮政编码 100011）
印　　装：北京七彩京通数码快印有限公司
787mm×1092mm　1/16　印张 17　字数 419 千字　2022 年 4 月北京第 1 版第 18 次印刷

购书咨询：010-64518888　　售后服务：010-64518899
网　　址：http://www.cip.com.cn
凡购买本书，如有缺损质量问题，本社销售中心负责调换。

定　价：55.00 元　

前　　言

进入21世纪后，我国正逐渐成为世界上最重要的制造业中心，这必然会对掌握现代信息化的数控制造技术人才形成巨大需求。国家劳动和社会保障部启动了全国现代制造技术应用软件远程培训工程，为现代制造技术的应用和推广打下良好的人才基础。数控工艺员培训以实用为原则，以实际操作为重点，采用国产的CAXA系列数控车CAD/CAM软件作为主要技术平台。

CAXA数控车具有全中文Windows界面，形象化的图标菜单，全面的鼠标拖动功能，灵活方便的立即菜单参数调整功能，智能化的动态导航捕捉功能和多方位的信息提示等。CAXA数控车具有CAD软件的强大绘图功能和完善的外部数据接口，可以绘制任意复杂的二维图形，通过数据接口与其他系统交换数据。CAXA数控车提供了功能强大、使用简洁的轨迹生成手段，可按加工要求生成各种复杂图形的加工轨迹。通用的后置处理模块使CAXA数控车可以满足各种机床的代码格式，对生成的代码进行校验及加工仿真。将CAXA数控车同其他的专业制造软件结合起来，将会满足任何CAD/CAM的需求。

UG作为CAD/CAM的优秀软件，为用户提供了集成最先进的技术和一流实践经验的解决方案，能够把任何产品构想付诸实际。MasterCAM是基于PC平台的CAD/CAM软件。自其诞生至今，以其强大的功能、稳定的性能成为世界上应用最广泛的软件之一。本书简要介绍了CAXA数控车结合MasterCAM和UG等软件的加工技术，旨在为读者更深入学习和应用CAD/CAM/CAE软件打下基础。

本书是结合编著者多年来CAD/CAM软件的使用、教学经验和数控工艺员考证培训的经验编写而成。为了方便读者学习，本书安排了许多例题，将CAXA数控车的知识点嵌入到实例中，使读者可以循序渐进地掌握该软件的基本操作。通过实例，从实际加工角度对其进行设计造型及编程，进而掌握多种技巧，提高综合应用能力。结合UG-Lathe、MasterCAM-Lathe的加工功能讲解同一实例的加工方法，使读者了解这三种软件数控车削功能的精髓，能快捷、高效地应用这些工具实现零件的造型和加工。书中部分例题及上机练习题采纳了数控工艺员（数控车部分）认证考试的试题，以期读者了解数控工艺员考证的试题类型、难度和基本要求，通过理论学习和实际操作，能顺利通过数控工艺员的认证考试。

本书既可作为普通高等学校、高职高专院校机械类、机电类专业的教学用书，又可作为数控工艺员考证的培训教材，也可作为成人教育及工程技术人员的参考书。

参加本书写作的有：宛剑业（编写第五、第八、第九、第十三章）、马英强（编写第六、第七章）、吴永国（编写第一、第二、第三章）、张德强（编写第四、第十四章）、李金华（编写第十、第十一、第十二章及附录）。全书由宛剑业负责统稿。胡建生老师对书稿进行了认真、细致的审阅，提出了许多意见和修改建议。在写作过程中，得到了杭州友佳精密机械有限公司石红玉的帮助，在此表示衷心感谢。

由于编著者的水平所限，书中难免仍有错漏之处，欢迎读者批评指正。

编著者

2005年3月

目　　录

第一章　数控机床概述 ······ 1
第一节　数控技术及其发展趋势 ······ 1
第二节　数控车床的组成与工作过程 ······ 3
第三节　数控车床控制系统简介 ······ 4
思考与练习（一） ······ 6

第二章　数控车床加工工艺分析 ······ 7
第一节　数控车削加工特点 ······ 7
第二节　数控车削加工工艺分析 ······ 8
第三节　数控加工工序设计 ······ 14
第四节　典型零件数控加工工艺分析 ······ 19
思考与练习（二） ······ 21

第三章　数控车床手工编程 ······ 24
第一节　数控编程概述 ······ 24
第二节　程序的结构与格式 ······ 25
第三节　数控车床的坐标系及编程要点 ······ 29
第四节　手工编程实例 ······ 38
思考与练习（三） ······ 42

第四章　CAD/CAM 常用软件简介 ······ 45
第一节　CAXA 系列加工软件简介 ······ 45
第二节　MasterCAM 简介 ······ 49
第三节　UG 简介 ······ 55
思考与练习（四） ······ 58

第五章　CAXA 数控车概述 ······ 60
第一节　CAXA 数控车界面 ······ 60
第二节　文件管理 ······ 63
第三节　常用键的含义 ······ 66
第四节　设置 ······ 68
第五节　坐标系 ······ 71
第六节　显示控制 ······ 72
第七节　查询 ······ 73
思考与练习（五） ······ 74

第六章　CAXA 数控车造型设计 …… 76
第一节　基本图形造型 …… 76
第二节　曲线编辑 …… 93
第三节　几何变换 …… 97
第四节　几何造型实例 …… 100
思考与练习（六） …… 106

第七章　CAXA 数控车加工 …… 108
第一节　CAXA 数控车 CAM 功能概述 …… 108
第二节　机床设置与后置处理 …… 111
第三节　数控车床刀具库管理 …… 118
思考与练习（七） …… 121

第八章　轮廓粗车 …… 123
第一节　轮廓粗车的过程 …… 123
第二节　轮廓粗车的参数选择 …… 129
第三节　轮廓粗车实例 …… 144
思考与练习（八） …… 152

第九章　轮廓精车 …… 154
第一节　轮廓精车的过程 …… 154
第二节　轮廓精车参数选择及说明 …… 157
第三节　轮廓精车实例 …… 159
思考与练习（九） …… 162

第十章　切槽加工 …… 164
第一节　切槽加工的过程 …… 164
第二节　切槽加工实例 …… 165
思考与练习（十） …… 170

第十一章　螺纹加工 …… 172
第一节　螺纹的加工过程及参数设定 …… 172
第二节　螺纹加工实例 …… 174
思考与练习（十一） …… 180

第十二章　钻孔加工 …… 182
第一节　钻孔加工的过程及参数说明 …… 182
第二节　钻孔加工实例 …… 183
思考与练习（十二） …… 187

第十三章　典型零件加工实例 …… 189
第一节　手柄的加工 …… 189
第二节　轴套的加工 …… 209
思考与练习（十三） …… 229

第十四章　CAXA 数控车结合其他软件的加工技术 …… 231
第一节　CAXA 造型文件转换成 MasterCAM 和 UG 文件 …… 231
第二节　CAXA 造型与 MasterCAM 加工综合实例 …… 235
第三节　CAXA 造型与 UG 加工综合实例 …… 249
思考与练习（十四） …… 258

附录 …… 259

参考文献 …… 265

第一章　数控机床概述

随着科学技术的飞速发展，社会对产品多样化的要求日益强烈，产品更新越来越快，零件的形状越来越复杂，精度要求也越来越高。激烈的市场竞争，要求产品研制的生产周期越来越短，传统的加工设备和制造方法，已难以适应多样化、柔性化与复杂形状零件的高效、高质量加工要求。为满足多品种、小批量、复杂、精密零件加工的需要，数控（numerical control）加工技术得到了迅速发展和广泛应用，使制造技术发生了根本性的变化。

第一节　数控技术及其发展趋势

数控技术是20世纪40年代后期发展起来的一种自动化加工技术，它是计算机、自动控制、测量及机械制造技术等相结合形成的综合性学科，在机械制造、航空、航天、汽车等工业中得到了广泛应用。随着科学技术的发展以及先进制造技术的逐渐成熟和超高速切削、超精密加工等技术的应用，对数控机床各个组成部分的性能指标，提出了更高的要求。当今的数控机床正在不断采用最新技术成果，朝着高速度、高精度、多功能、智能化、系统化与高可靠性等方向发展。

一、高速度、高精度

速度和精度是数控机床的两个重要指标，直接关系到加工效率和产品质量。在超高速切削、超精密加工中，对机床各坐标轴移动速度和定位精度提出了更高的要求。而这两项技术指标相互制约，即要求移动速度越高，定位精度越难控制。现代数控机床配备了高性能的数控系统及伺服驱动系统，其位移分辨率和进给速度已可达 $0.1 \sim 0.01\mu m$。为实现更高速度、更高精度的指标，目前主要在以下方面采取措施进行研究。

1. 数控系统

采用位数、频率更高的微处理器，以提高系统的运算速度。目前普遍已由原来的8位CPU过渡到16位、32位及64位CPU，主频已由原来的5MHz提高到32MHz，有些系统已开始采用双CPU结构。

2. 伺服驱动系统

在采用全数字伺服系统的基础上，开始采用直线伺服电机直接驱动机床工作台的“零传动”直线伺服进给方式。随着数字信号微处理器速度的大幅度提高，伺服系统的信息处理可完全用软件来完成，数字伺服系统利用计算机技术，在电机上有专用CPU来实现数字控制，一般具有下列特性。

① 采用现代控制理论，通过计算机软件实现最佳控制。

② 数字伺服系统是由采样器和保持器组成的离散系统，它具有动、静态精度高，灵敏度好，抗干扰能力强等优点。

③ 系统一般配有SERCOS（Serial Real-time Communication System）串行实时通信系统板。与现场总线相比，它不仅可以实现高速闭环控制，而且可以实现多个运动轴的控制。

同时，还可以采用精确、高效的光纤接口（光纤连接可以确保通信过程无噪声），简化模块之间的电缆连接，提高系统的可靠性。

④ 所谓直线伺服电机是为了满足数控机床向高速、超高速方向发展而采用的新的伺服驱动装置，其最大进给速度可达 120m/min。

3. 机床静、动摩擦的非线性补偿控制技术

机床动、静摩擦的非线性会导致机床工作台爬行。除了在机械结构上采取措施降低摩擦外，新型的数控伺服系统具有自动补偿机械系统静、动摩擦非线性的控制功能。

4. 高速大功率电主轴的应用

由于在超高速加工中，对机床主轴转速提出了极高的要求（20000～75000r/min），传统的齿轮变速传动系统已不能满足其要求。为此，比较多地采用“内装式电动机主轴”(Build-Motor Spindle，简称“电主轴”)，并进一步实现了变频电动机与机床主轴一体化。该结构主轴电动机的轴承需要采用磁浮轴承、液体动静压轴承或陶瓷滚动轴承等形式，以适应主轴高速运转的要求。

5. 配置高速、强功能的内装式可编程控制器（PLC）

为提高可编程控制器的运行速度，满足数控机床高速加工的要求，应用了具有专用 CPU 的新型 PLC 器件，其基本指令执行时间达 0.2μs/步，可编程步数可扩大到 16000 步以上。利用 PLC 的高速处理功能，使 CNC 与 PLC 之间有机地结合起来，可满足数控机床运行中的各种实时控制要求。

二、多功能

① 数控机床往往是一机多能，最大限度地提高了设备的利用率。

② 具有前台加工、后台编辑的前后台功能，以充分提高其工作效率和机床利用率。

③ 具有更强的通信功能。现代数控机床除具有 RS232 通信口、DNC 功能外，还具有网络通信功能。

三、智能化

1. 引进自适应控制 AC（Adaptive Control）技术

应用自适应控制技术的目的是为了在多变的加工过程中，通过自动调节加工中所测得的工作状态、特性等参数，按照预先给定的评价指标，自动校正自身的工作参数，以达到或接近最佳工作状态。在实际加工过程中，由于事先难以预知的多种变量（如毛坯余量不均匀、材料硬度不均匀、刀具磨损、工艺系统受热变形、受力变形等），直接或间接地影响加工效果，所以编制加工程序时，只能依据经验数据，在实际加工中，很难用最佳参数进行切削。而自适应控制系统能根据切削条件的变化，自动调节工作参数（如伺服进给参数、切削用量参数等），使加工过程始终保持在最佳状态，从而得到较高的加工精度和较好的表面质量。同时，刀具的寿命和设备的生产效率得到了提高。

2. 采用故障自诊断、自修复功能

数控机床利用 CNC 系统的内装程序实现在线故障诊断，并通过 CRT 进行故障报警，提示发生故障的部位、原因等，并利用“冗余”技术，使故障模块自动脱机，接通备用模块。

3. 刀具寿命自动检测和自动换刀功能

利用红外、声发射、激光等检测手段，对刀具和工件进行检测。发现工件尺寸、刀具磨损量等超差，及时报警并自动补偿或更换备用刀具，以保证产品质量。

4. 引进模式识别技术

应用图像识别和声控技术，使机器自动辨识图样，按照自然语言命令进行加工。

四、数控系统的小型化

由于微电子技术的发展，使得集成电路的信息密度大大提高，从而使数控系统的小型化成为可能。

五、数控编程自动化

数控编程的自动化，使加工结构复杂的零件成为可能。

六、高可靠性

数控机床的可靠性一直是用户最关心的主要指标，它取决于数控系统和各伺服驱动单元的可靠性。目前主要表现在以下几个方面。

① 提高系统硬件质量。

② 硬件结构的模块化、标准化和通用化。

③ 增强故障自诊断、自恢复和保护功能。

第二节　数控车床的组成与工作过程

数控车床 CNC（Computer Numerical Control）是指用数字化信号控制的车床。它是将事先编好的零件加工程序输入到专用的计算机中，由计算机指挥车床各坐标轴的伺服电机，控制车床各运动部件的先后顺序、速度和移动量，并与选定的主轴转速相配合，加工出各种形状的工件。

一、数控车床的组成

数控车床的组成大体可分为五部分，如图 1-1 所示。

1. 数控系统

数控系统是数控车床的控制核心，其主要部分是计算机，与我们日常使用的计算机从构成上讲基本是相同的。其中包括 CPU（中央处理器）、存储器、显示器等部分。但从其硬件的结构和控制软件上讲，它与一般的计算机又有较大的区别。数控系统中用的计算机一般是专用机，也有一些是工控机。

2. 驱动系统

驱动系统是数控车床切削工作的动力部分，其作用是实现主运动和进给运动。在数控车床中，驱动系统又称伺服系统，由伺服驱动电路和驱动装置组成。伺服驱动电路的作用是接收指令，经过软件处理，推动驱动装置工作。驱动装置主要由主轴电机、进给系统步进电机、交流伺服电机、直流伺服电机等组成。

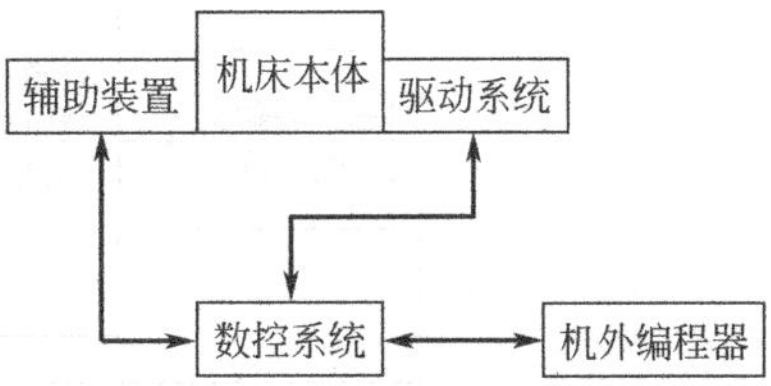

图 1-1　数控车床的组成

3. 机床本体

指的是数控车床的机械部件，主要包括床身、床头箱、刀架、尾座及传动机构等。

4. 辅助装置

辅助装置是指为加工服务的配套部分，如液压、气动装置，冷却、照明、润滑、防护和排屑装置等。

5. 机外编程器

在数控车床上加工复杂零件时，为了减少占机时间和方便编程，采用机外编程器。机外编程器就是在普通计算机上安装一套编程软件，使用这套软件及相应的后置处理软件，可以生成加工程序。通过车床控制系统上的通信接口或其他存储介质（如软盘、光盘等），把生成的加工程序输入到机床的控制系统中，以控制机床进行加工。

二、数控车床的基本工作过程

首先根据零件图样，结合加工工艺编制数控程序，然后通过键盘或其他输入设备，将编好的程序输入到数控系统中，经过调试、修改后储存起来。加工时按所编程序进行加工轨迹运算处理，从而控制伺服系统驱动机床各坐标轴，使刀具按照预先规定的轨迹运动，通过位置检测及反馈装置保证位移精度。同时按照加工要求，通过 PLC 控制主轴及其他辅助装置协调工作，如主轴变速、换刀、工件夹紧与放松、润滑系统定时开停、切削液开关、过载或限位保护、机床运动急停等。

数控机床经过程序调试、试切后，进入正常批量加工，操作者一般只需进行装卸料，再按一下程序自动循环按钮，机床就能自动完成整个加工过程。

第三节 数控车床控制系统简介

一、数控系统的组成

数控车床主要由机床本体和计算机数控系统两部分组成，如图 1-2 所示。其中计算机数控系统（Computerized Numerical Control System，简称 CNC 系统）是数控机床的核心，它由输入/输出设备、数控装置、伺服单元、驱动装置、可编程控制器及电器控制装置和检测反馈装置等组成。分为软件及硬件两大部分。

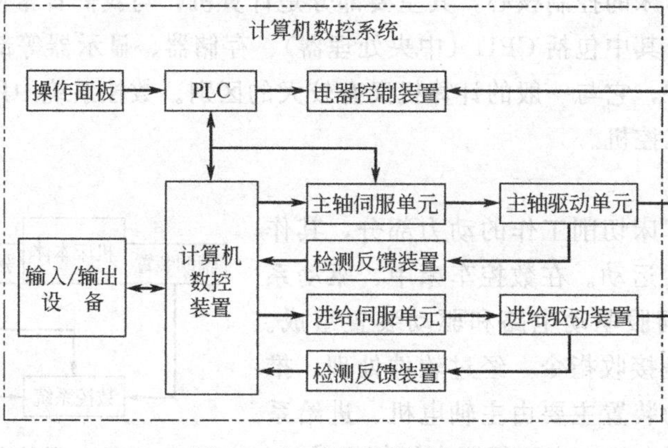

图 1-2 计算机数控系统的组成

1. 输入/输出设备

输入/输出设备的主要功能是实现编程人员与机床数控系统的信息交互过程。输入设备主要有纸带阅读机、磁带机、磁盘驱动器或光盘驱动器、键盘、鼠标及相应的接口设备等。输出设备有显示器等。

2. 数控装置

数控装置主要包括中央处理器、存储器、局部总线、外围逻辑电路、接口以及相应的控制软件等。其主要作用是根据输入的数据段，插补运算出理想的运动轨迹，输出到执行部件（伺服单元、驱动装置等），加工出所要求的零件。

3. 伺服单元

伺服单元是数控系统和车床本体的联系环节，其作用是将来自数控装置的微弱信号，经变换和放大后，通过驱动装置转换成车床工作台或刀架的直线运动，或工作台的回转转动。

4. 驱动装置

驱动装置的作用是将放大后的指令信号转变成机械运动，利用机械传动件驱动工作台移动，使工作台按规定的轨迹进行相对运动或精确定位，保证能够加工出符合零件图样要求的零件。对应于伺服单元的驱动装置有步进电机、伺服电机等。伺服单元和驱动装置合称为伺服驱动系统，它是数控机床的重要组成部分，在某种意义上讲，它决定着数控机床的性能。

5. 可编程逻辑控制器（PLC）

可编程逻辑控制器 PLC（Programmable Logic Controller）是以微处理器为基础的通用型自动控制装置。其主要作用是解决工业设备的逻辑关系和开关量控制。数控车床的自动控制由 CNC 和 PLC 共同完成。其中 CNC 完成与数字运算和管理有关的功能，如编辑加工程序、插补运算、译码、位置伺服控制等；PLC 负责完成与逻辑运算有关的各种动作。PLC 接受 CNC 控制代码 M、S、T 等顺序动作信息，对其进行译码后转换成相应控制信号，驱动辅助装置完成一系列开关动作，如装夹工件、更换刀具、开关切削液等；PLC 还接受来自车床控制面板的指令，直接控制车床动作，并将部分指令送往 CNC，用于加工过程控制。

6. 检测反馈装置

检测反馈装置也称反馈单元，通常安装在车床工作台上或滚珠丝杠上，其作用是将工作台的位移量转换成电信号并反馈给 CNC 系统。CNC 系统将反馈值与指令值进行比较，以决定是否继续发出进给指令。

根据数控系统有无检测装置，可分为开环系统、闭环系统以及半闭环系统。

二、数控系统的主要功能

数控系统的硬件有各种不同的组成和配置，若安装不同的监控软件，数控系统就有了不同的功能，从而可以用于不同机床的控制。机床数控系统具有以下一些基本功能。

① 多坐标控制功能；

② 插补功能；

③ 进给功能；

④ 主轴功能；

⑤ 刀具功能；

⑥ 刀具补偿功能；

⑦ 机械误差补偿功能；

⑧ 操作功能；

⑨ 程序管理功能；

⑩ 图形显示功能；

⑪ 辅助编程功能；

⑫ 自诊断报警功能；

⑬ 通信功能。

车床数控系统有其自身的特点：其一是数控车床所需控制的轴数较少，一般只需控制两个坐标轴（Z 轴和 X 轴）；其二是数控车床可以联动的坐标轴数比较少，一般为两联动或三联动；其三是数控车床一般要求具备恒线速度功能。

思考与练习（一）

一、思考题

（1）数控车床由哪几部分组成？各有什么作用？

（2）数控系统的主要功能有哪些？

（3）常用的数控车床有哪几种类型？

（4）数控车床的传动系统与普通车床的传动系统有哪些主要区别？

二、填空题

（1）数控技术是 20 世纪 40 年代后期发展起来的一种自动化加工技术。它是由________、________、________及________等相结合形成的综合性学科。

（2）数控车床 CNC（Computer Numerical Control）是指用________控制的车床。

（3）数控系统是数控车床的________，其主要部分是________。

（4）驱动系统是数控车床切削工作的________，其作用是实现________。

（5）驱动系统又称伺服系统，由________和________组成。

三、选择题

（1）测量反馈装置的作用是为了（　　）。

A. 提高机床的安全性　　B. 提高机床的使用寿命

C. 提高机床的定位精度　　D. 提高机床的灵敏度

（2）数控系统中可编程控制器 PLC 实现机床的（　　）。

A. 位置控制　B. I/O 逻辑控制　C. 插补控制　D. 速度控制

（3）在数控机床的伺服电机中，只能用于开环控制系统的是（　　）。

A. 步进电机　B. 交流伺服电机　C. 直流伺服电机　D. 全数字交流伺服电机

（4）闭环控制系统与半闭环控制系统的主要区别在于（　　）。

A. 位置控制器　B. 控制对象　C. 伺服单元　D. 检测单元

（5）与普通机床相比，数控机床结构有许多优点，但下列叙述中，（　　）不属于数控机床的结构特点。

A. 进给系统刚度提高　B. 有些机床采用电主轴　C. 热稳定性好　D. 编程方便

（6）数控车床加工螺纹时，必须在主轴上安装（　　）。

A. 加速度传感器　B. 脉冲编码器　C. 电脉冲宽度调整器　D. 电脉冲周期调整器

（7）下列叙述中，除（　　）外，均适用数控车床进行加工。

A. 轮廓形状复杂的轴类零件　　B. 精度要求高的盘类零件

C. 各种螺旋回转类零件　　D. 多孔系箱体类零件

第二章　数控车床加工工艺分析

数控车床是在普通车床的基础上发展起来的，其加工工艺及所用刀具与普通车床基本相同，但其工作原理是不同的。在普通车床上零件的加工过程是由操作者操控机床逐步完成的，在加工过程中，操作者可以随时停车测量工件、调整机床；而数控车床的加工过程是按预先编制好的加工程序（根据具体的加工工艺编制），在计算机的控制下自动实现的。合理的加工工艺对数控车床的加工质量、加工效率及加工成本至关重要。

第一节　数控车削加工特点

数控车削是数控加工中应用最多的方法之一。数控车床除具有普通车床的全部功能外，其加工对象还有如下特点。

一、轮廓形状特别复杂或难以控制尺寸的回转体零件

因为车床数控系统都具有直线和圆弧插补功能，部分数控车床还具有某些非圆曲线（如椭圆曲线、抛物线等）插补功能，故能车削由任意平面曲线轮廓所构成的回转体零件，包括通过拟合计算处理后不能用方程描述的列表曲线类零件。难于控制尺寸的零件，如具有封闭内成型面的壳体零件，以及如图 2-1 所示“口小肚大”的特殊内表面零件。

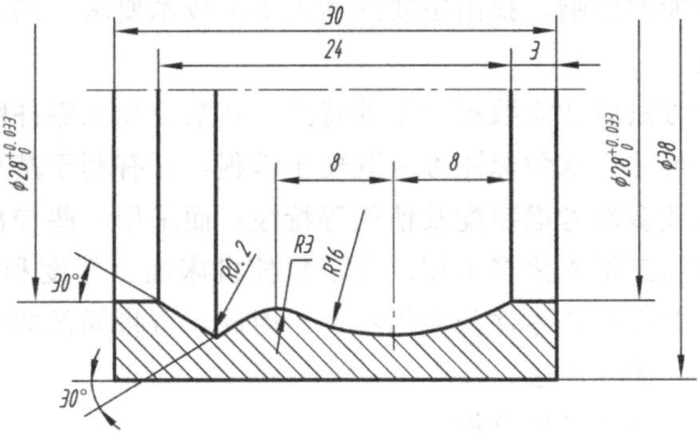

图 2-1　零件的内部形状

二、质量要求高的零件

零件的加工质量包括加工精度（指尺寸精度、形状精度、位置精度）和表面质量（指表面微观几何形状误差及表面物理力学性能。微观几何形状误差包括表面粗糙度和表面波度；表面物理力学性能包括冷作硬化、金相组织变化和残余应力，这里的表面质量主要指表面粗糙度）。例如，尺寸精度达 0.001mm，直线度、圆柱度等形状精度要求也很高的的回转体零件；线、面轮廓度要求高的零件（其轮廓的形状精度可超过用数控线切割机床加工的样板的精度）；在特种精密数控车床上，可加工出几何轮廓精度高达 0.0001mm、表面粗糙度 R_a 达到 0.02μm 的超精密零件（如复印机的回转鼓及激光打印机上的多面反射体零件等）。

三、具有特殊螺旋面的零件

特殊螺旋面的零件是指特大螺距、变螺距、等螺距与变螺距之间作平滑过渡的零件，圆柱螺旋面与圆锥螺旋面之间作平滑过渡的零件，以及具有高精度的模数螺旋面零件（如各种形面的蜗杆）和端面螺纹等。

四、淬硬工件的加工

在大型模具加工中，有不少尺寸大而形状复杂的零件。这些零件热处理后的变形量较大，磨削加工有困难，因此可以用陶瓷车刀在数控机床上对淬硬后的零件进行车削加工，以车代磨，提高加工效率。

第二节　数控车削加工工艺分析

数控机床加工零件时，要把被加工零件的全部工艺过程、工艺参数等编制成程序，整个加工过程是在计算机控制下自动进行的，因此编程前的加工工艺分析是一项非常重要的工作。

一、数控加工零件的工艺性分析

在选择并决定数控加工零件及其加工内容后，应对零件的数控加工工艺性进行全面、认真、仔细的分析，主要内容包括产品的零件图分析和结构工艺性分析。

1. 零件图分折

首先应熟悉零件在产品中的作用、位置、装配关系和工作条件，搞清楚各项技术要求对零件装配质量和使用性能的影响，找出主要的和关键的技术要求，然后对其进行分析。

(1) 尺寸标注分析

零件图上尺寸标注方法应适应数控加工的特点，在数控加工零件图上，应以同一基准标注尺寸或直接给出坐标尺寸。这种标注方法既便于编程，又有利于基准统一。由于零件设计人员在尺寸标注上一般较多地考虑装配及使用等特性，而采用一些局部分散的标注方法，这样就给工序安排和数控加工带来诸多不便。由于数控机床加工精度和重复定位精度都很高，不会产生较大的累积误差而破坏零件的使用特性，因此，可将局部的分散标注改为同一基准标注或直接给出坐标尺寸的标注法。

(2) 零件图的完整性与正确性分析

构成零件轮廓的几何元素（点、线、面）及其之间的相互关系（如相切、相交、垂直和平行等）是数控编程中数值计算的重要条件。手工编程时，要依据这些条件计算每一个节点的坐标；自动编程时，根据这些条件才能对构成零件的所有几何元素进行定义，无论哪一条件不明确，编程都无法正常进行。因此，在分析零件图时，务必要分析几何元素的给定条件是否充分，发现问题及时与设计人员协商解决。

(3) 零件技术要求分析

零件的技术要求主要是指尺寸精度、形状精度、位置精度、表面粗糙度及热处理等。这些要求在保证零件使用性能的前提下，应经济合理。过高的精度和表面粗糙度要求，会使工艺过程复杂、加工困难、提高成本。

(4) 零件材料分析

在满足零件使用要求的前提下，应选用廉价、切削性能好的材料，而且应立足国内，不要轻易选用贵重或紧缺的材料，以免增加成本。

2. 零件的结构工艺性分析

零件的结构工艺性是指所设计的零件在满足使用要求的前提下，制造和装配等可行性和经济性，良好的结构工艺性，可以使零件加工容易，节省工时和材料。而较差的零件结构工艺性，会使加工困难，浪费工时和材料，有时甚至无法加工。因此，零件各加工部位的结构工艺性应符合数控加工的特点。

① 零件的内腔和外形最好采用统一的几何类型和尺寸，这样可以减少刀具数量和换刀次数，提高生产效率。

② 内槽圆角的大小决定着刀具直径的大小，所以内槽圆角半径不应太小，以免刀具的直径过小，从而影响刀具的刚度。

③ 采用统一的基准定位，以减少装夹误差。在数控加工中若定位基准不统一，则会产生二次装夹误差，而影响零件的加工精度。

二、数控加工工艺路线设计

工艺路线设计包括各加工表面的加工方法选择、加工阶段的划分以及工序的安排等，是制定工艺规程的重要内容之一。设计者应根据工艺理论并结合本厂的实际生产条件，提出几种方案，通过经济分析，从中选择最佳方案，用于生产。

机械零件的结构形状是多种多样的，但它们都是由平面、内圆柱面、外圆柱面、曲面及成型面等基本表面组成的。每一种表面都有多种加工方法，具体选择时应根据零件的加工精度、表面质量、材料、结构尺寸及生产类型等因素，选用相应的加工方法和加工方案。

1. 外圆表面加工方法的选择

外圆表面的主要加工方法是车削和磨削。当表面质量要求较高时，还要进行光整加工。外圆表面的加工方案如图 2-2 所示。

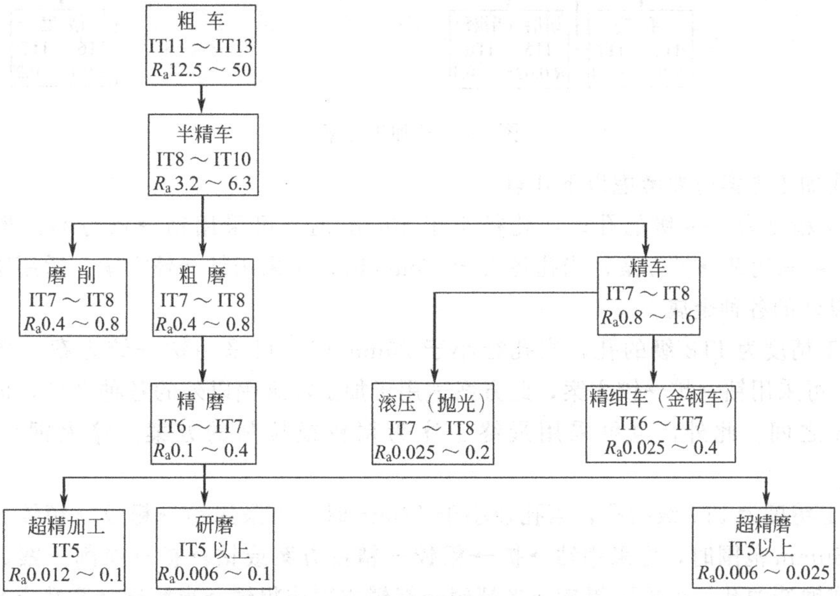

图 2-2 外圆表面加工方案

选择外圆表面加工方案时要考虑以下几点。

① 最终工序为车削的加工方案，适用于除淬火钢以外的各种金属。

② 最终工序为磨削的加工方案，适用于淬火钢、未淬火钢和铸铁，不适用于有色金属。因为有色金属既软又韧性大，磨削时易堵塞砂轮。

③ 最终工序为精细车或金刚车的加工方案，适用于精度及表面质量要求均较高的有色金属的精加工。

④ 最终工序为光整加工的方案，如研磨、超精磨及超精加工等，为提高生产效率和加工质量，一般在光整加工前进行精磨。

⑤ 对表面粗糙度要求高，而尺寸精度要求不高的外圆，可采用滚压或抛光加工。

2. 内孔表面加工方法的选择

内孔表面加工方法有钻孔、扩孔、铰孔、镗孔、磨孔和光整加工。图 2-3 所示为常用的孔加工方案。具体选择时应根据孔的加工要求、产生纲领、产生条件及有无预制孔等情况合理选用。

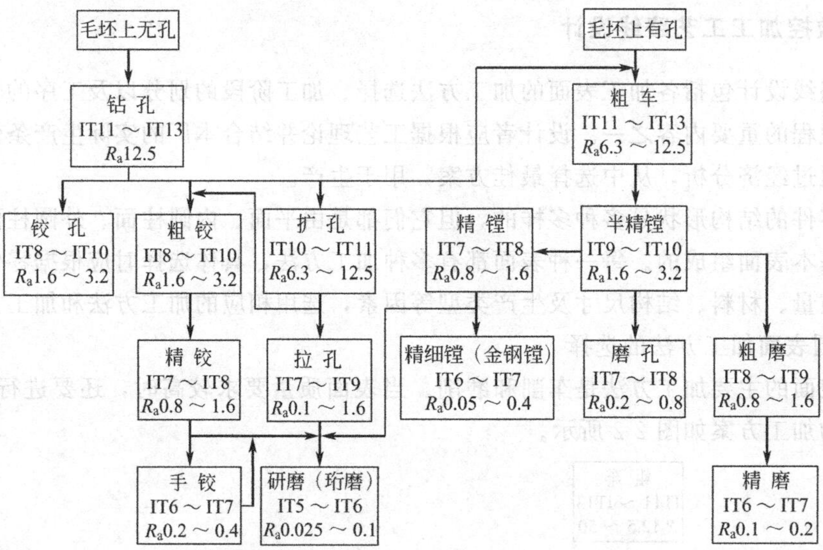

图 2-3 孔加工方案

选择孔加工方案时要考虑以下几点。

① 加工精度为 IT9 级的孔，当孔径小于 10mm 时，可采用钻→铰方案；当孔径小于 30mm 时，可采用钻→扩方案；当孔径大于 30mm 时，可采用钻→镗方案。适用于工件材料为淬火钢以外的各种金属。

② 加工精度为 IT8 级的孔，当孔径小于 20mm 时，可采用钻→铰方案；当孔径大于 20mm 时，可采用钻→扩→铰方案，此方案适用于加工淬火钢以外的各种金属，但孔径应在 20～80mm 之间。此外，也可采用最终工序为精铰或拉削的方案。淬火钢可采用磨削加工。

③ 加工精度为 IT7 级的孔，当孔径小于 12mm 时，可采用钻→粗铰→精铰方案；当孔径在 12～60mm 范围时，可采用钻→扩→粗铰→精铰方案或钻→扩→拉削方案。若毛坯上已有铸造或锻造的孔，可采用粗镗→半精镗→精镗方案或粗镗→半精镗→磨孔方案。最终工序为铰孔工序适用于未淬火钢或铸铁，对有色金属铰出的孔表面粗糙度 R_a 较大，常用精细

镗孔代替铰孔。最终工序为拉孔的方案适用于大量生产，工件材料为未淬火钢、铸铁和有色金属。最终工序为磨孔的方案适用于加工除硬度低、韧性大的有色金属以外的淬火钢及铸铁。

④ 加工精度为 IT6 级的孔，最终工序采用手铰、精细镗、研磨或珩磨等均能达到，视具体情况选择。韧性较大的有色金属不宜采用珩磨，可采用研磨或精细镗。研磨对大、小直径孔均适用，而珩磨只适用于大直径孔的加工。

3. 平面加工方法的选择

平面加工的主要方法有铣削、刨削、车削、磨削和拉削等，精度要求高的平面还需要研磨或刮削加工。常用的平面加工方案如图 2-4 所示。

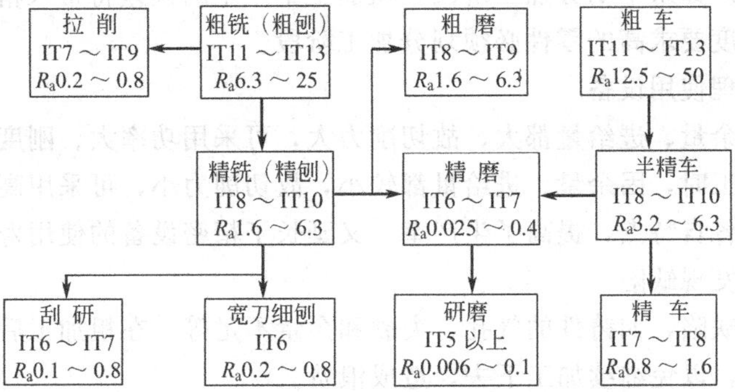

图 2-4 平面加工方案

选择平面加工方案时要考虑以下几点。

① 最终工序为刮研的加工方案多用于单件小批生产中配合表面要求精度高且非淬硬的平面加工。当批量较大时，可用宽刀细刨代替刮研。用宽刀细刨加工像导轨面这样的狭长平面时，能显著提高生产效率。

② 磨削适用于淬硬工件的平面加工，但不适用加工塑性较大的有色金属。

③ 车削主要用于回转体零件端面的加工，以保证端面与回转轴线的垂直度要求。

④ 拉削平面适用于大批量生产中的加工质量要求较高且面积较小的平面。

⑤ 最终工序为研磨的方案适用于精度高、表面质量好的小型零件的精密平面，如精密量具的表面加工。

三、加工阶段的划分

当零件的加工质量要求较高时，往往不可能用一道工序来完成全部加工，而要通过几道工序逐步达到所要求的加工质量。为保证加工质量和合理地使用设备及人力，零件的加工过程通常按工序性质不同，分为粗加工、半精加工、精加工和光整加工四个阶段。

1. 粗加工阶段

任务是切除毛坯上大部分多余的金属，使毛坯在形状和尺寸上接近零件轮廓，在保证刀具耐用度的条件下，主要考虑的是提高生产率。

2. 半精加工阶段

其任务是使主要表面达到一定的精度，留有一定的精加工余量，为表面精加工做好准备，并可完成一些次要表面加工，如扩孔、攻螺纹、铣键槽等。

3. 精加工阶段

任务是保证各主要表面达到规定的尺寸精度和表面粗糙度要求。

4. 光整加工阶段

对零件上精度和表面质量均有较高要求（如尺寸精度 IT6 级以上，表面粗糙度 $R_a0.02\mu m$以下）的表面，需进行光整加工。主要目的是提高表面质量及加工精度，但一般对位置精度改善不大。

划分加工阶段的意义。

(1) 有利于保证加工质量

工件在粗加工时，切除的金属层较厚，切削力和夹紧力较大，切削温度较高，使工艺系统产生较大的变形。如果不划分加工阶段，粗加工中产生的误差将带入精加工中，从而影响加工精度，所以精度要求高的零件必须划分加工阶段。

(2) 有利于合理使用设备

粗加工时，因余量、进给量都大，故切削力大，可采用功率大、刚度好、效率高而精度低的机床；而精加工时，因余量、进给量都较小，故切削力小，可采用高精度机床。这样安排既发挥了设备的各自特点，提高了生产率，又延长了精密设备的使用寿命。

(3) 便于及时发现缺陷

对毛坯的各种缺陷，如铸件的气孔、夹砂和余量不足等，在粗加工后即可发现，便于及时修补或决定报废，以免继续加工下去，造成浪费。

(4) 便于安排热处理工序

如粗加工后，一般要安排热处理，以消除内应力。精加工前要安排淬火等最终热处理，其变形可通过精加工予以消除。

加工阶段的划分不应绝对化，应根据零件的质量要求、结构特点和生产纲领灵活掌握。加工质量要求不高、毛坯精度高、加工批量不大的零件，可不必划分加工阶段。对刚性好的重型工件，由于安装及运输困难，常在一次安装下完成全部粗、精加工。对于不划分加工阶段的工件，为减少粗加工中产生的各种变形对加工质量的影响，在粗加工后，应松开夹紧机构，停留一段时间，让工件充分变形，然后再用较小的夹紧力重新夹紧，进行精加工。

四、工序的集中与分散

1. 工序划分的原则

(1) 工序集中原则

是指每道工序包括尽可能多的加工内容，从而使工序的总数减少。其优点是工序数目少，可减少机床数量和操作人员，减少占地面积以及工件装夹次数，有利于采用高效的专用设备和数控机床，提高生产效率。

(2) 工序分散原则

是指工件的加工分散在较多的工序内进行，每道工序的加工内容很少。其优点是加工设备和工艺装备结构简单，调整和维修方便，操作简单。缺点是工艺路线较长，所需设备及操作人员多，占地面积大。

2. 工序划分方法

工序划分主要考虑生产纲领、所用设备及零件本身的结构和技术要求等。大批量生产时，若使用多轴、多刀的高效加工中心，可按工序集中原则组织生产；若在由组合机床组成的自动线上加工，一般按分散原则划分。

随着现代数控技术的发展，特别是加工中心的应用，工艺路线的安排更多地趋向于工序集中。单件小批生产时，通常采用工序集中原则。成批生产时，可按工序集中原则划分，也可按工序分散原则划分，应视具体情况而定。对于结构尺寸和质量都很大的重型零件，应尽量采用工序集中原则，以减少安装次数和运输量。对于刚性差、精度高的零件，应按工序分散原则组织生产。

在数控机床上加工的零件，一般按工序集中原则划分工序，具体方法如下。

(1) 按所用刀具划分

把用同一把刀具完成的那一部分工艺过程划为一道工序。该法适用于工件的待加工表面较多，机床连续工作时间过长，加工程序的编制和检查难度较大等情况。加工中心按这种方法划分。

(2) 按安装次数划分

把一次安装完成的那一部分工艺过程划为一道工序。该法适用于加工内容不多的零件。

(3) 按粗、精加工划分

以粗加工完成的那一部分工艺过程为一道工序，精加工完成的那一部分工艺过程为另一道工序。该法适用于加工后变形较大，需粗、精加工分开的零件，如铸件、锻件等。

(4) 按加工部位划分

以完成相同型面的那一部分工艺过程为一道工序，对于加工表面多而复杂的零件，可按其结构特点（如内形、外形、曲面和平面等）划分成多道工序。

五、加工顺序的安排

零件的加工顺序通常包括切削加工工序、热处理工序和辅助工序。这些工序顺序安排得是否合理，直接影响零件的加工质量、生产效率和加工成本。因此，在设计工艺路线时，应合理安排好切削加工、热处理和辅助工序的顺序，并解决好工序间的衔接问题。这里仅对切削加工顺序的安排作简要介绍。

1. 切削加工工序的安排

切削加工工序通常按下列原则安排。

(1) 先基面、后其他原则

先将用作精基准的表面加工出来，然后用加工好的表面作定位基准可减少定位误差，而使后续的加工更精确。例如，轴类零件加工时，总是先加工中心孔，再以中心孔为精基准，加工外圆表面和端面。又如，箱体类零件总是先加工定位用的平面和两个定位孔，再以平面和定位孔为基准，加工孔系和其他平面。

(2) 先粗、后精原则

各个表面的加工顺序按照粗加工→半精加工→精加工→光整加工的顺序依次进行，逐步提高表面的加工精度和减小表面粗糙度，这样安排有利于保证加工精度。

(3) 先主、后次原则

先加工零件的主要表面，后加工次要表面。这样安排可以及早发现主要表面可能存在的缺陷，以便根据具体情况决定是否进行后续工序加工。

(4) 先面、后孔原则

零件上既有平面又有孔需要加工时，应先进行平面加工，后进行孔加工，这样安排有利于保证孔的精度。

2. 数控加工工序与普通工序的衔接

为了获得最佳的经济效益，零件的加工有时不完全在数控机床上进行，而是在数控工序前后穿插有其他普通工序。数控工序与普通工序如何衔接？最好的办法是建立相互状态要求。例如，为后道工序留多少加工余量、对定位面有何要求等，如衔接不好，将影响零件加工质量，必须引起足够重视。

第三节　数控加工工序设计

数控加工工序设计的主要任务是为每一道工序选择机床、夹具、刀具及量具，确定定位夹紧方案、走刀路线、工步顺序、加工余量、工序尺寸及其公差、切削用量和工时定额等，为编制加工程序做好准备。

一、确定走刀路线和工步顺序

走刀路线是刀具在整个加工工序中相对于工件的运动轨迹，不仅包括了工步的内容，而且也反映工步的顺序。走刀路线是编写程序的依据之一。因此，在确定走刀路线时最好画一张工序简图，将已经拟定好的走刀路线画上去（包括进刀、退刀路线），这样既方便编程，又减少出错率。

工步顺序是指同一道工序中，各个表面加工的先后次序。它对零件的加上质量、加工效率和数控加工中的走刀路线有直接影响，应根据零件的结构特点和工序的加工要求等合理安排。确定走刀路线时，主要遵循以下原则。

① 确保零件的加工精度和表面粗糙度要求。在数控车床上车螺纹时，沿螺距方向（Z向）进给量 f 应和车床主轴的转速 n 保持严格的速比关系，主轴转一周刀具移动一个螺距。但数控车床中主轴转速与刀具移动是靠装在主轴上的脉冲编码器联系起来的，因此，为保证加工精度，应避免在进给机构加速或减速的过程中切削。为此，要有切入长度 δ_1 和超越距离 δ_2，如图 2-5 所示。δ_1 和 δ_2 的数值与车床驱动系统的动态特性及螺纹的螺距等有关。

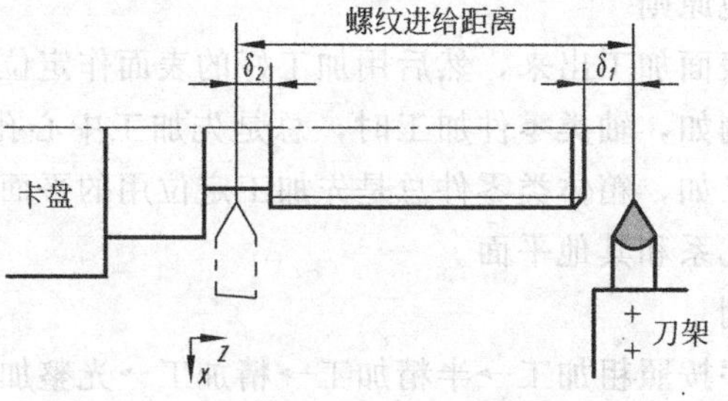

图 2-5　切削螺纹时的引入/超越距离

一般 δ_1 为 2～5mm，对大螺距和高精度的螺纹取大值；δ_2 一般取 δ_1 的 1/4 左右。若螺纹收尾处没有退刀槽，则收尾处的形状与数控系统有关，一般按 45°退刀收尾。

② 应使走刀路线最短，减少刀具空行程时间，提高加工效率。

③ 应使数值计算简单，程序段数量少，以减少编程工作量。

除了应遵循以上原则外，还应注意进刀/退刀路径不能与工件、夹具及机床有关部分干涉。

二、数控车削加工刀具及其选择

1. 数控车削常用车刀的类型

数控车削用的车刀一般分为三种类型，即尖形车刀、圆弧形车刀和成型车刀。

(1) 尖形车刀

以直线形切削刃为特征的车刀一般称为尖形车刀。这类车刀的刀尖（同时也为其刀位点）由直线形的主、副切削刃构成，如 90°的内、外圆车刀，左、右端面车刀，切断（切槽）车刀等刀尖倒棱很小的各种外圆和内孔车刀。用这类车刀加工零件时，其零件的轮廓形状主要由一个独立的刀尖或一条直线形主切削刃位置移动后得到，它与另两类车刀加工时所得零件轮廓形状的原理不同。

(2) 圆弧形车刀

圆弧形车刀是较为特殊的数控加工用车刀。其特征是构成主切削刃的刀刃形状为一圆度误差或线轮廓度误差很小的圆弧。图 2-6 所示为圆弧形车刀，该圆弧刃每一点都是圆弧形刀的刀尖，因此，刀位点不在圆弧上，而在该圆弧的圆心上。车刀圆弧半径理论上与被加工零件的形状无关，并可按需要灵活确定或经测定后确认。当某些尖形车刀或成型车刀（如螺纹车刀）的刀尖具有一定的圆弧形状时，也可作为这类车刀使用。圆弧形车刀可以用于车削内、外表面，特别适宜加工各种光滑连接（凹形）的成型面。

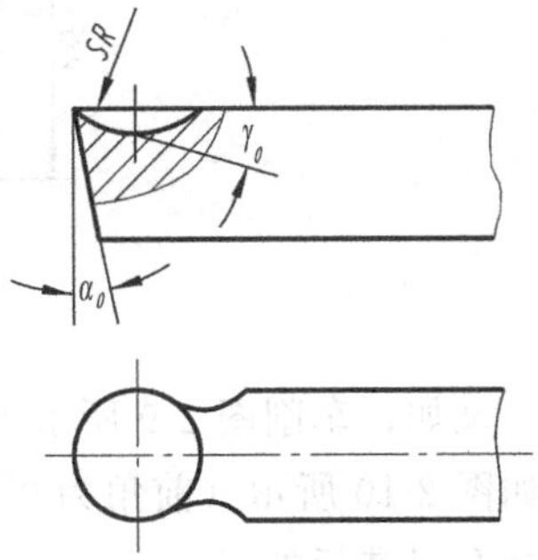

图 2-6　圆弧形车刀

(3) 成型车刀

成型车刀俗称样板车刀，其加工零件的形状精度由车刀刀刃的形状和尺寸决定。数控车削加工中，常见的成型车刀有小半径圆弧车刀、非矩形车槽刀和螺纹车刀等。在数控加工中，应尽量少用或不用成型车刀，当确有必要选用时，应在工艺准备文件或加工程序单上详细说明。

(4) 车刀类型的确认

在数控车削中，有时一把车刀可属不同类型。现以图 2-7 所示的特殊内孔车刀为例，分析该车刀所属的类型。

① 当车刀刀尖的圆弧半径与零件上最小的凹形圆弧半径相同，且在加工程序中无此圆

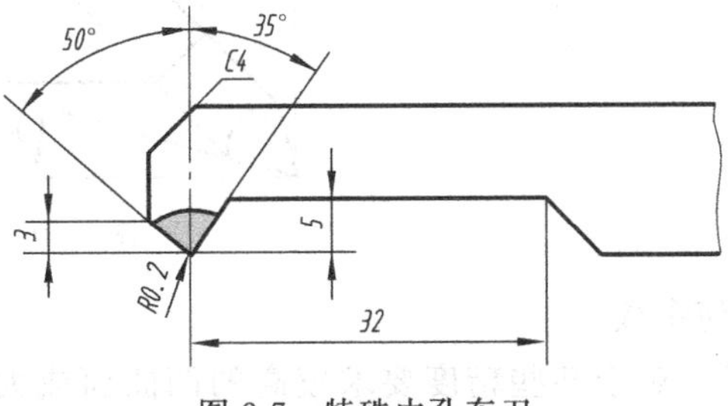

图 2-7　特殊内孔车刀

弧程序段时，对加工 $R0.2$mm 圆弧轮廓而言，可按成型车刀处理。

② 如果车刀刀尖的形状为一圆弧，编程时又考虑了对其经测量认定的刀具圆弧半径进行半径补偿，则该车刀可按圆弧形车刀处理。

③ 当车刀刀尖上标注的圆弧尺寸为负倒棱结构时，该车刀可按尖形车刀处理。

通过以上分析可知，确认车刀的类型时，必须考虑到车刀切削部分的形状及零件轮廓的形成原理这两个因素的影响。

2. 常用车刀的几何参数

刀具切削部分的几何参数对零件的加工质量及刀具的切削性能影响很大，应根据零件的形状、刀具的安装位置以及加工方法等，正确选择刀具的几何形状及有关参数。

(1) 尖形车刀的几何参数

尖形车刀的几何参数主要指车刀的几何角度。选择方法与使用普通车刀时基本相同，但应结合数控加工的特点（如走刀路线及加工干涉等）进行全面考虑。例如，在加工图 2-8 所示的零件时，要使其左右两个 45°锥面由一把车刀加工出来，并使车刀的切削刃在车削圆锥面时不致发生加工干涉。

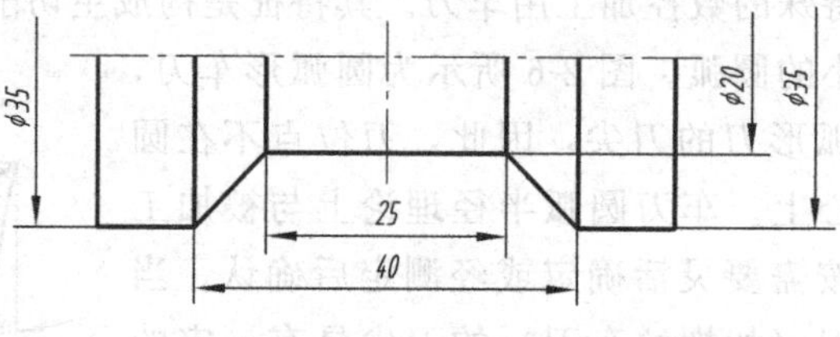

图 2-8 带锥面小轴

又如，车削图 2-9 所示大圆弧内表面零件时，所选择尖形内孔车刀的形状及主要几何角度如图 2-10 所示（前角为 0°），这样可用同一把刀具加工其内圆弧面和右端端面，避免了用两把车刀进行加工。

选择尖形车刀不发生干涉的几何角度，可用作图法或计算法确定。如副偏角的大小，大于作图或计算所得不发生干涉的极限角度值 6°～8°即可。当确定几何角度困难或无法确定（如尖形车刀加工接近于半个凹圆弧的轮廓）时，则应考虑选择其他类型车刀，再确定其几何角度。

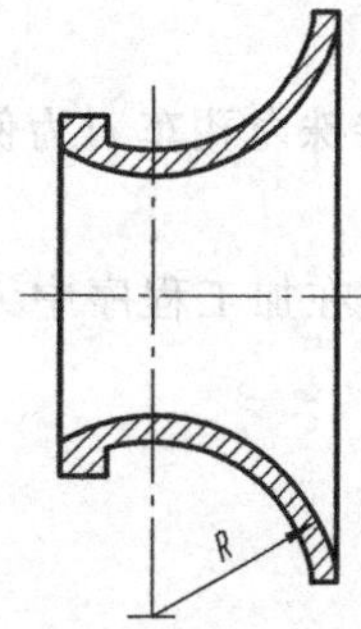

图 2-9 圆弧面零件

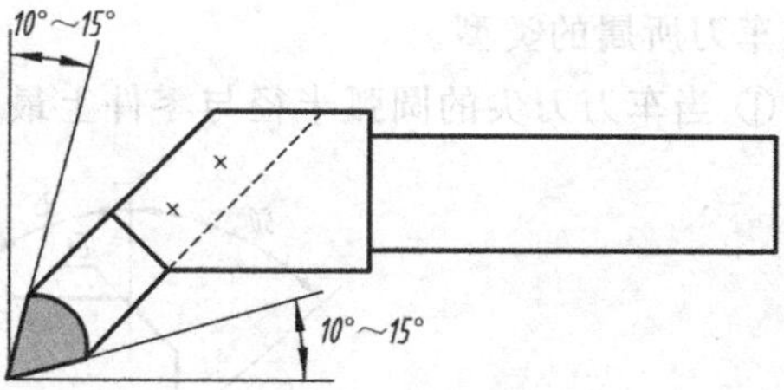

图 2-10 尖形内孔车刀

(2) 圆弧形车刀的几何参数

① 圆弧形车刀的选用　对于某些精度要求较高的凹曲面或大外圆弧面，批量车削时，用尖形车刀不能完成加工，宜选用圆弧形车刀进行加工。图 2-11 所示为圆弧刀车削，图 2-

12 所示为尖刀车削。圆弧形车刀具有宽刃切削（修光）性能，能使精车余量保持均匀而改善切削性能，还能一刀车出跨多个象限的圆弧面。例如，当图 2-11 所示零件的曲面精度要求不高时，可以选择用尖形车刀进行加工；当曲面形状精度和表面粗糙度均有较高要求时，选择尖形车刀加工就不合适了，因为车刀主切削刃的实际切削深度在圆弧轮廓段总是不均匀的，当车刀主切削刃靠近其圆弧终点时，该位置上的切削深度 a_{p1} 将大大超过其圆弧起点位置上的切削深度 a_p，使切削力大增，产生的变形增大，轮廓度误差增大，并将使其表面质量降低，如图 2-12 所示。对于加工跨四个象限的外圆弧轮廓，若想由一把刀加工出来，无论采用何种几何角度的尖形车刀都无法完成，而必须采用圆弧形车刀才能实现此目的，如图 2-13 所示。

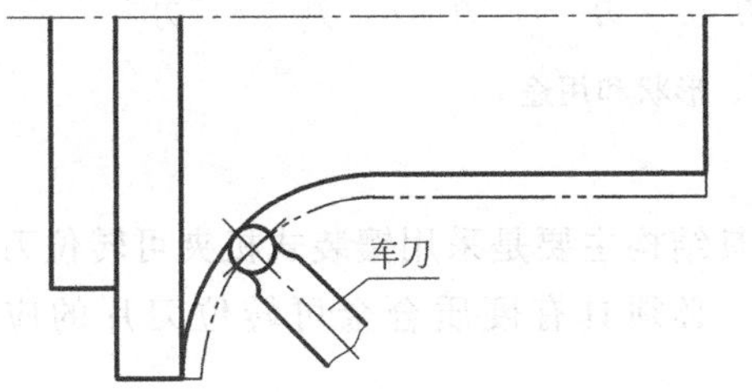

图 2-11 圆弧刀车削

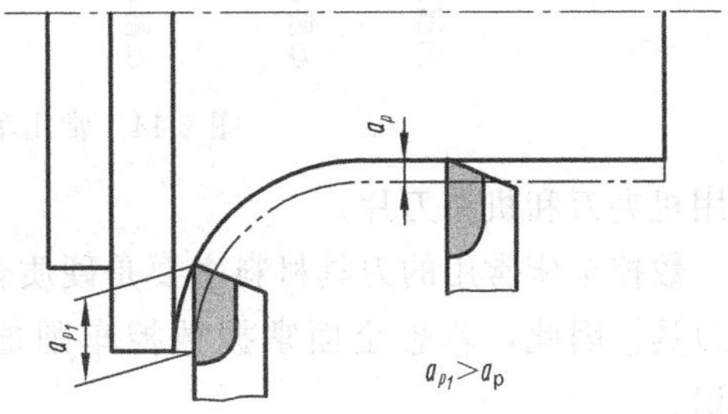

图 2-12 尖刀车削

② 圆弧形车刀的几何参数 圆弧形车刀的主要几何参数除了前角及后角外，圆弧车刀切削刃的形状及其圆弧半径也是重要参数。选择车刀圆弧半径时应考虑两点：一是圆弧车刀切削刃的圆弧半径，不能大于零件凹形轮廓上的最小半径，否则将发生加工干涉；二是该半径不宜选择太小，否则不仅难于制造，还因其刀头强度太弱及刀体散热能力差，而使车刀的使用寿命降低。

当车刀圆弧半径已经选定或通过测量并给予确认之后，应特别注意切削刃的形状误差对加工精度的影响。现通过图 2-13 对圆弧形车刀的加工原理分析如下。

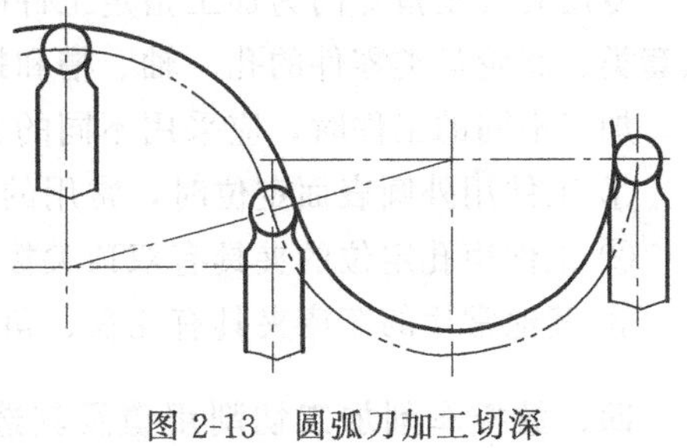

图 2-13 圆弧刀加工切深

在车削时，车刀的圆弧切削刃与被加工轮廓曲线作相对滚动运动。这时，车刀在不同的切削位置时，其圆弧切削刃上“刀尖”的位置（即圆弧切削刃与零件轮廓相切的切点位置）也不同。为保证加工精度并便于编程，规定圆弧形车刀的刀位点为该圆弧刃的圆心。可见其圆弧刃的形状误差，将影响圆弧刃圆心的位置，即刀位点的位置，从而影响加工精度。所以，必须保证该圆弧刃具有很小的圆度误差，即近似为一条理想圆弧，因此需要通过特殊的制造工艺（如光学曲线磨削工艺），才能将其圆弧刃做得准确。至于圆弧形车刀前、后角的选择，原则上与普通车刀相同，只不过当前角 $\gamma_0>0°$ 时，其前刀面一般为凹球面，其后刀面一般为圆锥面。圆弧形车刀前、后刀面的特殊形状，是为满足刀刃在每一个切削点上，都具有恒定的前角和后角，以保证加工精度及切削过程的稳定。为了方便制造，精车时车刀前角多取为 0°（其前刀面为平面）。

图 2-14 所示为常用车刀的种类、形状和用途。

3. 机夹可转位车刀的选用

为了减少换刀时间和方便对刀，便于实现机械加工的标准化，数控车削加工时，应尽量

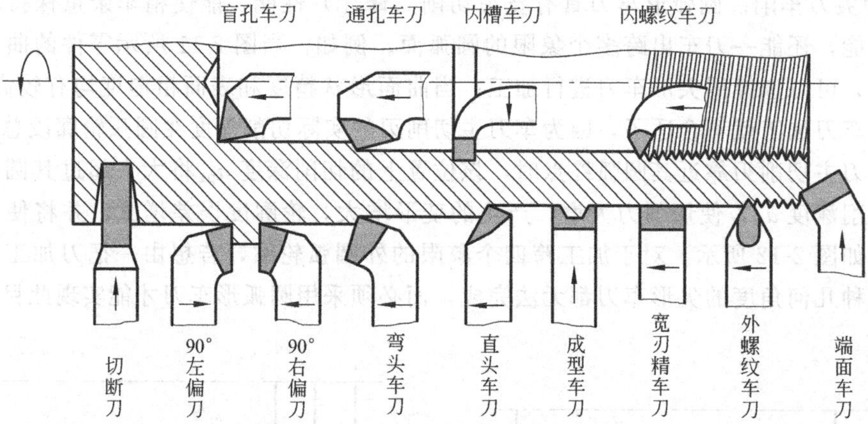

图 2-14　常用车刀的种类、形状和用途

选用机夹刀和机夹刀片。

数控车床常用的刀具材料主要是硬质合金，刀具结构主要是采用镶装式机夹可转位刀片的刀具。因此，若想全面掌握数控车削加工工艺，必须具有硬质合金可转位刀片的应用知识。

三、数控车床夹具及其选择

车床夹具是指在车床上用来装夹工件的工艺装备，分为通用夹具和专用夹具两大类。通用夹具是指能够装夹两种以上工件的夹具，如车床三爪夹盘、四爪夹盘等。数控车床通用夹具与普通车床通用夹具基本相同。

专用夹具是指专门为加工指定工件的某一工序而设计的夹具。使用专业夹具可以完成非轴套类、非轮盘类零件的孔、轴、槽和螺纹等加工，从而扩大数控车床的工艺范围。

加工不同的工件时，应采用不同的夹具。

① 工件用外圆表面定位时，常用的夹具有三爪夹盘、软爪、弹簧夹头、四爪夹盘等。

② 工件用孔定位的夹具有双顶尖拨盘、拨动顶尖等。

③ 其他常用的车床夹具有花盘、角铁等。

四、数控车削加工切削用量及其选择

数控车削加工中的切削用量包括背吃刀量 a_p（mm）、主轴转速 S（rpm）或切削速度 v（m/s）、进给速度或进给量 f（mm/min 或 mm/r）。切削用量的大小对切削力、切削功率、刀具耐用度、加工效率、加工质量及加工成本均有显著影响。数控加工中选择切削用量时，要在保证加工质量和刀具耐用度的前提下，充分发挥机床的性能，取得最佳效果。

1. 粗车切削用量的选用原则

主要考虑的是尽快切除余量。在车床功率和刚度等条件允许的情况下，首先选择尽可能大的背吃刀量 a_p；其次选择较大的进给量 f；最后根据刀具耐用度确定一个最佳的切速度 v。

2. 精车切削用量的选用原则

主要考虑的是如何保证加工质量并在此基础上尽量提高生产率。首先根据粗加工后的余量，确定精加工的背吃刀量 a_p；其次根据表面粗糙度 R_a 的要求，选择较小的进给量 f；最后在兼顾刀具耐用度的前提下，尽可能选取较高的切削速度 v。编制工艺时可参阅有关手册选取。

第四节 典型零件数控加工工艺分析

图 2-15 所示零件为锥孔螺母套，单件小批量生产，所用机床 CJK6240，数控系统 SIEMENS 802S，现分析其数控车削加工工艺。

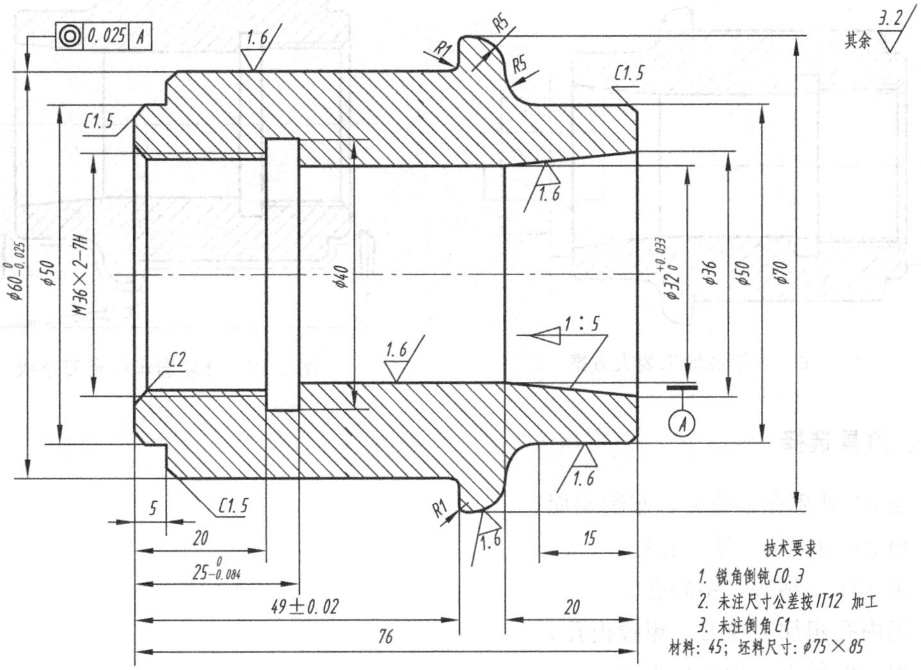

图 2-15 锥孔螺母套零件图

一、零件图分析

该零件由内外圆柱面、圆锥面、顺圆弧面、逆圆弧面及内螺纹面等组成。其中多个径向尺寸与轴向尺寸有较高的尺寸精度及位置公差要求，表面粗糙度要求最低为 $R_a3.2$，零件图尺寸标注完整，符合数控加上尺寸标注要求。零件材料为 45 钢，切削加工性能较好，无热处理和硬度要求。通过上述分析，采取以下几点工艺措施。零件图样上带公差的尺寸，除内螺纹退刀槽尺寸 $25_{-0.084}^{\ 0}$ 公差值较大，编程时取平均值 24.958 外，其他尺寸因公差值较小，编程时可不取其平均值，而取基本尺寸即可。左右端面均为多个尺寸的设计基准，相应工序加工前，应先将左右端面车出来。内孔圆锥面加工完后，需掉头再加工内螺纹。

二、装夹方案分析

加工内孔时以外圆定位，用三爪自动定心卡盘夹紧。加工外轮廓时，为保证同轴度要求和便于装夹，以零件左端面和轴线为定位基准，为此需设计胎具——定位心轴（图 2-16 中双点画线部分）。用三爪卡盘夹持心轴左端，心轴右端带中心孔，加工零件时，用尾座顶尖顶紧心轴，以提高工艺系统的刚性。

三、加上顺序及走刀路线确定

加工顺序按由内到外、由粗到精、由近到远的原则确定，在一次装夹中尽可能加工出较多的表面。结合本零件的结构特征，可先粗、精加工内孔各表面，然后粗、精加工外轮廓表面。由于该零件为单件小批量生产，走刀路线设计不必考虑最短进给路线或最短空行程路线，外轮廓表面走刀路线可沿零件轮廓顺序进行，如图 2-17 所示。

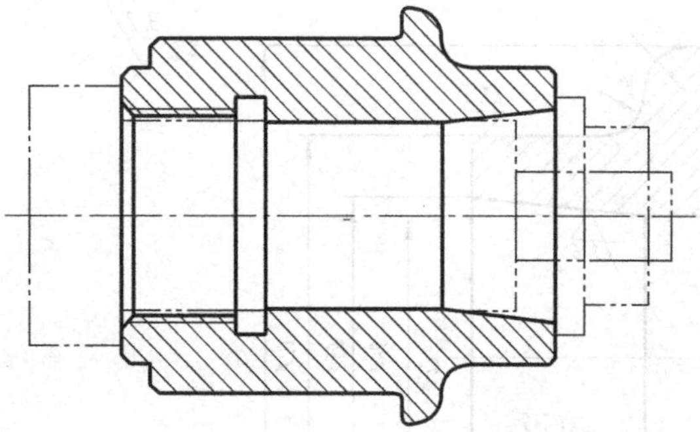

图 2-16　多轮廓加工装夹方案

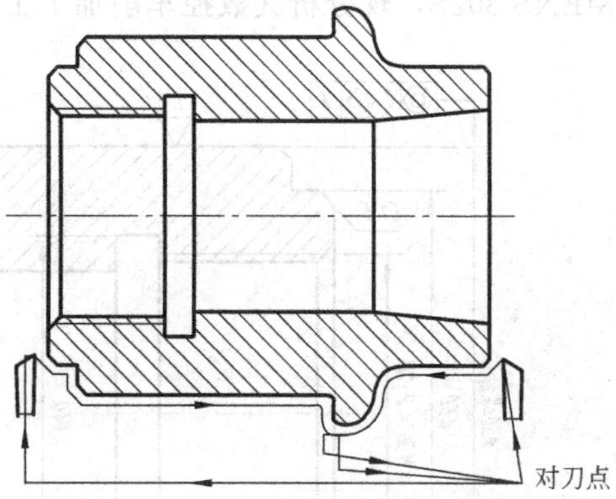

图 2-17　外轮廓车削走刀路线

四、刀具选择

① 用 45°硬质合金偏刀，车削端面。

② 用 ϕ4 中心钻，钻中心孔。

③ 用 ϕ31.5 钻头，钻底孔。

④ 用内孔粗加工镗刀，粗镗内孔。

⑤ 用 ϕ32 铰刀，内孔精加工。

⑥ 用 5mm 宽切槽刀，加工内螺纹退刀槽。

⑦ 用 60°内螺纹车刀，切内螺纹。

⑧ 用硬质合金右偏刀，主偏角 93°，副偏角 35°，自右到左车削外圆表面。

⑨ 用硬质合金左偏刀，主偏角 93°，副偏角 35°，自左到右车削外圆表面。

表 2-1 为该零件数控加工刀具卡片。

表 2-1　数控加工刀具卡片

产品名称或代号		×××××	零件名称	锥孔螺母套	零件图号	××－××
序号	刀具号	刀具名称规格	数量	加工表面	刀尖半径/mm	备注
1	T01	45°硬质合金端面车刀	1	车端面	0.5	
2	T02	ϕ4mm 中心钻	1	钻中心孔		
3	T03	ϕ31.5mm 高速钢钻头	1	钻底孔		
4	T04	镗刀	1	镗内孔及内孔锥面	0.4	
5	T05	ϕ32mm 铰刀	1	铰　孔		
6	T06	内槽车刀	1	车 5mm 内螺纹退刀槽	0.4	
7	T07	内螺纹车刀	1	车内螺纹及其倒角	0.3	
8	T08	93°右偏刀	1	从右到左车外表面	0.2	
9	T09	93°左偏刀	1	从左到右车外表面	0.2	
编　制		审　核		批　准	共1页	第1页

五、切削用量选择

根据被加工零件质量、材料以及上述分析结果，参考《金属切削加工工艺人员手册》及车床使用说明书，将所选切削用量（切削速度、进给量、背吃刀量等）填入表 2-2 中，构成工序卡。此表是编制加工程序的主要依据，也是车间生产调度的主要依据。

表 2-2　数控加工工艺卡片

<table>
<tr><td rowspan="2">单位名称</td><td colspan="4" rowspan="2">××××××</td><td colspan="2">产品名称</td><td>零件名称</td><td colspan="2">零件图号</td></tr>
<tr><td colspan="2">×××××</td><td>锥孔螺母套</td><td colspan="2">××—××</td></tr>
<tr><td>工序号</td><td colspan="4">程序编号</td><td colspan="2">夹具名称</td><td>使用设备</td><td colspan="2">车　间</td></tr>
<tr><td>×××</td><td colspan="4">××—××</td><td colspan="2">三爪卡盘和定位心轴</td><td>CJK6240</td><td colspan="2">××××</td></tr>
<tr><td>工步号</td><td colspan="3">工 步 内 容</td><td>刀具号</td><td>刀具规格 /mm</td><td>主轴转速 /r·min^{-1}</td><td>进给速度 /mm·min^{-1}</td><td>背吃刀量 /mm</td><td>备　注</td></tr>
<tr><td>1</td><td colspan="3">平端面</td><td>T01</td><td>25×25</td><td>320</td><td></td><td>1</td><td>手动</td></tr>
<tr><td>2</td><td colspan="3">钻中心孔</td><td>T02</td><td>ϕ4</td><td>950</td><td></td><td>2</td><td>手动</td></tr>
<tr><td>3</td><td colspan="3">钻孔</td><td>T03</td><td>ϕ31.5</td><td>200</td><td></td><td>15.75</td><td>手动</td></tr>
<tr><td>4</td><td colspan="3">镗通孔至尺寸 ϕ31.9</td><td>T04</td><td>20×20</td><td>320</td><td>40</td><td>0.2</td><td>自动</td></tr>
<tr><td>5</td><td colspan="3">绞孔至尺寸</td><td>T05</td><td>ϕ32</td><td>32</td><td></td><td>0.1</td><td>手动</td></tr>
<tr><td>6</td><td colspan="3">粗镗内孔斜面</td><td>T04</td><td>20×20</td><td>320</td><td>40</td><td>0.8</td><td>自动</td></tr>
<tr><td>7</td><td colspan="3">精镗内孔斜面保证(1∶5)±6′</td><td>T04</td><td>20×20</td><td>320</td><td>40</td><td>0.2</td><td>自动</td></tr>
<tr><td>8</td><td colspan="3">粗车外圆至 ϕ71 光轴</td><td>T08</td><td>25×25</td><td>320</td><td></td><td>1</td><td>手动</td></tr>
<tr><td>9</td><td colspan="3">掉头车另一端面保证长度尺寸 76</td><td>T01</td><td>25×25</td><td>320</td><td></td><td></td><td>自动</td></tr>
<tr><td>10</td><td colspan="3">粗镗螺纹底孔至尺寸 ϕ34</td><td>T04</td><td>20×20</td><td>320</td><td>40</td><td>0.5</td><td>自动</td></tr>
<tr><td>11</td><td colspan="3">精镗螺纹底孔至尺寸 ϕ34.2</td><td>T04</td><td>20×20</td><td>320</td><td>25</td><td>0.1</td><td>自动</td></tr>
<tr><td>12</td><td colspan="3">切内孔退刀槽</td><td>T06</td><td>16×16</td><td>320</td><td></td><td></td><td>手动</td></tr>
<tr><td>13</td><td colspan="3">ϕ34.2 孔边倒角 C2</td><td>T07</td><td>16×16</td><td>320</td><td></td><td></td><td>手动</td></tr>
<tr><td>14</td><td colspan="3">粗车内孔螺纹</td><td>T07</td><td>16×16</td><td>320</td><td></td><td>0.4</td><td>自动</td></tr>
<tr><td>15</td><td colspan="3">精车内孔螺纹至 M36×2-7H</td><td>T07</td><td>16×16</td><td>320</td><td></td><td>0.1</td><td>自动</td></tr>
<tr><td>16</td><td colspan="3">自右至左车外表面</td><td>T08</td><td>25×25</td><td>320</td><td>30</td><td>0.2</td><td>自动</td></tr>
<tr><td>17</td><td colspan="3">自左至右车外表面</td><td>T09</td><td>25×25</td><td>320</td><td>30</td><td>0.2</td><td>自动</td></tr>
<tr><td>编制</td><td>×××</td><td>审 核</td><td colspan="2">×××</td><td>批 准</td><td>×××</td><td>××年×月×日</td><td>共 1 页</td><td>第 1 页</td></tr>
</table>

思考与练习（二）

一、思考题

（1）何谓数控加工？数控加工包括哪些内容？数控车削加工有何特点？

（2）数控加工工艺设计的内容有哪些？数控加工工序的划分应考虑哪些因素？工序划分的方法有哪些？

（3）确定数控加工走刀路线时应考虑哪些方面的内容？

（4）数控车床的主要加工对象是什么？

（5）数控车床由哪几部分组成？各具备什么功能？

（6）数控车削零件时，为什么需要对刀？对刀点的设置原则是什么？如何对刀？

（7）数控车削用量的选择原则是什么？

二、填空题

（1）数控加工工序设计的主要任务是为每一道工序选择________、________、________及________，确定________、________、________、________、________及其________、________和________等，为编制加工程序做好准备。

(2) 走刀路线是刀具在整个加工工序中相对于工件的________，不仅包括了工步的________，而且也反映工步的________。

(3) 选择车刀圆弧半径时，一要考虑圆弧车刀切削刃的________，不能大于零件凹形轮廓上的最小半径，否则将发生加工干涉；二要考虑该________不宜选择太小，否则不仅难于制造，还因其刀头强度太弱及刀体散热能力差，而使车刀的使用寿命降低。

(4) 圆弧形车刀的主要几何参数除了前角及后角外，圆弧车刀________及其________也是重要参数。

(5) 对于某些精度要求较高的凹曲面或大外圆弧面，批量车削时，宜选用________形车刀进行加工。

(6) 车床夹具是指在车床上用来装夹工件的________，分为________夹具和________夹具两大类。

(7) 数控车削加工中的切削用量包括________、________或________、________或________。

(8) ________的大小对切削力、切削功率、刀具耐用度、加工效率、加工质量及加工成本均有显著影响。

(9) 粗车时，切削用量选用原则主要考虑的是尽快切除余量。因此，在车床功率和刚度等条件允许的情况下，首先选择尽可能大的________，其次选择较大的________，最后根据刀具耐用度确定一个最佳的________；精车时，切削用量选用原则主要考虑的是在保证________的基础上尽可能提高生产率。

三、选择题

(1) 制定加工方案的一般原则是先粗后精、先近后远、先内后外、程序段最少，(   ) 及特殊情况特殊处理。

A. 将复杂轮廓简化成简单轮廓　B. 走刀路线最短

C. 将手工编程改成自动编程　D. 将空间曲线转化为平面曲线

(2) 车削用量的选择原则是：粗车时，一般 (   )，最后确定一个合适的切削速度。

A. 应首先选择尽可能大的背吃刀量 a_p，其次选择较大的进给量 f

B. 应首先选择尽可能小的背吃刀量 a_p，其次选择较大的进给量 f

C. 应首先选择尽可能大的背吃刀量 a_p，其次选择较小的进给量 f

D. 应首先选择尽可能小的背吃刀量 a_p，其次选择较小的进给量 f

(3) 计算外圆加工的切削速度时，应该计算 (   ) 表面线速度。

A. 已加工表面　B. 待加工表面　C. 最大轮廓表面　D. 最小轮廓表面

(4) 加工轴类零件的外圆时，刀尖的安装位置应 (   )。

A. 比轴中心稍高一些　B. 比轴中心稍低一些　C. 与轴中心线等高　D. 与轴中心线无关

(5) 造成刀具磨损的主要原因是 (   )。

A. 吃刀量的大小　B. 进给量的大小　C. 切削时的高温　D. 切削速度的大小

(6) 影响数控加工精度的因素很多，要提高工件的加工精度，有很多措施，但 (   ) 不能提高加工精度。

A. 控制刀尖中心高误差　B. 正确选择车刀类型

C. 将绝对编程改成增量编程　D. 减小刀尖圆弧半径

四、上机练习题

(1) 试分析题图 2-1 所示零件的数控车削加工工艺过程。其材料为 45 钢，小批量生产。具体要求如下：

① 零件工艺分析（包括尺寸标注正确性、轮廓描述完整性及结构工艺性）；

② 确定装夹方案；

③ 确定加工顺序及走刀路线；

④ 选择刀具与切削用量；

⑤ 拟订数控车削加工工艺卡片。

(2) 试分析题图 2-2 所示零件的数控车削加工工艺过程。其材料为 45 钢，小批量生产。具体要求同 (1) 题。

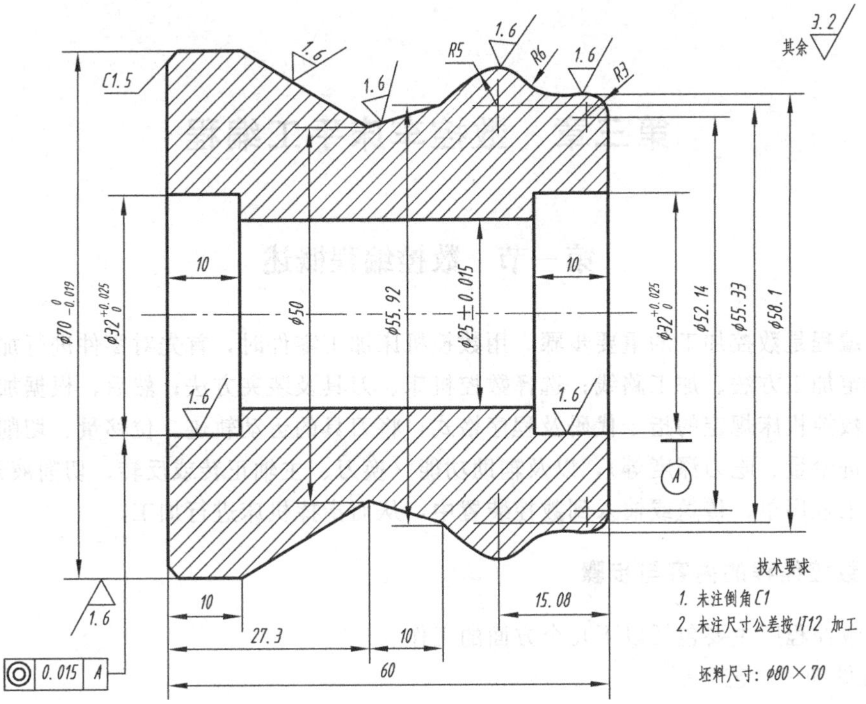

题图 2-1　零件简图

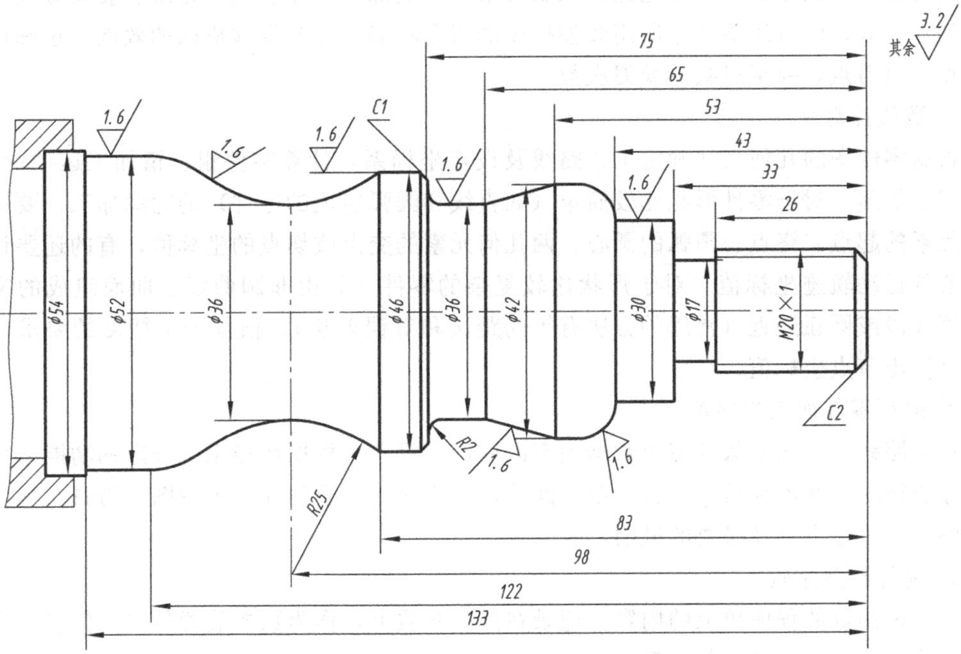

题图 2-2　零件简图

第三章　数控车床手工编程

第一节　数控编程概述

数控编程是数控加工的重要步骤。用数控机床加工零件时，首先对零件进行加工工艺分析，以确定加工方法、加工路线；选择数控机床、刀具及装夹方法；然后，根据加工工艺要求及所用数控机床规定的指令代码及程序格式，将刀具的运动轨迹、位移量、切削参数（主轴转速、进给量、吃刀深度等），以及辅助功能（换刀、主轴正转或反转、切削液开或关等）编写成加工程序单，传送或输入到数控装置中，从而指挥机床进行加工。

一、数控编程的内容与步骤

编制数控程序主要包括以下几个方面的工作。

1. 机械加工工艺分析

编程人员首先要根据零件图样，对零件的尺寸、形状及位置精度、热处理、材料等要求，进行加工工艺分析；合理地选择加工方案，确定加工顺序、加工路线、装夹方式、刀具及切削参数等；同时还要考虑所用数控机床的指令功能，充分发挥机床的效能，正确地选择对刀点、换刀点，并尽量减少换刀次数。

2. 数值计算

根据零件图的几何尺寸确定工艺路线及设定坐标系，计算零件粗、精加工运动的轨迹，得到刀位数据。对于零件形状比较简单（如直线和圆弧组成的零件）的轮廓加工，要计算出几何元素的起点、终点、圆弧的圆心、两几何元素的交点或切点的坐标值，有的还要计算刀具中心的运动轨迹坐标值。对于形状比较复杂的零件（如由非圆曲线、曲面组成的零件），需要用线段或圆弧逼近（常用的方法有等间距法和等误差法），根据加工精度的要求，用计算机计算出节点坐标值。

3. 编写零件加工程序单

加工路线、工艺参数及刀位数据确定以后，编程人员根据数控系统规定的功能指令代码及程序段格式，逐段编写加工程序单。此外，还应附上必要的加工示意图、刀具布置图、机床调整卡、工序卡以及必要的说明。

4. 制备控制介质

把已编制好的程序单上的内容，记录在控制介质上，作为数控装置的输入信息，通过手工输入或通信传输，送入数控系统。

5. 程序校验与首件试切

编写的程序单和制备好的控制介质，必须经过校验和试切才能正式使用。校验的方法是直接将控制介质上的内容输入到数控装置中，让机床空运转，以检查机床的运动轨迹是否正确。在有 CRT 图形显示的数控机床上，用模拟刀具与工件切削过程的方法进行检验更为方便，但这些方法只能检验运动是否正确，不能检验被加工零件的加工精度。因此，要进行零件的首件试切。若不能满足加工精度要求，应分析影响加工精度的因素，找出问题所在，并加以修正，以提高加工精度。

数控编程的内容及步骤如图 3-1 所示。

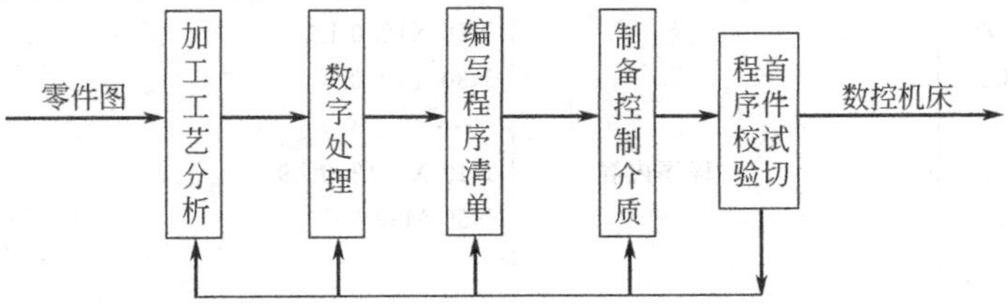

图 3-1 数控编程的内容及步骤

二、数控编程的种类

数控编程一般分为手工编程和自动编程两种。

1. 手工编程

手工编程就是从分析零件图样、确定加工工艺过程、数值计算、编写零件加工程序单、制备控制介质到程序校验等工作，都由人工完成。对于形状简单、计算量小、编程量不大的零件，采用手工编程较容易，而且经济、快捷。因此，在点位加工或由直线与圆弧组成的轮廓加工中，手工编程仍广泛应用。对于形状复杂的零件，特别是具有非圆曲线、列表曲线及曲面组成的零件，用手工编程不仅工作量大，而且出错的概率增大，有时甚至无法完成，必须借助自动编程软件才能进行。

2. 自动编程

自动编程是利用计算机专用软件编制数控加工程序的过程。编程人员只需根据零件图样的要求，使用数控编程语言，由计算机自动进行数值计算及后置处理，编写出零件加工程序单，加工程序通过直接通信的方式送入数控系统，指挥机床工作。自动编程使得一些计算烦琐、手工编程困难或手工编程无法完成的零件的数控加工成为可能。有关自动编程的内容，将在后面章节中详细介绍。

第二节 程序的结构与格式

一、加工程序的组成结构

数控加工中零件加工程序的组成形式，随数控系统功能的强弱而略有不同。对功能较强的数控系统加工程序，可分为主程序和子程序，其结构形式见表 3-1。

不论是主程序还是子程序，每一个程序都是由程序号、程序内容和程序结束三部分组成。程序的内容则由若干程序段组成，程序段是由若干字组成，每个字又由字母和数字组成。即字母和数字组成字，字组成程序段，程序段组成程序。

（1）程序号

程序的开始部分，为了区别存储器中的程序，每个程序都要有程序编号，在编号前采用程序编号地址码。例如在 FAUNC 系统中，采用英文字母“O”作为程序编号地址，有的数控系统则采用“P%”或“:”。

表 3-1 主程序和子程序的结构形式

主程序		子程序	
O3001	主程序号	O4001	子程序号
N10 G90 G21 G40 G80 N20 G91 G28 X0 Y0 Z0 N30 S1000 M03 T0101 …… N70 M98 P4001 L3 N80 G80 …… N100 M09 N110 G91 G20 X0 Y0 Z0	程序内容	N10 G91 G83 Y12.0 Z−12.0 R3.0 Q3.0 F100 N20 X12.0 L9 N30 Y12.0 …… N40 X−12.0 L9	程序内容
N120 M30	程序结束	N50 M99	程序返回

（2）程序内容

整个程序的核心，由许多程序段组成，每个程序段由一个或多个指令组成，表示数控机床要完成的全部动作。

（3）程序结束

以程序结束指令 M02 或 M30 作为整个程序结束的标识符，用来结束整个程序。

二、程序段格式

零件的加工程序由程序段组成。程序段格式是指一个程序段中字、字符、数据的书写规则，通常有字—地址程序段格式、使用分隔符的程序段格式和固定程序段格式，最常用的为字—地址程序段格式。

字—地址程序段格式由语句号字、数据字和程序段结束组成。各字前有地址，字的排列顺序要求不严格，数据的位数可多可少，不需要的字以及与上一程序段相同的续效指令可以不写。该格式的优点是程序简短、直观，容易检查和修改，目前使用广泛。数控加工程序内容、指令和程序段格式虽然在国际上有很多标准，但实际上并不完全统一。因此，在编制具体零件的加工程序之前，必须详细了解机床数控系统编程说明书中的具体指令格式和编程方法。这里仅将常见的指令和程序段格式作简要说明。

字—地址程序段格式的编排顺序如下。

N_G_X_Y_Z_I_J_K_P_Q_R_A_B_C_F_S_T_M_L_F

上述程序段中包括的各种指令，并非在加工程序的每个程序段中都有，而是根据各程序段的具体功能来编入相应的指令。

例如，N20 G01 X35 Y46 F100 S350 T03 M03

三、程序段内各字的说明

地址码中英文字母的含义见表 3-2。

（1）语句号字

用以识别程序段的编号，由地址码 N 和后面的若干位数字组成。例如 N20 表示该语句的句号为 20。

（2）准备功能 G 指令

表 3-2　地址码中英文字母的含义

地址	功能	含　义	地址	功能	含　义
A	坐标字	绕 X 轴旋转	N	顺序号	程序段顺序号
B	坐标字	绕 Y 轴旋转	O	程序号	程序号、子程序号的指定
C	坐标字	绕 Z 轴旋转	P		暂停或程序中某功能开始使用的顺序号
D	补偿号	刀具半径补偿指令	Q		固定循环终止段号或固定循环中的定距
E		第二进给功能	R	坐标字	固定循环中定距或圆弧半径的指定
F	进给速度	进给速度指令	S	主轴功能	主轴转速的指令
G	准备功能	指令动作方式	T	刀具功能	刀具编号的指令
H	补偿号	补偿号的指定	U	坐标字	与 X 轴平行的附加轴的增量坐标值或暂停时间
I	坐标字	圆弧中心 X 轴的坐标	V	坐标字	与 Y 轴平行的附加轴的增量坐标值
J	坐标字	圆弧中心 Y 轴的坐标	W	坐标字	与 Z 轴平行的附加轴的增量坐标值
K	坐标字	圆弧中心 Z 轴的坐标	X	坐标字	X 轴的绝对坐标或暂停时间
L	重复次数	固定循环及子程序的重复次数	Y	坐标字	Y 轴的绝对坐标
M	准备功能	机床开/关指令	Z	坐标字	Z 轴的绝对坐标

它是使数控机床作好某种操作准备的指令，用地址 G 和两位数字表示，从 G00～G99 共 100 种。目前，有的数控系统也用 00～99 之外的数字。

(3) 尺寸字

由地址码、“+”、“－”号及绝对（或增量）数值构成。尺寸字的地址码有 X、Y、Z、U、V、W、P、Q、R、A、B、C、I、J、K、D、H 等，如 X20 Y－40，尺寸字的“+”号可省略。

(4) 进给功能字 F

表示刀具中心运动时的进给速度，由地址码 F 和其后面若干位数字构成。

(5) 主轴转速功能字 S

由地址码 S 和其后面的若干数字组成。

(6) 刀具功能字 T

由地址码 T 和其后面的若干位数字组成。刀具功能的数字是指定的刀号，数字的位数由所用的系统决定。

(7) 辅助功能字 M

辅助功能也叫 M 功能或 M 代码，是控制机床或系统的开关功能的一种命令，由地址码 M 和后面的两位数字组成，从 M00～M99 共 100 种。

表 3-3 为 JB/T 3208—1983 规定常用的辅助功能 M 代码。各种机床 M 代码的规定有差异，编程时要根据具体机床使用说明书进行。

表 3-4 为 JB/T 3208—1983 规定的准备功能 G 代码。G 代码分为模态代码（又称续效代码）和非模态代码。表中序号（2）一栏中标有字母的 G 代码为模态代码，字母相同的为一组。模态代码已经在一个程序段中指定（如 a 组中的 G01），直到出现同组（a 组）的另一个代码（如 G02）时才失效；没有字母表示的 G 代码为非模态代码，只在写有该代码的程序段中才有效。

表 3-3 常用的辅助功能 M 代码（JB/T 3208—1983）

功能	含义	用途
M00	程序停止	暂停指令。当执行 M00 指令的程序段后，主轴的转速、进给、切削液等都将停止。它与单程序段停止相同，模态信息全部被保存，以便进行某一种手动操作，如换刀、测量等。重新启动程序后，继续执行后面的程序
M01	选择停止	与 M00 的功能基本相似，只有在按下"选择停止"后，M01 才有效，否则机床继续执行后面的程序段；按"启动"键，继续执行后面的程序段
M02	程序结束	作为程序的结束语句，一般写在程序的最后，表示执行完程序内所有指令，主轴停止、进给停止、切削液关闭，机床处于复位状态
M03	主轴正转	主轴顺时针方向转动
M04	主轴反转	主轴逆时针方向转动
M05	主轴停止转动	主轴停止转动
M06	换刀	用于加工中心的自动换刀动作
M08	冷却液开	用于切削液开
M09	冷却液关	用于切削液关
M30	程序结束	使用 M30 时，除表示执行 M02 内容之外，还返回到程序的第一条语句，准备下一个工件的加工
M98	子程序调用	用于调用子程序
M99	子程序返回	用于子程序结束及返回

表 3-4 准备功能 G 代码（JB/T 3208—1983）

(1) 代码	(2) 功能保持到被取消或被同样字母表示的程序指令所代替	(3) 功能仅在所出现的程序段内有效	(4) 功能	(1) 代码	(2) 功能保持到被取消或被同样字母表示的程序指令所代替	(3) 功能仅在所出现的程序段内有作用	(4) 功能
G00	a		点定位	G35	a		螺纹切削，减螺距
G01	a		直线插补	G40	d		刀具补偿/刀具偏置注销
G02	a		顺时针圆弧插补	G41	d		刀具左补偿
G03	a		逆时针圆弧插补	G42	d		刀具右补偿
G04		*	暂停	G43	#(d)	#	刀具正偏置
G05	#	#	不指定	G44	#(d)	#	刀具负偏置
G06	A		抛物线插补	G45	#(d)	#	刀具偏置+/+
G07	#	#	不指定	G46	#(d)	#	刀具偏置+/−
G08		*	加速	G47	#(d)	#	刀具偏置−/−
G09		*	减速	G48	#(d)	#	刀具偏置−/+
G10～G16	#	#	不指定	G49	#(d)	#	刀具偏置 0/+
G17～G19	c		平面选择	G50	#(d)	#	刀具偏置 0/−
G20～G32	#	#	不指定	G51	#(d)	#	刀具偏置+/0
G33	a		螺纹切削，等螺距	G52	#(d)	#	刀具偏置−/0
G34	a		螺纹切削，增螺距	G53	f		直线偏移，注销

续表

(1) 代码	(2) 功能保持到被取消或被同样字母表示的程序指令所代替	(3) 功能仅在所出现的程序段内有效	(4) 功能	(1) 代码	(2) 功能保持到被取消或被同样字母表示的程序指令所代替	(3) 功能仅在所出现的程序段内有作用	(4) 功能
G54～G59	f		直线偏移	G81～G89	e		固定循环
G60	f		准确定位 1(精)	G90	j		绝对尺寸
G61	f		准确定位 2(中)	G91	j		增量尺寸
G62	f		快速定位 3(粗)	G92		*	预置寄存
G63	f	*	攻螺纹	G93	k		时间倒数进给率
G64～G67	#	#	不指定	G94	k		每分钟进给
G68	#(d)	#	刀具偏置,内角	G95	k		主轴每转进给
G69	#(d)	#	刀具偏置,外角	G96	i		恒线速进给
G70～G79	#	#	不指定	G97	i		每分钟主轴转速
G80	e		固定循环注销	G98～G99	#	#	不指定

注：1. “#”号表示如用作特殊用途，必须在程序中说明。
2. 如在直线切削控制中没有刀具补偿，则 G43～G52 可指定其他用途。
3. 括号中的字母（d）表示可以被同栏中没有括号的字母 d 注销或取代。
4. “*”号表示功能仅在所出现的程序段内有效。

第三节　数控车床的坐标系及编程要点

一、机床坐标系与运动方向

规定数控机床坐标轴及运动方向，是为了准确地描述机床运动，简化程序的编制，并使所编程序具有互换性。目前国际标准化组织已经统一了标准坐标系，我国也颁布了《数字控制机床坐标和运动方向的命名》标准（JB/T 3501—1982)，对数控机床的坐标和运动方向作了明文规定。

1. 坐标和运动方向命名的原则

机床在加工零件时可以是刀具移向工件，还可以是工件移向刀具。为了根据图样确定机床的加工过程，规定：永远假定刀具相对于静止的工件坐标系而运动。

2. 坐标系的规定

为了确定机床的运动方向、移动的距离，要在机床上建立一个坐标系，这个坐标系就是标准坐标系，也称机床坐标系。在编制程序时，以该坐标系来规定运动的方向和距离。

数控机床上的坐标系采用右手直角笛卡儿坐标系。大拇指的方向为 X 轴的正方向，食指为 Y 轴的正方向，中指为 Z 轴正方向，如图 3-2 所示。

3. 运动方向的确定

JB/T 3015—1982 中规定：机床某一部件运动的正方向，是增大工件和刀具之间距离的方向。

（1）Z 坐标的运动

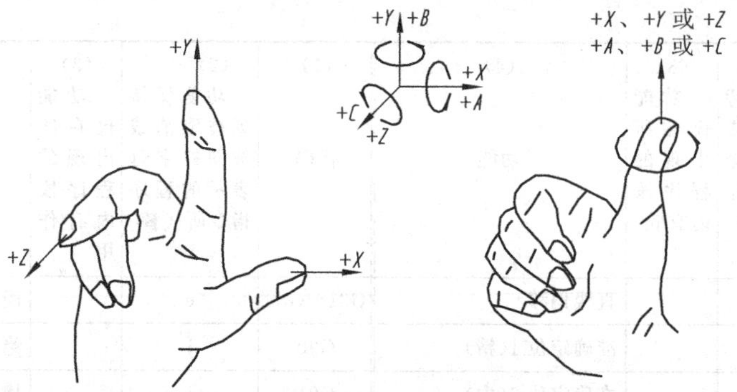

图 3-2　右手笛卡儿坐标系

由传递切削力的主轴决定，与主轴轴线平行的坐标轴即为 Z 坐标。Z 坐标的正方向为增大工件与刀具之间距离的方向。

（2）X 坐标的运动

X 坐标为水平的且平行于工件的装夹面的方向，这是在刀具或工件定位平面内运动的主要坐标。对于工件旋转的机床（如车床、磨床等），X 坐标的方向是在工件的径向上，且平行于横滑座。刀具离开工件旋转中心的方向为 X 轴正方向，如图 3-3 所示。对于刀具旋转的机床（如铣床、镗床、钻床等），X 运动的正方向指向右方。

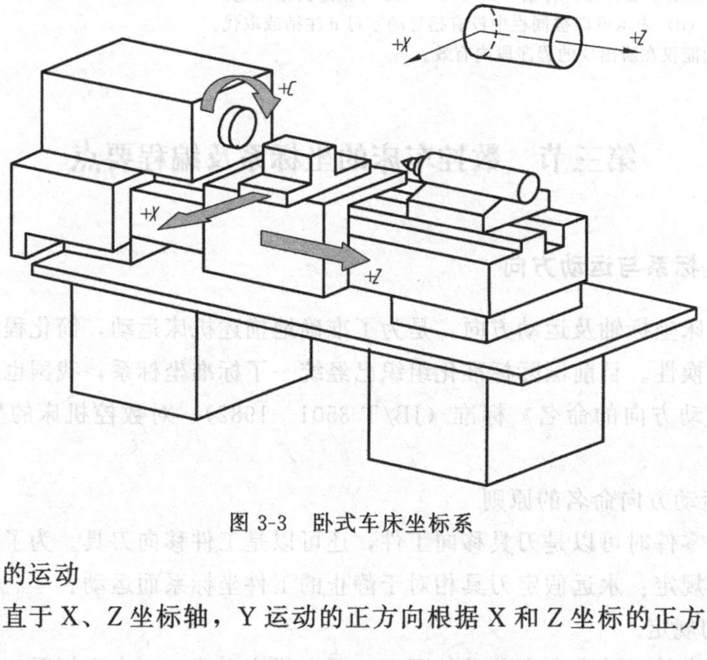

图 3-3　卧式车床坐标系

（3）Y 坐标的运动

Y 坐标轴垂直于 X、Z 坐标轴，Y 运动的正方向根据 X 和 Z 坐标的正方向，按右手直角坐标系来判断。

（4）旋转运动 A、B、C

A、B、C 相应地表示其轴线平行于 X、Y、Z 坐标的旋转运动。A、B、C 的正方向，相应地表示在 X、Y、Z 坐标正方向上按照右旋螺旋前进的方向。

二、数控车床编程中的坐标系

数控车床编程中的坐标系分为机床坐标系和工件坐标系（编程坐标系）。

1. 机床坐标系

机床坐标系是指以机床原点为坐标系原点建立起来的 X、Z 轴直角坐标系。车床原点为主轴旋转中心线与卡盘后端面的交点。机床坐标系是制造和调整机床的基础，也是设置工件坐标系的基础，通常由厂家设定，一般不允许随便变动。

2. 参考点

参考点是机床上的一个固定点。该点是刀具退离到一个固定不变的极限点（如图 3-4 中点 O' 即为参考点），其位置由机械挡块或行程开关来确定。以参考点为原点，坐标方向与机床坐标方向相同而建立的坐标系，称为参考坐标系。在实际使用中，通常以参考坐标系计算坐标值。

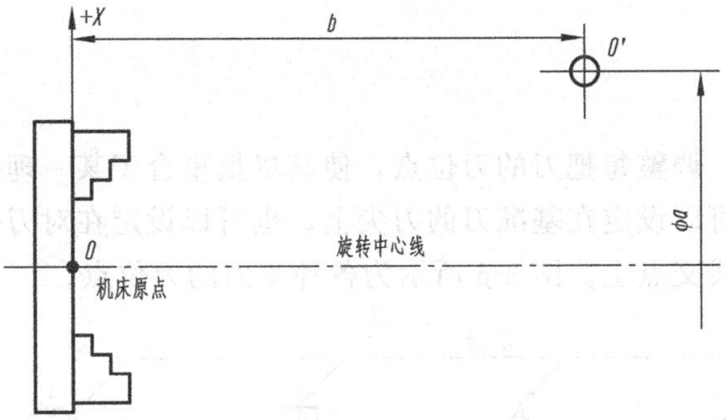

图 3-4　机床坐标系

3. 工件坐标系

数控编程时应该首先确定工件坐标系和工件原点。零件在设计中有设计基准，在加工中有工艺基准，并应尽量使设计基准与工艺基准统一，该统一的基准点称为工件原点。以工件原点为坐标原点建立起来的 X、Z 轴直角坐标系，称为工件坐标系。在车床上，工件原点可以选择在工件的左端面或右端面上，即工件坐标系是将参考坐标系通过对刀平移得到的，如图 3-5 所示。O 为参考坐标系原点，O'为工件坐标系原点。

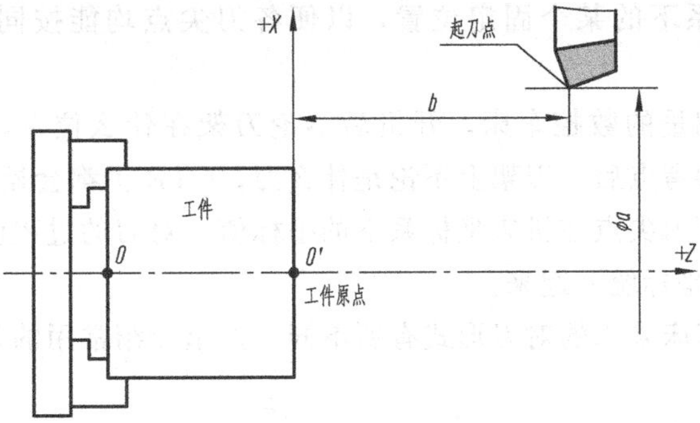

图 3-5　工件坐标系

三、工件坐标系设定指令（G50）

G50 是建立工件坐标系原点的指令，工件坐标系原点又称编程原点。当用绝对尺寸编程时，必须建立一坐标系，用来确定刀具起始点在坐标系中的坐标值。

1. 编程格式

在"G50 X（α）Z（β）"式中，α、β分别为刀尖的起始点距工件原点在X向和Z向的尺寸。执行G50指令时，机床不动，即X、Z轴均不移动，系统内部对α、β进行记忆，CRT显示器上的坐标值发生了变化，相当于在系统内部建立了以工件原点为坐标原点的工件坐标系。

2. 注意事项

有些数控系统用G92指令建立工件坐标系，如华中HNC-21T系统。有些数控系统则直接用偏置指令（G54～G57）建立工件坐标系，如SIMENS 802/C系统。具体编程时，必须根据机床说明书进行。

四、数控车床的对刀及刀补

1. 对刀

（1）对刀的含义

在执行加工程序前，调整每把刀的刀位点，使其尽量重合于某一理想基准点，这一过程称为对刀。理想基准点可以设定在基准刀的刀尖上，也可以设定在对刀仪的定位中心上，如光学对刀镜内的十字刻线交点上。图3-6所示为各种车刀的刀位点。

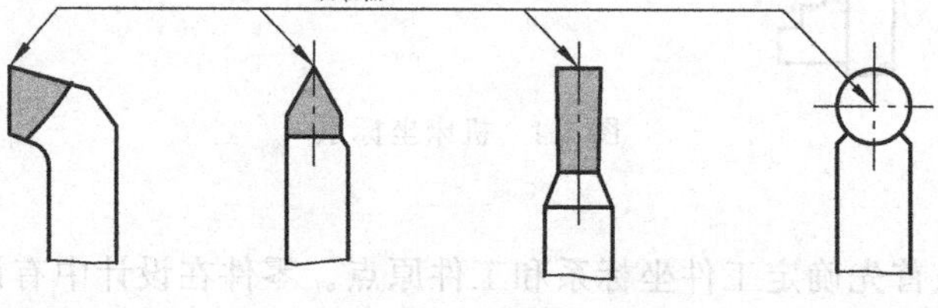

图3-6　各种车刀的刀位点

对刀是数控加工中必不可少的一个过程。对刀的质量直接影响加工程序的编制及零件的加工精度。数控车床刀架上安装的刀具，对刀前刀尖在工件坐标系下的位置是无法确定的，而且各把刀的位置差异也是未知的。对刀的实质就是测出各把刀的位置差，将各把刀的刀尖统一到同一工件坐标系下的某个固定位置，以便各刀尖点均能按同一坐标系指定的坐标移动。

对于采用相对式测量的数控车床，开机后不论刀架在什么位置，CTR上显示的X、Z坐标值均为零。返回参考点后，刀架上不论是什么刀，CTR上都会显示出一组固定的X、Z坐标，而不是所选刀具刀尖点在机床坐标系下的坐标值。对刀的过程就是将所选刀具的刀尖点，与CTR上显示的坐标统一起来。

不同类型的数控车床采用的对刀形式有所不同，这里介绍常用的几种方法。

（2）试切法对刀

试切法是数控车床普遍采用的一种简单且实用的对刀方法，如图3-7所示。但对于不同的数控机床，由于测量系统和计算机系统的差别（主要在于闭环系统或是开环系统），具体实施时又有所不同。

① 经济型数控车床试切对刀过程　返回参考点后，试切工件外圆，测得直径为ϕ52.384（刀尖的实际位置），但此时CTR上显示得坐标却为X255.364（刀架基准点在机床坐标系下的X坐标），这两个值要记住；然后刀具移开外圆试切端面，此时刀尖的实际位置可以认为是Z0.0（工件原点在右端面），但此时CTR上显示的坐标为Z295.478（刀架基准

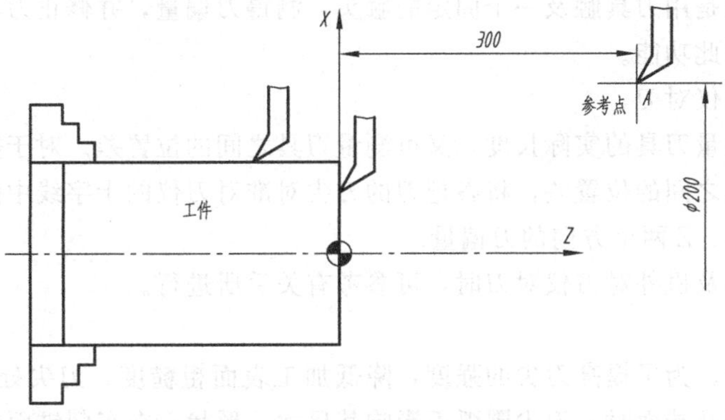

图 3-7　试切法确定工件坐标系

点在机床坐标系下的 Z 坐标），这两个值也要记住。为了将刀尖调整到图示工件坐标系下的 X200.0、Z300.0（起刀点）位置，即相当于刀尖要从 X52.384、Z0.0 移动到 X200.0、Z300.0。为此刀尖 X 和 Z 方向分别需要移动 147.616（200.0－52.384）和 300.0（300.0－0.0）的距离。移动 X、Z 轴，使 CRT 上显示的坐标变为 X402.980（X＝255.364＋147.616），Z598.478（Z＝295.478＋300），这时刀尖恰好在 X200.0，Z＝300.0 处，此时执行程序 G50 X200.0，Z300.0，刀架不移动，CTR 上的显示值则立即变为 X200.0，Z＝300.0，至此刀尖的实际位置与 CTR 上的显示统一了，且统一在工件坐标系下。

利用上述方法确定 G50 存在一定问题。机床断电后，G50 的位置无法记忆，必须人为记忆（G50X200.0 Z300.0 位置下 CRT 显示的 X402.980、Z598.478）。为了克服上述问题，常用的 G50 确定如下。

```
/G00 G91 X-10.0 Z-10.0
/G28 U0 W0
G50 X…Z…
```

其中 X、Z 坐标在编程时暂不输入，待基准刀对刀后再填入。如图 3-7 所示，返回参考点后 CRT 显示 X546.815，Z673.270，然后触碰 X52.384 外圆和端面，CRT 上相应坐标 X255.364，Z295.478，则 G50 要填入的 X343.835（X＝546.815－255.364＋52.384），Z377.798（Z＝673.270－295.478＋0），即 G50 X343.835，Z377.798。这样断电后回参考点就确定了 G50 的位置（将参考点作为 G50 的位置，参考点的位置由系统记忆）。试件加工合格后，标有“/”的程序段跳过（开机后只回一次参考点即可）。

上述是一把刀（基准刀）的对刀过程。当使用多把刀加工时，在确定 G50 位置前，应先利用系统的测量功能，测出各把刀在 X、Z 方向的偏移量（各把刀触碰同一外圆及端面，CRT 上的坐标系变化能反映各把刀的尺寸差异），将其作为刀具补偿值输入到系统内，然后选中一把基准刀确定 G50 的位置，建立一个统一的工件坐标系。在实际加工中，为了保住这把基准刀（保留基准，以便能准确测量其他刀具的磨损量），基准刀通常不使用，有时也会选用标准轴（芯轴）作基准刀。

② 全功能型数控车床试切法对刀过程　将所有刀具（包括基准刀）在手动状态下进行如图 3-7 所示的试切，每把刀试切时将实际测得的 X 值和 Z 值（Z 值通常设为 0）在刀具调整状态下直接输入，系统会自动计算出每把刀的位置差，而不必人为计算后再输入。

（3）机内对刀

机内对刀一般是用刀具触及一个固定的触头，测得刀偏量，并修正刀具偏移量，但不是所有数控车床都有此功能。

（4）机外对刀仪对刀

对刀仪既可测量刀具的实际长度，又可测量刀具之间的位置差。对于数控车床，一般采用对刀仪测量刀具之间的位置差，将各把刀的刀尖对准对刀仪的十字线中间，以十字线为基准，测得各把刀 X、Z 两个方向的刀偏量。

采用机内对刀及机外对刀仪对刀时，可参考有关手册进行。

2. 刀补

在数控加工中，为了提高刀尖的强度，降低加工表面粗糙度，刀尖处常用圆弧刃过渡。在车削内孔、外圆及端面时，刀尖圆弧不影响其尺寸、形状；在车削锥面或圆弧时，会造成过切或少切现象。若数控系统不具备刀具半径补偿功能，那么，编程时要按刀尖圆弧中心编程，或者在局部进行补偿计算，以消除刀尖半径引起的误差。因现代数控车床都具有半径补偿功能，故这里仅介绍有刀具半径补偿功能的数控车床的刀补方法。

（1）刀具半径补偿指令 G41、G42、G40

有刀具半径补偿功能的数控系统，编程时不需要计算刀具中心的运动轨迹，只按零件轮廓编程。使用刀具半径补偿指令，并在控制面板上手工输入刀具半径，数控装置便能自动计算出刀具中心的轨迹，并按刀具中心轨迹运动。即执行刀具半径补偿后，刀具自动偏离工件轮廓一个刀具半径值，从而加工出所要求的工件轮廓。

G41 为刀具半径左补偿指令，即沿着刀具运动方向看，刀具位于工件轮廓左侧时的半径补偿，如图 3-8（a）所示；G42 为刀具半径右补偿，即沿着刀具运动方向看，刀具位于工件轮廓右侧时的半径补偿，如图 3-8（b）所示；G40 为刀具半径补偿取消，使用该指令后，G41、G42 指令无效。G40 必须和 G41 或 G42 成对使用。

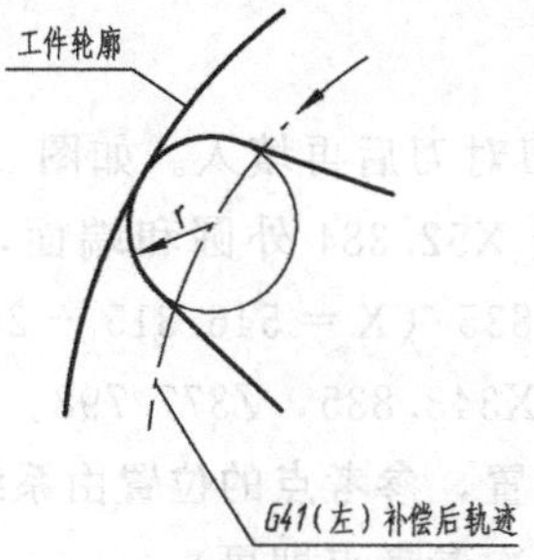

(a) G41 补偿后轨迹

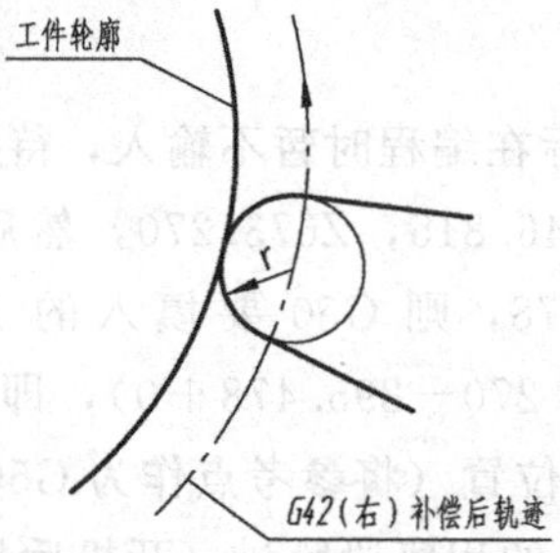

(b) G42 补偿后轨迹

图 3-8　刀具半径补偿

刀具半径补偿的过程分为三步。

① 刀具半径补偿的建立，刀具中心从与编程轨迹重合，过渡到与编程轨迹偏离一个偏置量的过程。

② 刀具半径补偿执行有 G41、G42 指令的程序段后，刀具中心始终与编程轨迹相距一个偏置量。

③ 刀补的取消。刀具离开工件，刀具中心轨迹要过渡到与编程轨迹重合的过程。如图 3-9 所示为刀补的建立与取消过程。编程人员不但可以直接按零件轮廓编程，而且还可以用同一个加工程序，对零件轮廓进行粗、精加工。

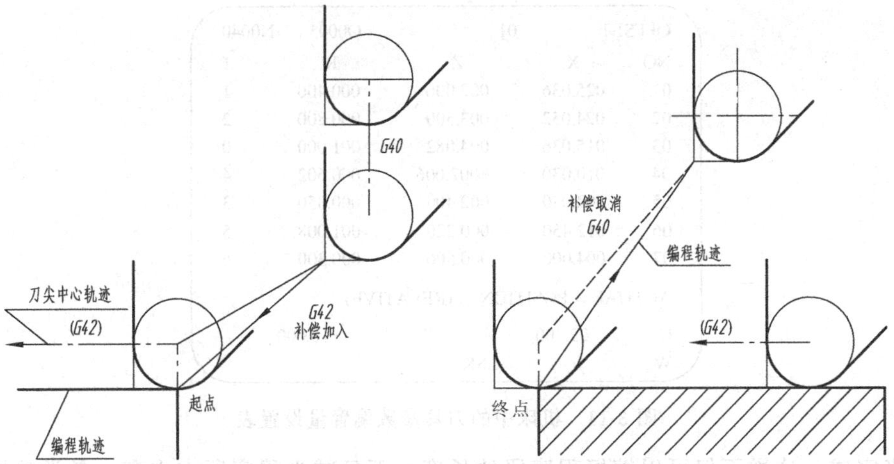

图 3-9 刀补的建立与取消

(2) 假定刀尖位置方向

数控加工时，除考虑刀具半径补偿外，还应根据刀具在切削时所处的位置，选择假想刀尖的方位。按假想刀尖的方位确定补偿量。假想刀尖的方位有 8 种位置可以选择，如图 3-10 所示。箭头表示刀尖方向，如果按刀尖圆弧中心编程，则选用 0 或 9。

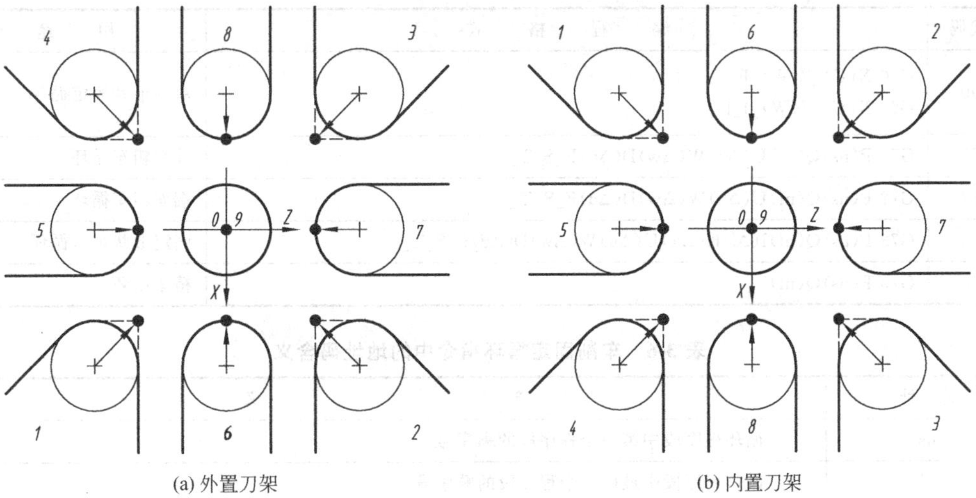

(a) 外置刀架 (b) 内置刀架

图 3-10 假想刀尖的位置

(3) 刀具补偿量的确定

对应每一个刀具补偿号，都有一组偏置量 X、Z 和刀尖半径补偿量 R、刀尖方位号 T。根据装刀位置和刀具形状确定刀尖方位号，通过机床控制面板上的功能键 OFFSET 分别设定、修改这些参数。数控系统中，根据响应的指令进行调用，以提高加工精度。图 3-11 所示为机床中的刀具参数偏置量设置表。

五、固定循环与子程序

1. 车削固定循环

在数控加工中，当毛坯的加工余量较大，一次走刀不能切除全部余量时，一般可采用固

```
OFFSET          01                  O0005    N0040
NO      X           Z           R           T
01      025.036     002.006     000.400     1
02      024.052     003.500     000.800     2
03      015.036     004.082     001.000     0
04      010.030     -002.006    000.602     4
05      002.030     002.400     000.350     3
06      012.450     000.220     001.008     5
07      004.000     000.506     000.300     6

ACTUAL    POSITION    (RELATIVE)
U       22.400          W           -10.000
W               LSK
```

图 3-11　机床中的刀具参数偏置量设置表

定循环来完成，这样不仅可以缩短程序段的长度，而且减少程序所占内存。各类数控系统复合循环的形式和使用方法（主要是编程方法）差别较大，下面就 FANUC 数控系统的车削固定循环介绍如下。

FANUC 系统的车削固定循环分为单一形状固定循环和复合固定循环功能两类，具体格式见表 3-5，循环指令中的地址码含义见表 3-6。

表 3-5　FANUC 系统的车削固定循环

G 代码	编　程　格　式	用　途
G90	G90 X(U)_Z(W)_F_ G90 X(U)_Z(W)_I_F_	单一形状固定循环
G71	G71 P(ns)Q(nf)U(Δu)W(Δw)D(Δd)F_S_T_	外圆粗车循环
G72	G72 P(ns)Q(nf)U(Δu)W(Δw)D(Δd)F_S_T_	端面粗车循环
G73	G73 P(ns)Q(nf)I(Δi)K(Δk)U(Δu)W(Δw)D(Δd)F_S_T_	固定形状粗车循环
G70	G70 P(ns)Q(nf)	精车循环

表 3-6　车削固定循环指令中的地址码含义

地　址	含　义
ns	循环程序段中第一个程序段的顺序号
nf	循环程序段中最后一个程序段的顺序号
Δi	粗车时，径向切除的余量（半径值）
Δk	粗车时，轴向切除的余量
Δu	径向（X 轴方向）的精车余量（直径值）
Δw	轴向（Z 轴方向）的精车余量
Δd	每次吃刀深度（粗车外圆和端面时）；或粗车循环次数（固定形状粗车循环）

2. 子程序

某些被加工的零件，常常会出现几何形状完全相同的加工轨迹。在程序编制中，将有固定顺序和重复模式的程序段，作为子程序存放，可使程序简单化。在主程序执行过程中，如果需要某一个子程序，可以通过一定格式的子程序调用指令来调用该子程序，执行后返回到主程序，继续执行后面的程序段。

（1）子程序的编程格式

子程序的格式与主程序相同，在子程序的开头编制子程序号，在子程序的结尾用 M99 指令返回（有些系统用 RET 返回）。例如：

O××××（或××××、P××××、%××××）

……

M99

（2）子程序的调用格式

常用的子程序调用格式有以下三种。

① M98P××× ××××　P 后面的三位为重复调用次数，省略时为调用一次；后四位为子程序号。

② M98P××××L××××　P 后面的四位为子程序号，L 后四位为重复使用次数，

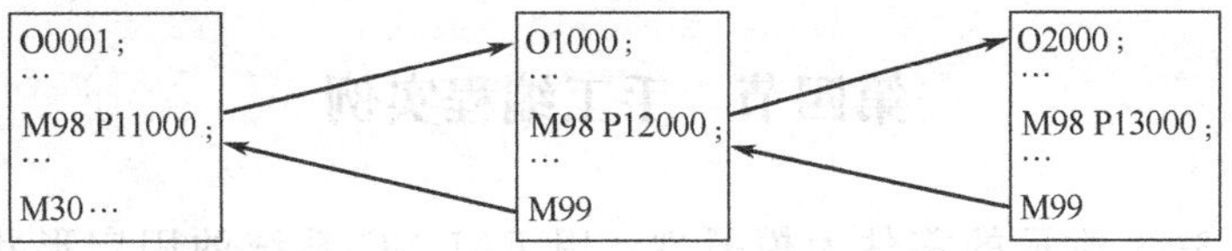

图 3-12　子程序的嵌套

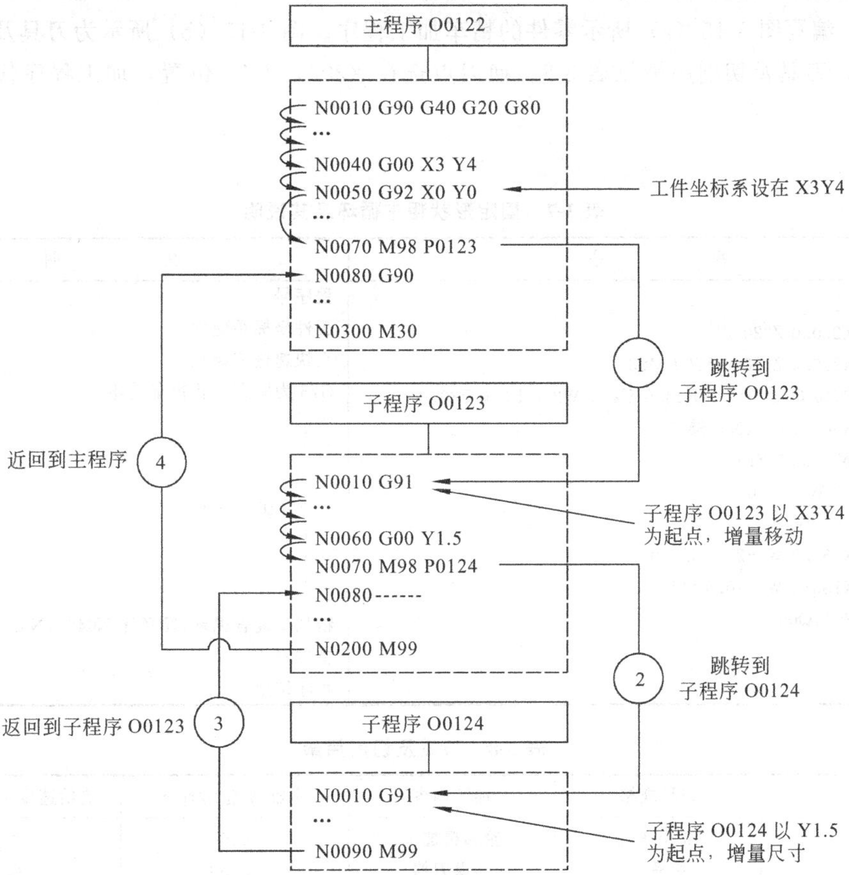

图 3-13　子程序的执行过程

省略时为调用一次。

③ CALL×××× 子程序的格式为：

(SUB)

……

(RET)

(3) 子程序的嵌套

为了进一步简化程序，可以让子程序调用另一个子程序，称为子程序的嵌套。图 3-12 所示为二重嵌套的结构。

图 3-13 所示为子程序的执行过程。子程序结束时，如果用 P 指定顺序号，则不返回到上一级子程序调出的下一个程序段，而返回到用 P 指定的顺序号的程序段，但这种情况只用于存储器工作方式。

注意：子程序嵌套不是无限次的。

第四节 手工编程实例

例 1 如图 3-14 所示的零件为模锻件，用 FAUNC 系统的固定形状车削循环指令(G73)，编写粗加工程序。

加工程序及其说明见表 3-7。

例 2 编写图 3-15 (a) 所示零件的精车加工程序。图 3-15 (b) 所示为刀具及刀具尺寸安装位置，刀具及切削用量见表 3-8。换刀点选在 X200，Z350 位置，加工程序代码及说明见表 3-9。

表 3-7 固定形状粗车循环及其说明

程 序	说 明
O0001	程序号
N010 G50 X260.0 Z220.0	工件坐标系建立
N020 G00 X220.0 Z160.0 S500 M03	至快速进刀起点
N030 G73 P040 Q090 I14.0 K14.0 U4.0 W2.0 D3.0 F30.0	G73 为固定形状粗车循环
N040 G00 X80.0 W−40.0 S800	精加工轮廓
N050 G01 W−20.0 F15.0	
N060 X120.0 W−10.0	
N070 W−20.0 S600	
N080 G02 X160.0 W−20.0 I20.0	
N090 G01 X180.0 W−10.0 S280	
N100 G70 P040Q090	精加工复合循环，循环体 N040～N090
N110 M05	主轴停止
N120 M30	程序结束

表 3-8 刀具及切削用量

刀具编号	刀具规格	加工内容	主轴转速 S/rpm	进给速度 F/mm·r^{-1}
1	93°精车刀	轮廓精加工	630	0.15
2	切槽刀	切退刀槽	315	0.15
3	螺纹车刀	轮廓粗加工	200	1.5

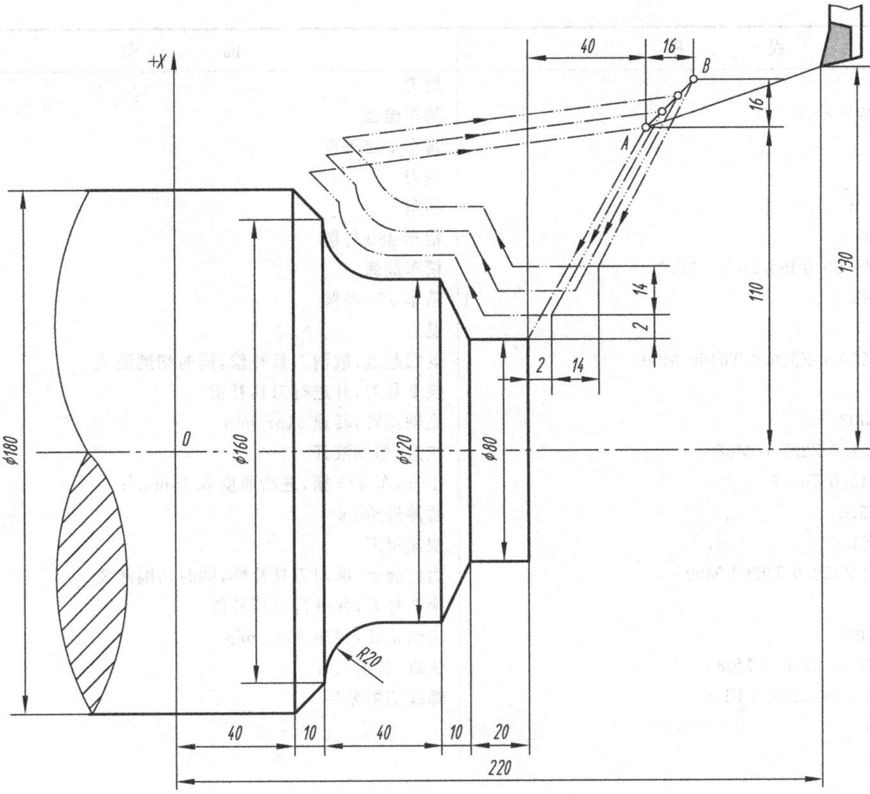

图 3-14　固定形状粗车循环及其说明

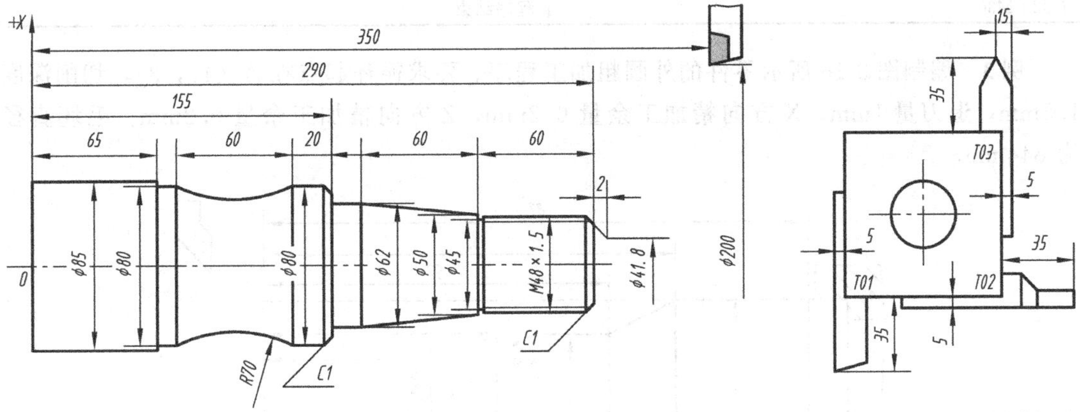

(a) 加工零件　　(b) 刀具及刀具尺寸安装位置

图 3-15　轴类零件车削加工

表 3-9　程序代码及说明

程　　序	说　　明
O0002	程序号
N10 G50 X200.0 Z350.0 T0101	建立工件坐标系
N20 S630 M03	主轴正转，转速 630r/min
N30 G00 X41.8 Z272.0 M08	快进，切削液开
N40 G01 X48.34 Z289.0 F0.15	工进，倒角，进给速度 0.15mm/r
N50 Z227.0	精车螺纹大径 ϕ48.34

续表

程　　序	说　　明
N60 X50.0	退刀
N70 X62.0 W－60.0	精车锥面
N80 Z155.0	精车 ϕ62 外圆
N90 X78.0	退刀
N100 X80.0 W－1.0	倒角
N110 W-19.0	精车 ϕ80 外圆
N120 G02 W－60.0 I63.25 K－30.0	精车圆弧
N130 G01 Z65.0	精车 ϕ80 外圆
N140 X90.0	退刀
N150 G00 X200.0 Z350.0 T0100 M09	返回起点，取消刀具补偿，同时切削液关
N160 T0202	换 2 号刀，并进行刀具补偿
N170 S315 M03	主轴正转，转速 315r/min
N180 G00 X51.0 Z227.0 M08	快进，切削液开
N190 G01 X45.0 F0.15	工进，车 ϕ45 槽，进给速度 0.15min/r
N200 G04 U5.0	暂停进给 5s
N210 G00 X51.0	快速退刀
N220 X200.0 Z350.0 T0200 M09	返回起点，取消刀具补偿，同时切削液关
N230 T0303	换 3 号刀，并进行刀具补偿
N240 S200 M03	主轴正转，转速 200r/min
N250 G00 X62.0 Z296.0 M08	快进，切削液开
N260 G92 X17.54 Z228.5 F1.5	螺纹切削循环
N270 X46.91	
N280 X46.54	
N290 X46.38	
N300 G00 X200.0 Z350.0 T0200 M09	返回起点，取消刀具补偿，同时切削液关
N310 M05	主轴停止
N320 M30	程序结束

例 3　编制图 3-16 所示零件的外圆粗加工程序。要求循环起点在 *A*（46，3），切削深度 1.5mm，退刀量 1mm，X 方向精加工余量 0.2mm，Z 方向精加工余量 0.2mm。毛坯直径为 ϕ44mm。

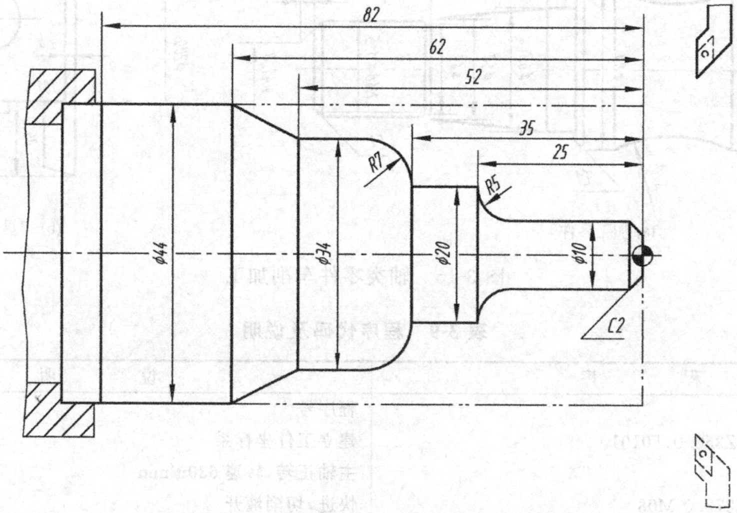

图 3-16　用外圆粗车循环编程实例

加工程序单见表 3-10。

表 3-10　用外径粗车循环 G71 编写的加工程序

程　　　序	说　　　明
O0003	程序号
N0010 G55 X80.0 Z80.0	选定坐标系 G55，设置程序起点位置
N0020 S400 M03	主轴转速 400r/min，正转
N0030 G01 X46.0 Z3.0 F120	刀具到循环起点位置
N0040 G71 P50 Q130 U0.4 W0.2 D1.5 F100	外圆粗车循环；精车余量：径向 0.2，轴向 0.2，吃刀深度每次 1.5(mm)
N0050 G00 X0.0	精加工程序起始行
N0060 G01 X10 Z−2	精加工 *C*2 倒角
N0070 Z−20	精加工 ϕ10 外圆
N0080 G02 X20 Z−25 R5	精加工 *R*5 圆弧
N0090 G01 Z−30	精加工 ϕ20 外圆
N0100 G03 X34 Z−37 R7	精加工 *R*7 圆弧
N0110 G01 Z−52	精加工 ϕ34 外圆
N0120 X44 Z−62	精加工外锥面
N0130 Z−82	精加工 ϕ44 外圆，精加工轮廓结束
N0140 X50	退出已加工面
N0150 G00 X80 Z80	回程序起点
N0160 M05	主轴停
N0170 M30	主程序结束、复位并返回到程序的第一条语句处

例 4　编制图 3-17 所示零件的内表面加工程序。要求循环起点在（46，3），切削深度为 1.5mm，退刀量为 1mm，精加工余量：径向 0.15mm，轴向 0.3mm。毛坯直径 ϕ66mm。

加工程序单见表 3-11。

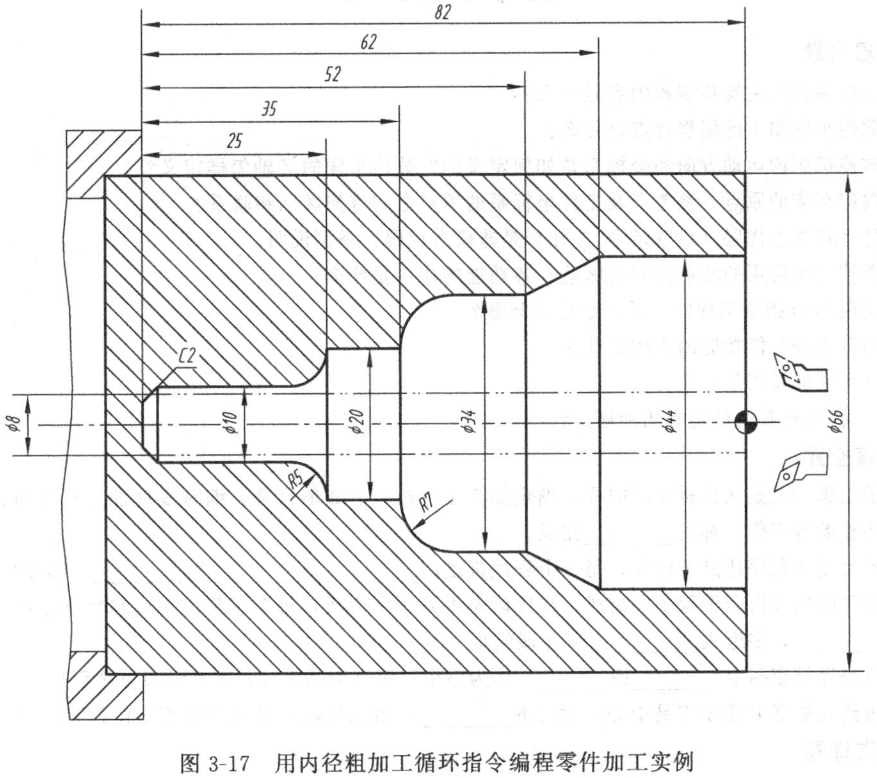

图 3-17　用内径粗加工循环指令编程零件加工实例

表 3-11　用内径粗加工循环 G71 编写的加工程序

程　　序	说　　明
O0004	程序号
N0010 G55 G00 X80 Z80	选定工件坐标系，到程序起点
N0020 T0101	选 1 号刀
N0030 S400 M03	主轴转速 400r/min，正转
N0040 G01 X6Z5	到循环程序起点
N0050 G71 P90 Q170U－0.6 W0.3 D1.5 F100	内径粗车循环加工
N0060 G00X80 Z80	粗加工后，到换刀点位置
N0070 T0202	换 2 号刀，确定其坐标系
N0080 G00 G42 X6Z5	2 号刀加入刀尖圆弧半径补偿
N0090 X44	精加工轮廓开始，在 $\phi 44$ 内孔处
N0100 G01 Z－15 F80	精加工 $\phi 44$ 内孔
N0110 X34 Z－20	精加工精加工内锥面
N0120 Z－30	精加工精加工 $\phi 34$ 内孔
N0130 G03 X20 Z－37 R7	精加工 $R7$ 圆弧
N0140 G01 Z－47	精加工 $\phi 20$ 内孔
N0150 G02 X10 Z－52 R5	精加工 $R5$ 圆弧
N0160 G01 Z－80	精加工 $\phi 10$ 内孔
N0170 X6Z－82	精加工 $C2$ 倒角，精加工轮廓结束
N0180 G40 X4	退出已加工表面，取消刀补
N0190 G00 Z80	退出工件内孔
N0200 X80	回程序起点或换刀点位置
N0210 M30	主轴停，主程序结束并复位

思考与练习（三）

一、思考题

(1) 数控编程的主要步骤和内容是什么？

(2) 数控车削加工的编程特点是什么？

(3) 数控机床的运动方向和坐标系是如何定义的？数控车床的 Z 轴怎样定义？

(4) 数控车床的原点、参考点及工件坐标系的原点之间有何区别和联系？

(5) 什么是模态代码（续效指令）？什么是非模态代码？举例说明。

(6) 数控系统常用的功能代码有哪些？各功能的作用是什么？

(7) 使用 G00 指令编程时，应注意什么问题？

(8) 刀具半径补偿功能的作用是什么？

(9) 子程序的作用是什么？

(10) 工件坐标系的设定有几种格式？

二、填空题

(1) 手工编程就是从分析零件图样、确定加工工艺过程、数值计算、编写零件加工程序单、制备控制介质到程序校验等工作，都由________完成。

(2) 不论是主程序还是子程序，每一个程序都是由________、________和________三部分组成。

(3) 程序的内容由若干程序段组成，程序段是由若干字组成，每个字又由字母和数字组成。即字母和数字组成________，字组成________，程序段组成________。

(4) 以程序结束指令________或________作为整个程序结束的符号，用来结束整个程序。

(5) 进给功能字 F 表示刀具中心运动时的________，由地址码 F 和其后面若干位数字构成。

三、选择题

(1) 下列叙述中，(　　) 是数控编程的基本步骤之一。

A. 零件图设计
B. 确定机床坐标系
C. 传输零件加工程序
D. 分析零件图，确定其加工工艺过程

(2) 使用快速定位指令 G00 时，刀具整个运动轨迹（ ），因此，要注意防止刀具和工件及夹具发生干涉。
A. 与坐标轴方向一致
B. 不一定是直线
C. 按编程时给定的速度运动
D. 一定是直线

(3) 在下列代码中，属于非模态代码的是（ ）。
A. M03　　B. F150
C. S250　　D. G04

(4) 现代数控系统中都有子程序功能，并且子程序（ ）嵌套。
A. 可以无限层
B. 不能
C. 只能有一层
D. 可以有限层

(5) 数控车床具备刀具半径补偿功能，若按零件轮廓进行编程和加工，当刀具磨损或更换刀具后，需要进行（ ）工作。
A. 重新编写程序
B. 修改刀具偏置表数据
C. 重新设置工件坐标系
D. 上述方法均无法解决

四、练习题

(1) 根据题图 3-1 所示零件，完成下列内容。

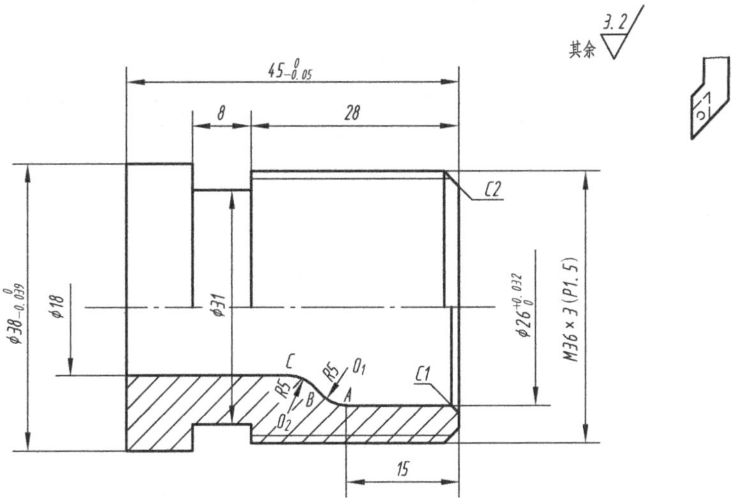

题图 3-1 数控车削加工编程图例

① 对零件进行工艺分析，确定加工方案。
② 按零件图的已知条件，进行必要的数值计算。
③ 编制刀具卡片及工序卡片。
④ 编写加工程序。

（2）根据题图 3-2 所示零件，完成下列内容。

① 对零件进行工艺分析，确定加工方案。

② 按零件图的已知条件，进行必要的数值计算。

③ 编制刀具卡片及工序卡片。

④ 编写加工程序。

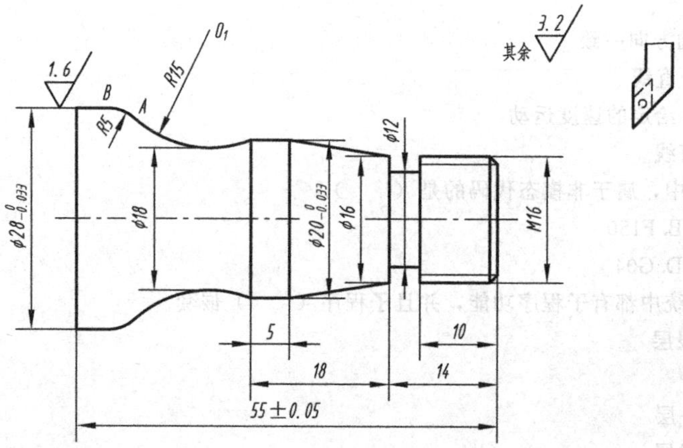

题图 3-2　数控车削加工编程图例

第四章　CAD/CAM 常用软件简介

CAD/CAM 系统软件是实现图形交互式数控编程必不可少的应用软件。随着 CAD/CAM 技术的飞速发展和推广应用，国内外不少公司与研究单位先后推出了各种 CAD/CAM 支撑软件。目前，国内外市场上销售比较成熟的 CAD/CAM 支撑软件有十几种，其中有国外的也有国内自主开发的，这些软件在功能、价格、适用范围等方面有很大的差异。由于 CAD/CAM（特别是三维 CAD/CAM）软件的技术复杂、售价高，并且涉及到企业多方面的应用，企业选型时很慎重，并且往往要花费很大的精力和时间。本章重点介绍使用比较普遍的 CAXA、MasterCAM、UG 等三种 CAD/CAM 软件系统，供企业选型和相关人员的学习参考。

第一节　CAXA 系列加工软件简介

一、CAXA 制造工程师功能简介

CAXA 制造工程师是北航海尔软件公司（CAXA）的产品，它是一种高效易学的 CAD/CAM 软件，具有实体曲面混合造型功能，可为数控加工中心、数控铣床提供 2～5 轴铣削加工数控编程手段。

（一）CAD 模块

1. 二维线框造型

CAXA 制造工程师线框造型基本图素的主要命令包括直线、圆弧、圆、矩形、椭圆、样条、点、公式曲线、多边形、二次曲线、等距线、曲面投影、相关线和文字等。用户可以利用各种造型功能，方便、快捷地绘制出各种复杂图形。此外，CAXA 制造工程师还提供了曲线编辑和几何变换功能。曲线编辑包括曲线裁剪、曲线过渡、曲线打断、曲线组合、曲线拉伸和曲线优化；几何变换包括平移、平面旋转、旋转、平面镜像、镜像、阵列和缩放。利用这些功能可降低绘图难度，提高绘图效率。

2. 特征实体造型

主要有拉伸、旋转、导动、放样、倒角、过渡、打孔和筋板等特征造型方式，可以将二维草图轮廓快速生成三维实体。

实体模型的生成可采用增料方式，通过拉伸、旋转、导动、放样、筋板、曲面加厚来实现。也可以通过减料方式，从实体中减掉实体或用曲面裁减来实现。还可以通过倒角、过渡、打孔、拔模、抽壳、布尔运算等高级功能来实现。

3. 曲面造型

可以通过列表数据、数学模型、字体文件及各种测量数据生成样条曲线，通过扫描、放样、拉伸、导动、等距、边界网格等多种形式生成复杂曲面，并通过对曲面进行裁剪、过渡、缝合、拼接和延伸等，建立更复杂的曲面。

4. 曲面实体混合造型

CAXA 制造工程师在造型时可以将曲面融合进实体中，形成统一的曲面实体复合造型模式，在设计产品和模具时，可以利用曲面裁减实体、曲面生成实体等混合操作来实现。

（二）CAM 模块

1. 两轴到五轴的数控加工

① 两轴到两轴半加工方式　可以利用零件的轮廓曲线生成轨迹加工指令，无需建立其三维曲面模型；提供轮廓加工和区域加工功能，加工区域内允许任意形状和数量的岛，可分别指定加工轮廓和岛的拔模斜度，自动进行分层加工；在生成加工轨迹时，有多种进退刀和下刀方式可供选择。

② 三轴加工方式　多样化的加工方式可以安排粗加工、半精加工、精加工的加工路线，高效生成刀具轨迹。

③ 四轴到五轴的加工方式（可以选配）　针对叶轮、叶片类零件提供的多轴加工功能，加工整体叶轮和叶片。

2. 支持高速加工

支持高速切削工艺，提高产品精度，降低代码数量，使加工质量和效率大大提高。

3. 参数化轨迹编辑和轨迹批处理

CAXA 制造工程师的“轨迹再生成”功能可以实现参数化轨迹编辑，用户只需要选中已有的数控加工轨迹，修改已定义的参数加工表，即可重新生成加工轨迹。

CAXA 制造工程师可以先定义加工轨迹参数，而不立即生成加工轨迹。工艺人员可以将大批加工轨迹参数事先定义，并在某一集中时间内批量生成，这样就能优化工作流程。

4. 加工工艺控制

CAXA 制造工程师提供丰富的工艺控制参数，可以方便地控制加工过程，使编程人员的经验得到充分的体现。丰富的刀具轨迹编辑功能可以控制切削方向及轨迹形状的任意细节，大大提高机床的进给速度。

5. 加工轨迹仿真

CAXA 制造工程师提供了轨迹仿真手段以检验数控代码的正确性。可以通过实体仿真，如实地模拟加工过程，展示加工零件的任意截面，显示加工轨迹。

6. 通用后置处理

CAXA 制造工程师提供的后置处理，无需生成中间文件就可直接输出 G 代码控制指令。系统不仅可以提供常见的数控系统的后置格式，还可以让用户定义专用数控系统的后置处理格式。

7. 生成加工工序单

CAXA 制造工程师可自动按照加工的先后顺序生成加工工序单。在加工工序单上有必要的零件信息、刀具信息、代码信息和加工时间信息，方便了编程者与机床操作者之间的交流，减少了加工中错误的产生。

（三）知识加工

CAXA 制造工程师专门提供了知识加工功能。针对复杂曲面的加工，为用户提供一种整体加工思路，用户只需观察零件整体模型是平坦还是陡峭，应用老工程师的加工经验，就可以快速地完成加工过程。老工程师的编程和加工经验是靠知识库的参数设置来实现的。知识库参数设置应由具有丰富编程和加工经验的老工程师来完成，参数设置好后可以存为一个文件，文件名可以根据自己的习惯来设置。有了知识库加工功能，就可以使老的编程者工作更轻松，使新的编程者直接利用已有的加工工艺和加工参数，很快学会编程。

（四）数据接口

CAXA 制造工程师提供的数据接口有：基于曲面的 DXF 和 IGES 标准图形接口，基于实体的 X-T、X-B，面向快速成型设备的 STL，以及面向 Internet 和虚拟现实的 VRML 等接口。这些接口保证了本软件系统与其他 CAD/CAM 软件系统的数据交换。

二、CAXA 数控车功能简介

（一）界面介绍

CAXA 数控车基本应用界面如图 4-1 所示，和其他 Windows 风格的软件一样，各种应用功能通过菜单条和工具条驱动。状态条指导用户进行操作并提示当前状态和所处位置。绘图区显示各种绘图操作的结果，同时绘图区和参数栏为用户实现各种功能提供数据的交互。

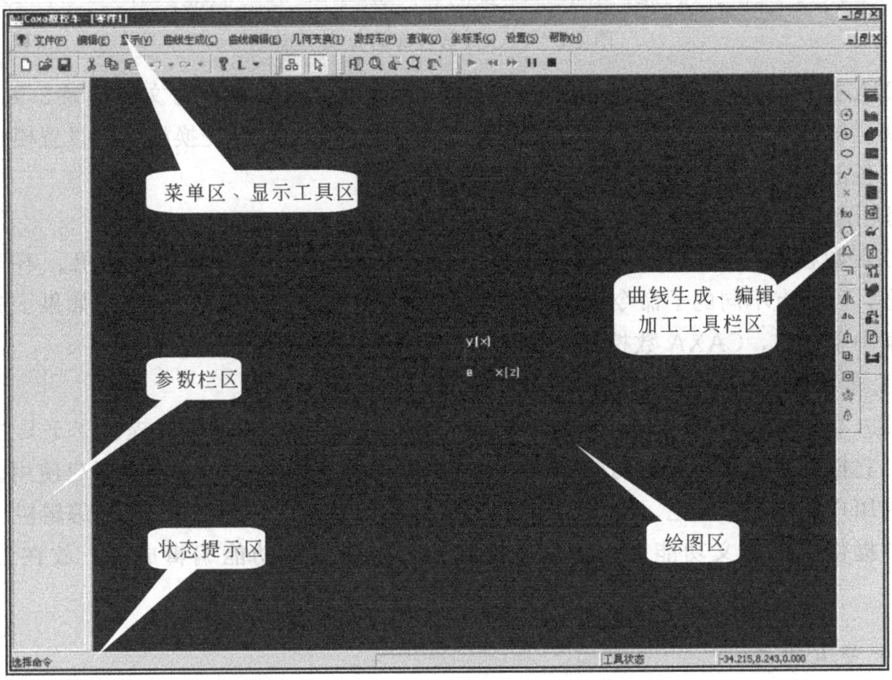

图 4-1 CAXA 数控车基本应用界面

该软件系统可实现自定义界面布局，如图 4-2 所示就是一个典型的自定义界面布局形式。操作 CAXA 数控车有以下三个基本特点。

1. 功能驱动方式

CAXA 数控车采用菜单驱动、工具条驱动和快捷键（热键）驱动相结合的方式。工具条中每一个图标都对应一个菜单命令，单击图标和单击菜单命令都是一样的。用户可根据自身对 CAXA 数控车运用的熟练程度，选择不同的驱动方式。

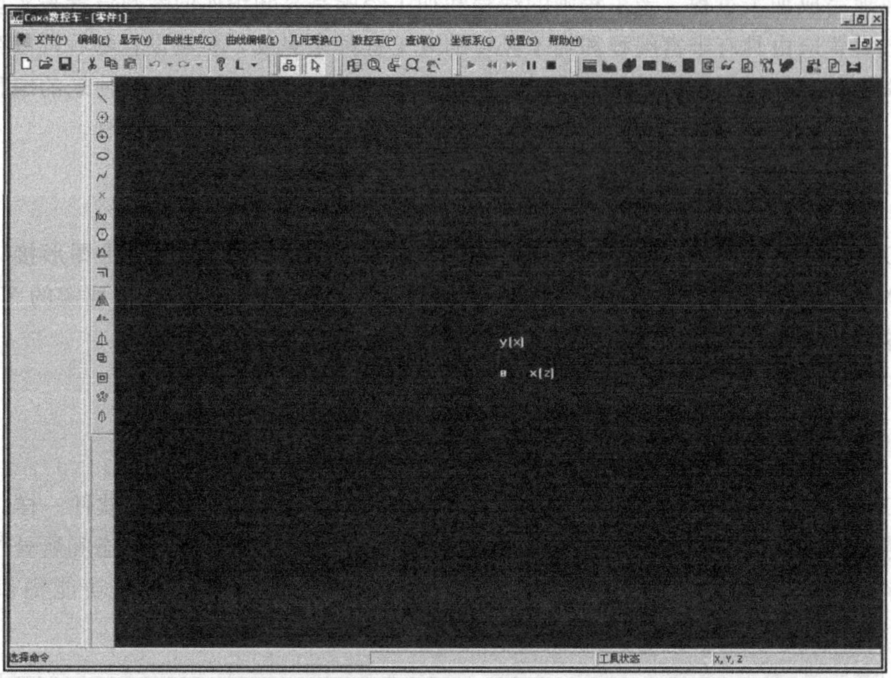

图 4-2　CAXA 数控车自定义界面

CAXA 数控车的主菜单包含系统所有功能项，其功能基本分为文件模块、编辑模块、应用模块、轨迹生成模块、后置处理模块、线面编辑模块、几何变换模块、设置模块和工具模块等。各部分模块的详细功能将在第五章介绍。

2. 弹出菜单

CAXA 数控车的弹出菜单是当前命令状态下的子命令，通过空格键弹出。不同的命令执行状态，可能有不同的子命令组，主要分为点工具组、轮廓拾取工具组。如果子命令是用来设置某种子状态，CAXA 数控车会在状态栏中提示用户相应的信息。

3. 工具条驱动

CAXA 数控车与其他 Windows 应用程序一样，为比较熟练的用户提供了工具栏命令驱动方式，它把用户经常使用的功能分类组成工具组，放在显眼地方以方便用户使用。CAXA 数控车为用户提供了标准栏、草图绘制栏、曲线栏、特征栏、曲面栏和线面编辑栏。同时它还为用户提供了自定义功能，用户可以把自己经常使用的功能编辑成组，放在最适当的地方。

（二）交互方式

1. 立即菜单

CAXA 数控车有独特的立即菜单交互方式，大大改善了交互过程。在交互过程中，如果需要可以随时修改立即菜单中提供的缺省值，因而打破了完全顺序的交互过程操作方式。立即菜单的另一个主要功能是可对某些功能进行选项控制，从而可实现功能的紧密组织。

2. 点的输入

在交互过程中，常常会遇到输入精确定位点的情况，这时系统提供了点工具菜单。可以利用点工具菜单来精确定位一个点。点菜单表现形式如图 4-3 所示。激活点菜单的方法是按下键盘的空格键。用户可以使用快捷键来切换到所需要的点状态。快捷键的标识就是点菜单中每种点前面的字母。

3. 拾取工具

当需要拾取多个对象时，按空格键可以弹出拾取工具菜单如图 4-4 所示。其缺省状态是“拾取添加”，在这种状态下，可以单个拾取对象，也可以用窗口拾取对象（窗口由左向右拉时，窗口要包容整个对象才能拾取到；从右向左拉时，只要拾取对象的一部分在窗口中就可以拾取到）。

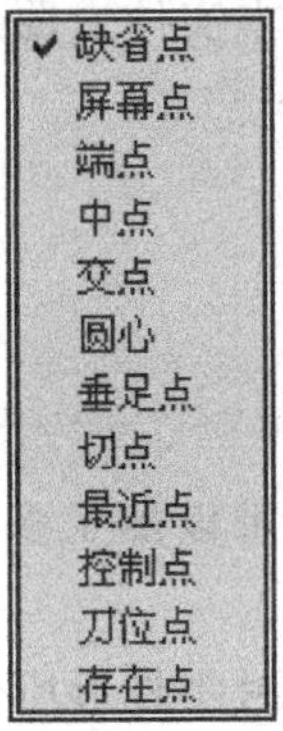

图 4-3　弹出式工具菜单

图 4-4　拾取工具菜单

（三）数据窗口

CAXA 数控车的接口是指本系统产生的文档与其他 CAD/CAM 文档能否规范衔接方面的能力。CAXA 数控车接口能力非常出色，不仅可以直接打开 X _ T 和 X _ B 文件（PARASOLID 的实体数据文件），而且可以输入 DXF 数据文件、IGS 数据文件、DAT 数据文件（自定义数据文本文件格式）为 CAXA 数控车使用，也可以输出 DXF、IGS、X _ T、X _ B、SAT、WRL、EXB 格式文件为其他应用软件使用、Internet 的浏览和数据传输等。

第二节　MasterCAM 简介

一、MasterCAM9.0 功能简介

MasterCAM 软件是美国 CNC Software Inc 产品，MasterCAM9 版是新推出版本。MasterCAM 软件是一种典型的 CAD/CAM 软件系统，它把 CAD 造型和 CAM 数控编程集成于一个系统环境中，可完成零件的几何造型、刀具路径生成、加工模拟仿真、数控加工程序生成与数据传输。它的 Design 设计模块集 2D 和 3D 的线框、曲面和实体造型于一体，具有全特征化造型功能和强大的图形编辑、转化和处理能力。它的 Mill 制造模块可以生成和管理多种类型的数控加工操作，其功能模块简介如下。

（一）CAD 模块

MasterCAM 软件具有线框造型、曲面造型、实体造型三种造型方法。

1. 线框造型

MasterCAM 构建线框造型的基本图素的主要命令包括生成点、直线、圆弧和函数（方程式绘图），其他命令还有生成倒圆角、样条曲线、倒角、文字、椭圆、正多边形和齿轮等。

2. 曲面造型

MasterCAM 的曲面生成命令包括生成基本曲面和编辑已有曲面。基本曲面命令包括生成牵引、旋转、直纹、举升、昆氏和扫描曲面。编辑曲面命令包括曲面补正、曲面修整、曲面倒圆角和曲面熔接，还可以由实体产生曲面。

3. 实体造型

MasterCAM 的实体生成主要命令包括旋转、扫掠、举升、基本实体、曲面加厚等，还有倒圆角、倒角、薄壳、牵引面、修整和布尔运算等实体编辑命令。

（二）CAM 模块

1. CAM 功能

MasterCAM 的 CAM 功能可以处理以下几种类型的数控编程。

① 轮廓加工（Contour） 应用外形铣削命令进行轮廓加工，可以加工多个 2D 轮廓或 3D 轮廓。

② 挖槽（带岛）加工（Pocket） 挖槽加工的作用是切除一个封闭外形所包围材料或铣削一个平面。封闭外形的内轮廓可以包含许多岛屿，岛屿内部还可以嵌套岛屿，并可以自动多次加工岛中之岛。

③ 钻孔类加工（Drill） 钻孔类加工属于点位加工方式。输出的数控加工程序通常包含固定循环指令（G81-G89）。钻孔循环方式有深孔钻、深孔啄钻、断屑式、攻牙、镗孔等。

④ 曲面加工（Surface） 曲面加工命令包含对曲面和实体进行加工。曲面加工分为曲面粗加工和曲面精加工。系统提供八种曲面粗加工和十种曲面精加工命令，如图 4-5 和图 4-6 所示。

⑤ 多轴加工 多轴加工是指 3 轴、4 轴或 5 轴的数控加工。系统提供六种多轴加工指令，如图 4-7 所示。

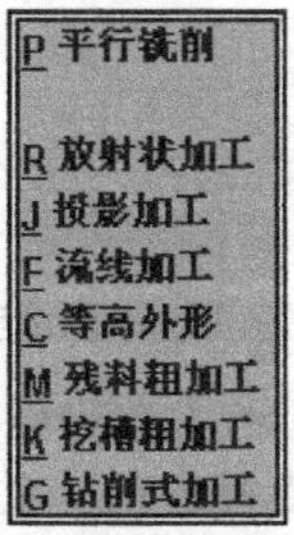

图 4-5 曲面粗加工指令

图 4-6 曲面精加工指令

图 4-7 多轴加工指令

⑥ 实体加工 利用外形铣削、挖槽、面铣和曲面加工中的实体命令，以及实体钻孔命令，可以对实体进行加工。

2. 操作管理

MasterCAM 软件操作管理对话框如图 4-8 所示。通过对话框可以方便完成以下功能。

① 编辑已生成的刀具轨迹 可以实现参数化轨迹编辑，用户只需要选中已有的数控加工方法中的“参数”，修改已定义的参数加工表，重新计算后即可生成加工轨迹。

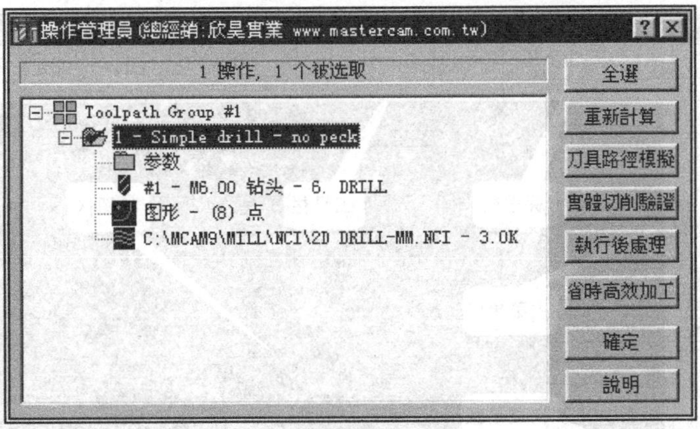

图 4-8 操作管理对话框

② 加工轨迹仿真 MasterCAM 既提供了刀具路径模拟，快捷检验刀具路径正确性；又提供了实体切削验证，可以通过实体仿真如实地模拟加工过程，展示加工零件的任意截面，显示加工轨迹。

③ 后置处理 MasterCAM 提供了丰富的后置处理格式（.PST），可直接输出仿真加工文件和 G 代码控制指令，并直接将 NC 程序传输到机床。系统不仅可以提供常见的数控系统的后置格式，还可以让用户定义专用数控系统的后置处理格式。

（三）数据接口

MasterCAM 提供的数据接口类型如图 4-9 所示。这些接口可保证本系统与其他 CAD/CAM 软件系统进行数据交换。

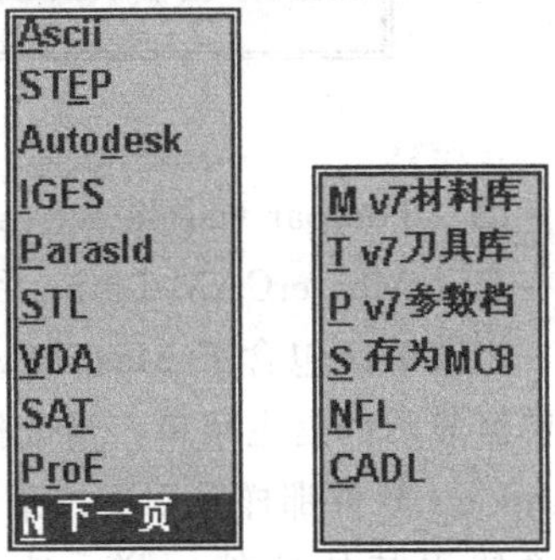

图 4-9 数据接口类型

二、MasterCAM-Lathe 功能简介

车削是机械加工中使用最多的一道工序，数控车床是数控机床使用最多的机床。因为它针对轴类和盘类零件进行加工，可大大提高生产效率，降低生产成本，减轻劳动强度，提高产品质量，因此颇受人们的欢迎。简单的加工零件可以手工编程，但是较复杂的零件则需要借助 MasterCAM 类的编程软件进行计算机辅助编程。下面简要介绍 MasterCAM 数控车方面的功能。

（一）主界面

MasterCAM-Lathe 主界面如图 4-10 所示。标题栏在主界面的最上面，如果已经打开了一个文件，则在标题栏中显示该文件的路径及文件名。

工具栏位于标题栏下面，它以简单的图标来表示每个工具的作用，单击图标按钮就可以启动相应的 MasterCAM-Lathe 软件功能。将鼠标指针停留在工具栏按钮上，将会出现该工具的功能提示，单击按钮，可以显示其他的工具栏按钮。用户可以用组合键 ALT + B 来显示或隐藏工具栏，也可以在“System Configuration”系统配置对话框的“Screen”屏幕选

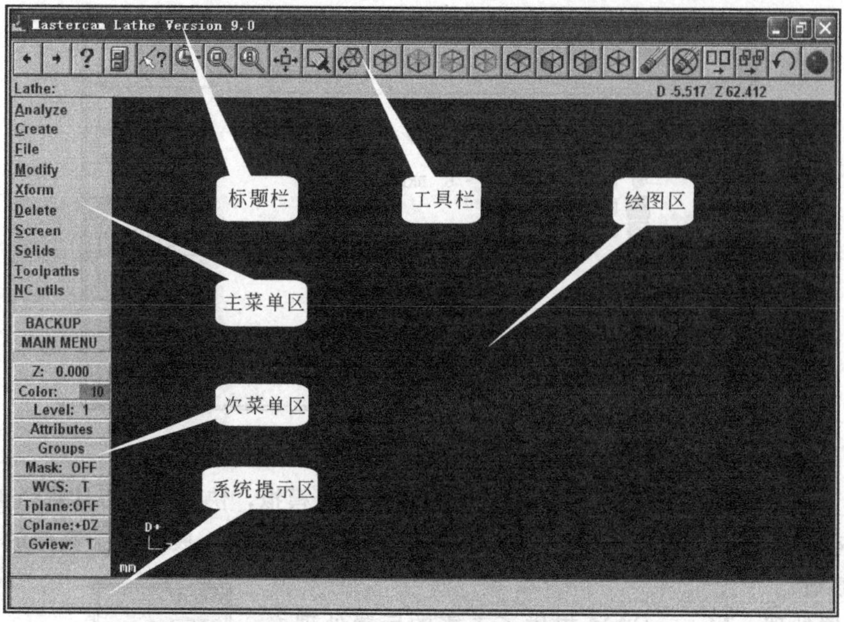

图 4-10　MasterCAM-Lathe主界面

项卡的“Toolbar visible at system startup”系统启动时工具栏的可见性复选框中，设置是否在启动MasterCAM-Lathe后显示工具栏。

主菜单区包含了MasterCAM-Lathe软件的主要功能。启动MasterCAM-Lathe后，主菜单区显示的是主菜单，当选择主菜单的某一选项后，由于MasterCAM-Lathe不像常见的Windows软件那样采用下拉菜单，所以该选项的子菜单直接显示在主菜单区。这时用户可以像使用其他软件一样，选择子菜单中的命令或进入下一级子菜单。单击返回按钮BACKUP，可以返回前一级的菜单。按下ESC键，也可以返回前一级的菜单。一直单击BACKUP返回按钮或ESC键，最后将返回到主菜单。

次菜单位于MasterCAM-Lathe界面的左下方，用于设置当前构图深度、颜色、层、线和点的类型、群组、层标记、工具和构图平面以及图形视角等。这些设置将保留在当前的MasterCAM-Lathe应用过程中，直到改变设置开始一个新的MasterCAM-Lathe应用。

系统提示区用于显示信息或数据的输入，有时在主菜单区上方或工具栏的下方也会显示提示信息。按下ALT+P组合键，可以显示或隐藏提示区。当隐藏提示区时，绘图区区域最大，但此时系统提示的信息将不会显示，只在要求输入数据时出现一个编辑区域。

绘图区占据了屏幕的大部分空间，它是创建和修改几何模型及产生刀具路径时的区域。

（二）系统设置

在使用MasterCAM-Lathe之前，用户可以对系统的一些属性进行预设置，在新建文件或打开文件时，MasterCAM-Lathe将按其默认配置来进行系统各属性的设置。在使用MasterCAM-Lathe的过程中也可以改变系统的默认配置，包括几何图形在屏幕上的显示方式、几何对象的属性、图层、群组等的设置。

单击主菜单中的【Screen】→【Configure】命令，弹出系统配置（System Configuration）对话框，如图 4-11 所示，也可以按下 ALT ＋ F8 快捷键打开该对话框。通过选择该对话框的各选项卡，可分别设置系统的默认配置。

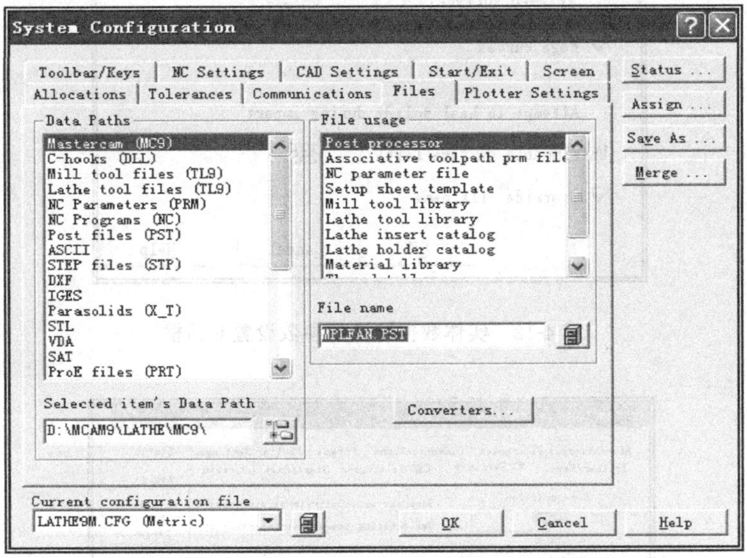

图 4-11　MasterCAM-Lathe 系统配置对话框

1. 文件参数设置

用户可以通过如图 4-11 所示的系统配置对话框中的“Files”选项卡，来设置不同类型文件的存储目录及使用的不同文件的默认名称等。还可设置文件转换时的默认格式。

设置不同类型文件的存储目录的方法是，首先在系统配置对话框的“Files”选项卡中“Data paths”栏的文件类型列表中选择文件的类型，在“Selected item’s Data path”目录选择输入框中输入新的目录，或通过单击目录按钮选择新的目录，系统即将此目录作为该类型文件存储的目录。

设置不同类型文件的默认名称的方法是，首先在系统配置对话框的“Files”选项卡中“File usage”栏的文件列表中选择要设置的类型文件（如选择后处理文件），这时在“File name”输入框中显示该类型默认的文件名称（MPLFAN.PST）。若要改变该文件的名称，可以直接输入新的文件名称或通过单击文件选择按钮来选择新文件，系统即将此文件作为该类型文件的默认文件。

设置实体的转换参数的方法是，单击“Files”选项卡中的 Converters 按钮，弹出如图 4-12 所示的“Converter parameters”转换参数设置对话框。该对话框用来设置转入其他类型文件的转换参数。MasterCAM-Lathe 共有 11 种数据格式的数据交换接口，包括 ASCⅡ、DXF、DWG、STEP、IGES、Parasolid、STL、SAT 等（在第十四章介绍不同数据格式文件转换的具体应用）。

2. NC 设置

在使用 MasterCAM-Lathe 时，系统配置对话框中还增加了如图 4-13 所示的 NC 设置（NC Settings）选项卡。该选项卡用来设置生成 NCI 文件和 NC 程序时的有关参数，包括机床原点、排列顺序、刀具显示参数等。

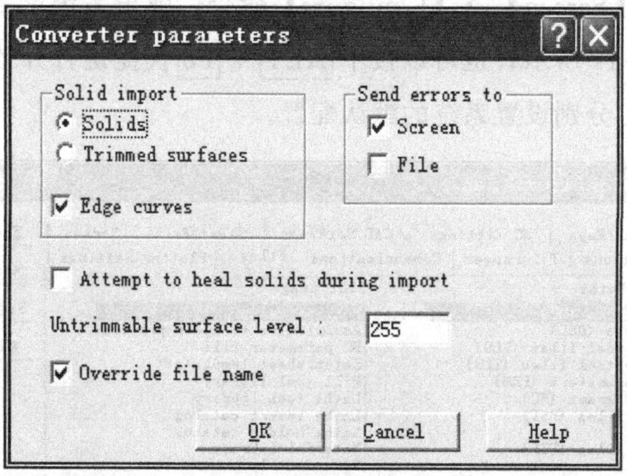

图 4-12　实体数据转换的参数设置对话框

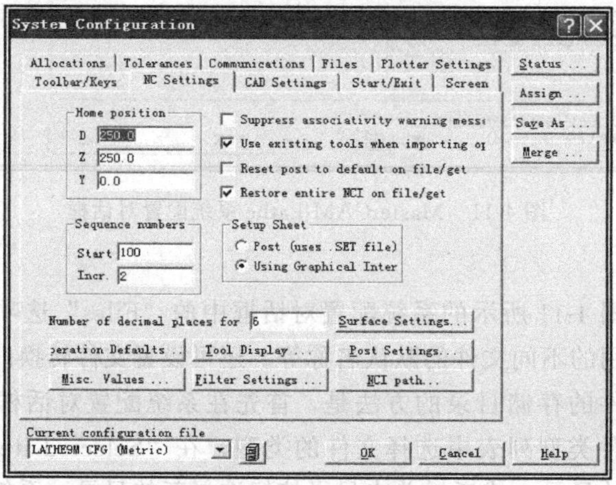

图 4-13　MasterCAM-Lathe 的 NC 设置选项卡

系统设置共有 10 个项目，如图 4-13 所示。Allocations（内存配置）、Tolerances（公差）、Communications（通信）、Files（文档）、Plotter Settings（绘图机设置）、Toolbar/Keys（工具栏/键）、NC Settings（NC 设置）、CAD Settings（CAD 设置）、Start/Exit（启动/退出）、Screen（屏幕），每个项目都有许多设置内容，具体设置内容不一一详述。

3. 系统特性

(1) MasterCAM-Lathe 系统是 CAD 与 CAM 相结合的系统

除了可生成 NC 加工程序外，系统本身还具有绘图的功能，可直接在系统上绘图并转换成 NC 加工程序，也可将其他的绘图软件（如 AutoCAD、CADKEY、Mi-CAD 等）绘制的图形，经由一些标准或特定的转换文件，转换到 MasterCAM-Lathe 系统中，再生成 NC 加工程序。也可将采用 BASIC、FORTRAN、PASCAL 或 C 等程序设计语言所产生的其他曲线，经由 ASCⅡ文件转换到 MasterCAM-Lathe 系统中，再生成 NC 加工程序。

(2) MasterCAM-Lathe 系统提供多种后处理程序

系统本身提供多种后处理程序，以供选择使用。所谓后处理程序就是一种将刀具路径文件（.NCI）转换成 CNC 机床控制系统上所使用的 NC 代码。其每一种控制系统如 FANUC、

MELDAS、HITACHI等后处理程序均可进行修改，以适合使用者本身的CNC机床，非常具有弹性且使用方便。

(3) 直接连线与DNC的能力

可利用RS-232C接口在计算机与CNC控制系统间进行传输与接受程序的工作。也可采用DNC（直接数字控制）的方式，使计算机和控制系统一边传输一边加工。从而使控制系统的内存容量不受限制。

(4) 加工时间计算及程序路径模拟显示

可按照使用者定义的刀具、进给率、转速等模拟路径和计算加工时间，以利成本评估。也可将其他系统或自己编写的NC程序，转换成刀具路径图。

(5) 刀具库及材料库的建立

只要使用者告诉系统材质及使用的刀径大小，计算机将自动计算进给率、转速等加工参数，方便使用者学习操作。

4. 系统文件

系统在安装和运行时会产生一些目录和文件，如产生扩展名是“.NC”的程序文件及“.NCI”的刀具路径文件等，这些文件类别见表4-1。

表4-1 系统的文件类别

扩展名	含 义	扩展名	含 义
.EXE	可执行文件	.IND	曲面中间文件
.TXT	文本文件	.CDB	补正后的刀具路径文件
.COM	命令文件或显示卡、打印机、绘图机等驱动程序文件	.DOC	ASCⅡ格式的注解文件
.PST	后处理程序文件	.DAT	资料文件
.NC	加工程序文件	.MET	米制的材料库文件
.NCI	刀具路径文件	.GE3	几何图形文件
.NCS	连接外形文件		

第三节 UG简介

Unigraphics（简称UG）是面向制造业的CAD/CAM/CAE高端软件，使用户能够数字化地创建和获取三维产品定义，UG软件被许多当今世界著名的制造商（通用汽车、波音飞机、通用电器、爱立信等）运用于概念设计、工业设计、机械设计、工程仿真以及数字化制造等各个领域。

UG软件在现代制造业中的流程如下。

三维造型（CAD）→虚拟装配（Assembly）→分析（CAE）→ { 工程图（Draftirg）
加工（CAM） }

UG软件具有强大的三维造型、虚拟装配、模具自动化设计和产生工程图等设计功能。在设计过程中可进行有限元分析、机构运动分析和仿真模拟，有利于提高设计的可靠性。对三维制造的零件可直接生成数控代码，用于产品的加工。其后处理程序可支持多种类型数控机床。

UG的各项功能是通过各功能模块来实现的。使用不同的功能模块，实现不同的用途，从而支持其强大的 Unigraphics 三维软件。

一、CAD 模块

CAD 模块中包括三维造型（Modeling）、装配（Assembly）、工程图（Drafting）三方面的内容。

1. 三维造型

UG 建模充分发挥了传统的实体、表面和线框造型优势，能够很方便地建立二维和三维线框模型及扫描、旋转实体，并可进行布尔操作和参数化编辑，其草图工具可供用户定义二维截面的轮廓线。特征建模模块提高了表达式设计的层次，使实际信息可以用工程特征来定义（模块中提供了各种标准设计特征，如孔、槽、型腔、凸台、凸垫、圆柱、块、圆锥、球、管道、圆角和倒角等）。同时，还可挖空实体创建薄壁件，并对实体进行拔模以及从实体中抽取需要的几何体等。各建模功能都可通过工具栏上的图标来实现，建模工具栏主要有三个，即“Form Feature”形状特征（图 4-14）、“Feature Operation”特征操作（图 4-15）、“Edit Feature”编辑特征（图 4-16）。

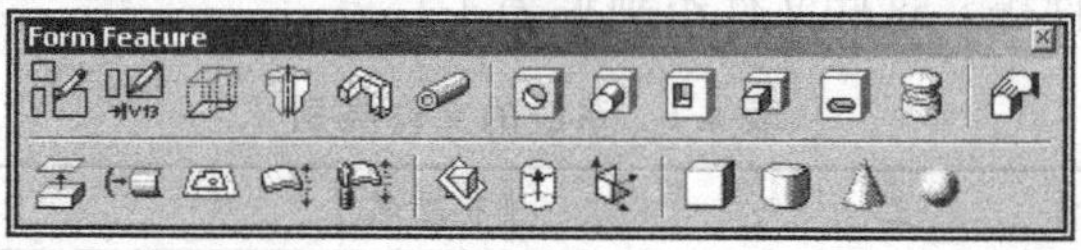

图 4-14 Form Feature 工具栏

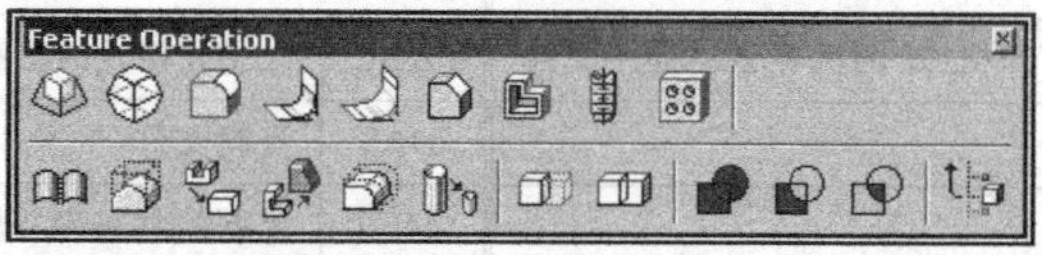

图 4-15 Feature Operation 工具栏

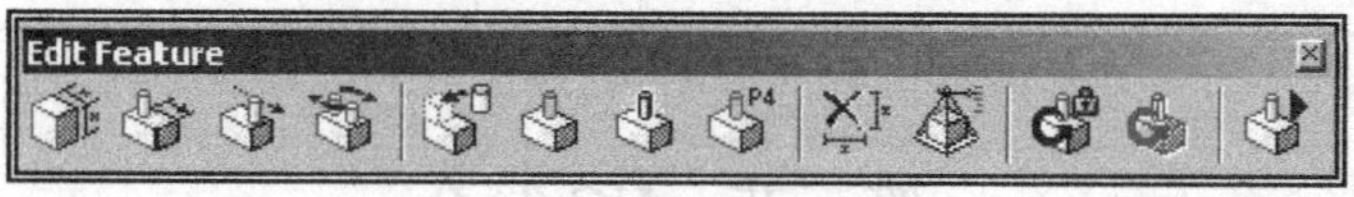

图 4-16 Edit Feature 工具栏

2. 装配

将零部件组合成产品，参照其他部件进行关联设计，对装配模型进行间隙分析、重量管理等操作。

3. 工程图

基于三维实体模型的二维投影得到二维工程图。

二、CAM 模块

1. 基础模块

用户可以在图形方式下通过观察刀具运动，用图形编辑刀具的运动轨迹，有延伸、缩短和修改刀具轨迹等编辑功能。针对钻孔、攻螺纹和镗孔等，它还提供了点位加工程序。

2. 后处理模块

应用该模块，用户可针对大多数数控机床建立自己的后置处理程序。其后处理功能包含了铣削加工、车削加工和线切割加工等实际应用的检验。

3. 车加工模块

该模块提供了回转类零件加工所需要的全部功能。它包含了粗车、多次走刀精车、车沟槽、车螺纹和打中心孔等功能。输出的刀位源文件可直接进行后处理，产生机床可读的输出文件。用户可控制进给量、转速和吃刀深度等参数。可通过屏幕显示刀具轨迹，对数控程序进行模拟，检测参数设置是否正确，并可用文本格式输出所生成的刀位源文件（CLSF）。车削加工环境设置对话框如图 4-17 所示。

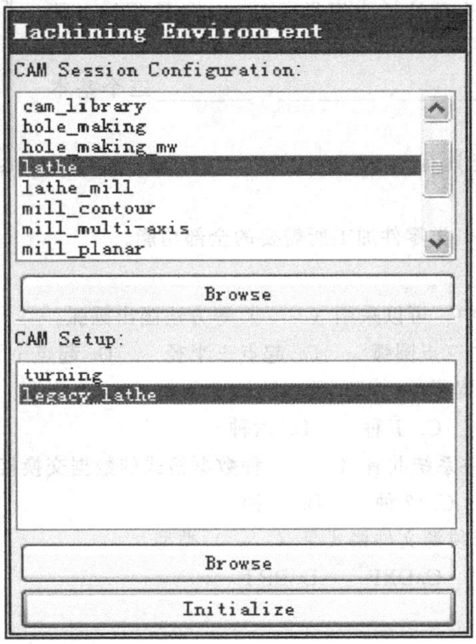

图 4-17　车削加工环境设置对话框

4. 型芯和型腔铣模块

该模块提供了粗切单个或多个型腔、沿任意形状切去大量毛坯余量以及可加工出全部型芯等功能。最突出的功能是可对形状非常复杂的表面产生刀具运动轨迹，确定出走刀方式。

5. 固定轴铣模块

该模块用于产生三轴运动的刀具路径。它能加工任何曲面模型和实体模型，提供多种驱动方法和走刀方式。它还可以控制逆铣和顺铣切削，以及沿螺旋路线进刀等。同时，还能识别前道工序未能切除的区域和陡峭区，以便用户进一步清理这些地方。

此外，UG 的 CAM 部分还有切削仿真、线切割等功能模块。

三、CAE 模块

该模块包括机构学、有限元分析等功能模块。

四、数据接口

UG 提供的数据接口如图 4-18 所示。这些接口保证了本软件系统能与其他 CAD/CAM

软件系统进行数据交换。

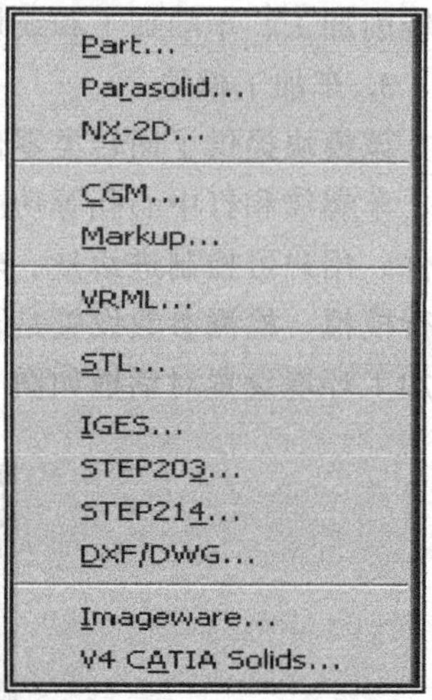

图 4-18　数据接口类型

思考与练习（四）

一、思考题

（1）如何进入 CAXA 数控车的后置处理模块？

（2）MasterCAM 的 CAM 功能可以处理哪几种类型的数控编程？

（3）在 UG 环境下如何进入车削加工模块？

二、填空题

（1）CAXA 制造工程师可为数控铣床提供________轴铣削加工数控编程手段。

（2）CAXA 数控车具有________、________、________三个基本特点。

（3）MasterCAM 软件系统具有________、________、________三种造型方法。

（4）UG-Lathe 提供________类零件加工所需要的全部功能。

三、选择题

（1）在 CAXA 数控车软件中，可以采用（　　）等方法画出圆弧。

A. 圆心＋起点　　B. 三点圆弧　　C. 起点＋半径　　D. 起点＋终点

（2）MasterCAM 软件系统提供（　　）种多轴加工命令。

A. 三种　　B. 四种　　C. 五种　　D. 六种

（3）MasterCAM-Lathe 软件系统共有（　　）种数据格式的数据交换接口。

A. 6 种　　B. 11 种　　C. 12 种　　D. 10 种

（4）UG 软件系统生成的刀位源文件格式是（　　）类型。

A. CLSF　　B. TXT　　C. DXF　　D. PRT

四、上机练习题

（1）根据题图 4-1 中的零件简图，利用 CAXA 和 UG 软件分别对零件进行造型设计。

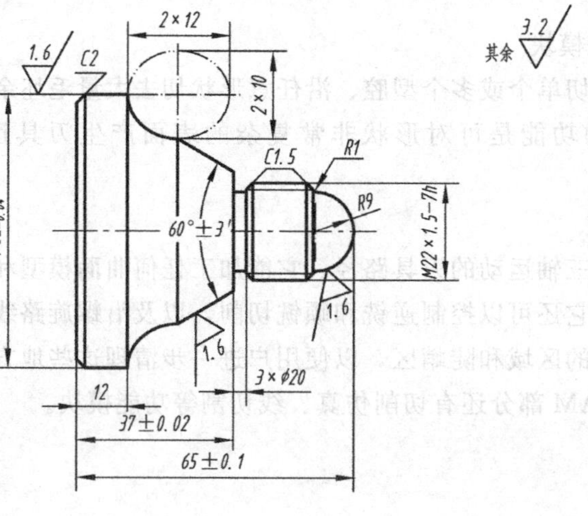

题图 4-1　零件简图

（2）根据题图 4-2 中的零件简图，利用 CAXA 和 MasterCAM 软件分别对零件进行造型设计。

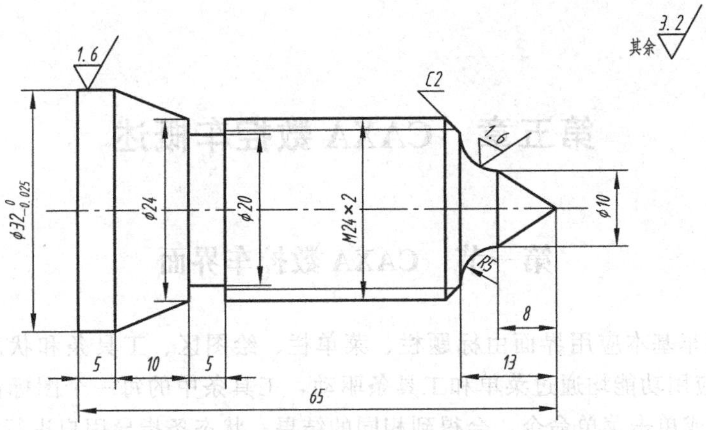

题图 4-2 零件简图

第五章　CAXA 数控车概述

第一节　CAXA 数控车界面

CAXA 数控车基本应用界面由标题栏、菜单栏、绘图区、工具条和状态栏组成，如图 5-1 所示。各种应用功能均通过菜单和工具条驱动，工具条中的每一个图标都对应一个菜单命令。单击图标或单击菜单命令，会得到相同的结果。状态条指导用户进行操作并提示当前状态和所处位置，绘图区显示各种绘图操作的结果。同时，绘图区和参数栏为用户实现各种功能提供数据的交互使用。

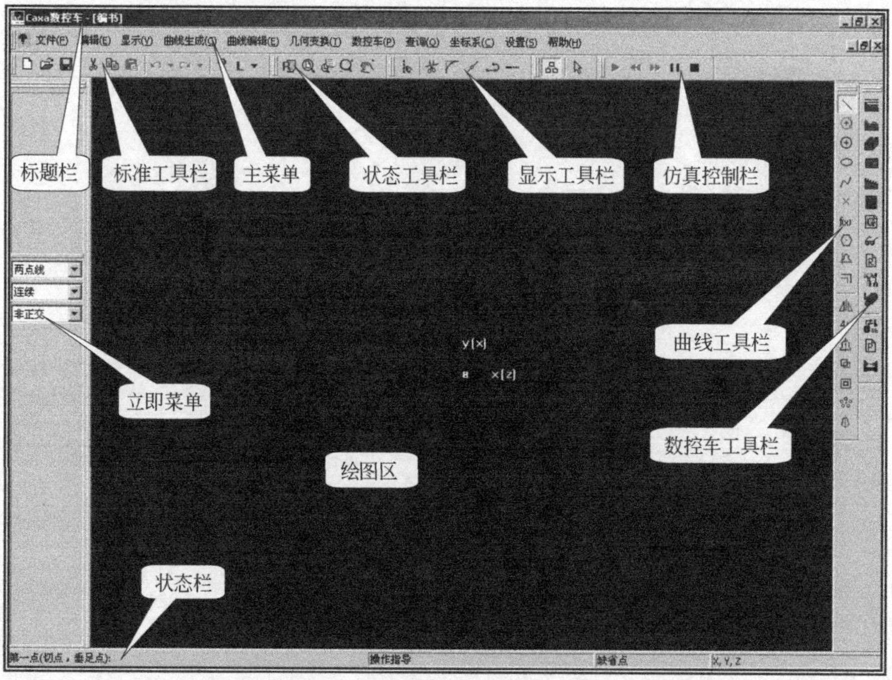

图 5-1　CAXA 数控车的主界面

一、标题栏

标题栏位于工作界面的最上方，用来显示 CAXA 制造工程师的程序图标以及当前正在运行文件的名字等信息。如果是新建文件并且未经保存，则文件名显示为“无名文件”；如果文件经过保存或打开已有文件，则以存在的文件名显示文件。

二、主菜单

主菜单由“文件”、“编辑”、“显示”、“曲线生成”、“曲线编辑”、“几何变换”、“数控车”、“查询”、“坐标系”、“设置”、“帮助”等菜单项组成，这些菜单几乎包括了 CAXA 数控车的全部功能和命令。

三、绘图区

绘图区位于屏幕的中心，是用户进行绘图设计的工作区域。它占据了屏幕的大部分面积，用户所有的工作结果都反映在这个窗口中。

四、工具条

工具条是 CAXA 数控车提供的一种调用命令的方式，它包含多个由图标表示的命令按钮，单击这些图标按钮，可以调用相应的命令。图 5-2 所示为 CAXA 数控车提供的“标准工具”、“显示工具”、“曲线工具”、“状态”、“数控车”、“仿真控制”和“线面编辑”工具条。

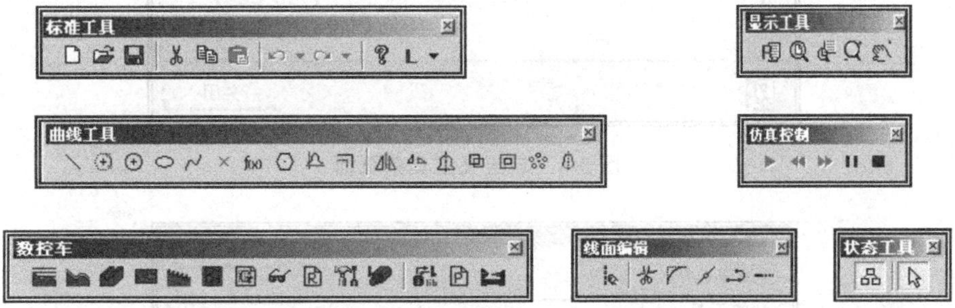

图 5-2　CAXA 数控车的工具条

此外，考虑到不同的用户有不同的工作习惯、不同的工作重点和不同的熟练程度，CAXA 数控车还为用户提供了自定义工具条的功能。用户可以根据自己的喜好，定制不同的菜单、热键和工具条，也可以为特殊的按钮更新自己喜欢的图标。定制自己的菜单、热键和工具条时，可以通过单击主菜单中的【设置】→【自定义】命令，CAXA 数控车会弹出如图 5-3 所示的自定义对话框。

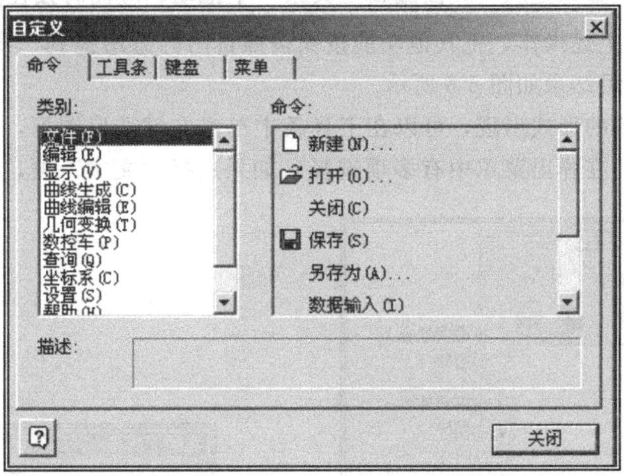

图 5-3　自定义对话框

单击自定义对话框中的“工具条”设置项，则弹出自定义“工具条”页面，如图 5-4 所示。在工具条页面中单击新建按钮，弹出“工具条名称”对话框，如图 5-5 所示。在“工具条名称”输入框内输入“我的工具”，然后按OK按钮，就会增加一个新的名称为“我的工具”工具条。用户可以根据自己的意愿把 CAXA 数控车主界面中的图标，按住鼠标左键

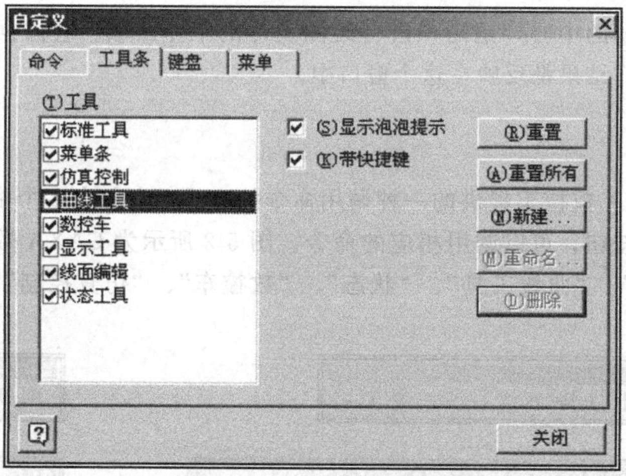

图 5-4　自定义工具条页面

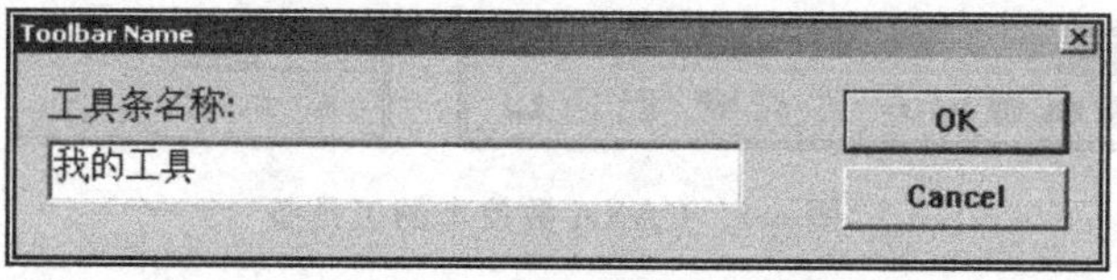

图 5-5　工具条名称对话框

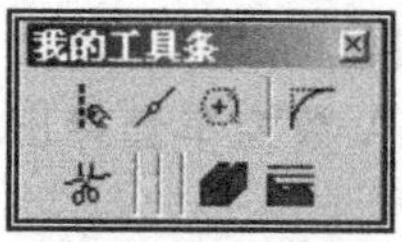

图 5-6　新定制的工具条

拖到新建的“我的工具”工具条中。

单击“命令”设置项，选择“类别”中的“编辑”，在“命令”栏中显示功能列表。把“删除”图标拖到自定义的“我的工具条”中(如果是从“线面编辑工具条”中拖动，应同时按住Ctrl键拖动)。重复上述操作，把其他功能按钮按照自己的意愿拖到“我的工具条”中，最后结果如图 5-6 所示。

如果希望以菜单的形式出现，可以在工具条中单击左键选取图标，单击右键弹出菜单，如图 5-7（a）所示。在弹出菜单中有多项选择，如果选择“文本”项，则在“我的工具条”

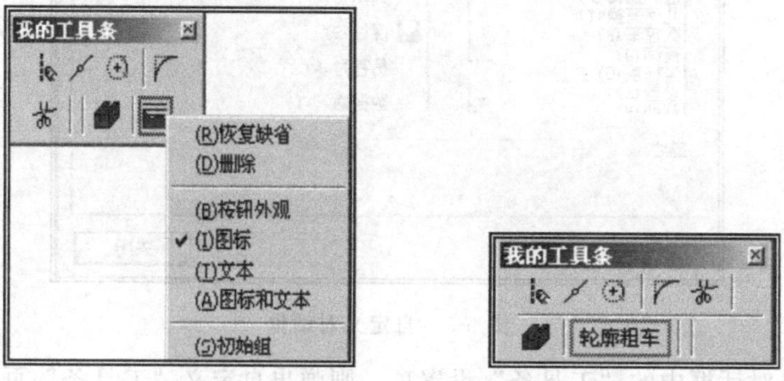

(a)　　(b)

图 5-7　带菜单的工具条定制方法

中，由原来的图标变为文本菜单项（轮廓粗车），如图5-7（b）所示。

五、状态栏

状态栏位于绘图窗口的底部，用来反映当前的绘图状态。状态栏左端是命令提示栏，提示用户当前动作；状态栏中部为操作指导栏和工具状态栏，用来指出用户的不当操作和当前的工具状态；状态栏的右端是当前光标的坐标位置。

六、立即菜单与快捷菜单

CAXA数控车在执行某些命令时，会在特征树下方弹出一个选项窗口，称为立即菜单。立即菜单描述了该项命令的各种情况和使用条件。用户根据当前的作图要求，正确地选择某一选项，即可得到准确的响应。图5-8为执行“直线”命令时所出现的立即菜单。

用户在操作过程中，在界面的不同位置单击鼠标右键，即可弹出不同的快捷菜单。利用快捷菜单中的命令，用户可以快速、高效地完成绘图操作。

七、工具菜单

工具菜单是将操作过程中频繁使用的命令选项，分类组合在一起而形成的菜单。当操作中需要某一特征量时，只要按下空格键，即在屏幕上弹出工具菜单。工具菜单包括点工具菜单和选择集工具菜单两种。

① 点工具菜单　用来选择具有几何特征的点的工具，如图5-9所示。

② 选择集工具菜单　用来拾取所需元素的工具，如图5-10所示。

图5-8　直线的立即菜单

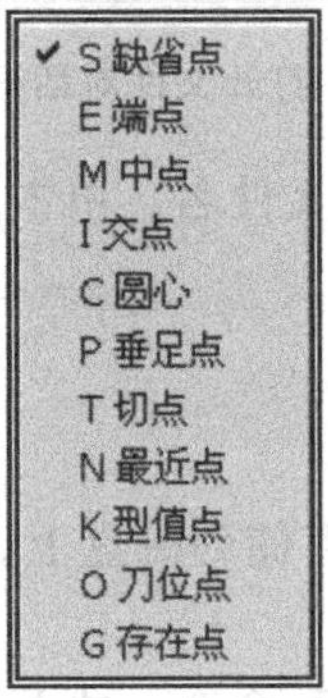

图5-9　点工具菜单

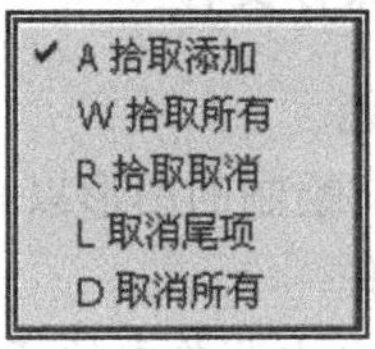

图5-10　选择集工具菜单

第二节　文件管理

一、建立新文件

1. 功能

创建一个新的CAXA数控车文件。

2. 操作

单击主菜单中的【文件】→【新建】命令，或单击标准工具栏中的“新建”图标。

3. 说明

建立一个新文件后，用户即可以进行图形绘制和轨迹生成等各项功能的操作。当前的所有操作结果都被记录在内存中，只有在进行存盘操作以后，前面的工作结果才会被永久地保存下来。

二、打开文件

1. 功能

打开一个已有的数据文件。

2. 操作

① 单击主菜单中的【文件】→【打开】命令，或单击标准工具栏中的“打开”图标，系统弹出“打开”对话框，如图 5-11 所示。

图 5-11　打开文件对话框

② 选择相应的文件目录、文件类型和文件名，单击 打开 按钮，打开文件。

三、保存文件

1. 功能

将当前绘制的图形以*.mxe 文件形式存储到磁盘上。

2. 操作

① 单击主菜单中的【文件】→【保存】命令，或单击标准工具栏中的“保存”图标。

② 如果当前文件名不存在，则系统弹出“存储文件”对话框，选择相应的文件目录、文件类型和文件名后，单击 保存 按钮即可；如果当前文件名存在，则系统直接按当前文件名存盘。

3. 说明

在绘制图形时应注意及时存盘，避免因意外断电或机器故障造成图形丢失。

四、另存为

1. 功能

将当前绘制的图形另取一个文件名存储到磁盘上。

2. 操作

① 单击主菜单中的【文件】→【另存为】命令，系统弹出“存储文件”对话框。

② 选择相应的文件目录、文件类型和文件名后，单击[保存]按钮。

五、接口

CAXA数控车的接口是指与其他CAD/CAM文档和规范的衔接能力。CAXA数控车充分考虑数据的冗余度、不同数据的轻重缓急，优化成特有的MXE文件。同时，可兼容CAXA-ME1.0，2.0，2.1版本文件。

CAXA数控车接口的能力非常出色，不仅可以直接打开X_T和X_B（PARASOLIDDE实体数据）文件，而且可以输入DXF数据文件、IGES数据文件（标准数据接口格式）、DAT数据文件（自定义数据文本文件格式）；也可以输出DXF、IGES、X_T、X_B、SAT、WRL、EXB文件，为其他应用软件所使用，为Internet的浏览器和数据传输服务。

例1 将CAXA数控车*.mex文件（图5-12），转换为CAXA电子图板*.exb-Eb文件。

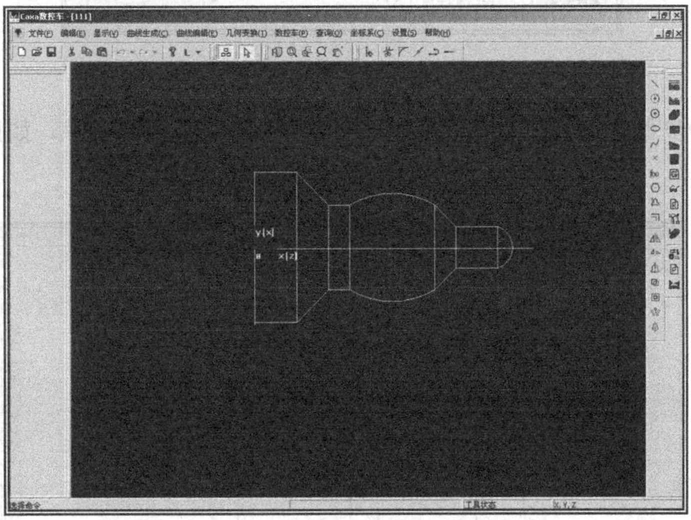

图5-12 CAXA数控车中的*.mex文件

操作步骤如下。

① 单击主菜单中的【文件】→【数据输出】命令，系统弹出“另存为”对话框，如图5-13

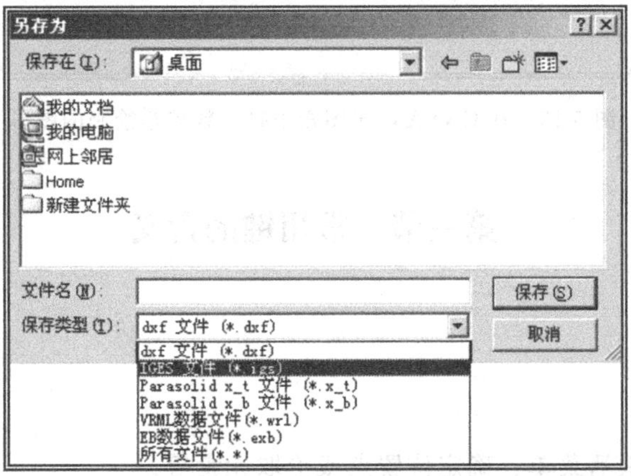

图5-13 “另存为”对话框

所示。

② 选取保存相应的文件目录“桌面”和文件名“A”，并在保存类型中选择 IGES (*.igs) 文件类型，单击保存按钮，完成文件的输出保存操作。

③ 打开 CAXA 电子图板，单击主菜单中的【文件】→【数据接口】→【IGES 数据读入】命令，弹出“打开 IGES 文件”对话框，如图 5-14 所示。

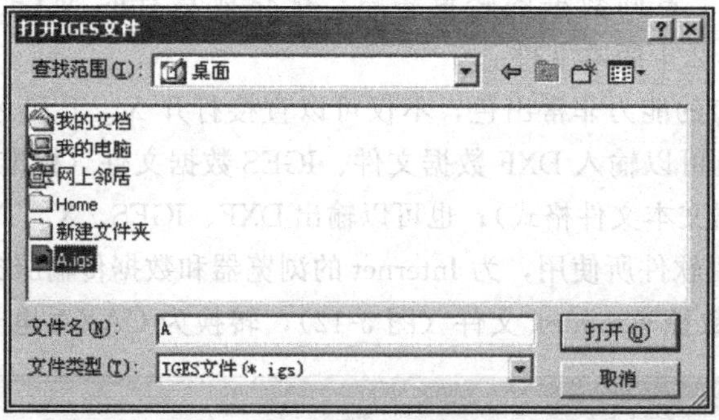

图 5-14　打开 IGES 文件对话框

④ 选择第②步保存过的文件“A. igs”，单击打开按钮打开文件，如图 5-15 所示。这样就完成了由*. mex 文件向 CAXA 电子图板*. exb-Eb 文件的转换。

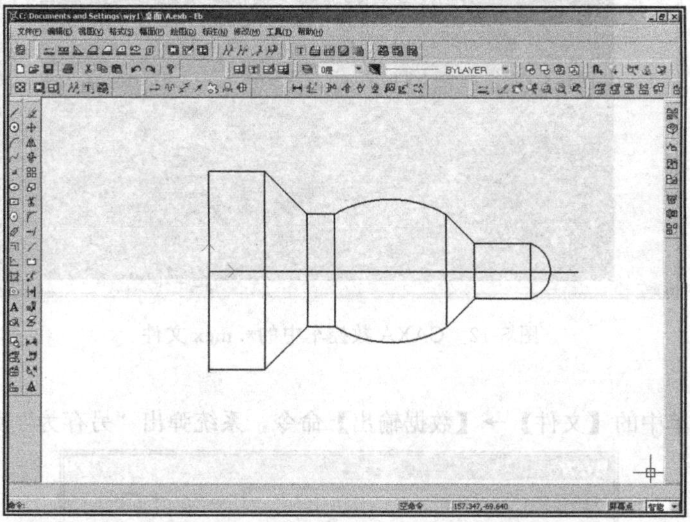

图 5-15　在 CAXA 电子图板中打开数控车绘制的图形

第三节　常用键的含义

一、鼠标键

1. 鼠标左键

用鼠标左键可以激活菜单、确定位置点或拾取元素等。

例如，要运行画直线功能，操作步骤如下。

① 先把光标移动到“直线”图标＼上，单击鼠标左键，激活画直线功能。这时，在状态栏中出现下一步提示“输入起点:”。

② 把光标移动到绘图区，单击鼠标左键，输入一个位置点；再根据提示输入第二个位置点，即生成一条直线。

2. 鼠标右键

用鼠标右键可以确认拾取、结束操作或终止命令等。

例如，在删除几何元素时，当拾取要删除的元素后，单击鼠标右键，则被拾取的元素即被删除。

又如，在生成样条曲线的功能中，当顺序输入一系列点后，单击鼠标右键，即结束输入点的操作，生成该样条曲线。

二、回车键和数字键

在CAXA数控车中，当系统要求输入点时，回车键[ENTER]可以激活一个坐标输入条，在输入条中用数字键可以输入坐标值。如果坐标值以@开始，表示一个相对于前一个输入点的相对坐标。在某些情况也可以输入字符串，如12*sin30°等。

三、功能键

CAXA数控车为用户提供热键操作。对于熟悉CAXA数控车的用户，热键将极大地提高工作效率。

① [F1]键　请求系统帮助。

② [F2]键　草图器。用于绘制草图状态与非绘制草图状态的切换。

③ [F3]键、[Home]键　显示全部图形。

④ [F4]键　刷新屏幕显示图形。

⑤ [F5]键　将当前平面切换至XOY面，同时将显示平面置为XOY面，将图形投影到XOY面内进行显示。

⑥ [F6]键　将当前平面切换至YOZ面，同时将显示平面置为YOZ面，将图形投影到YOZ面内进行显示。

⑦ [F7]键　将当前平面切换至XOZ面，同时将显示平面置为XOZ面，将图形投影到XOZ面内进行显示。

⑧ [F8]键　按轴测图方式显示图形。

⑨ [F9]键　切换当前作图平面（XY、XZ、YZ），重复按[F9]键，可以在三个平面之间切换，但不改变显示平面。

⑩ 方向键[←]、[↑]、[→]、[↓]　显示平移。

⑪ [Shift]键＋方向键[←]、[↑]、[→]、[↓]　显示旋转。

⑫ [Ctrl]键＋[↑]键、[Page Up]键　显示放大。

⑬ Ctrl键+↓键、Page Down键　显示缩小。

⑭ Esc键　可终止执行大多数指令。

四、快捷键

1. 预定义快捷键

CAXA 数控车预定义了一些快捷键，如“新建”（Ctrl+N）、“打开”（Ctrl+O）、“保存”（Ctrl+S）、“退出”（Alt+X）等，用户可以在主菜单中找到它们。

2. 自定义快捷键

根据用户的操作习惯和需要，定义自己的快捷键。

例 2　自定义“元素不可见”命令的快捷键。

① 单击主菜单中的【设置】→【自定义】命令，弹出“自定义”对话框，如图 5-16（a）所示。

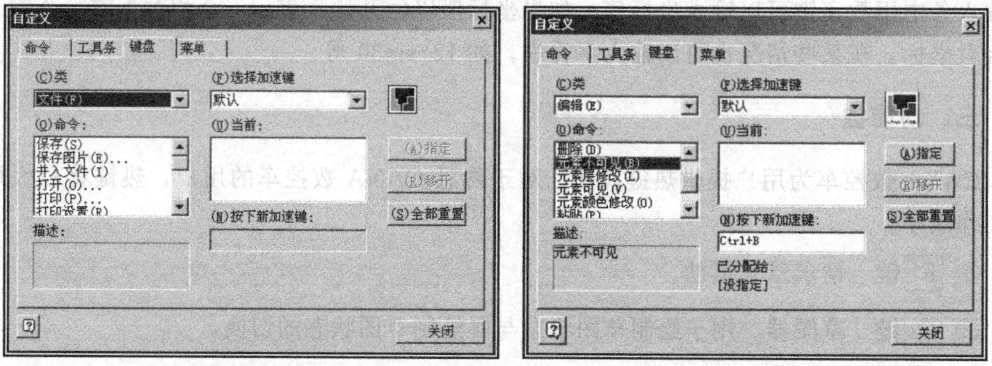

(a)　(b)

图 5-16　自定义“元素不可见”命令的快捷键

② 单击“键盘”选项卡，在“类”下拉列表框中选择“编辑”，单击“命令”列表框的滚动条，选择“元素不可见”选项。

③ 将光标放在“按下新加速键”输入框内，按下Ctrl+B键，该框中显示“Ctrl+B”，如图 5-16（b）所示。

④ 单击指定按钮，Ctrl+B自定义为元素不可见即隐藏命令的快捷键。

第四节　设　　置

一、当前颜色

1. 功能

设置系统当前颜色。在此之后生成的曲线以当前颜色显示。

2. 操作

有两种操作方法。

① 单击主菜单中的【设置】→【当前颜色】命令，或单击“当前颜色”图标，系统弹出“颜色管理”对话框，如图 5-17 所示。选择一种基本颜色或扩展颜色中的任意颜色，单击确定按钮。

② 单击主菜单中的【设置】→【当前颜色】命令，或单击“当前颜色”图标，系统弹出“颜色管理”对话框，如图 5-18 所示。选择一种基本颜色或扩展颜色中的任意颜色，则在与层同色按钮右边图框中的颜色也作出了相应变化。单击确定按钮，标准工具栏中的图标变成了图标。

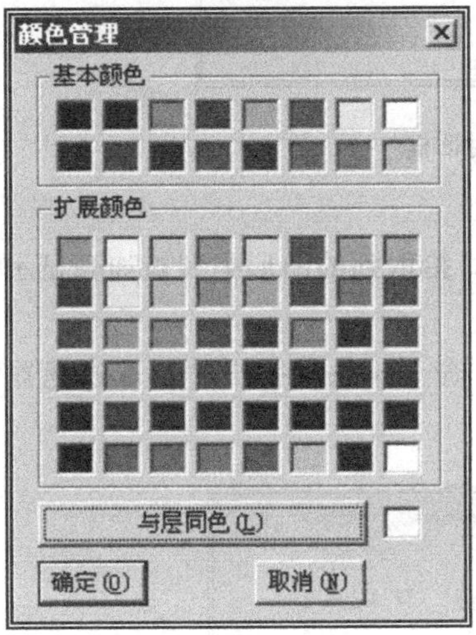

图 5-17 “颜色管理”对话框（1）

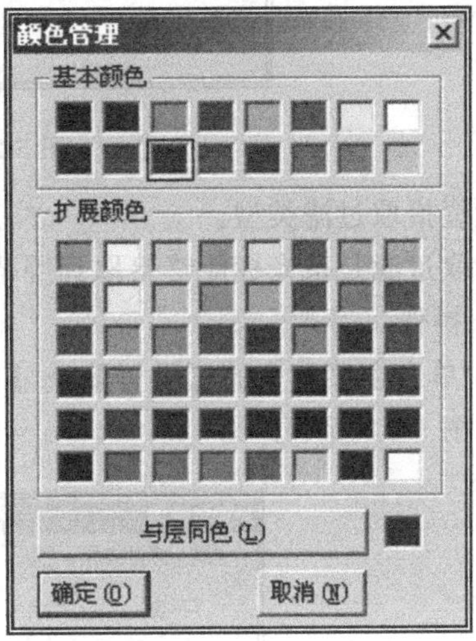

图 5-18 “颜色管理”对话框（2）

③ 单击“当前颜色”图标右边的图标，系统弹出如图 5-19 所示的下拉菜单。显然，采用图标设置的颜色比采用图标设置的颜色少得多。

二、层设置

1. 功能

修改或查询图层信息。

2. 操作

① 单击主菜单中的【设置】→【层设置】命令，系统弹出“图层管理”对话框，如图 5-20 所示。

② 选定某个图层，双击相应选项，即可对其进行修改。

③ 单击对话框右侧相应按钮，即可进行相应操作。

3. 说明

图层是将设计中的图形对象分类进行组织管理的重要方法。将图形对象分类放置在不同的图层上，并设置不同的图层颜色、状态、可见性等特征，可起到方便操作、图面清晰、防止误操作等作用。

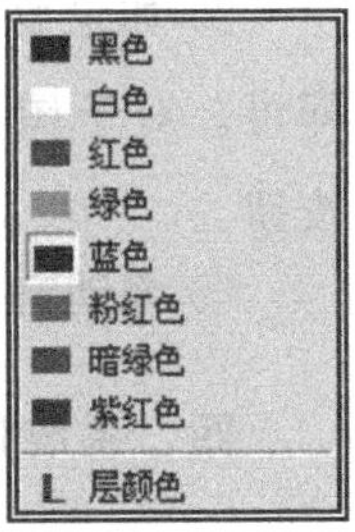

图 5-19　快捷颜色管理对话框

三、拾取过滤设置

1. 功能

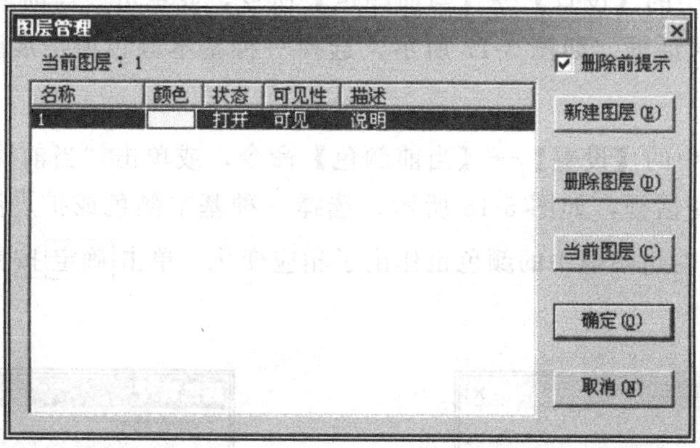

图 5-20 “图层管理”对话框

设置拾取过滤类型。

拾取过滤是指光标能够拾取到屏幕上的图形类型，拾取到的图形类型被加亮显示。

2. 操作

① 单击主菜单中的【设置】→【拾取过滤设置】命令，系统弹出“拾取过滤器”对话框，如图 5-21 所示。

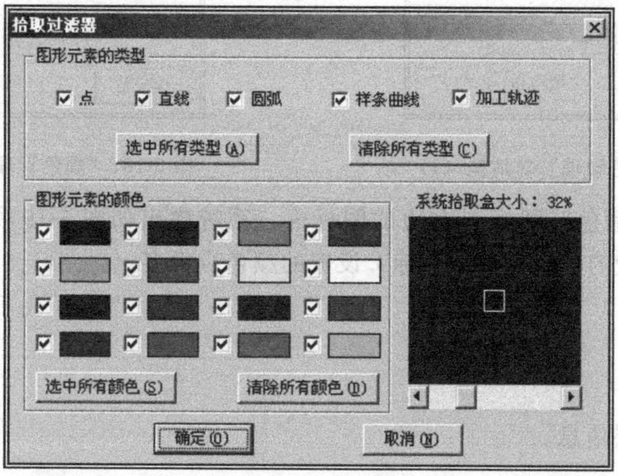

图 5-21 拾取过滤设置对话框

② 如果要修改图形元素的类型、图形元素的颜色，只要直接单击项目对应的复选框即可。对于图形元素的类型和图形元素的颜色，可单击下方的选择所有和清除所有按钮。

③ 拖动窗口右下方的滚动条可以修改拾取盒的大小。

四、系统设置

单击主菜单中的【设置】→【系统设置】命令，弹出“系统设置”对话框。根据绘图的需要，用户可以对系统的默认设置参数进行修改。其环境设置和参数设置如图 5-22、图 5-23 所示。

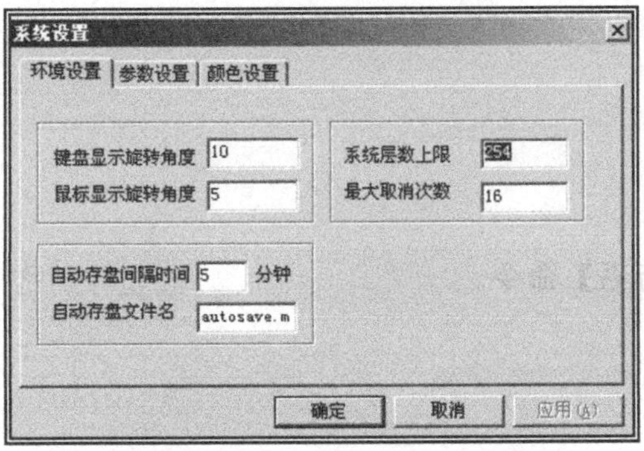

图 5-22　环境设置对话框

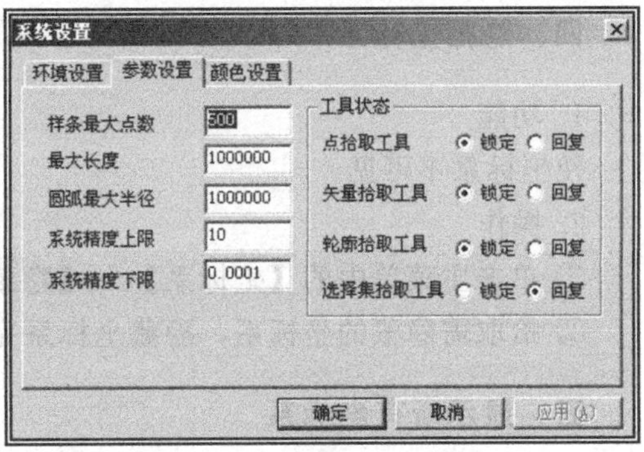

图 5-23　参数设置对话框

第五节　坐　标　系

为了方便用户操作，CAXA 数控车提供了坐标系功能。系统允许用户同时存在多个坐标系，其中正在使用的坐标系称为“当前坐标系”，其坐标架为红色，其他坐标架为白色。

一、创建坐标系

1. 功能

建立一个新的坐标系。

2. 操作

单击主菜单中的【坐标系】→【创建坐标系】命令，状态栏提示：“输入坐标原点”。在绘图区选取合适位置单击，则该点即为坐标原点。状态栏提示：“输入 X+方向上一点”，在绘图区选取合适位置单击。状态栏提示：“输入一点（确定 XOY 面及 Y+轴方位）”，再在绘图区选取合适位置单击，即可创建新的坐标系。

二、激活坐标系

1. 功能

将某一坐标系设置为当前坐标系。

2. 操作

单击主菜单中的【坐标系】→【激活坐标系】命令，在绘图区拾取要激活的坐标系，该坐标系被激活，坐标架红色亮显。

三、删除坐标系

1. 功能

删除用户创建的坐标系。

2. 操作

单击主菜单中的【坐标系】→【删除坐标系】命令，在绘图区拾取要删除的坐标系，该坐标系即被删除。

四、隐藏坐标系

1. 功能

使坐标系不可见。

2. 操作

① 单击主菜单中的【坐标系】→【隐藏坐标系】命令。

② 拾取需隐藏的坐标系，隐藏坐标系完成。

五、显示所有坐标系

1. 功能

使所有坐标系都可见。

2. 操作

单击主菜单中的【坐标系】→【显示所有坐标系】命令，所有坐标系都可见。

第六节 显示控制

CAXA数控车软件为用户提供了绘制图形的显示命令，它们只改变图形在屏幕上显示的位置、比例、范围等，不改变原图形的实际尺寸。图形的显示控制在图形绘制和编辑过程中，需要经常使用。

一、显示重画

1. 功能

刷新当前屏幕所有图形。

2. 操作

① 单击显示工具栏中的“重画”图标，或单击F4键，或按键盘的方向键←、→。

② 系统对显示图形进行一次强制刷新。

3. 说明

经过一段时间的操作后，在绘图区中会留下一些操作痕迹的显示，影响后续操作和图面的美观。使用重画功能，可对屏幕进行刷新，清除屏幕垃圾，使屏幕变得整洁美观。

二、显示全部

1. 功能

将当前绘制的所有图形全部显示在屏幕绘图区内。

2. 操作

单击主菜单中的【显示】→【显示全局】命令，或单击“显示全局”图标，或单击F3键。

三、显示放大

1. 功能

将通过拖动边界框选取的视图范围，充满绘图区显示。

2. 操作

① 单击主菜单中的【显示】→【显示放大】命令，或单击“显示放大”图标。

② 将指针放在要放大区域的一角上，单击左键，拖动光标，出现一个动态显示的窗口，窗口所确定的区域就是即将被放大的部分。单击左键，选中区域内的图形充满绘图区。

四、显示远近

1. 功能

将绘制的图形进行放大或缩小。

2. 操作

① 单击主菜单中的【显示】→【显示远近】命令，或单击“远近显示”按钮。

② 按住左键向左上或右上方拖动鼠标，图形将跟着鼠标的拖动而动态放大或缩小。

五、显示平移

1. 功能

将显示的图形移动到所需的位置。

2. 操作

① 单击主菜单中的【显示】→【显示平移】命令，或单击“平移”图标。

② 按住左键并拖动鼠标，显示图形将跟随鼠标产生移动。

3. 说明

也可以使用←、↑、→、↓四个方向键平移图形。

第七节 查　询

CAXA数控车为用户提供了查询功能，可以查询坐标、距离、角度、元素属性等内容。

一、查询坐标

1. 功能

查询各种工具点方式下的坐标。

2. 操作

① 单击主菜单中的【查询】→【坐标】命令。

② 在绘图区拾取所需查询的点，系统弹出“查询结果”对话框，对话框内依次列出被查询点的坐标值。

二、查询距离

1. 功能

查询任意两点之间的距离。

2. 操作

① 单击主菜单中的【查询】→【距离】命令。

② 拾取待查询的两点，系统弹出“查询结果”对话框。列出被查询两点的坐标值、两点间的距离，以及第一点相对于第二点 X 轴、Y 轴上的增量。

三、查询角度

1. 功能

查询两直线夹角和圆心角。

2. 操作

① 单击主菜单中的【查询】→【角度】命令。

② 拾取两条相交直线或一段圆弧后，系统弹出“查询结果”对话框，列出被查询的两直线夹角，或圆弧所对应圆心角的度数及弧度。

四、查询元素属性

1. 功能

查询拾取到的图形元素属性，这些元素包括点、直线、圆、圆弧、公式曲线、椭圆等。

2. 操作

① 单击主菜单中的【查询】→【元素属性】命令。

② 拾取几何元素（可单个拾取，也可框选拾取），拾取完毕后单击右键，系统弹出“查询结果”对话框，将查询到的图形元素按拾取顺序依次列出其属性。

思考与练习（五）

一、思考题

(1) CAXA 数控车界面由哪几部分组成？它们分别有什么作用？

(2) 在 CAXA 数控车中，鼠标左键和鼠标右键的作用分别有哪些？

(3) 在 CAXA 数控车中，当按下 F6 键时，屏幕显示将发生什么变化？

(4) 如果某个功能栏不在 CAXA 数控车界面中，采用什么方法可以使它显示在界面中？

(5)“新建”与“打开”、“保存”与“另存为”命令有何区别？

二、填空题

(1) 工具菜单是将操作过程中频繁使用的命令选项，分类组合在一起而形成的菜单。当操作中需要某一特征量时，只要单击________键，即在屏幕上弹出工具菜单。工具菜单包括________工具菜单和________工具菜单两种。

(2) 在 CAXA 数控车系统的功能键中，请求系统帮助按________键，草图器按________键，显示全部图形按________键。

(3) CAXA 数控车为用户提供了查询功能，可以查询________、________、________、和________等内容。

三、选择题

(1) 工具菜单是将操作过程中频繁使用的命令选项，分类组合在一起而形成的菜单。当操作中需要某一特征量时，只要按下空格键，即在屏幕上弹出工具菜单。工具菜单包括（　　）两种。

A. 点工具菜单和选择集工具菜单　　B. 立即菜单和点菜单

C. 快捷菜单和选择集工具菜单

(2) 工具条是 CAXA 数控车提供的一种调用命令的方式，它包含多个由图标表示的命令按钮，单击这些图标按钮，可以调用相应的命令。CAXA 数控车提供的工具条有（　　）。

A. 标准工具、显示工具、曲线工具、状态、工具条

B. 数控车、仿真控制、线面编辑

C. 以上两项都有

(3) 鼠标左键的功能是（　　）。

A. 激活画直线

B. 确认拾取、结束操作或终止命令

C. 激活菜单、确定位置点或拾取元素

(4) 用于绘制草图状态与非绘制草图状态的切换键是（　）。

A. F1键　B. F2键　C. F4键

(5) CAXA 数控车预定义了一些快捷键，其中“打开”用（　）表示。

A. Ctrl＋O　B. Ctrl＋S　C. Alt＋X

第六章　CAXA 数控车造型设计

对于计算机辅助设计与制造软件来说，需要先有加工零件的几何模型，然后才能形成用于加工的刀具轨迹。几何模型的来源主要有两种，一是由 CAM 软件附带的 CAD 部分直接建立，二是由外部文件转入。对于转入的外部文件，很可能出现图线散乱或在曲面接合位置产生破损，这些修补工作只能由 CAM 软件来完成。而对于直接在 CAM 软件中建立的模型，则不需要转换文件，只需结合不同的模型建立方式，产生独特的刀具轨迹。因此，CAM 软件大多附带完整的几何模型建构模块。

CAXA 数控车软件提供了建立几何模型的功能。在 CAXA 数控车中，点、直线、圆弧、样条、组合曲线的曲线绘制或编辑，其功能意义相同，操作方式也一样。由于不同种类曲线组合的目的不一样，不同状态的曲线功能组合也不尽相同。本章主要介绍如何生成和编辑这些几何元素。

第一节　基本图形造型

CAXA 数控车中，曲线有点、直线、圆弧、样条、组合曲线等类型。在曲线生成工具条中，大部分曲线功能都有相应的工具按钮，如果应用界面上没有“曲线生成”工具条，则有两种方法可以使“曲线工具”条出现。一是在菜单条或其他工具条空白处单击右键，得到如图 6-1 所示的菜单项，选择“曲线生成”菜单项，在“曲线生成”菜单项前打上☑，则在界面上出现“曲线工具”栏；二是单击图 6-1 中的“自定义”菜单项，或单击主菜单中的【设置】→【自定义】命令，CAXA 数控车会弹出“自定义”对话框（图 6-2），在工具条中的“曲线工具”前面的复选框中打☑，单击 关闭 按钮，也会在界面上出现“曲线工具”栏。

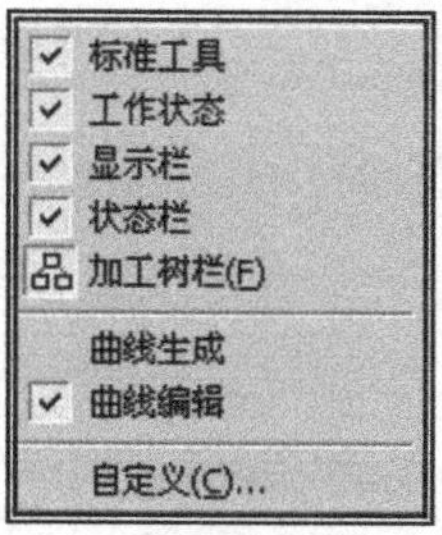

图 6-1　选择工具条菜单项

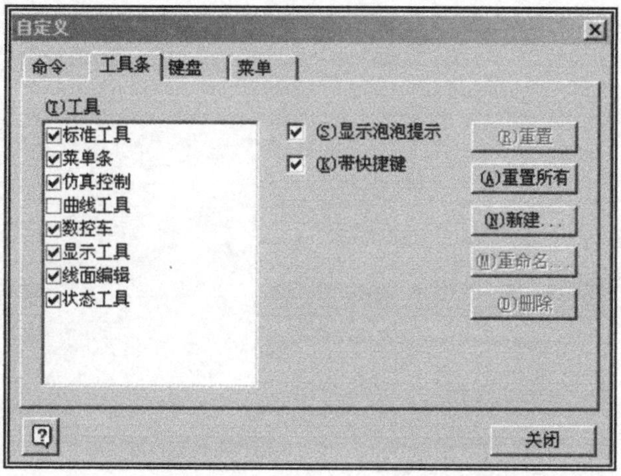

图 6-2　“自定义”工具条页面

一、点

(一) 点的输入方法

1. 键盘输入

(1) 功能

输入已知坐标的点。

(2) 操作

单击曲线工具栏中的“点”图标，即可激活点生成功能。进行以下两种操作方法之一，才能完成点的输入。

方法1　按Enter键，系统在屏幕中心位置弹出数据输入框，通过键盘输入点的坐标值，系统将在输入框内显示输入的内容；再次按Enter键，完成点的输入。

方法2　利用键盘直接输入点的坐标值，系统在屏幕中心位置弹出数据输入框，并显示输入内容，输入完成后，单击Enter键，完成点的输入。

注意：利用方法2输入时，虽然省去了单击Enter键的操作，但当使用省略方式输入数据的第一位时，该方法无效。

(3) 说明

点在屏幕上的坐标有绝对坐标和相对坐标两种方式，它们在输入方法上有所不同。前面已经介绍过，在绘图区的中心有一个绝对坐标系，其坐标原点为(0.0，0.0，0.0)。在没有定义用户坐标系之前，由键盘输入的点的坐标都是绝对坐标，是相对于绝对坐标系原点的相对坐标值。

如果用户定义了用户坐标系，且该坐标系被置为当前工作坐标系，在该坐标系下输入的坐标为用户坐标系的绝对坐标值。

在CAXA数控车中，坐标的表达方式有以下三种。

① 用绝对坐标表达　绝对坐标的输入方法很简单，可直接通过键盘输入X、Y、Z坐标，各坐标值之间必须用逗号隔开。

表达方式包括完全表达和不完全表达两种。

- 完全表达　将X、Y、Z三个坐标全部表示出来，数字间用逗号分开。例如，“30，50，40”分别代表坐标X=30、Y=50、Z=40的点。
- 不完全表达　将X、Y、Z三个坐标省略方式，当其中一个坐标值为零时，该坐标可省略，其间用逗号隔开即可。例如，坐标“40，0，0”可以表示为“40”；坐标“30，0，40”可以表示为“30，，40”；坐标“0，0，40”可以表示为“，，40”。

② 用相对坐标表达　相对坐标是指相对当前点的坐标，与坐标系原点无关。输入时，为了区分不同性质的坐标，系统规定：输入相对坐标时，必须在第一个数值前面加上符号“@”。“@”的含义为：后面的坐标值是相对于当前点的坐标。采用相对坐标的输入方式，也可使用完全表达和不完全表达两种方法。例如，输入一个“@20，15，36,”，它表示相对当前点来说，输入了一个X=20、Y=15、Z=36的点。当前点是前一次使用的点，在按下“@”之后，系统以黄色方块点显示当前点。又如，输入一个“@20，36”，它表示相对当前点来说，输入了一个X=20、Z=36的点。

③ 用函数表达式表达　将表达式的计算结果，作为点的坐标值输入。如输入坐标“80/

2，40*2，120*sin（30）”，等同于计算后的坐标值为“40，80，60”。

用户在输入任何一个坐标值时，均可利用系统提供的表达式功能，直接输入表达式。例如，“123.45/4*sin（36），-45.67*cos（67），3.9*4.5”，而不必事先计算好各分量的值。

本系统具有计算机功能，它不仅能进行加、减、乘、除、平方、开方和三角函数等常用的数值计算，还能完成复杂表达式的计算。例如，60/91＋（44-35）/23；sqrt（23）；sin（70）等。

注意：在涉及角度的输入时，系统规定按角度输入，而不是弧度。

常用的计算符号及用法如下。

“＋”加号；“－”减号；“*”乘号；“/”除号。

sin 正弦函数，用法 SIN（X）。

cos 余弦函数，用法 COS（X）。

tan 正切函数，用法 TAN（X）。

arcsin 反正弦函数，用法 ARCSIN（X）。

arccos 反余弦函数，用法 ARCCOS（X）。

arctan 反正切函数，用法 ARCTAN（X），值域［$-\pi/2$，$\pi/2$］。

arctan2 反正切函数，用法 ARCTAN2（Y，X），值域［$-\pi$，π］。

ln 计算自然对数值，用法 LN（X）。

lg 计算以 10 为底的对数值，用法 LG10（X）。

pow 计算 x^y 的值，用法 POW（X，Y）。

exp 计算 e^x 的值，用法 EXP（X）。

sinh 双曲正弦函数，用法 SINH（X）。

cosh 双曲余弦函数，用法 COSH（X）。

tanh 双曲正切函数，用法 TANH（X）。

ceil 用法 CEIL（X），表示大于或等于 x 的最小函数。

floor 用法 FLOOR（X），表示求 x 除以 y 所得到的余数。

sqrt 开平方，用法 SQRT（X）。

例 1 绘制如图 6-3 所示的封闭折线图形。

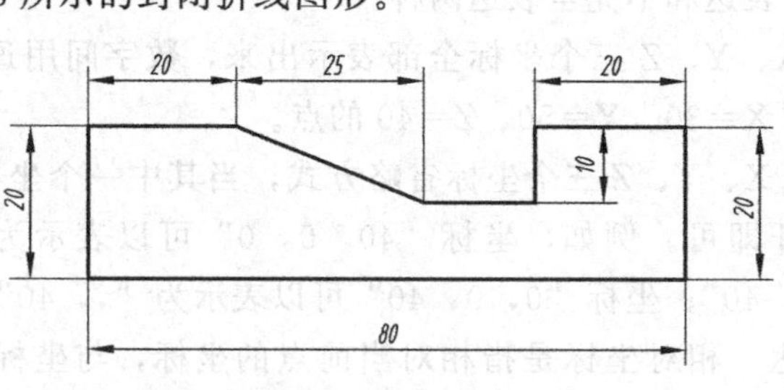

图 6-3 封闭折线

绘图步骤如下。

① 单击曲线工具栏中的“直线”图标。

② 在立即菜单中依次设置选项为“两点线”、“连续”和“非正交”。

③ 采用绝对坐标的完全表达方式输入第一点。按 Enter 键，此时，屏幕中心出现数据输入框，使用键盘输入第一点坐标“0，0，0”，再次按 Enter 键。

④ 采用绝对坐标的不完全表达方式输入第二点。按 Enter 键或直接输入“80”，按 Enter 键。

⑤ 采用相对坐标的不完整方式直接输入其他点。

@0，20 ↙（↙表示回车）

@－20 ↙

@，－10 ↙

@－15 ↙

@－25，10 ↙

@－20 ↙

@，－20 ↙

最后完成封闭折线图形绘制。

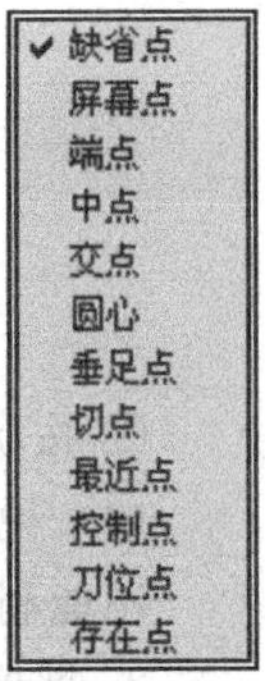

图 6-4　点工具菜单

2. 鼠标输入

（1）功能

用于捕捉图形对象的特征值点。

（2）操作

操作方法有以下两种。

使用工具点菜单　当需要输入特征值点时，按 Space 键，即空格键，弹出如图 6-4 所示的点工具菜单，选择合适的选项后，即可使用鼠标捕捉该类型的特征值点。

使用快捷键　当需要输入特征值点时，单击特征值点的快捷键，用鼠标捕捉该特征值点，即可完成点的输入。

注意：如果不希望每次都按空格键弹出工具点菜单，可以使用快捷键输入。建议使用该种方法输入点，可有效地提高作图效率。

（二）点方式

在绘制图形过程中，经常需要绘制辅助点，以帮助曲线、特征、加工轨迹等定位。CAXA 数控车提供了多种点的绘制方式。

单击主菜单中的【曲线生成】→【点】命令，或单击曲线工具栏中的“点”图标，在立即菜单中选择画点方式，根据状态栏提示，绘制点。

1. 单个点

（1）功能

生成孤立点，即所绘制的点不是已有曲线上的特征值点，而是独立存在的点。

（2）参数

① 工具点　利用点工具菜单生成单个点。

② 曲线投影交点　对于两条不相交的空间曲线，如果它们在当前平面的投影有交点，则生成该投影交点。

③ 曲面上投影点　对于一个给定位置的点，通过矢量工具菜单给定一个投影方向，可以在一张曲面上得到一个投影点。

④ 曲线曲面交点　可以求一条曲线和一个曲面的交点。

（3）操作

① 单击“点”图标，在立即菜单中选择“单个点”及其方式，如图 6-5（a）所示。

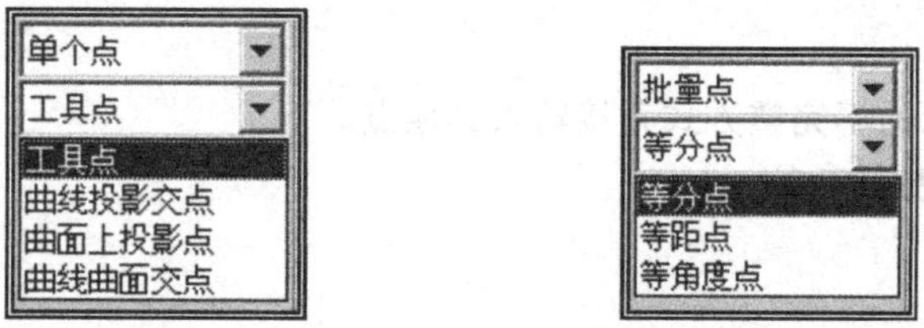

（a）单个点　　（b）批量点

图 6-5　点立即菜单

② 按状态栏提示操作，绘制孤立点。

（4）说明

不能利用切点和垂足点生成单个点。

2. 批量点

（1）功能

生成多个等分点、等距点或等角度点。

（2）操作

① 单击“点”图标，在立即菜单中选择“批量点”及“等分点”方式，如图 6-5（b）所示，输入数值。

② 按状态栏提示操作，生成点。

（三）点工具菜单

在交互过程中，常常会遇到输入精确定位点的情况。系统提供了点工具菜单（图 6-4），可以利用点工具菜单精确定位一个点。在进行点的捕捉操作时，可通过按空格键，弹出点工具菜单来改变拾取的类型。工具点的类型包括如下几种。

- 缺省点（F）　系统默认的点捕捉状态。它能自动捕捉直线、圆弧、圆、样条线的端点；直线、圆弧、圆的中点；实体特征的角点。快捷键为F。
- 屏幕点（S）　鼠标在屏幕上点取的当前平面上的点。快捷键为S。
- 中点（M）　可捕捉直线、圆弧、圆、样条曲线的中点。快捷键为M。
- 端点（E）　可捕捉直线、圆弧、圆、样条曲线的端点。快捷键为E。
- 交点（I）　可捕捉任意两曲线的交点。快捷键为I。
- 圆心点（C）　可捕捉圆、圆弧的圆心点。快捷键为C。
- 垂足点（P）　曲线的垂足点。快捷键为P。
- 切点（T）　可捕捉直线、圆弧、圆、样条曲线的切点。快捷键为T。
- 最近点（N）　可捕捉到光标覆盖范围内、最近曲线上距离最短的点。快捷键为N。
- 控制点（K）　可捕捉曲线的控制点。包括直线的端点和中点；圆、椭圆的端点、中点、象限点；圆弧的端点、中点；样条曲线的型值点。快捷键为K。
- 存在点（G）　用曲线生成中的点工具生成的独立存在的点。快捷键为G。

例如，在生成直线时，系统提示“输入起点:”后，按空格键就会弹出点工具菜单。根据所需要的方式，选择一种点定位方式就可以了。

用户也可以使用热键来切换到所需要的点状态。热键就是点工具菜单中每种点后面括号中的字母。

例如，在生成过圆心的直线时，需要定位一个圆的圆心。当系统提示“输入起点:”后，按 C 键就可以将“点”状态切换到“圆心点”状态。

各类点均可输入增量点，可用直角坐标系、极坐标系和球坐标系三者之一输入增量坐标，系统提供立即菜单、切换和输入数值。

在“缺省”点状态下，系统根据鼠标位置自动判断端点、中点、交点和屏幕点。进入系统时系统点状态为缺省点。

用户可以选择对工具点状态是否进行锁定，可在“系统参数设定”功能里根据用户需要和习惯选择相应的选项，如图 6-6 所示。若工具点状态锁定时，工具点状态一经指定就不改变，直到重新指定为止；但增量点例外，使用完后即恢复到非相对点状态；若选择不锁定工具点状态时，工具点使用一次之后即恢复到“缺省点”状态。用户可以通过系统底部的状态显示区了解当前的工具点状态。

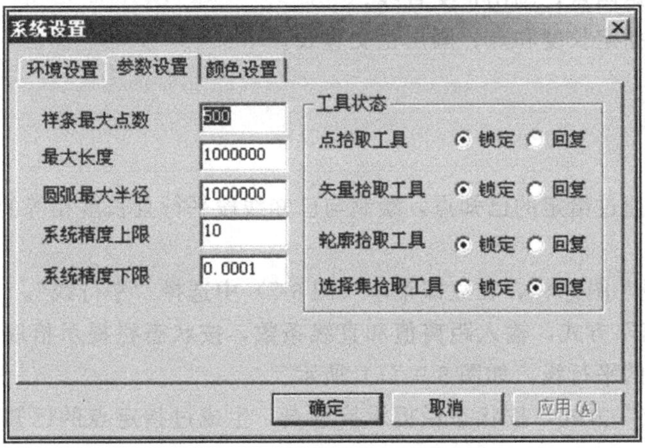

图 6-6　系统参数设置对话框

二、直线

直线是构成图形的基本要素之一。CAXA 数控车提供了六种绘制直线的方法。

单击主菜单中的【曲线生成】→【直线】命令，或单击“直线”图标，弹出直线的立即菜单。在立即菜单中单击“两点线”右边的▼，弹出绘制直线的六种方式，如图 6-7 所示。在立即菜单中选择不同方式，根据状态栏提示，绘制直线。

图 6-7　直线的立即菜单

（一）两点线

1. 功能

按给定两点绘制一条或多条、单个或连续直线。

2. 操作

① 单击“直线”图标，在立即菜单（图 6-7）中选择“两点线”。

② 设置两点线的绘制模式，如图 6-8 所示。

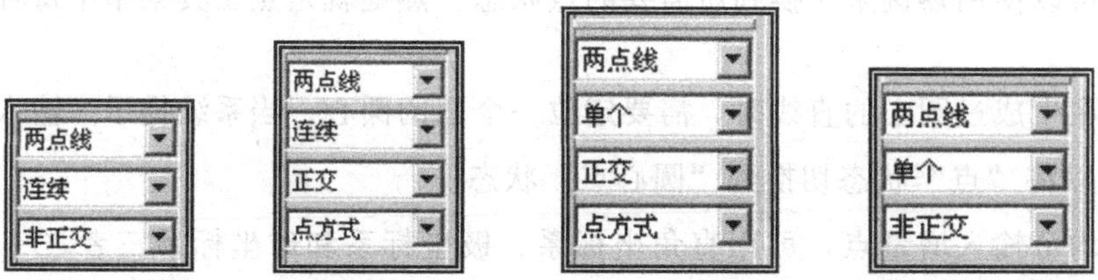

图 6-8　两点线模式

③ 按状态栏提示，给出（键盘输入或拾取）第一点和第二点，生成两点线。

3. 参数

- 连续　每段直线相互连接，前一段直线的终点为下一段直线的起点。
- 单个　每次绘制的直线相互独立，互不相关。
- 正交　所画直线与坐标轴平行。
- 非正交　可以画任意方向的直线，包括正交的直线。
- 点方式　指定两点，画出正交直线。
- 长度方式　指定长度和点，画出正交直线。

（二）平行线

1. 功能

按给定距离或通过给定的已知点，绘制与已知线段平行且长度相等的平行线段。

2. 操作

① 单击“直线”图标，在立即菜单（图 6-7）中选择“平行线”。

② 若为“距离”方式，输入距离值和直线条数，按状态栏提示拾取直线，给出等距方向，生成已知直线的平行线，如图 6-9（a）所示。

③ 若为“过点”方式，按状态栏提示拾取点，生成过指定点的已知直线的平行线，如图 6-9（b）所示。

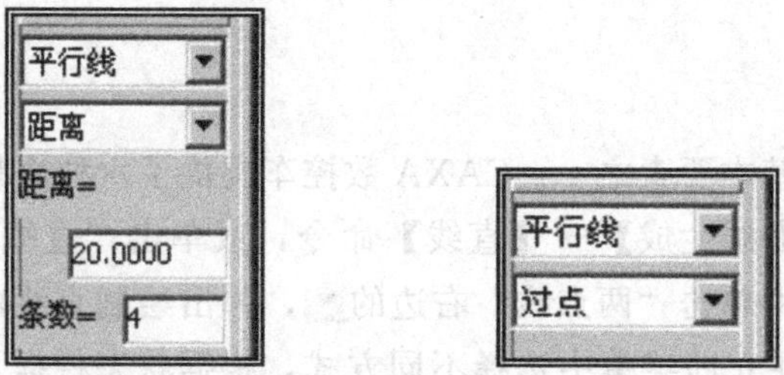

(a)　　(b)

图 6-9　平行线模式

（三）角度线

1. 功能

生成与坐标轴或一条直线成一定夹角的直线。

2. 操作

① 单击“直线”图标＼，在立即菜单（图 6-7）中选择“角度线”。

② 设置夹角类型和角度值，按状态栏提示，给出第一点，给出第二点或输入角度线长度，生成角度线，如图 6-10 所示。

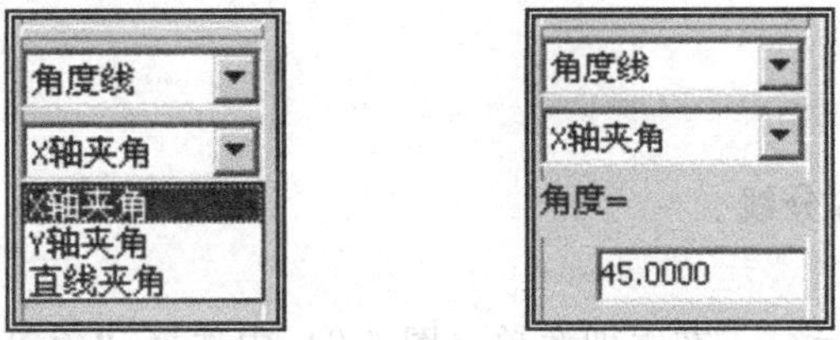

图 6-10　角度线模式

3. 参数

• 夹角类型　包括与 X 轴夹角、与 Y 轴夹角、与直线夹角。

• 角度　与所选方向夹角的大小。X 轴正向到 Y 轴正向的成角方向为正值。

例 2　作一条已知直线的角度线。

作图步骤如下。

① 单击“直线”图标＼，在立即菜单（图 6-7）中选择“角度线”。

② 选择“直线夹角”类型，“角度=45”，按状态栏提示，拾取已知直线，给出第一点，再给出第二点或输入角度线长度，生成与已知直线成 45°的角度线，如图 6-11 所示。

（四）切线/法线

1. 功能

过给定点作已知曲线的切线或法线。

2. 操作

① 单击“直线”图标＼，在立即菜单（图 6-7）中选择“切线/法线”。

② 选择切线或法线，给出长度值。

③ 拾取曲线，输入直线中点，生成指定长度的切线或法线如图 6-12 所示。

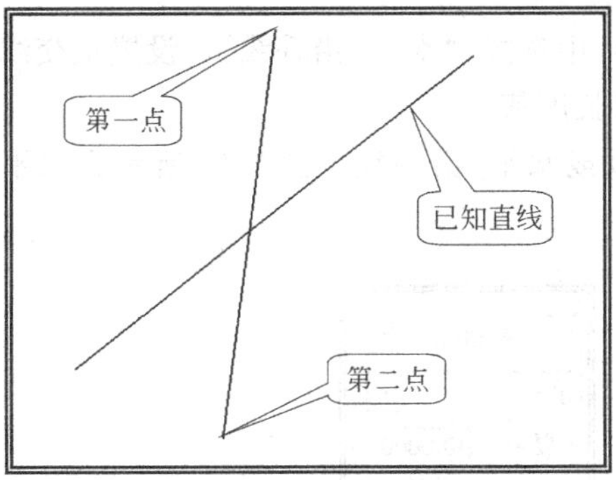

图 6-11　作已知直线的角度线

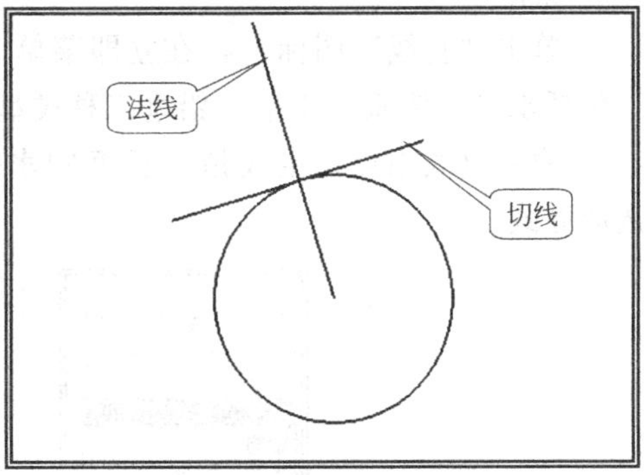

图 6-12　圆的切线/法线

3. 说明

① 作曲线的切线时，“切线”可以作出垂直于圆心与直线中心连线的垂线，输入直线中点可以在圆内、圆外、圆上。

② 作直线的切线时，“切线”可以作出直线的平行线。

③ 作曲线的法线时，“法线”可以作出圆心与直线中心的连线，输入直线中点可以在圆内、圆外、圆上。

④ 当作直线的法线时，“法线”可以作出直线的垂直线。

（五）角等分线

1. 功能

生成给定长度的角等分线。

2. 操作

① 单击“直线”图标╲，在立即菜单（图 6-7）中选择“角等分线”，输入等分份数和长度值，如图 6-13 所示。

② 拾取第一条直线和第二条直线，生成等分线，如图 6-14 所示。

图 6-13　角等分线模式

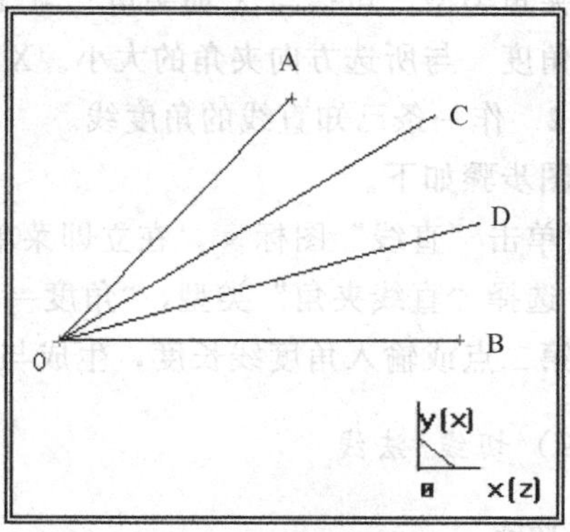

图 6-14　角等分线

（六）水平/铅垂线

1. 功能

生成平行或垂直于当前平面坐标轴给定长度的直线。

2. 操作

① 单击“直线”图标╲，在立即菜单（图 6-7）中选择“水平/铅垂线”，设置正交线类型（包括水平、铅垂、水平＋铅垂三种类型），给出长度值。

② 输入直线中点，生成指定长度的水平、铅垂或水平/铅垂线。图 6-15 所示为水平线的选取方式。

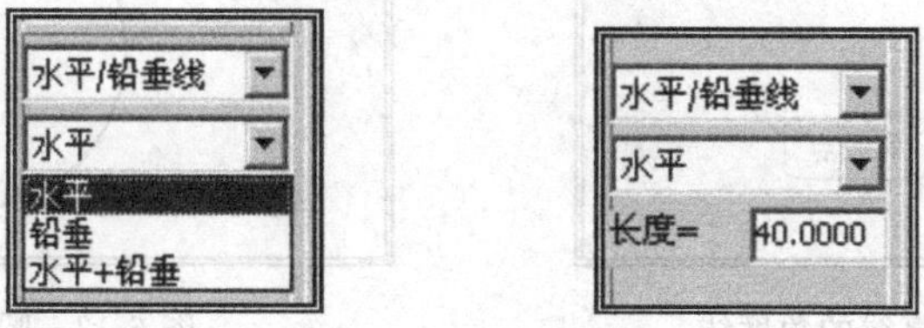

图 6-15　水平线模式

三、圆

圆是图形构成的基本要素之一。CAXA 数控车提供了三种绘制圆的方法。

单击主菜单中的【曲线生成】→【圆】命令，或单击“圆”图标，在立即菜单（图6-16）中选择画圆方式，根据状态栏提示，绘制整圆。

（一）“圆心_半径”画圆

1. 功能

绘制已知圆心和半径的圆。

2. 操作

① 单击“圆”图标，在立即菜单（图 6-16）中选择“圆心_半径”。

② 给出圆心点，输入圆上一点或圆的半径，生成整圆。

（二）“三点”画圆

1. 功能

过已知三点画圆。

2. 操作

① 单击“圆”图标，在立即菜单（图 6-16）中选择“三点”。

② 给出第一点、第二点、第三点，生成整圆。

（三）“两点_半径”画圆

1. 功能

绘制已知圆上两点和半径的圆。

2. 操作

① 单击“圆”图标，在立即菜单（图 6-16）中选择“两点_半径”。

② 给出圆上第一点、第二点、第三点或半径，生成整圆。

四、圆弧

圆弧是图形构成的基本要素，CAXA 数控车提供了六种圆弧的绘制方法，如图 6-17所示。

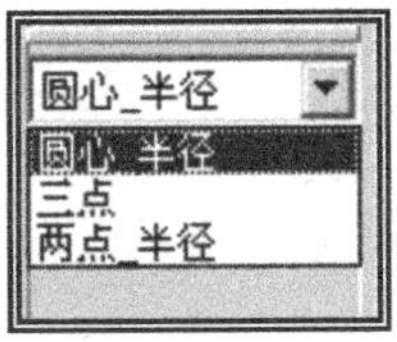

图 6-16　画圆的方式

图 6-17　画圆弧的方式

单击主菜单中的【曲线生成】→【圆弧】命令，或单击“圆弧”图标，在立即菜单中选择画圆弧方式，根据状态栏提示，绘制圆弧。

（一）“三点圆弧”画圆弧

1. 功能

过已知三点画圆弧，其中第一点为起点，第三点为终点，第二点决定圆弧的位置和方向。

2. 操作

① 单击“圆弧”图标，在立即菜单（图 6-17）中选择“三点圆弧”，则出现立即菜单，如图 6-18（a）所示。

（a）三点圆弧　（b）圆心＿起点＿圆心角　（c）圆心＿半径＿起终角

图 6-18　圆弧立即菜单（一）

② 给定第一点、第二点和第三点，生成圆弧。

（二）“圆心＿起点＿圆心角”画圆弧

1. 功能

绘制已知圆心、起点及圆心角或终点的圆弧。

2. 操作

① 单击“圆弧”图标，在立即菜单（图 6-17）中选择“圆心＿起点＿圆心角”，则出现立即菜单，如图 6-18（b）所示。

② 给定圆心、起点，给出圆心和弧终点所确定射线上的点，生成圆弧。

（三）“圆心＿半径＿起终角”画圆弧

1. 功能

由圆心、半径和起终角画圆弧。

2. 操作

① 单击“圆弧”图标，在立即菜单（图 6-17）中选择“圆心＿半径＿起终角”，则出现立即菜单，如图 6-18（c）所示。

② 给定起始角和终止角的数值。

③ 给定圆心，输入圆上一点或半径，生成圆弧。

（四）“两点＿半径”画圆弧

1. 功能

过已知两点，按给定半径画圆弧。

2. 操作

① 单击“圆弧”图标，在立即菜单（图 6-17）中选择“两点＿半径”，则出现立即菜单，如图 6-19（a）所示。

② 给定第一点、第二点、第三点或半径，绘制圆弧。

（五）“起点＿终点＿圆心角”画圆弧

1. 功能

(a) 两点 _ 半径　　(b) 起点 _ 半径 _ 圆心角　　(c) 起点 _ 半径 _ 起终角

图 6-19 圆弧立即菜单（二）

已知起点、终点和圆心角画圆弧。

2. 操作

① 单击“圆弧”图标，在立即菜单（图 6-17）中选择“起点 _ 终点 _ 圆心角”，则出现立即菜单，如图 6-19（b）所示。

② 给定起点和终点，生成圆弧。

（六）“起点 _ 半径 _ 起终角”画圆弧

1. 功能

由起点、半径和起终角画圆弧。

2. 操作

① 单击“圆弧”图标，在立即菜单（图 6-17）中选择“起点 _ 半径 _ 起终角”，则出现立即菜单，如图 6-19（c）所示。

② 给定起点和终点，生成圆弧。

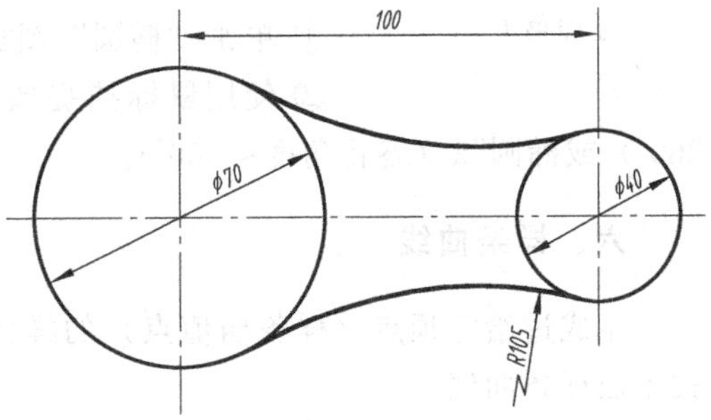

图 6-20 圆弧连接

例 3 绘制如图 6-20 所示的圆弧连接图形。

绘图步骤如下。

① 绘制直径 $\phi70$ 大圆。单击“圆”图标，在立即菜单中选择“圆心 _ 半径”方式，移动光标至指定点，单击左键，根据状态栏提示，键入半径 35。

② 绘制 $\phi40$ 小圆。单击右键，将画圆命令回退一步，移动光标至指定点，单击左键，输入半径 20，生成小圆，绘制结果如图 6-21 所示。

③ 绘制 $R105$ 圆弧。单击“圆弧”图标，在立即菜单中选择“两点 _ 半径”，单击 Space 键，选择“切点”或按 T 键，移动光标至大圆的 P1 点处，当光标显示为时，表示捕捉到圆，单击左键，拾取切点 1；采用同样方法，在小圆的 P2 点处单击左键，拾取切点 2，拖动光标，待出现如图 6-22 所示的预显圆弧时，键入圆弧半径 105，生成相切圆弧。

④ 单击右键，返回圆弧绘制命令。

⑤ 与步骤③方法相同，生成如图 6-20 所示的另一段相切圆弧，完成圆弧连接图形的绘制。

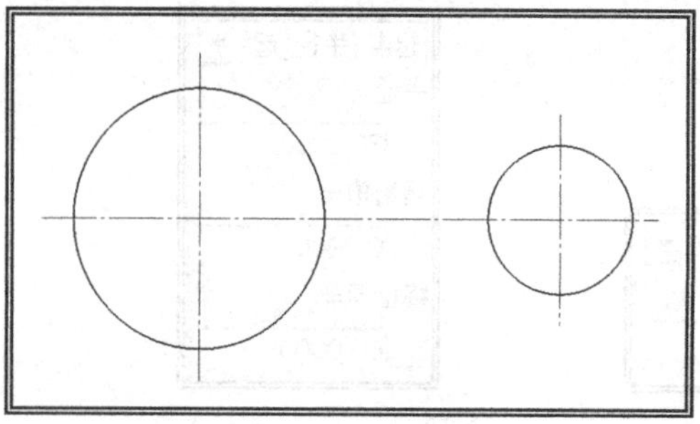

图 6-21　作已知两圆

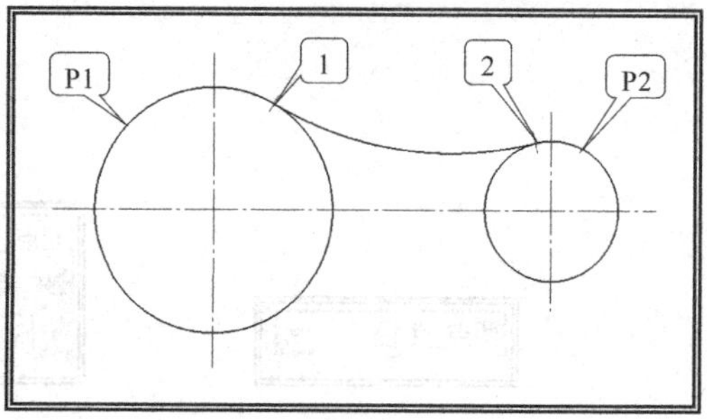

图 6-22　画连接圆弧

提示：圆弧的相切方式与所选切点的位置相关。

图 6-23　椭圆立即菜单

五、椭圆

1. 功能

按给定参数绘制椭圆或椭圆弧。

2. 参数

- 长半轴　椭圆的长半轴尺寸值。
- 短半轴　椭圆的短半轴尺寸值。
- 旋转角　椭圆的长轴与默认起始基准间夹角。
- 起始角　画椭圆弧时起始位置与默认起始基准所夹的角度。
- 终止角　画椭圆弧时终止位置与默认起始基准所夹的角度。

3. 操作

① 单击“椭圆”图标，在立即菜单（图 6-23）中设置参数。

② 使用鼠标捕捉或使用键盘输入椭圆中心，生成椭圆（终止角度 360°）或椭圆弧（终止角度＜360°）。

六、样条曲线

生成过给定顶点（样条插值点）的样条曲线。CAXA 数控车提供了逼近和插值两种方式生成样条曲线。

采用逼近方式生成的样条曲线有比较少的控制顶点，并且曲线品质比较好，适用于数据点比较多的情况；采用插值方式生成的样条曲线，可以控制生成样条的端点切矢，使其满足一定的相切条件，也可以生成一条封闭的样条曲线。两种样条曲线的比较如图 6-24 所示。

单击主菜单中的【曲线生成】→【样条】命令，或单击“样条线”图标，在立即菜单（图 6-25）中选择样条曲线生成方式，根据状态栏提示进行操作，生成样条曲线。

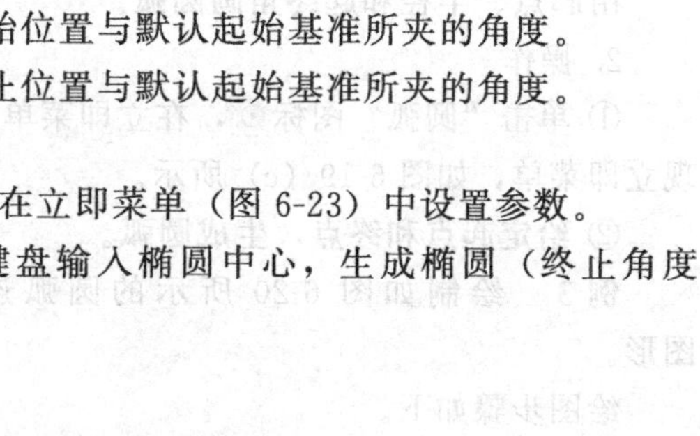

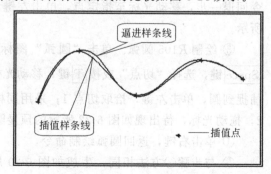

图 6-24　两种样条曲线的比较

（一）逼近

1. 功能

顺序输入一系列点，系统根据给定的精度，生成拟合这些点的光滑样条曲线。

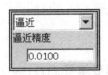

图 6-25　样条曲线立即菜单

2. 参数

• 逼近精度　样条与输入数据点之间的最大偏差值。

3. 操作

① 单击“样条线”图标，在立即菜单（图 6-25）中选择“逼近”方式，设置逼近精度。

② 拾取多个点，按右键确认，样条曲线生成。

（二）插值

1. 功能

顺序通过数据点，生成一条光滑的样条曲线。

2. 参数

• 缺省切矢　按照系统默认的切矢绘制样条曲线。

• 给定切矢　按照需要给定切矢方向绘制样条曲线。

• 闭曲线　是指首尾相接的样条曲线。

• 开曲线　是指首尾不相接的样条曲线。

3. 操作

① 单击“样条线”图标，在立即菜单（图 6-25）中选择“插值”方式，缺省切矢或给定给矢、开曲线或闭曲线，按顺序输入一系列点。

② 若为缺省切矢，拾取多个点，按右键确认，生成样条曲线。

③ 若为给定切矢，拾取多个点，按右键确认，根据状态栏提示，给定终点切矢和起点切矢，生成样条曲线。

七、公式曲线

公式曲线是根据数学表达式或参数表达式所绘制的数学曲线。

公式曲线是 CAXA 数控车所提供的曲线绘制方式，利用它可以方便地绘制出形状复杂的样条曲线。当需要生成的曲线是用数学公式表示时，可以利用“曲线生成”模块的“公式曲线”生成功能来得到所需要的曲线。曲线是用 *B* 样条曲线来表示的。同时，为用户提供了一种更方便、更精确的作图手段，以适应某些精确轨迹线形的设计。

曲线的表达公式要用参数方式表达出来，例如，圆 $x^2+y^2=R^2$ 要表示成

$$x=R\cos(t),\quad y=R\sin(t)$$

如果要写到下面的公式曲线对话框中，就要确定 R 的实际值（例如，取 $R=10$），那么就要在对话框中填写下面三个参数表达式。

$$x(t)=10*\cos(t)$$

$$y(t)=10*\sin(t)$$

$$z(t)=0$$

1. 功能

根据数学表达式或参数表达式绘制样条曲线。

在“公式曲线”对话框中可以进行以下设置。

• 坐标系　参数表达式如果是直角坐标形式，需要填写 $x(t)$、$y(t)$、$z(t)$。如果是极坐标形式，则需要填写 $p(t)$、$z(t)$。

• 精度　给定公式的曲线，其最后结果是用 B 样条来表示的。精度就是用 B 样条拟合公式曲线所要达到的精确程度。

• 起始参数、终止参数　参数表达式中 t 的最小值和最大值。

• 参数单位　当表达式中有三角函数时，设定三角函数的变量是用角度表示，还是用弧度表示。

• 预显平面　对于一个空间的公式曲线，可以从两个视力方向预显曲线的形状。

所用到的数学函数可以参考本节“点的输入方法”中的表达式计算。

2. 操作

① 单击主菜单中的【曲线生成】→【公式曲线】命令，或单击“公式曲线”图标 f(x)，系统弹出“公式曲线”对话框。

② 选择坐标系和参变量单位类型，给出参数及参数方程，单击 确定 按钮。

③ 在绘图区中给出公式曲线定位点（坐标原点），生成公式曲线。

例 4　采用极坐标方法作一条公式曲线。

作图步骤如下。

① 单击主菜单中的【曲线生成】→【公式曲线】命令，或单击“公式曲线”图标 f(x)，系统弹出“公式曲线”对话框。

② 坐标系选择极坐标，单位选择角度，参数终止值为 1071.431，给出参数及参数方程，如图 6-26 所示，单击 确定 按钮。

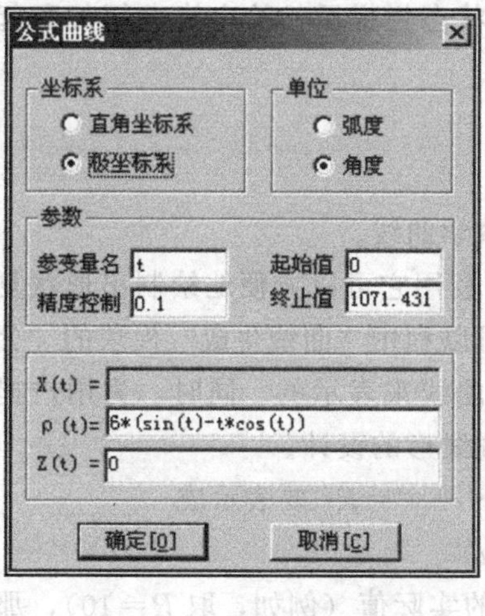

图 6-26　公式曲线对话框

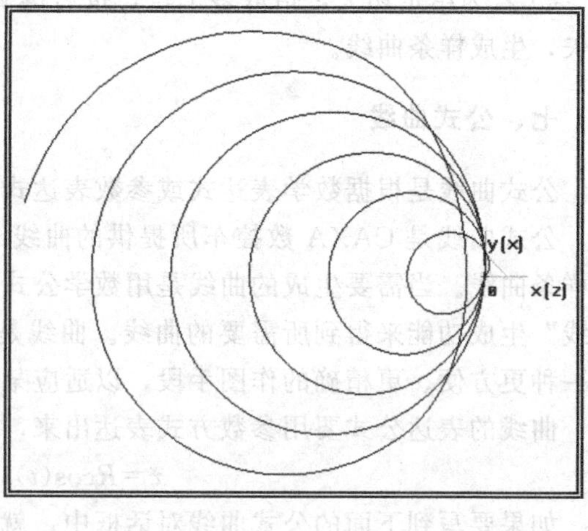

图 6-27　公式曲线

③ 在绘图区中给出公式曲线定位点（坐标原点），生成公式曲线，如图 6-27 所示。

例 5　已知双曲线 $\frac{x^2}{20^2}-\frac{y^2}{10^2}=1$，其极坐标参数方程为：$\rho=\frac{p}{1-e*\cos\theta}$。

式中　$p=10^2/20=5$，$e=\sqrt{10^2+20^2}/20=\sqrt{5}/2$。

则参数方程为：$z(t)=0$，$\rho(t)=5/(1-\text{sqrt}(5)*\cos(t)/2)$，$t$ 取值从 0～6.28rad。

作图步骤如下。

① 单击主菜单中的【曲线生成】→【公式曲线】命令，或单击“公式曲线”图标，系统弹出“公式曲线”对话框。

② 坐标系选择极坐标，单位选择弧度，参数终止值为 6.28，给出参数及参数方程，如图 6-28 所示，单击确定按钮。

③ 在绘图区中给出公式曲线定位点，生成公式曲线，结果如图 6-29 所示。

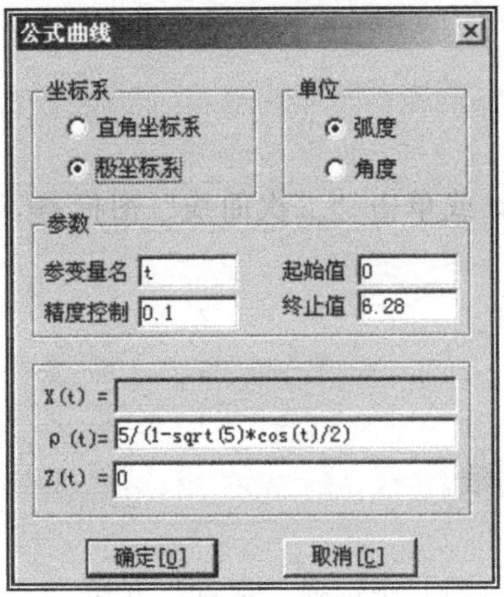

图 6-28　公式曲线对话框

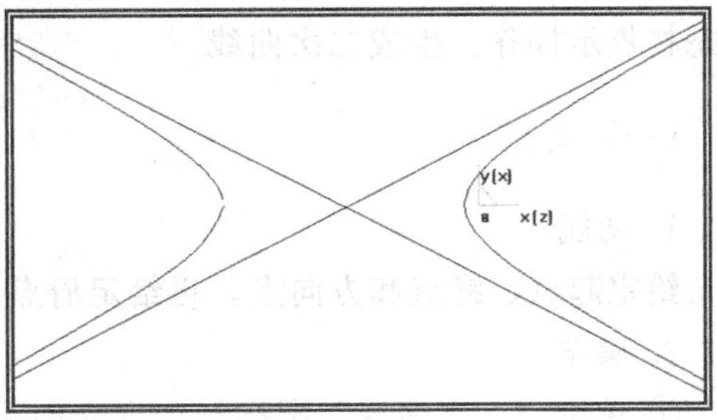

图 6-29　公式曲线

八、正多边形

在给定点处绘制一个给定半径和边数的正多边形，其定位方式由菜单及操作提示给出。

单击主菜单中的【曲线生成】→【多边形】命令，或单击“正多边形”图标，在立即菜单中选择绘制方式，根据状态栏提示操作，绘制正多边形。

（一）边

1. 功能

根据输入边数绘制正多边形。

2. 操作

① 单击“正多边形”图标，在立即菜单［图 6-30（a）］中选择多边形类型为“边”，输入边数。

② 输入边的起点和终点，生成正多边形。

（二）中心

1. 功能

以输入点为中心，绘制内切或外接多边形。

2. 操作

① 单击“正多边形”图标，在立即菜单［图 6-30（b）］中选择多边形类型为“中

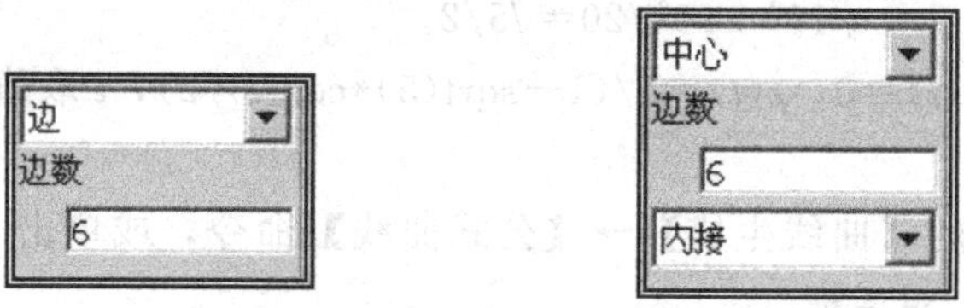

（a）边　　（b）中心

图 6-30 “多边形”立即菜单

心”、内接或外接，输入边数。

② 输入中心和边终点，生成正多边形。

九、二次曲线

根据给定的方式绘制二次曲线。

单击主菜单中的【曲线生成】→【二次曲线】命令，或单击“二次曲线”图标，按状态栏提示操作，生成二次曲线。

（一）定点

1. 功能

给定起点、终点和方向点，再给定肩点，生成二次曲线。

2. 操作

① 单击“二次曲线”图标，在立即菜单［图 6-31（a）］中选择“定点”方式。

② 给定二次曲线的起点 A、终点 B 和方向点 C，出现可用光标拖动的二次曲线。给定肩点，生成与直线 AC、BC 相切，并通过肩点的二次曲线，如图 6-31（c）所示。

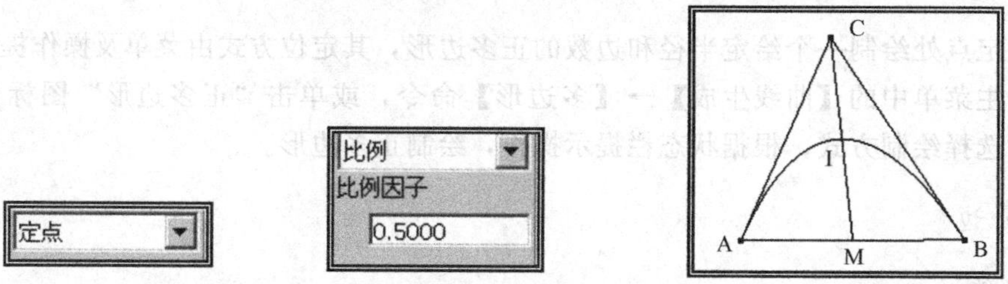

（a）定点　　（b）比例　　（c）二次曲线示意图

图 6-31 “二次曲线”立即菜单

（二）比例

1. 功能

给定比例因子、起点、终点和方向点，生成二次曲线。

2. 操作

① 单击“二次曲线”图标，在立即菜单［图 6-31（b）］中选择“比例”方式，输入比例因子的值。

② 给定起点 A、终点 B 和方向点 C，生成与直线 AC、BC 相切，比例因子等于 MI/MC（M 为直线 AB 中点）的二次曲线，如图 6-31（c）所示。

十、等距线

绘制给定曲线的等距线。

单击主菜单中的【曲线生成】→【等距线】命令，或单击“等距线”图标，选择等距方式，根据状态栏提示，生成等距线。

（一）等距

1. 功能

按照给定的距离作曲线的等距线。

2. 操作

① 单击“等距线”图标，在立即菜单［图6-32（a）］中选择“等距”，输入距离。

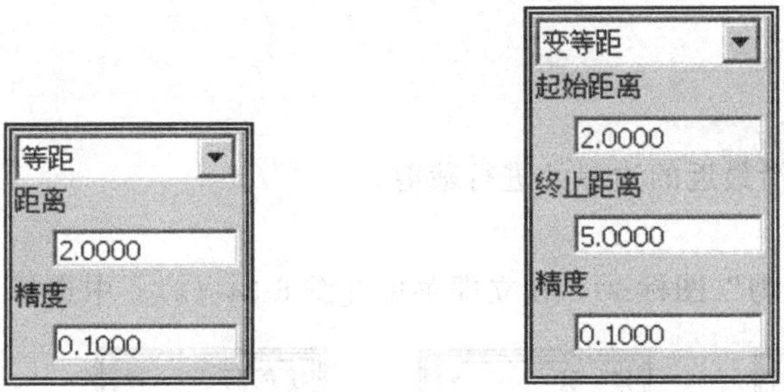

（a）等距　　（b）变等距

图6-32　“等距线”立即菜单

② 拾取曲线，给出等距方向，生成等距线。

（二）变等距

1. 功能

按照给定的起始和终止距离，作沿给定方向变化距离的曲线的变等距线。

2. 操作

① 单击“等距线”图标，在立即菜单［图6-32（b）］中选择“变等距”，输入起始距离、终止距离。

② 拾取曲线，给出等距方向和距离变化方向（从小到大），生成变等距线。

第二节　曲线编辑

利用基本曲线绘制功能虽然可以生成复杂的几何图形，但却非常麻烦和浪费时间。如同大多数CAD软件一样，CAXA数控车提供了多种曲线编辑功能，可有效地提高绘图速度。本节主要介绍曲线的常用编辑命令及操作方法。

一、曲线裁剪

曲线裁剪是指利用一个或多个几何元素（曲线或点）对给定曲线进行修整，裁掉曲线不需要的部分，得到新的曲线。

图 6-33 曲线裁剪立即菜单

曲线裁剪共有快速裁剪、线裁剪、点裁剪和修剪四种方式，其立即菜单如图 6-33 所示。

其中，线裁剪和点裁剪具有延伸特性，即如果剪刀线和被裁剪曲线之间没有实际交点，系统在分别延长被裁剪线和剪刀线后进行求交，在交点处对曲线进行裁剪，延伸的规则是：直线和样条线按端点切线方向延伸，圆弧按整圆处理。

快速裁剪、修剪和线裁剪具有投影裁剪功能，曲线在当前坐标平面上施行投影后，进行求交裁剪，从而实现不共面曲线的裁剪。该功能适用于不共面曲线之间的裁剪。

单击主菜单中的【曲线编辑】→【曲线裁剪】命令，或单击“曲线裁剪”图标，根据状态栏提示操作，即可对曲线进行裁剪操作。

（一）快速裁剪

1. 功能

将拾取到的曲线沿最近的边界处进行裁剪。

2. 操作

① 单击“曲线裁剪”图标，在立即菜单［图 6-34（a)］中选择“快速裁剪”。

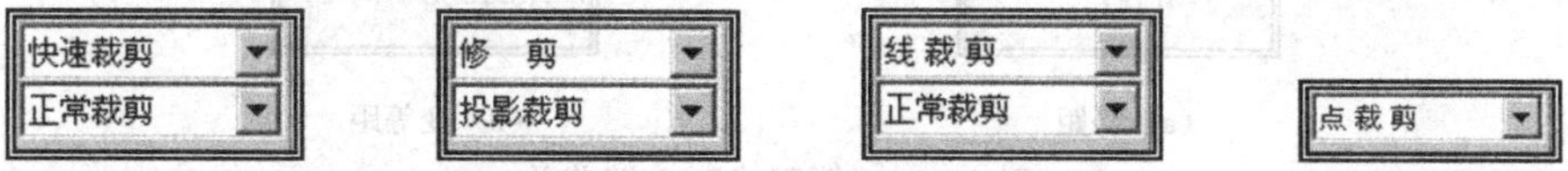

(a) 快速裁剪　(b) 修剪　(c) 线裁剪　(d) 点裁剪

图 6-34 “曲线裁剪”立即菜单

② 拾取需裁剪的曲线段，快速裁剪完成。

3. 说明

① 当需裁剪曲线交点较多的时候，使用快速裁剪会使系统计算量过大，降低工作效率。

② 对于与其他曲线不相交的曲线，不能使用裁剪命令，只能用删除命令将其去掉。

（二）修剪

1. 功能

拾取一条或多条曲线作为剪刀线，对一系列被裁剪曲线进行裁剪。

2. 操作

① 单击“曲线裁剪”图标，在立即菜单［图 6-34（b)］中选择“修剪”。

② 拾取一条或多条剪刀曲线，按右键确认，拾取需裁剪的曲线段，修剪完成。

（三）线裁剪

1. 功能

以一条曲线作为剪刀，对其他曲线进行裁剪。

2. 操作

① 单击“曲线裁剪”图标，在立即菜单［图 6-34（c)］中选择“线裁剪”。

② 拾取一条直线作为剪刀线，拾取被裁剪的线（选取保留的段)，完成裁剪操作。

（四）点裁剪

1. 功能

利用点作为剪刀，在曲线离剪刀点的最近处进行裁剪。

2. 操作

① 单击“曲线裁剪”图标，在立即菜单［图 6-34（d）］中选择“点裁剪”。

② 拾取被裁剪的线（选取保留的线段），拾取剪刀点，完成裁剪操作。

二、曲线过渡

曲线过渡是指对指定的两条曲线进行圆弧过渡、尖角过渡或倒角过渡。

单击主菜单中的【曲线编辑】→【曲线过渡】命令，或单击“曲线过渡”图标，依状态栏提示操作，即可完成曲线过渡操作。

（一）圆弧过渡

1. 功能

用于在两条曲线之间进行给定圆弧半径的光滑过渡。

2. 操作

① 单击“曲线过渡”图标，在立即菜单［图 6-35（a）］中选择“圆弧过渡”，设置过渡参数。

② 拾取第一条曲线、第二条曲线，形成圆弧过渡。

（二）倒角过渡

1. 功能

用于在给定的两直线之间形成倒角过渡，过渡后在两直线之间生成按给定角度和长度的直线。

2. 操作

① 单击“曲线过渡”图标，在立即菜单［图 6-35（b）］中选择“倒角裁剪”，输入角度和距离值，选择是否裁剪曲线 1 和曲线 2。

② 拾取第一条曲线、第二条曲线，形成倒角过渡。

（a）圆角过渡　　（b）倒角过渡　　（c）尖角过渡

图 6-35　“曲线过渡”立即菜单

（三）尖角过渡

1. 功能

用于在给定的两曲线之间形成尖角过渡，过渡后两曲线相互裁剪或延伸，在交点处形成尖角。

2. 操作

① 单击“曲线过渡”图标，在立即菜单［图 6-35（c）］中选择“尖角过渡”。

② 拾取第一条曲线、第二条曲线，形成尖角过渡。

三、曲线打断

1. 功能

曲线打断用于把拾取到的一条曲线在指定点处打断，形成两条曲线。

2. 操作

① 单击主菜单中的【曲线编辑】→【曲线打断】命令，或单击“曲线打断”图标。

② 拾取被打断的曲线，拾取打断点，将曲线打断成两段。

四、曲线组合

1. 功能

曲线组合用于把拾取到的多条相连曲线组合成一条样条曲线。

2. 操作

① 单击主菜单中的【曲线编辑】→【曲线组合】命令，或单击“曲线组合”图标。

② 按空格键，弹出拾取快捷菜单，选择拾取方式。

③ 按状态栏中提示拾取曲线，按右键确认，完成曲线组合。

3. 说明

把多条曲线组成一条曲线可以得到两种结果（图 6-36）：一种是把多条曲线用一个样条曲线表示。这种表示要求首尾相连的曲线是光滑的（即在两曲线之间有过渡）。如果首尾相连的曲线有尖点（即在两曲线之间无过渡），系统会自动生成一条光顺的样条曲线。

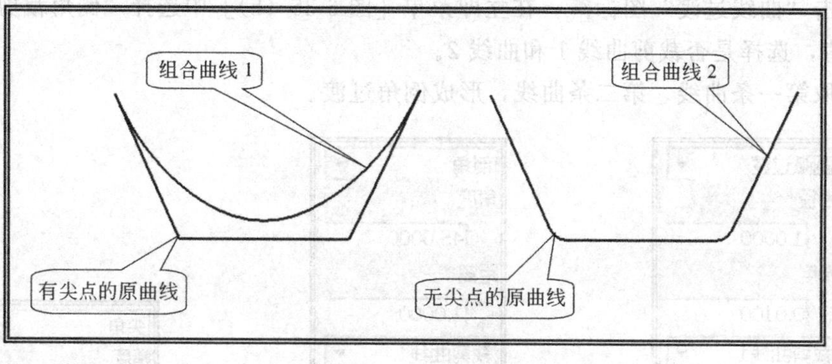

图 6-36　组合曲线

五、曲线拉伸

1. 功能

将指定曲线拉伸到指定点。

2. 操作

① 单击主菜单中的【曲线编辑】→【曲线拉伸】命令，或单击“曲线拉伸”图标。

② 拾取需拉伸的曲线，指定终止点，完成拉伸曲线操作。

第三节　几何变换

几何变换是指利用平移、旋转、镜像、阵列等几何手段，对曲线的位置、方向等几何属性进行变换，从而移动元素或复制产生新的元素，但并不改变曲线或曲面的长度、半径等自身属性（缩放功能除外）。利用几何变换功能，可有效地简化曲线操作，可快速生成具有相同或相似属性的图形对象，对提高作图效率、降低作图难度起到了极大的作用。

一、平移

对拾取到的曲线或曲面进行平移或拷贝。

单击主菜单中的【几何变换】→【平移】命令，或单击“平移”图标，在立即菜单中设置参数，根据状态栏提示操作，即可完成平移操作。

（一）两点

1. 功能

根据给定平移元素的基点和目标点，移动或拷贝图形对象。

2. 操作

① 单击“平移”图标，在立即菜单［图 6-37（a）］中选择“两点”方式，并设置参数。

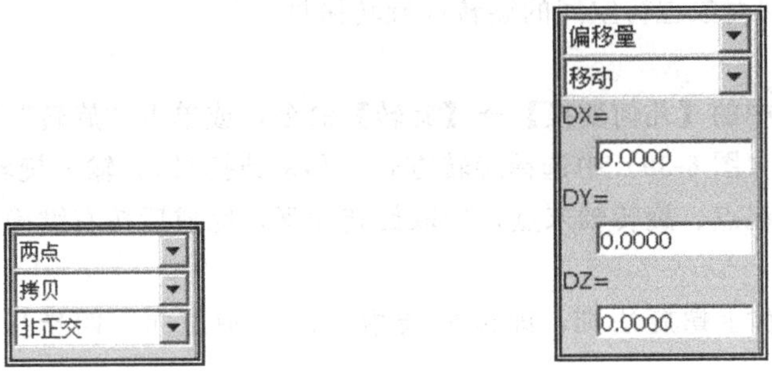

（a）两点　　（b）偏移量

图 6-37　“平移”立即菜单

② 拾取曲线或曲面，按右键确认，输入基点，拖动几何图形，输入目标点，完成平移操作。

（二）偏移量

1. 功能

根据给定的偏移量，移动或拷贝图形对象。

2. 操作

① 单击“平移”图标，在立即菜单［图 6-37（b）］中选择“偏移量”方式，输入 X、Y、Z 三轴上的偏移量值。

② 状态栏中提示“拾取元素”，选择曲线或曲面，按右键确认，完成平移操作。

二、平面旋转

1. 功能

对拾取到的几何对象在当前平面内进行旋转或旋转拷贝。

2. 操作

① 单击主菜单中的【几何变换】→【平面旋转】命令，或单击“平面旋转”图标。

② 在立即菜单（图 6-38）中选择“移动”或“拷贝”，输入旋转角度值。

③ 指定旋转中心，拾取旋转对象，选择完成后按右键确认，完成平面旋转操作。

3. 说明

旋转角度以逆时针旋向为正，顺时针旋向为负（相对于面向当前平面的视向而言）。

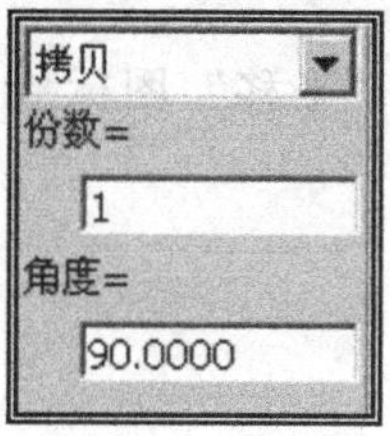

图 6-38　平面旋转立即菜单

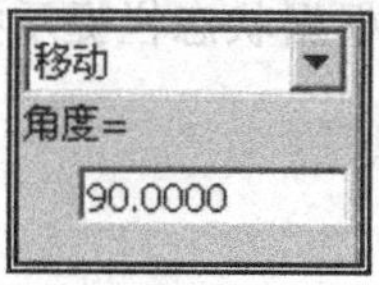

图 6-39　旋转立即菜单

三、旋转

1. 功能

对拾取到的几何对象进行空间的旋转或旋转拷贝。

2. 操作

① 单击主菜单中的【几何变换】→【旋转】命令，或单击“旋转”图标。

② 在立即菜单（图 6-39）中选择旋转方式（移动或拷贝），输入旋转角度值。

③ 给出旋转轴起点、旋转轴末点，拾取旋转元素，完成后按右键确认，完成旋转操作。

3. 说明

旋转角度遵循右手螺旋法则，即以拇指指向旋转轴正向，四指指向即为旋转方向的正向。

四、平面镜像

1. 功能

以直线为对称轴，在当前平面内对拾取到的图形对象进行镜像操作。

2. 操作

① 单击主菜单中的【几何变换】→【平面镜像】命令，或单击“平面镜像”图标。

② 在立即菜单（图 6-40）中选择“移动”或“拷贝”。

③ 拾取镜像轴首点、镜像轴末点，拾取镜像元素，拾取完成后单击右键确认，完成平面镜像操作。

五、镜像

1. 功能

以某一平面为对称平面，对拾取到的图形对象进行镜像操作。

2. 操作

① 单击主菜单中的【几何变换】→【镜像】命令，或单击“镜像”图标，在立即菜单（图 6-41）中选择镜像方式（移动或拷贝）。

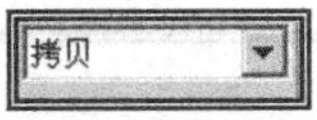

图 6-40　平面镜像立即菜单

图 6-41　“镜像”立即菜单

② 拾取镜像平面上的第一点、第二点、第三点，确定一个镜像平面。

③ 拾取镜像元素，拾取完成后按右键确认，完成镜像操作。

六、阵列

对拾取到的曲线或曲面，按圆形或矩形方式进行阵列拷贝。

单击主菜单中的【几何变换】→【阵列】命令，或单击“阵列”图标，在立即菜单中设置参数，根据状态栏提示操作，即可完成阵列操作。

（一）矩形阵列

1. 功能

按矩形方式对拾取到的几何对象进行阵列拷贝。

2. 操作

① 单击“阵列”图标，在立即菜单（图 6-42）中选择“矩形”方式，输入阵列参数。

② 拾取需阵列的元素，按右键确认，完成阵列，如图 6-43 所示。

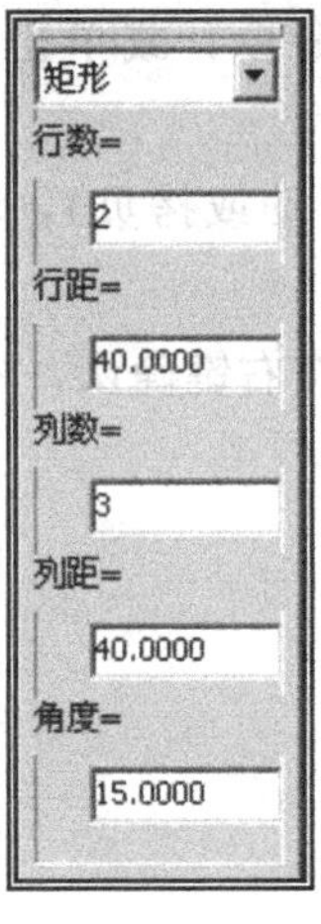

图 6-42　矩形阵列立即菜单

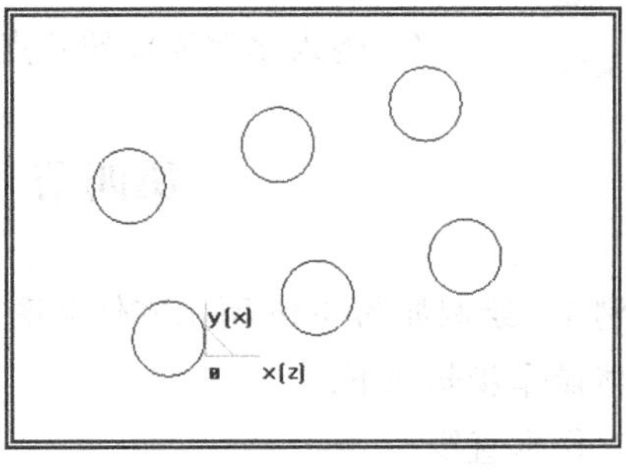

图 6-43　阵列结果

（二）圆形阵列

1. 功能

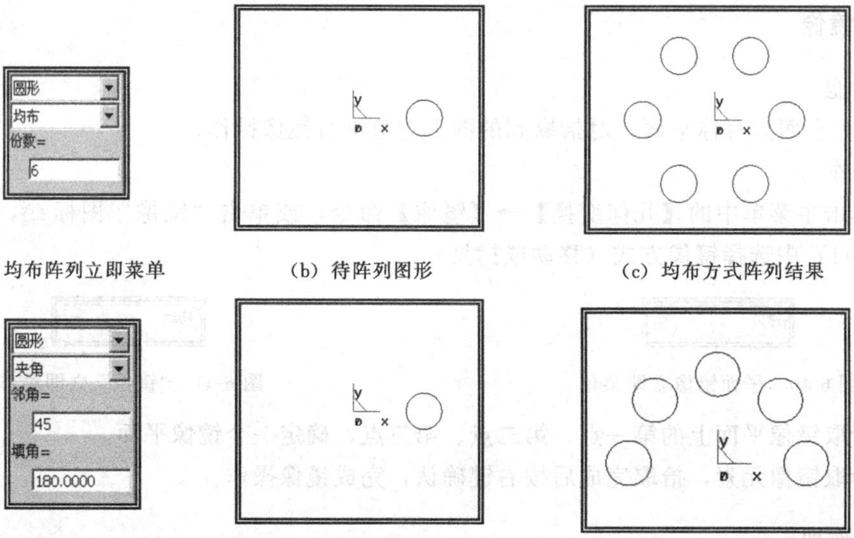

(a) 均布阵列立即菜单　(b) 待阵列图形　(c) 均布方式阵列结果

(d) 夹角阵列立即菜单　(e) 待阵列图形　(f) 夹角方式阵列结果

图 6-44　圆形阵列

按圆形方式对拾取到的几何对象进行阵列拷贝。

2. 操作

① 单击“阵列”图标，在立即菜单（图 6-44）中选择阵列方式，并设置阵列参数。

② 拾取需阵列的元素，按右键确认，输入中心点，阵列完成。

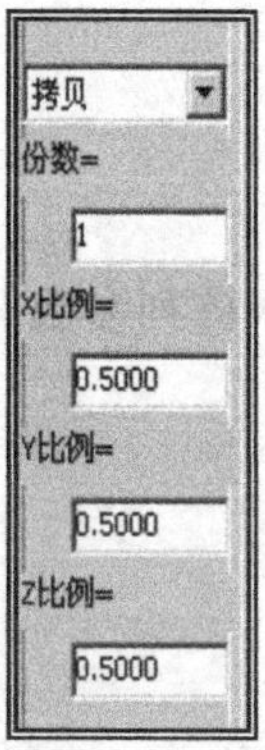

图 6-45　缩放立即菜单

七、缩放

1. 功能

对拾取到的图形对象进行按比例放大或缩小。

2. 操作

① 单击主菜单中的【几何变换】→【缩放】命令，或单击“缩放”图标。

② 在立即菜单（图 6-45）中选择缩放方式（移动或拷贝），输入 X、Y、Z 三轴的比例。

③ 输入比例缩放的基点，拾取需缩放的元素，按右键确认，缩放完成。

第四节　几何造型实例

实例 1　绘制如图 6-46 所示零件简图。

具体操作步骤如下。

(1) 作垂直线

单击主菜单中的【曲线生成】→【直线】命令，或单击“直线”按钮，在立即菜单中单击“两点线”中的“连续”，如图 6-47 所示。根据状态栏提示输入直线的“第一点：(切点、垂直点)”，用鼠标捕捉原点；状态栏提示“第二点：(切点、垂直点)”，按回车键，在屏幕上出现坐标输入条，输入坐标“0，31”；也可以不按回车键，直接输入坐标“0，

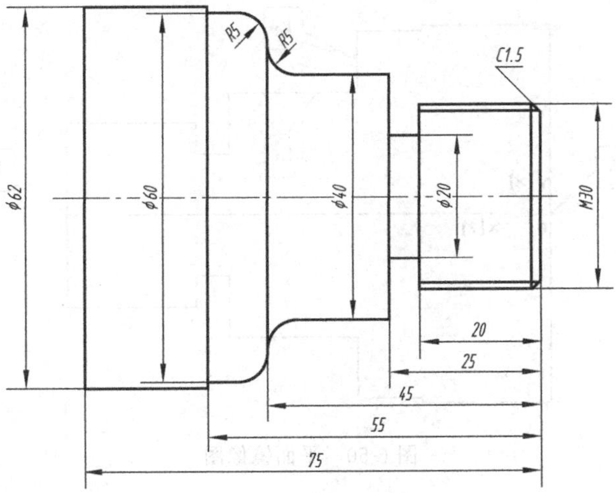

图 6-46　零件简图

图 6-47　直线的立即菜单

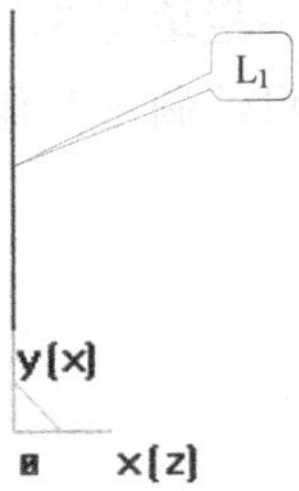

图 6-48　生成直线 L_1

31”，作出如图 6-48 所示直线 L_1。

（2）作其他边界线

因为第一步绘制直线选择的是“连续”，所以 L_1 绘制完成后，仍然有一条绿色的垂直或水平线与 L_1 的坐标点“0，31”相连，依次输入坐标“20，31”、“20，30”、“30，30”、“30，20”、“50，20”、“50，10”、“55，10”、“55，15”、“75，15”、“75，0”、“0，0”，得到图 6-49 所示的封闭图形。

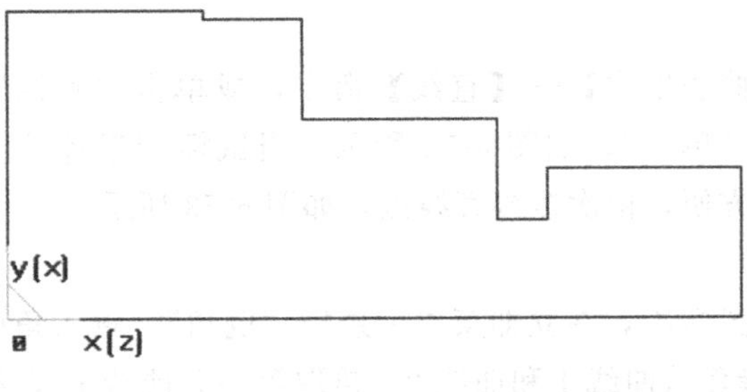

图 6-49　连续直线绘制的封闭图形

（3）平面镜像

单击主菜单中的【几何变换】→【平面镜像】命令，或单击“平面镜像”图标。在立即菜单（图 6-40）中选择“拷贝”，拾取镜像轴首点 A、镜像轴末点 B，拾取镜像元素，拾取完成后单击右键确认，完成平面镜像操作，如图 6-50 所示。

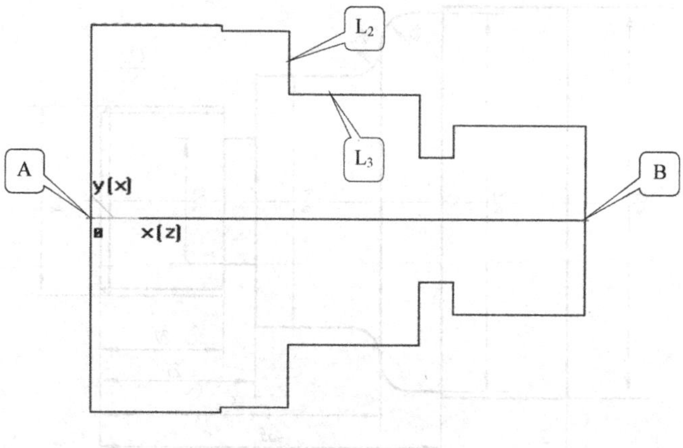

图 6-50　平面镜像图

（4）圆弧过渡

单击“曲线过渡”图标，在立即菜单［图 6-51（a)］中选择“圆弧过渡”，设置过渡参数，在半径一栏填写 5，拾取第一条曲线 L_2，第二条曲线 L_3，形成圆弧过渡，如图 6-50 所示。同理，可绘制出其他圆弧，并删除不需要的线，如图 6-51（b）所示。

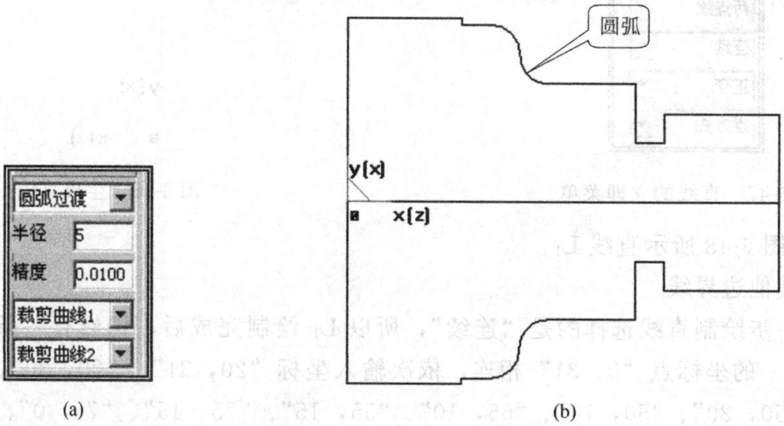

图 6-51　圆弧过渡

（5）连接其他直线

单击主菜单中的【曲线生成】→【直线】命令，或单击“直线”按钮，在立即菜单中单击“两点线”中的“单个”，如图 6-52 所示。当鼠标接近连接点时，连接点变成亮绿色，为拾取点带来极大方便，依次连接直线点，如图 6-53 所示。

（6）倒角过渡

单击“曲线过渡”图标，在立即菜单中选择“倒角”，输入角度 45 和距离值为 1，如图 6-54（a）所示。选择裁剪曲线 1 和曲线 2。拾取第一条曲线 L_4，第二条曲线 L_5，形成倒角过渡，并连接倒角斜线左端点，如图 6-54（b）所示。

（7）等距线

单击“等距线”图标，在立即菜单中选择“等距”，输入距离，拾取曲线 L_4 及其对边，给出等距方向 1.5，生成等距线。如长度不足，可单击主菜单中的【曲线编辑】→【曲线拉伸】命令，或单击“曲线拉伸”图标，进行曲线拉伸。拾取需拉伸的曲线，指定终

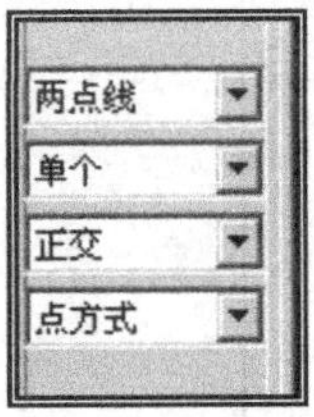

图 6-52　直线的立即菜单

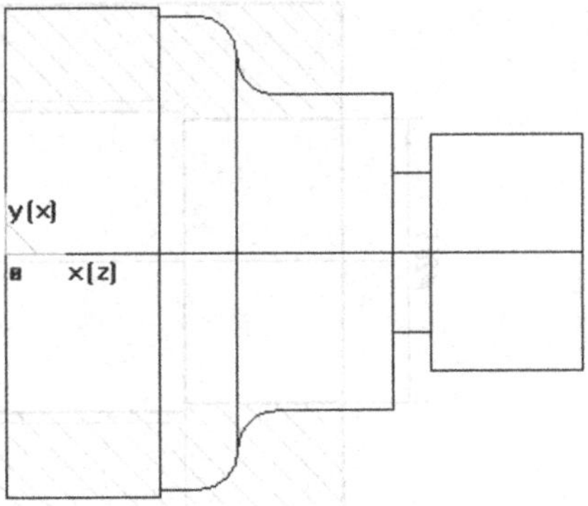

图 6-53　连接直线

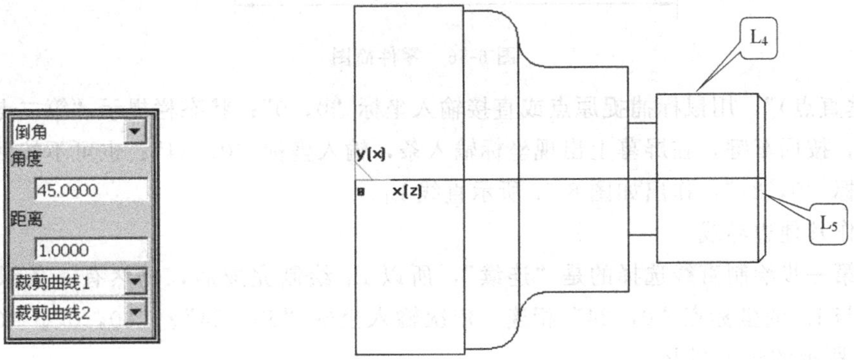

(a) 倒角过渡立即菜单　　(b) 倒角图

图 6-54　倒角过渡

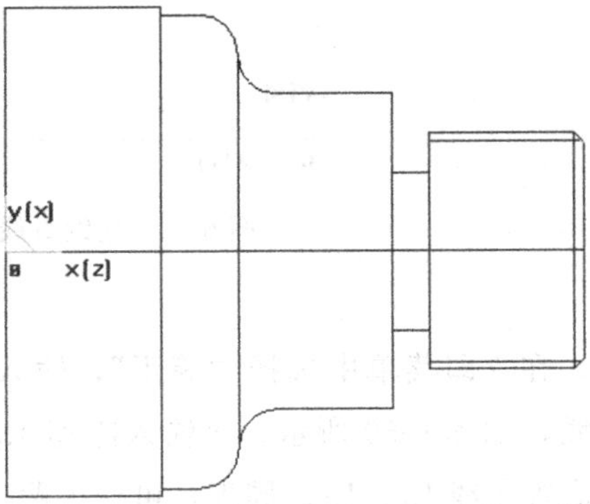

图 6-55　等距线并拉伸

止点，完成拉伸曲线操作，如图 6-55 所示。

至此，完成全部造型。

实例 2　完成如图 6-56 所示的零件的几何造型。

具体操作步骤如下。

(1) 作垂直线

单击主菜单中的【曲线生成】→【直线】命令，或单击“直线”按钮，在立即菜单中单击“两点线”中的“连续”、“正交”、“点方式”。根据状态栏提示输入直线的“第一点：

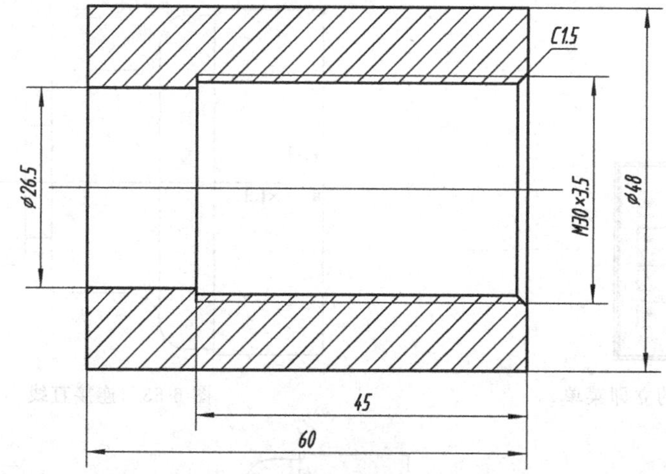

图 6-56　零件简图

（切点、垂直点）”，用鼠标捕捉原点或直接输入坐标“0，0”；状态栏提示“第二点：（切点、垂直点）”，按回车键，在屏幕上出现坐标输入条，输入坐标“0，24”；也可不按回车键，直接输入坐标“0，24”，作出如图 6-57 所示直线 L_1。

（2）作其他边界线

因为第一步绘制直线选择的是“连续”，所以 L_1 绘制完成后，仍然有一条绿色的垂直或水平线与 L_1 的坐标点“0，24”相连，依次输入坐标“60，24”、“60，0”、“0，0”，得到图 6-58 所示的封闭图形。

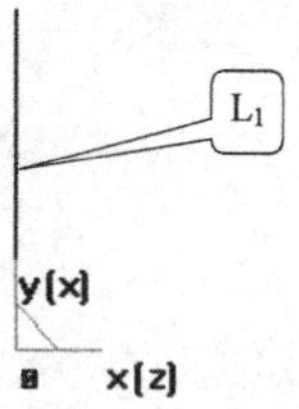

图 6-57　作垂直线 L_1

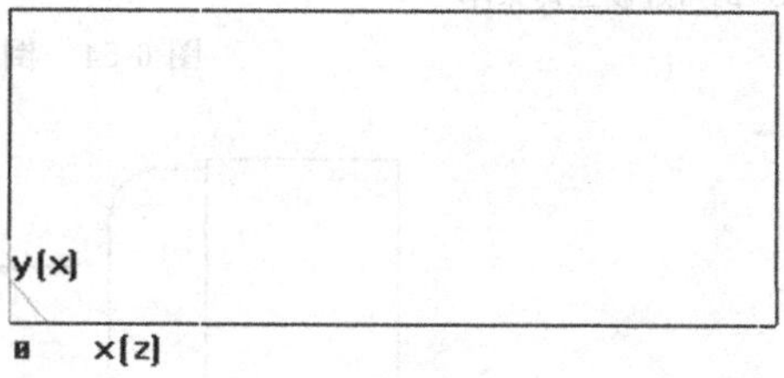

图 6-58　连续直线绘制的封闭图形

（3）作等距线

单击“等距线”图标，在立即菜单中选择“等距”，输入距离 24，拾取曲线 L_2，给出等距方向向下，生成等距线，如图 6-59 所示。再输入距离 13.25，拾取曲线 L_2，给出等距方向分别向上和向下，生成等距线 L_3、L_4。同理，可作出距 L_5 距离为 45 的等距线 L_6 并延长，如图 6-60 所示。

（4）曲线拉伸

单击主菜单中的【曲线编辑】→【曲线拉伸】命令，或单击“曲线拉伸”图标，拾取需拉伸的左、右端面直线，指定终止点到最下面的直线，完成拉伸曲线操作，如图 6-61 所示。

（5）倒角过渡

单击“曲线过渡”图标，在立即菜单中选择“倒角”，输入角度 45 和距离值为 2，如图 6-62（a）所示。选择裁剪曲线 1 和不裁剪曲线 2。分别拾取第一条曲线 L_3、L_4，第二条

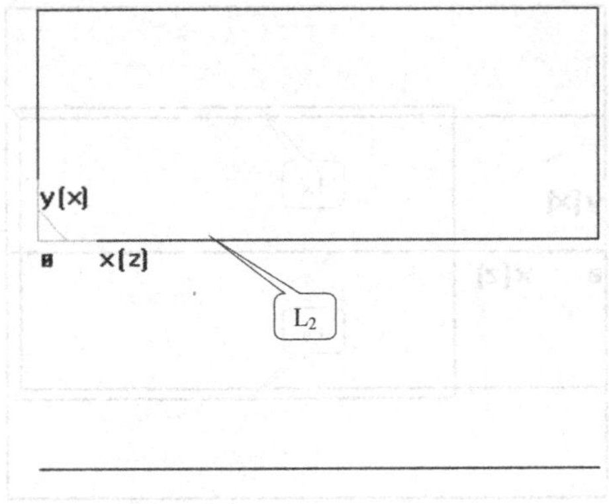

图 6-59　作 L_2 等距线

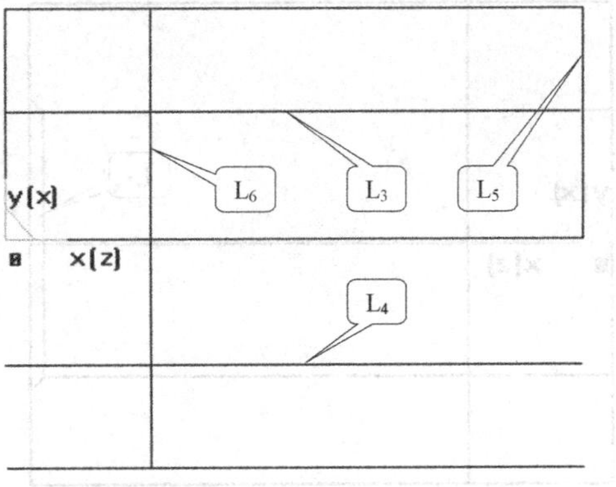

图 6-60　作 L_3、L_4、L_6 等距线

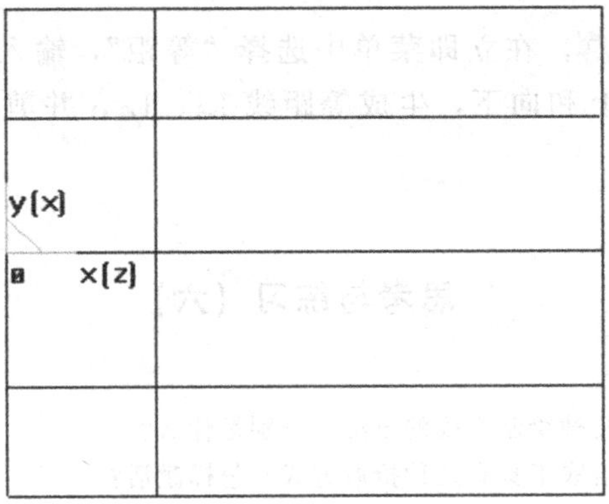

图 6-61　拉伸左、右端面直线

曲线 L_5，形成倒角过渡，如图 6-62（b）所示。

(a)

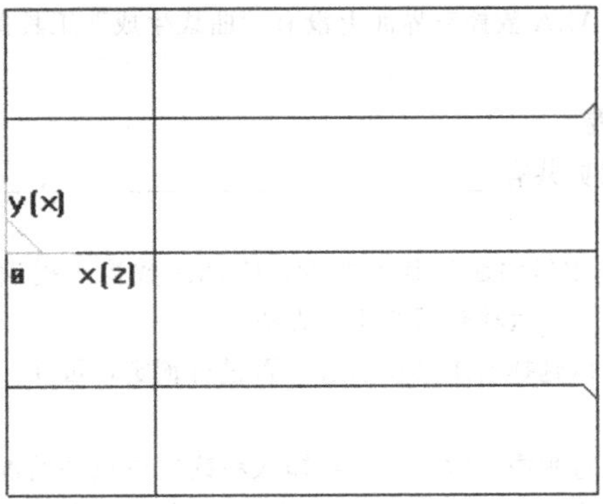

(b)

图 6-62　倒角过渡

（6）连接倒角过渡的两端点

单击主菜单中的【曲线生成】→【直线】命令，或单击“直线”按钮，在立即菜单中单击“两点线”中的“单个”，当鼠标接近倒角过渡的左端点时，该点变成亮绿色，拾取上下两端点，得到直线 L_7，如图 6-63 所示。

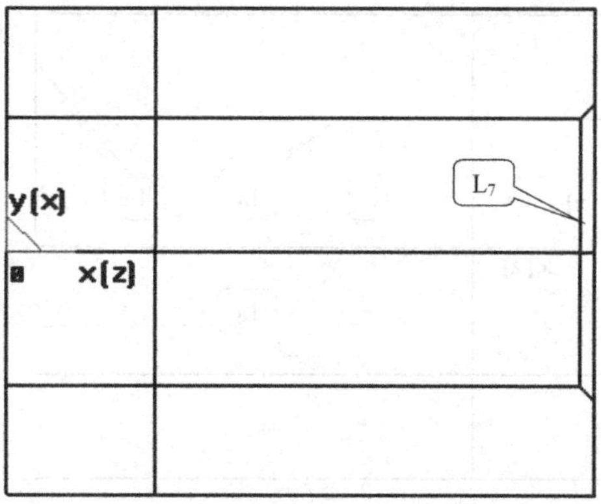

图 6-63　作直线 L_7

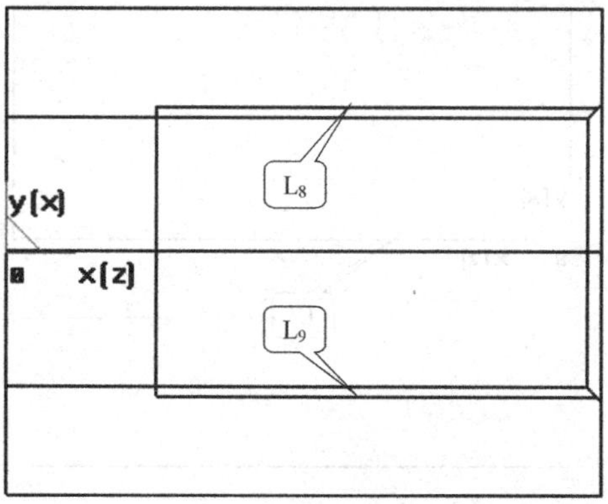

图 6-64　造型结果

(7) 作等距线

单击“等距线”图标，在立即菜单中选择“等距”，输入距离，分别拾取曲线 L_3、L_4，给出等距方向分别向上和向下，生成等距线 L_8、L_9，并剪切不需要的线，如图 6-64 所示。

至此，完成全部造型。

思考与练习（六）

一、思考题

(1) CAXA 数控车提供了几种绘制直线的方法？分别是什么？

(2) CAXA 数控车系统的拾取工具有几种拾取方式？怎样激活？

(3) CAXA 数控车系统的几何变换功能有哪些？

(4) 什么是弹出菜单和立即菜单？怎样激活？

(5) 在操作过程中，如果出现图形对象不能拾取的现象，应如何处理？

(6) 等距线、平行线和平移三者的功能有何异同？

(7) 如果 CAXA 数控车界面上没有“曲线生成”工具条，则采用哪些方法可以使“曲线生成工具”工具条出现？

二、填空题

(1) 曲线裁剪共有________、________、________、________四种方式。其中，________和________具有延伸特性。

(2) 圆弧是图形构成的基本要素，CAXA 数控车提供了________、________、________、________、________、________六种圆弧的绘制方法。

(3) 用户可以选择对工具点状态是否进行锁定，可在________功能里根据用户需要和习惯选择相应的选项。

(4) 在交互过程中，常常会遇到输入精确定位点的情况。系统提供了点工具菜单，可以利用________菜单精确定位一个点。在进行点的捕捉操作时，可通过按________键，弹出________菜单来改变拾取的类型。

三、选择题

(1) 圆弧的相切方式与（　　）的位置相关

A. 鼠标右键　　B. 鼠标左键　　C. 所选切点

(2) 能自动捕捉直线、圆弧、圆及样条线端点的快捷键为（　　）。

A. M 键　　B. F 键　　C. S 键

(3) 快速裁剪是将拾取到的曲线沿（　　）的边界处进行裁剪。

A. 最近　B. 附近　C. 端点

(4) 可以画任意方向直线的是（　）方式。

A. 正交　B. 非正交　C. 长度

四、上机练习题

(1) 绘制题图 6-1 所示的手柄零件图。

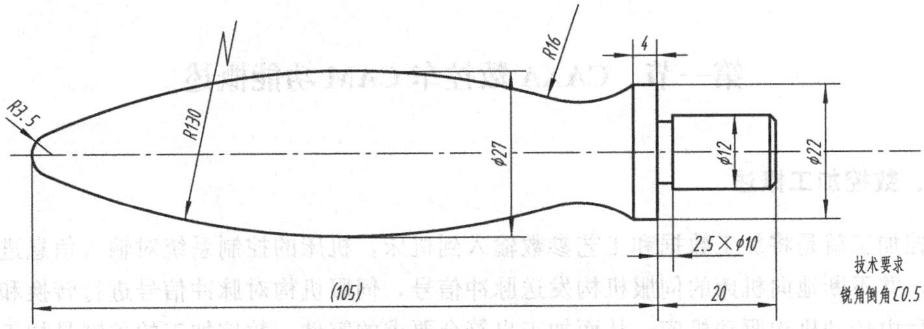

题图 6-1　手柄简图

(2) 绘制题图 6-2 所示的零件图。

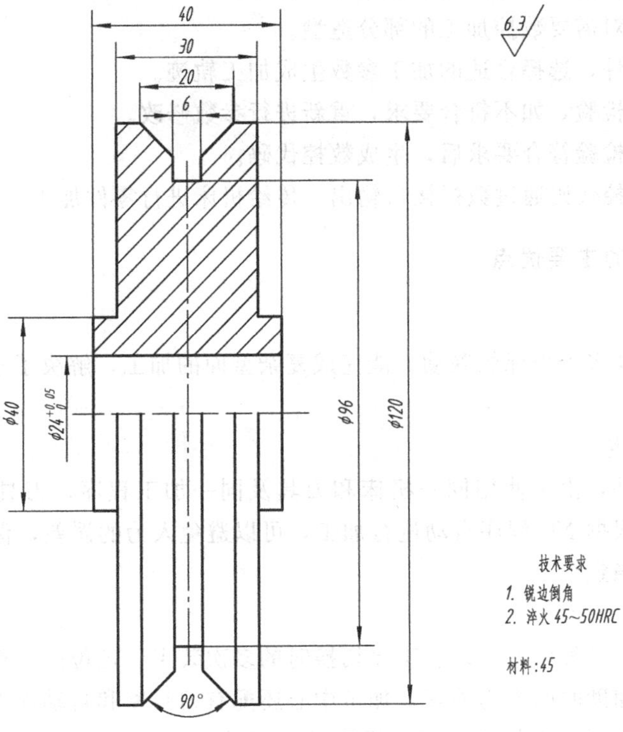

题图 6-2　零件简图

第七章　CAXA 数控车加工

第一节　CAXA 数控车 CAM 功能概述

一、数控加工概述

数控加工就是将加工数据和工艺参数输入到机床，机床的控制系统对输入信息进行运算与控制，并不断地向机床的伺服机构发送脉冲信号，伺服机构对脉冲信号进行转换和放大处理，然后由传动机构驱动机床，从而加工出符合要求的零件。数控加工的关键是加工数据和工艺参数的获取，即数控编程。数控加工一般包括以下几项内容。

① 对图纸进行分析，确定需要数控加工的部分。

② 用图形软件对需要数控加工的部分造型。

③ 根据加工条件，选择合适的加工参数生成加工轨迹。

④ 轨迹的仿真检验，如不符合要求，重新进行参数修改。

⑤ 轨迹的仿真检验符合要求后，生成数控代码。

⑥ 将生成的数控代码通过数据接口输出，传给机床进行零件加工。

二、数控加工的主要优点

1. 适应性强

数控机床能实现多个坐标的联动，能完成复杂型面的加工，解决了常规加工中不能加工的问题。

2. 加工质量稳定

对于同一批零件，由于使用同一机床和刀具及同一加工程序，刀具的运动轨迹完全相同，且数控机床是根据 NC 程序自动进行加工，可以避免人为的误差，保证零件加工的一致性，加工质量比较稳定。

3. 生产效率高

省去了常规加工过程中的画线、工序切换时的多次装卡、定位等操作，而且无需工序间的检验与测量，使辅助时间大为缩短。加工中心还配有刀具库和自动换刀装置，加工工件时可以自动换刀，不需要中断加工过程，提高了加工的连续性。带有自动换刀装置的加工中心，在一次装卡的情况下，几乎可以完成零件的全部加工工序。一台数控机床可以代替数台普通机床，数控机床的生产能力是普通机床的三倍以上。数控机床的时间利用率高达 90%，而普通机床仅为 30%～50%。

4. 加工精度高

数控机床的加工精度不受零件复杂程度的影响，机床传动链的反向齿轮间隙和丝杠的螺距误差等，都可以通过数控装置自动进行补偿，定位精度较高。

5. 自动化程度高

除装卡工件毛坯需要手工操作外，全部加工过程都在数控程序的控制下，由数控机床自动完成，不需要人工干预。在输入并启动程序后，数控机床自动进行连续加工，直至零件加工完毕。

数控程序可以采用数字化和可视化技术，在计算机上用人机交互的方式，能够迅速完成所要加工零件的程序编制。也可以使用CAD/CAM软件，自动完成数控程序的编制。

尽管数控机床价格较高，而且要求具有较高技术水平的人员来编程、操作和维修，但是数控机床的优点很多，它有利于自动化生产和管理，使用数控机床可获得较高的经济效益。

三、数控车床的编程特点

① 在一个程序段中，根据图样上标注的尺寸，可以采用绝对值编程或增量值编程，也可以采用混合编程。利用自动编程软件编程时，通常采用绝对值编程。

② 被加工零件的径向尺寸在图样上和测量时，一般用直径值表示。所以采用直径尺寸编程更为方便。

③ 由于车削加工常用棒料或锻料作为毛坯，加工余量较大，为简化编程，数控装置常具备不同形式的固定循环，可进行多次重复循环切削。

④ 编程时，认为车刀刀尖是一个点。而实际上为了提高刀具寿命和工件表面质量，车刀刀尖常磨成一个半径不大的圆弧，为提高工件的加工精度，编制圆头刀程序时，需要对刀具半径进行补偿。大多数数控车床都具有刀具半径自动补偿功能（G41、G42），这类数控车床可直接按工件轮廓尺寸编程。

四、用CAXA数控车实现加工的过程

① 必须配置好机床，这是正确输出代码的关键。

② 看懂图样，用曲线工具条中的各项功能表达工件。

③ 根据工件形状，选择合适的加工方式，生成刀位轨迹。

④ 生成G代码，通过数据接口传给机床。

五、术语

数据加工中有许多技术术语，如两轴加工、轮廓等。

(1) 两轴加工

CAXA数控车在加工中，机床坐标系的Z轴即是绝对坐标系的X轴，平面图形均指投影到绝对坐标系的XOY面的图形。

(2) 轮廓

轮廓是一系列首尾相接曲线的集合，如图7-1所示。

在进行数控编程及交互指定待加工图形时，常常需要用户指定毛坯的轮廓，将该轮廓用来界定被加工的表面或被加工的毛坯本身。如果毛坯轮廓是用来界定被加工表面的，则要求指定的轮廓是闭合的；如果加工的是毛坯轮廓本身，则毛坯轮廓可以不闭合。

(3) 毛坯轮廓

针对粗车，需要制定被加工体的毛坯。毛坯轮廓是一系列首尾相接曲线的集合，如图7-2所示。

(4) 机床参数

数控车床的一些速度参数，包括主轴转速、接近速度、进给速度和退刀速度，如图7-3

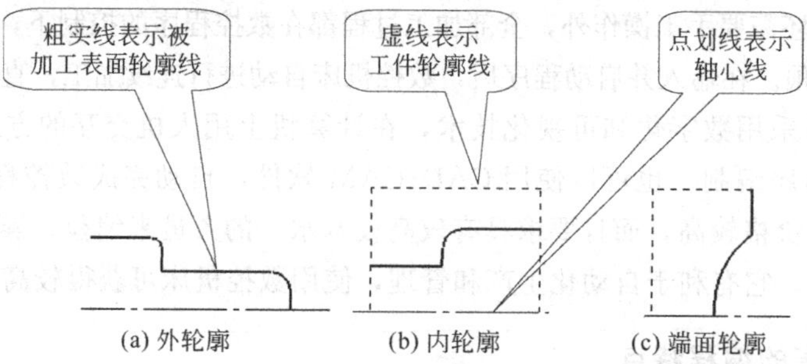

图 7-1　轮廓示例

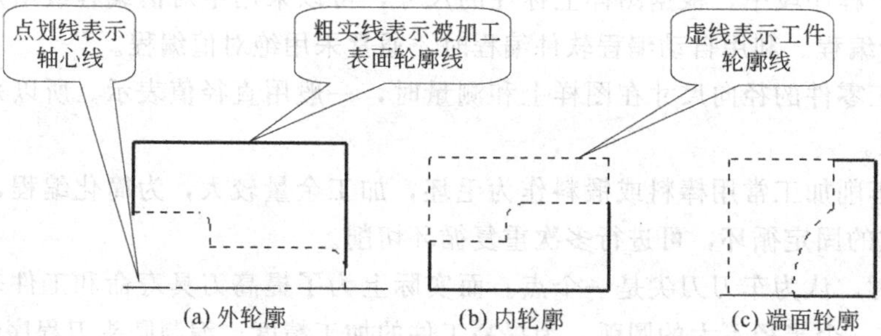

图 7-2　毛坯轮廓

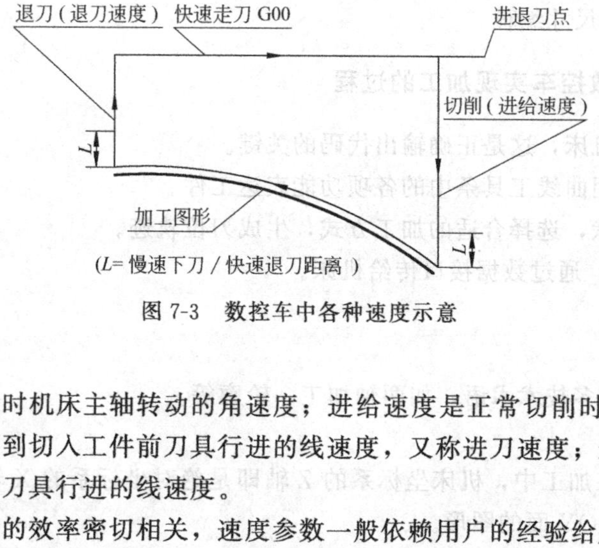

图 7-3　数控车中各种速度示意

所示。

主轴转速是切削时机床主轴转动的角速度；进给速度是正常切削时刀具行进的线速度；接近速度是从进刀点到切入工件前刀具行进的线速度，又称进刀速度；退刀速度为刀具离开工件回到退刀位置时刀具行进的线速度。

速度参数与加工的效率密切相关，速度参数一般依赖用户的经验给定。原则上讲，它们与机床本身、工件的材料、刀具材料、工件的加工精度和表面粗糙度要求等相关。

（5）刀具轨迹和刀位点

刀具轨迹是系统按给定工艺要求，对给定加工图形进行切削时生成的刀具行进路线，如图 7-4 所示。系统以图形方式显示，就是从进刀点到退刀点的行进路线。刀具轨迹由一系列有序的刀位点和连接这些刀位点的直线（直线插补）或圆弧（圆弧插补）组成。

CAXA 数控车系统的刀具轨迹是按刀尖位置来显示的。

（6）加工余量

车削加工是一个在待加工表面上去除多余材料的过程，即从毛坯开始逐步除去多余的材料，得到所需零件的过程。车削加工往往由粗加工和半精加工构成，必要时还需要进行精加工。在前一道工序中，往往要给下一工序留下一定的加工余量。加工余量即待加工表面与已加工表面之间的厚度，如图 7-5 所示。其中待加工表面是指工件上即将被切除的表面，已加工表面是工件上已切去金属层形成的新表面。

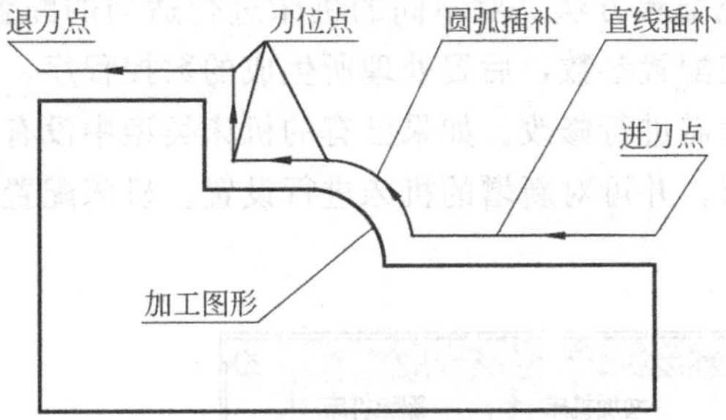

图 7-4 刀具轨迹和刀位点

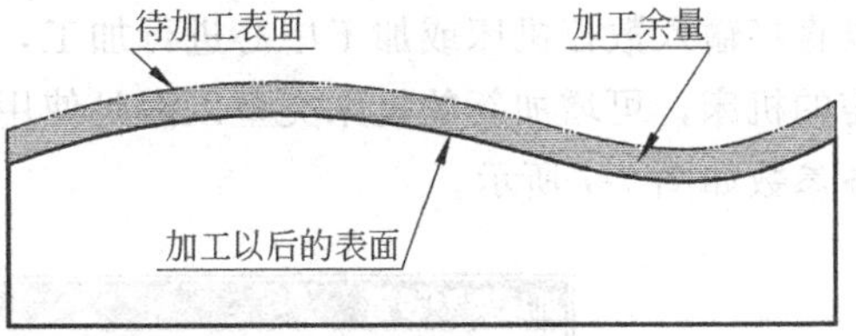

图 7-5 加工余量示意

(7) 加工误差

刀具轨迹和实际要求的加工模型的偏差即加工误差，如图 7-6 所示。用户可通过控制加工误差来控制加工精度。

在两轴加工中，对于直线和圆弧的加工，系统直接调用 G01 和 G02（G03）生成加工轨迹，因而不存在加工误差。对于样条曲线的加工，系统使用折线段逼近样条线，然后调用 G01 生成加工轨迹。此时，加工误差是指用折线段逼近样条线时的误差。用户可通过控制相应加工方法的加工精度值来控制加工误差，系统保证刀具轨迹和实际要求的零件表面之间的加工误差，不大于所设定的加工精度值。需要注意的是，加工精度越高，折线段越短，加工代码越长。

使用圆弧逼近样条线会有较好的精度和较少线段数。如果需要，可手工进行样条线的离散化操作。其操作方法是，单击主菜单中的【曲线生成】→【样条→圆弧】命令，在立即菜单中设置离散方式和精度后，拾取样条线，即可将样条线离散为多段圆弧线。

在生成刀具轨迹时，应根据实际加工精度要求给定加工误差。如进行粗加工时，加工误差可以设置得大一些，以免加工效率降低。需要注意的是，加工误差的值不要大于加工余量，否则会造成过切。进行精加工时，应根据加工精度要求设置加工误差，如图 7-6 所示。

(8) 干涉

切削被加工表面时，刀具切到了不应该切的部分，称为出现干涉现象（或称为过切）。在 CAXA 数控车系统中，干涉分为以下两种情况。

① 被加工表面中存在刀具切削不到的部分时，存在干涉现象。

② 切削时，刀具与未加工表面存在干涉现象。

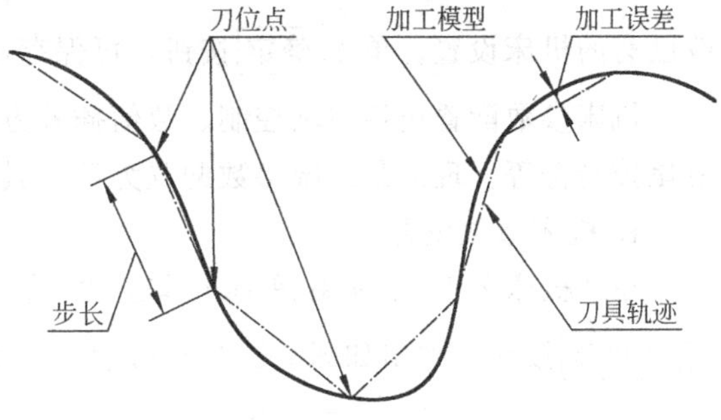

图 7-6 加工误差

第二节 机床设置与后置处理

一、机床设置

机床设置是针对不同的机床、不同的数控系统，设置特定的数控代码、数控程序格式及参数，并生成配置文件。生成数控程序时，系统根据该配置文件的定义，生成用户所需要的特定代码格式的加工指令。

机床配置给用户提供了一种灵活方便的系统配置方法。对不同的机床进行适当的配置，具有非常重要的实际意义。它可以通过设置系统配置参数，后置处理所生成的数控程序，可以直接输入数控机床或加工中心进行加工，而无需进行修改。如果已有的机床类型中没有所需的机床，可增加新的机床类型以满足使用需求，并可对新增的机床进行设置。机床配置的各参数如图 7-7 所示。

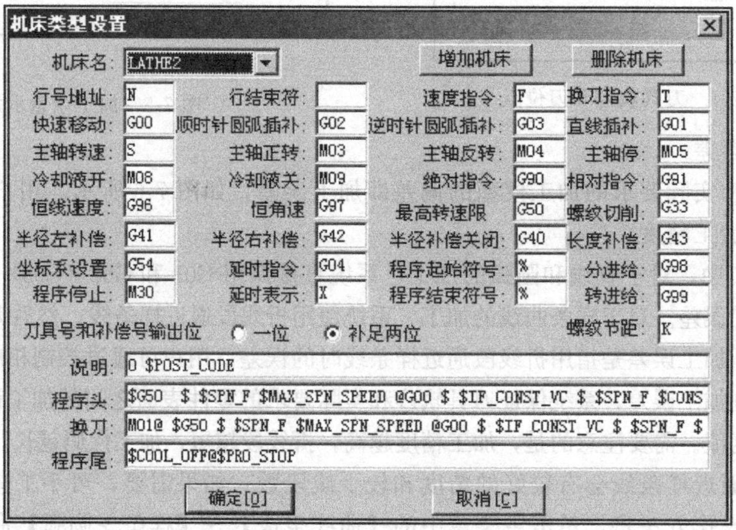

图 7-7　机床类型设置对话框

机床设置的具体操作如下。

单击主菜单中的【数控车】→【机床设置】命令，或单击“机床设置”按钮，系统弹出“机床类型设置”对话框，如图 7-7 所示。用户可按自己的需求增加或删除机床，或更改已有的机床设置。单击 确定 按钮，可保存用户的更改。

机床参数配置包括主轴控制、数值插补方法、补偿方式、冷却控制、程序启停以及程序首尾控制符等。现以某系统参数配置为例，具体配置方法如下。

1. 机床参数设置

在“机床名”栏内用鼠标点取，可选择一个已存在的机床并进行修改。若单击 增加机床 按钮，弹出如图 7-8（a）所示的“增加新机床”对话框，可增加系统没有的机床“FANUC”。若单击 删除机床 按钮，可删除当前的机床，如图 7-8（b）所示。

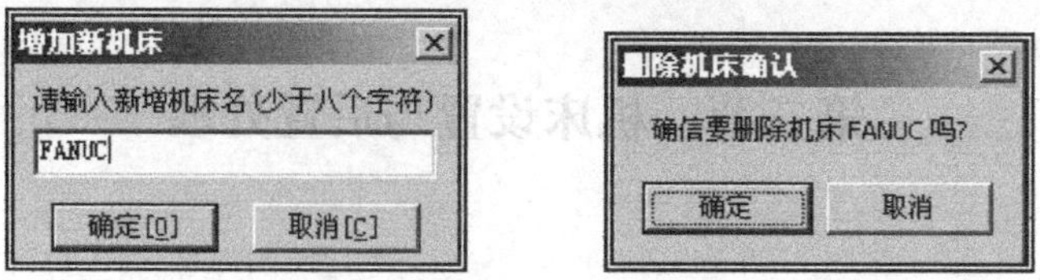

(a)　　　　(b)

图 7-8　新增或删除机床

可对机床的各种指令地址和选项进行设置。

① 行号地址（Nxxxx） 一个完整的数控程序由许多程序段组成。一个完整的程序段应包括行号、数控代码和程序段结束符。每一个程序段前有一个程序段号，即行号地址。系统可以根据行号识别程序段。如果程序过长，还可以利用调用行号把光标移到所需的程序段。

行号从1开始，连续递增，如N0001、N0002、N0003…等，也可以间隔递增，如N0001、N0005、N0010…等。建议用户采用后一种方式。因为间隔行号比较灵活方便，可以随时插入程序段，对原程序进行修改，而无需改变后续行号。如果采用前一种连续递增的方式，每修改一次程序，插入一个程序段，都必须对后续所有程序段的行号进行修改，很不方便。

② 行结束符（;） 在数控程序中，一行数控代码就是一个程序段。数控程序一般以特定的符号作为程序段结束符，它是一个程序段不可缺少的组成部分。系统不同，程序段结束符不同。系统结束符有的用分号符“;”，有的用“*”，有的用“#”。

例如，“N10 G92 X10.000 Y5.000;”。

③ 插补方式控制 插补就是把空间曲线分解为X、Y、Z各个方向很小的曲线段，然后以微元化的直线段去逼近空间曲线。数控系统都提供直线插补和圆弧插补，其中圆弧插补又可分为顺圆插补和逆圆插补。

插补指令都是模代码。所谓模代码就是只要指定一次功能代码格式，以后就不用再指定，系统会以前面最近的功能模式，确认本程序段的功能。除非重新指定同类型功能代码，否则以后的程序段仍然可以默认该功能代码。

• 直线插补G01 系统以直线段的方式逼近该点。此时，需给出终点坐标。

例如，“G01 X10.000 Y50.000”表示刀具将以直线的方式，从当前点到达点（10，50）。

• 顺圆插补G02 系统以半径一定的圆弧方式，按顺时针方向逼近该点。要求给出终点坐标、圆弧半径以及圆心坐标。

例如，“G02 X10.000 Y40.000 R20.000”表示刀具将以半径为R20圆弧的方式，按顺时针方向从当前点到达目的点（10，40）。“G02 X50.000 Y50.000 I40.000 J30.000”表示刀具将以当前点、终点（50，50）和圆心（40，30）所确定的圆弧的方式，按顺时针方向从当前点到达目的点（50，50）。

• 逆圆插补G03 系统以半径一定的圆弧方式按逆时针方向逼近该点。要求给出终点坐标、圆弧半径以及圆心坐标。

例如，“G03 X200.000 Y100.000 R30.000”表示刀具将以半径为R30圆弧的方式，按逆时针方向从当前点到达目的点（200，100）。

④ 主轴控制指令 对主轴实施控制指令。

• 主轴转速S 机床主轴转动的速度，单位（r/min）。

• 主轴正转M03 用于主轴顺时针方向转动。

• 主轴反转M04 用于主轴逆时针方向转动。

• 主轴停M05 用于主轴停止转动。

⑤ 冷却液开、关控制指令 打开或关闭冷却液阀门开关。

• 冷却液开M07 M07指令打开冷却液阀门开关。

• 冷却液关M09 M09指令关闭冷却液阀门开关。

⑥ 坐标设定 用户可以根据需要设置坐标系，系统根据用户设置的参照系，来确定是绝对坐标值还是相对坐标值。

• 坐标系设置 G54 G54 是程序坐标系设置指令。一般以零件原点作为程序的坐标原点。程序零点坐标存储在机床的控制参数区。程序中不设置此坐标系，而是通过G54 指令调用。

• 绝对指令 G90 把系统设置为绝对编程模式。以绝对模式编程的指令，其坐标值都以G54 所确定的工件零点为参考点。绝对指令 G90 也是模代码，除非被同类型代码 G91 所代替，否则系统一直默认。

• 相对指令 G91 把系统设置为相对编程模式。以相对模式编程的指令，坐标值都以该点的前一点为参考点，指令值以相对递增的方式编程。G91 也是模代码指令。

• 设置当前点坐标 G92 把随后跟着的 X、Y 值作为当前点的坐标值。

⑦ 补偿 补偿包括左补偿、右补偿及取消补偿。有了补偿后，编程时可以直接根据曲线轮廓编程。

• 半径左补偿 G41 指加工轨迹以进给的方向为正方向，沿轮廓线左边让出一个刀具半径。

• 半径右补偿 G42 指加工轨迹以进给的方向为正方向，沿轮廓线右边让出一个刀具半径。

• 半径补偿关闭 G40 半径补偿关闭是通过代码 G40 来实现的。左、右补偿指令代码都是模式代码，在一段程序中，如果前面程序段中出现了半径补偿指令 G41 或 G42，后面一定有取消补偿指令 G40，或通过开启另一个补偿指令代码来关闭前一个补偿指令代码。

⑧ 延时控制 可使刀具作暂时的无进给光整加工，一般用于镗平面、锪孔等加工。

• 延时指令 G04 程序执行延时指令时，刀具将在当前位置停留给定的延时时间。

• 延时表示 x 其后跟随的数值表示延时的时间。

⑨ 程序停止 M02 程序结束指令 M02 将结束整个程序的运行，所有的功能 G 代码和与程序有关的一些机床运行开关（如冷却液开关、开关走丝、机械手开关等）都将关闭，处于原始禁止状态。机床处于当前位置，如果要使机床停在机床零点位置，则必须用机床回零指令使之回零。

⑩ 恒线速度 G96 切削过程中按指定的线速度值，保持线速度恒定。

⑪ 恒角速度 G97 切削过程中按指定的主轴转速，保持主轴转速恒定，直到下一指令改变该指令为止。

⑫ 最高转速 G50 限制机床主轴的最高转速，常与恒线速度<G96>同用匹配。

2. 程序格式设置

程序格式设置就是对 G 代码各程序段格式进行设置。用户可以对程序段“程序起始符号、程序结束符号、程序说明、程序头和程序尾换刀段”进行格式设置。

(1) 设置方式

字符串或宏指令@字符串或宏指令。其中宏指令为：＄＋宏指令串，系统提供的宏指令串有

当前后置文件名：POST _ NAME；

当前日期：POST _ DATE；

当前时间：POST _ TIME；

当前 X 坐标值：COORD _ Y；

当前 Z 坐标值：COORD _ X；

当前程序号：POST _ CODE。

以下宏指令内容与图 7-7 中的设置内容一致

行号指令：LINE _ NO _ ADD；

行结束符：BLOCK _ END

直线插补：G01；

顺圆插补：G02；

逆圆插补：G03；

绝对指令：G90；

相对指令：G91；

指定当前点坐标：G92；

冷却液开：COOL _ ON；

冷却液关：COOL _ OFF；

程序止：PRO _ STOP；

左补偿：DCMP _ LFT；

右补偿：DCMP _ RGH；

补偿关闭：DCMP _ OFF；

@号：换行标志。若是字符串则输出@本身。

$ 号：输出空格。

(2) 程序说明

说明部分是对程序的名称，与此程序对应的零件名称编号，编制日期和时间等有关信息的记录。程序说明部分是为了管理的需要而设置的。有了这个功能项目，用户可以很方便地进行管理。比如要加工某个零件时，只需要从管理程序中找到对应的程序编号即可，而不需要从复杂的程序中去一个一个地寻找需要的程序。

O $ POST _ NAME，$ POST _ DATE 和 $ POST _ TIME，在生成的后置程序中的程序说明部分输出如下说明。

01234，2004，10，19，15：30：30

(3) 程序头

针对特定的数控机床来说，其数控程序开头部分都是相对固定的，包括一些机床信息，如机床回零、工件零点设置、开走丝以及冷却液开启等。

例如，直线插补指令内容为 G01，那么，$ G1 的输出结果为 G01，同样，$ COOL _ ON 的输出结果为 M7，$ PRO _ STOP 为 M02，依此类推。

例如，$ COOL _ ON@ $ SPN _ CW@ $ G90 $ $ GO $ COORD _ Y $ COORD _ X@ G42@ PRO _ STOP，在后置文件中的输出内容为

```
M07;
M03;
G90 G00 X10.000 Z20.0000;
G42;
M30
```

二、后置处理

后置处理设置就是针对特定的机床，结合已经设置好的机床配置，对后置输出的数控程序的格式，如程序段行号、程序大小、数据格式、编程方式、圆弧控制方式等进行设置。本功能可以设置缺省机床及 G 代码输出选项。机床名选择已存在的机床名作为缺省机床。

后置参数设置包括程序段行号、程序大小、数据格式、编程方式和圆弧控制方式等。具体操作如下。

单击主菜单中的【数控车】→【后置设置】命令，或单击数控车工具栏中的“后置设置”图标，系统弹出后置处理设置参数表，如图 7-9 所示。用户可按自己的需要更改已有机床的后置设置。单击确定按钮可将用户的更改保存；单击取消按钮，则放弃已做的更改。

后置处理设置各选项含义如下。

① 机床系统　首先，数控程序必须针对特定的数控机床。特定的配置才具有加工的实际意义，所以后置设置必须先调用机床配置。在图 7-9 中，用鼠标拾取机床名一栏中的就可以很方便地从配置文件中调出机床的相关配置。图中调用的为 LATH2 数控系统的相关配置。

② 输出文件最大长度　输出文件长度可以对数控程序的大小进行控制，文件大小控制以 KB（字节）为单位。当输出的代码文件长度大于规定长度时系统自动分割文件。

例如，当输出的 G 代码文件 POST. ISO 超过规定的长度时，就会自动分割为 POST0001. ISO，POST0002. ISO，POST0003. ISO，POST0004. ISO 等。

③ 行号设置　程序段行号设置包括行号的位数，行号是否输出，行号是否填满，起始行号以及行号递增数值等。

• 是否输出行号　选中行号输出则在数控程序中的每一个程序段前面输出行号，反之亦然。

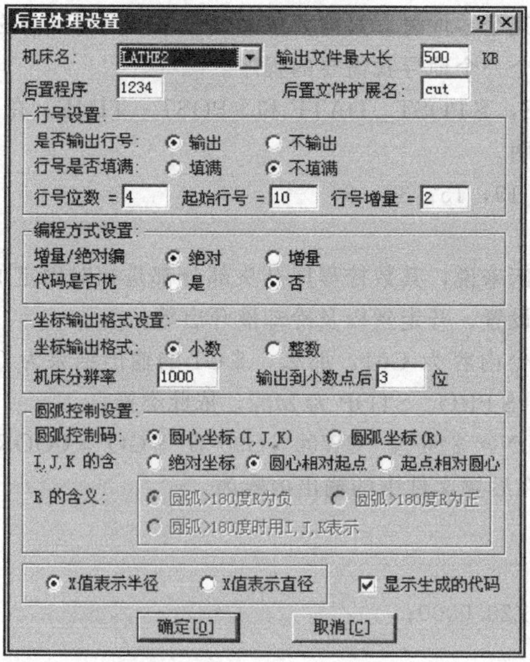

图 7-9　后置处理对话框

• 行号是否填满　是指行号不足规定的行号位数时是否用 0 填充。行号填满就是不足所要求的行号位数的前面补零，如 N0028；反之亦然，如 N28。行号递增数值就是程序段行号之间的间隔。如 N0020 与 N0025 之间的间隔为 5，建议用户选取比较适中的递增数值，这样有利于程序的管理。

④ 编程方式设置　有绝对编程 G90 和相对编程 G91 两种方式。

⑤ 坐标输出格式设置　决定数控程序中数值的格式是小数输出还是整数输出；机床分辨率就是机床的加工精度，如果机床精度为 0.001 mm，则分辨率设置为 1 000，以此类推；输出小数位数可以控制加工精度。但不能超过机床精度，否则是没有实际意义的。

“优化坐标值”指输出的 G 代码中，若坐标值的某分量与上一次相同，则此分量在 G 代码中不出现。没有经过优化的 G 代码如下。

X0.0Y0.0Z0.0；

X100.Y0.0 Z0.0；

X100.Y100.Z0.0；

X0.0 Y100.Z0.0；

X0.0 Y0.0 Z0.0；

经过坐标优化，结果如下。

X0.0 Y0.0 Z0.0；

X100.0；

Y100.0；

X0.0；

Y0.0；

建议用户采用坐标优化的方法。

⑥ 圆弧控制设置　主要设置控制圆弧的编程方式，即采用圆心编程方式还是采用半径编程方式。当采用圆心编程方式时，圆心坐标（I，J，K）有三种含义。

• 绝对坐标　采用绝对编程方式，圆心坐标（I，J，K）的坐标值为相对于工件零点绝对坐标系的绝对值。

• 相对起点　圆心坐标以圆弧起点为参考点取值。

• 起点相对圆心　圆弧起点坐标的各种含义是针对不同的数控机床而言。不同机床之间，其圆心坐标编程的含义就不同，但对于特定的机床其含义只有其中一种。当采用半径编程时，采用半径正负区别的方法来控制圆弧是劣圆弧还是优圆弧。圆弧半径 R 的含义即表现为以下两种。

• 优圆弧　圆弧大于 180°，R 为负值。

• 劣圆弧　圆弧小于 180°，R 为正值。

⑦ X 值表示直径　软件系统采用直径编程。

⑧ X 值表示半径　软件系统采用半径编程。

⑨ 显示生成的代码　选中时系统调用 Windows 记事本显示生成的代码，如代码太长，则提示用写字板打开。

⑩ 扩展文件名控制和后置程序号　后置文件扩展名是控制所生成的数控程序文件名的扩展名。有些机床对数控程序要求有扩展名，有些机床没有这个要求，应视不同的机床而

定。后置程序号是记录后置设置的程序号，不同的机床其后置设置不同，所以采用程序号记录这些设置，以便于用户日后使用。

第三节　数控车床刀具库管理

刀具库管理功能用于定义、确定刀具的有关数据，以便于用户从刀具库中获取刀具信息和对刀具库进行维护。该功能包括轮廓车刀、切槽刀具、螺纹车刀和钻孔刀具四种刀具类型的管理。

一、操作方法

单击主菜单中【数控车】→【刀具库管理】命令，或单击数控车工具栏中的“刀具库管理”图标，系统弹出“刀具库管理”设置参数表，如图 7-10 所示。用户可按自己的需要添加新的刀具，对已有的刀具的参数进行修改，更换使用的当前刀具等。

当需要定义新的刀具时，按 增加刀具 按钮可弹出“增加轮廓车刀”对话框，如图 7-11 所示。所添加的刀具结构是否合理，可通过刀具预览验证，如图 7-12 所示。

在刀具列表中选择要删除的刀具名，按 删除刀具 按钮可从刀具中删除所选择的刀具。应注意的是，不能删除当前刀具。

在刀具列表中选择要使用当前刀具名，按“置当前刀”可将选择的刀具设为当前刀具，也可在刀具列表中双击所选的刀具。

要改变参数时，按 修改刀具 按钮，即可对刀具参数进行修改。

需要指出的是，刀具库中的各种刀具只是同一类刀具的抽象描述，并非符合国标或其他标准的详细刀具库。所以刀具库只列出了对轨迹生成有影响的部分参数，其他与具体加工工艺相关的刀具参数并未列出。例如，将各种外轮廓、内轮廓、端面粗精车刀均归为轮廓车刀，对轨迹生成没有影响。其他补充信息可在“备注”栏中输入。

二、参数说明

1. 轮廓车刀

轮廓车刀参数对话框如图 7-10（a）所示。

- 刀具名　刀具的名称，用于刀具标识和列表。刀具名是惟一的。
- 刀具号　刀具的系列号，用于后置处理的自动换刀指令。刀具号是惟一的，并对应机床的刀库。
- 刀具补偿号　刀具补偿值的序列号，其值对应于机床的数据库。
- 刀柄长度　刀具可夹持段的长度。
- 刀柄宽度　刀具可夹持段的宽度。
- 刀角长度　刀具可切削段的长度。
- 刀尖半径　刀尖部分用于切削的圆弧的半径。
- 刀具前角　刀具前刃与工件旋转夹角。
- 当前轮廓车刀　显示当前使用的刀具的刀具名。当前刀具就是在加工中要使用的刀具，在加工轨迹的生成中要使用当前刀具的参数。

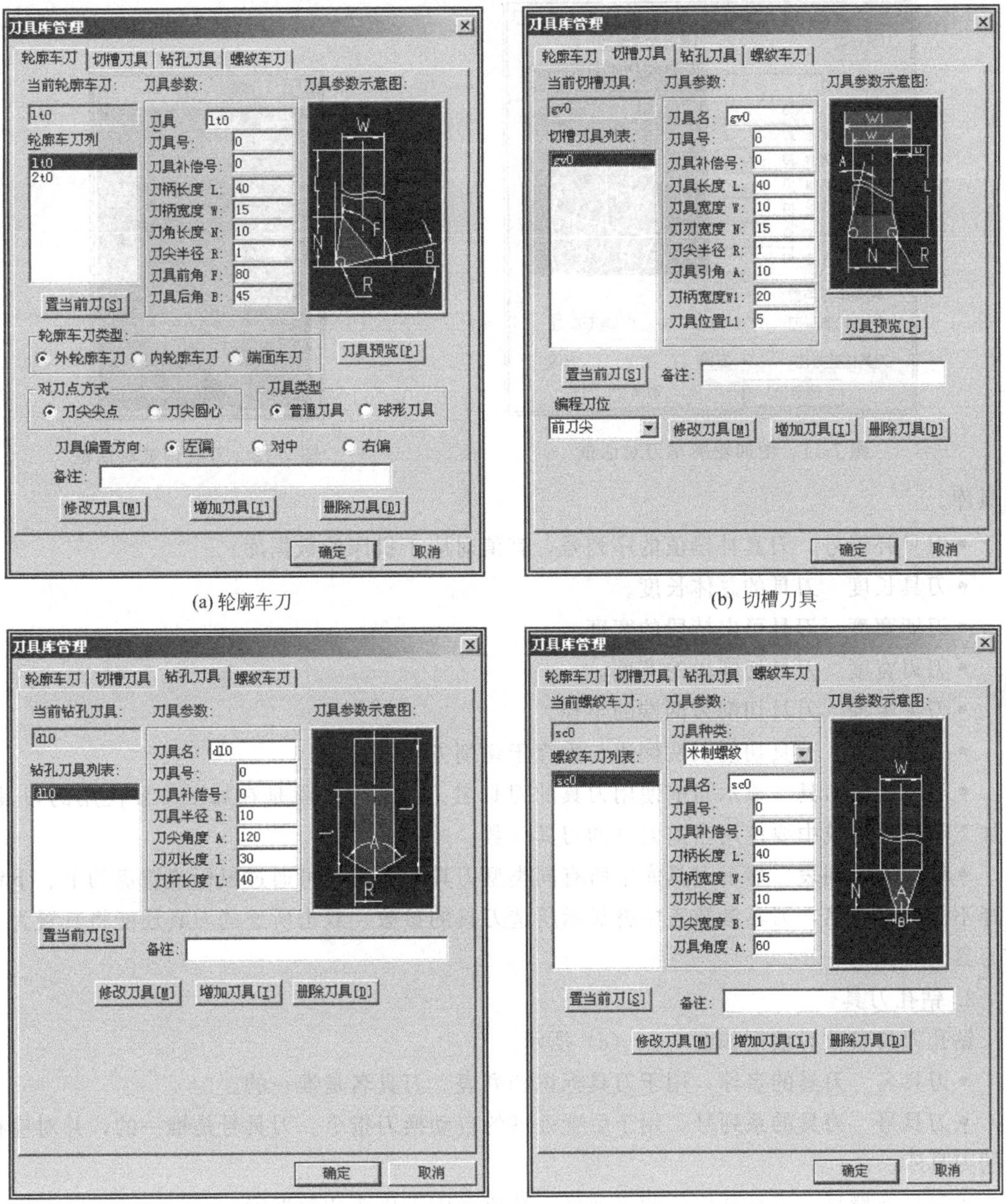

(a) 轮廓车刀 (b) 切槽刀具

(c) 钻孔刀具 (d) 螺纹车刀

图 7-10 刀具库管理对话框

• 轮廓车刀列表 显示刀具库中所有同类型刀具的名称，可通过鼠标或键盘的上、下键选择不同的刀具名，刀具参数表中将显示所选刀具的参数。双击所选的刀具还能将其置为当前刀具。

2. 切槽刀具

切槽刀具参数对话框如图 7-10（b）所示。

• 刀具名 刀具的名称，用于刀具标识和列表。刀具名是惟一的。

• 刀具号 刀具的系列号，用于后置处理的自动换刀指令。刀具号是惟一的，并对应的

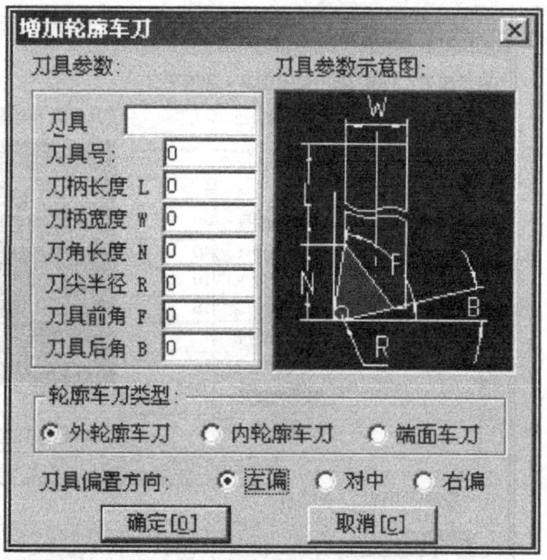

图 7-11 增加轮廓车刀对话框

图 7-12 刀具预览对话框

刀具库。

• 刀具补偿号　刀具补偿值的序列号，其值对应于机床的数据库。

• 刀具长度　刀具的总体长度。

• 刀柄宽度　刀具可夹持段的宽度。

• 刀刃宽度　刀具切削段的宽度。

• 刀尖半径　刀具切削刃两端的半径。

• 刀具引角　刀具切削段两侧边与垂直于切削方向的夹角。

• 当前切槽刀具　显示当前使用刀具的刀具名。当前刀具就是在加工中要使用的刀具，在加工轨迹的生成中要使用当前刀具的刀具参数。

• 切槽刀具列表　显示刀具库中所有同类型刀具的名称，可通过鼠标或键盘的上、下键选择不同的刀具名，刀具参数表中将显示所选刀具的参数。双击所选的刀具还能将其置为当前刀具。

3. 钻孔刀具

钻孔刀具参数对话框如图 7-10（c）所示。

• 刀具名　刀具的名称，用于刀具标识和列表。刀具名是惟一的。

• 刀具号　刀具的系列号，用于后置处理的自动换刀指令。刀具号是惟一的，并对应机床的刀具库。

• 刀具补偿号　刀具补偿值的序列号，其值对应于机床的数据库。

• 刀具半径　刀具的半径。

• 刀尖角度　钻头前尖部的角度。

• 刀刃长度　刀具的刀杆可用于切削部分的长度。

• 刀杆长度　刀尖到刀柄之间的距离。刀杆长度应大于刀刃有效长度。

• 当前钻孔刀具　显示当前使用刀具的刀具名。当前刀具就是在加工中要使用的刀具，在加工轨迹的生成中要使用当前刀具的刀具参数。

• 钻孔刀具列表　显示刀具库中所有同类型刀具的名称，可通过鼠标或键盘的上、下键选择不同的刀具名，刀具参数表中将显示所选刀具的参数。双击所选的刀具还能将其置为当前刀具。

4. 螺纹车刀

螺纹车刀参数对话框如图 7-10 (d) 所示。

- 刀具名　刀具的名称，用于刀具标识和列表。刀具名是惟一的。
- 刀具号　刀具的系列号，用于后置处理的自动换刀指令。刀具号是惟一的，并对应机床的刀具库。
- 刀具补偿号　刀具补偿值的序列号，其值对应于机床的数据库。
- 刀柄长度　刀具可夹持段的长度。
- 刀柄宽度　刀具可夹持段的宽度。
- 刀刃长度　刀具的刀杆可用于切削部分的长度。
- 刀具角度　刀具切削段两侧边与垂直于切削方向的夹角，该角度决定了车削出的螺纹的螺纹角。
- 刀尖宽度　螺纹齿底宽度。

当前螺纹车刀　显示当前使用刀具的刀具名。当前刀具就是在加工中使用的刀具，在加工轨迹的生成中要使用当前刀具的刀具参数。

螺纹车刀列表　显示刀具车库中所有同类型刀具的名称，可通过鼠标或键盘上的上、下键选择不同的刀具名，刀具参数表中将显示所选刀具的参数。双击所选的刀具还能将其置为当前刀具。

思考与练习（七）

一、思考题

(1) 在刀具库管理中置当前刀的作用是什么?

(2) 机床设置与后置处理的作用是什么?

(3) 什么时候应该进行机床设置与后置处理?

(4) 在刀具库管理对话框中，定义的刀具前角和刀具后角，与刀具的实际角度有什么区别和联系?

二、填空题

(1) 编程方式设置有________编程 G90 和________编程 G91 两种方式。

(2) 后置参数设置包括________、________、________、________和________。

(3) CAXA 数控车支持的刀具类型包括________、________、________和________。

(4) 数控车床的速度参数包括________速度、________速度、________速度和________速度。

三、选择题

(1) “G02 X10.000 Y40.000 R20.000” 表示（　　）。

A. 刀具以半径为 R20 圆弧的方式，按顺时针方向从当前点到达目的点 (10，40)

B. 刀具以半径为 R20 圆弧的方式，按逆时针方向从当前点到达目的点 (10，40)

(2) 刀具库管理功能用于定义和确定刀具的有关数据，以便于用户从刀具库中获取刀具信息，对刀具库进行维护。该功能包括（　　）种刀具类型的管理。

A. 轮廓车刀、切槽刀具　　B. 螺纹车刀和钻孔刀具　　C. 以上都包括

(3) 显示刀具库中所有同类型刀具的名称，可通过（　　）选择不同的刀具名，刀具参数表将显示所选刀具的参数。

A. 鼠标或[↑]、[↓]键和回车键　　B. 鼠标或[↑]、[↓]键　　C. [shift]键和[↑]、[↓]键

(4) 刀具的系列号，用于（　　）指令。

A. 后置处理和自动换刀　　B. 后置处理的自动换刀　　C. 刀具的自动补偿

四、上机练习题

使用 FANUC O-TD2 系统的数控车，编程格式如题图 7-1 所示。其中“O011”为程序名，为该机床编写后置设置。

```
%
(O011.cut,2004.11.23,10:29:30:121)
N10 G50 S10000
N12 G00 G97 S320 T0102
N14 M03
N16 M08
N18 G00 X38.366 Z25.628
...

N262 G00 X31.500 Z15.000
N264 G00 X28.500 Z15.000
N266 G01 X25.000 Z15.000 F150.000
N268 G04X0.500
N270 G00 X31.000 Z15.000
N272 G00 X32.500 Z15.000
...

N308 G00 X32.500 Z15.800
N310 G00 X38.366 Z15.800
N312 G00 X38.366 Z25.628
N314 M09
N316 M30
%
```

题图 7-1　编程格式

第八章　轮廓粗车

第一节　轮廓粗车的过程

轮廓粗车功能主要用于对工件外轮廓表面、内轮廓表面和端面的粗车加工，用于快速消除毛坯多余部分加工轨迹的生成、轨迹仿真以及数控代码的提取。

进行轮廓粗车的操作时，要确定被加工轮廓和毛坯轮廓。被加工轮廓就是加工结束后的工件表面轮廓，毛坯轮廓就是加工前毛坯的表面轮廓。作图时，一定要注意被加工轮廓和毛坯轮廓必须两端点相连，两轮廓共同构成一个封闭的加工区域，在此区域的材料将被加工去除。被加工轮廓和毛坯轮廓不能单独闭合或自相交。如图 8-1 以外轮廓粗车为例，表达被加工表面轮廓和毛坯轮廓的拾取。

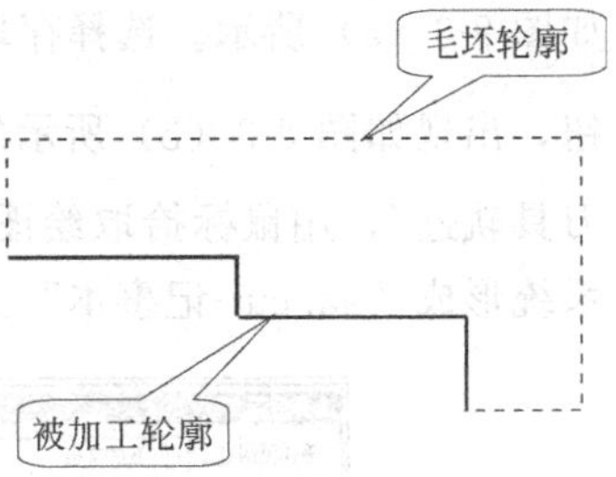

图 8-1　外轮廓

一、轮廓粗车操作步骤

轮廓粗车操作步骤如下。

① 单击主菜单中的【数控车】→【轮廓粗车】命令，或单击数控车工具栏中的“轮廓粗车”图标，系统弹出“粗车参数表”对话框，如图 8-2 所示。

② 在参数表中首先要确定被加工的是外轮廓表面，还是内轮廓表面或端面，接着按加

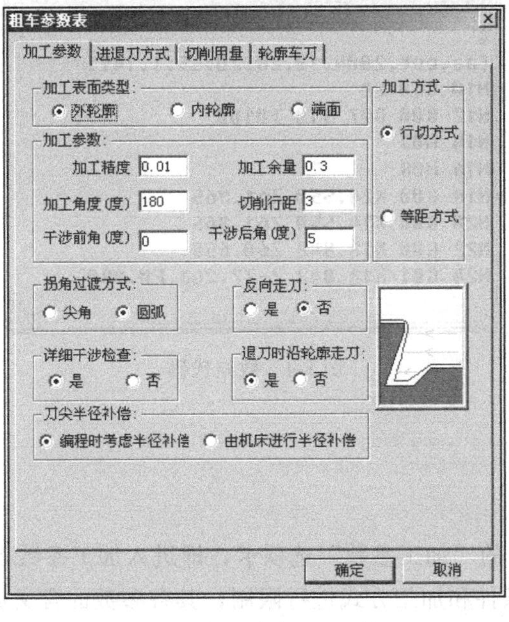

图 8-2　粗车参数表对话框

工要求确定其他各加工参数。

③ 确定参数后，拾取被加工的轮廓和毛坯轮廓。此时，可使用系统提供的轮廓拾取工具。系统默认为“链拾取”，因为“链拾取”不分被加工表面轮廓与毛坯轮廓，所以此时不要采用“链拾取”。对于多段曲线组成的轮廓，使用“限制链拾取”或“单个拾取”将极大地方便拾取。拾取箭头方向与实际的加工方向无关。

④ 指定一点为刀具加工前和加工后所在的位置，该点为进退刀点。如果不指定进退刀点，点击右键可忽略该点的输入。

⑤ 完成上述步骤后，即可生成加工轨迹。单击主菜单中的【数控车】→【代码生成】命令，或单击数控车工具栏中的“代码生成”图标，系统弹出“选择后置文件”对话框，如图 8-3（a）所示。选择存取后置文件（＊.cut）的地址，并填写文件名称，单击打开按钮，出现如图 8-3（b）所示的“选择后置文件”对话框，单击是按钮，状态栏提示“拾取刀具轨迹”，用鼠标拾取绘图区中刚生成的刀具加工轨迹，轨迹变成黄色，单击右键确定，系统形成“aa.cut-记事本”文件，该文件即为生成的数控代码加工指令，如图 8-4 所示。

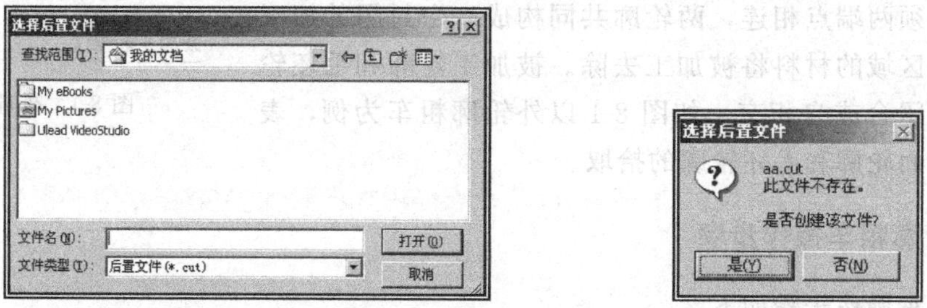

（a）　　　　　　　　　　（b）

图 8-3　选择后置文件

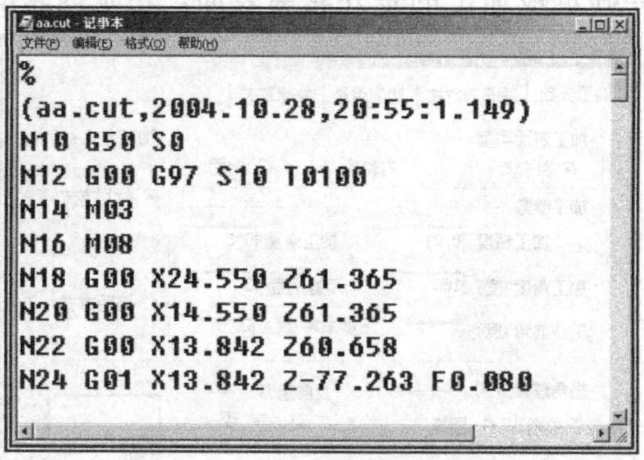

图 8-4　数控代码

二、参数说明

1. 加工参数

单击图 8-2 对话框中的“加工参数”选项卡，即进入加工参数表。该参数表主要用于对粗车加工中的各种工艺条件和加工方式进行限制，其各参数的含义如下。

（1）加工表面类型

• 外轮廓　采用外轮廓车刀加工外轮廓，此时缺省加工方向角度为180°。

• 内轮廓　采用内轮廓车刀加工内轮廓，此时缺省加工方向角度为180°。

• 车端面　此时缺省加工方向应垂直于系统X轴，即加工角度为－90°或270°。

（2）加工参数

• 干涉后角　做底切干涉检查时，确定干涉检查的角度。

• 干涉前角　做前角干涉检查时，确定干涉检查的角度。

• 加工角度　刀具切削方向与机床Z轴（软件系统X轴正方向）正方向的夹角。

• 切削行距　行间切入深度，两相邻切削行之间的距离。

• 加工余量　加工结束后，被加工表面没有加工部分的剩余量（与最终加工结束比较）。

• 加工精度　用户可按需要控制加工的精度。对轮廓中的直线和圆弧，机床可以精确地加工；对由样条曲线组成的轮廓，系统将按给定的精度把样条转化成直线段，来满足用户所需的加工精度。

（3）拐角过渡方式

• 圆弧　在切削过程中遇到拐角时，刀具从轮廓的一边到另一边的过程中，以圆弧的方式过渡。

• 尖角　在切削过程中遇到拐角时，刀具从轮廓的一边到另一边的过程中，以尖角的方式过渡。

（4）反向走刀

• 否　刀具按缺省方向走刀，即刀具从机床Z轴正向向Z轴负向移动。

• 是　刀具按缺省方向相反的方向走刀。

（5）详细干涉检查

• 否　假定刀具前后干涉角均为0°，对凹槽部分不做加工，以保证切削轨迹无前角及底切干涉。

• 是　加工凹槽时，用定义的干涉角度检查加工中是否有刀具前角及底切干涉，并按定义的干涉角度生成无干涉的切削轨迹。

（6）退刀时沿轮廓走刀

• 否　刀位行首末直接进退刀，对行与行之间的轮廓不加工。

• 是　两刀位行之间如果有一段轮廓，在后一刀位行之前、之后增加对行间轮廓的加工。

（7）刀尖半径补偿

• 编程时考虑半径补偿　在生成加工轨迹时，系统根据当前所用刀具的刀尖半径进行补偿计算（按假想刀尖点编程）。所生成代码即为已考虑半径的代码，无需机床再进行刀尖半径补偿。

• 由机床进行半径补偿　在生成加工轨迹时，假设刀尖半径为0，按轮廓编程，不进行刀尖半径补偿计算。所生成代码用于实际加工时，应根据实际刀尖半径由机床指定补偿值。

2. 进退刀方式

单击图8-2对话框中的“进退刀方式”选项卡，即进入进退刀方式参数表，如图8-5所示。该参数表用于对加工中的进退刀方式进行设定，其各参数的含义如下。

（1）进刀方式

• 相对毛坯进刀方式　用于对毛坯部分进行切削时的进刀方式。

• 相对加工表面进刀方式　用于对加工表面部分进行切削时的进刀方式。

● 与加工表面成定角　只在每一切削行前加入一段与轨迹切削方向夹成一定角度的进刀段，刀具垂直进刀到该进刀段的起点，再沿该进刀段进刀至切削行。角度定义该进刀段与轨迹切削方向的夹角，长度定义该进刀段的长度。

● 垂直进刀　指刀具直接进刀到每一切削行的起始点。

● 矢量进刀　指在每一切削行前加入一段与系统 X 轴（机床 Z 轴）正方向成一定夹角的进刀段。刀具进刀到该进刀段的起点，再沿该进刀段进刀至切削行。角度定义矢量（进刀段）与系统 X 轴正方向的夹角；长度定义矢量（进刀段）的长度。

（2）退刀方式

相对毛坯退刀方式用于对毛坯部分进行切削时的退刀方式；相对加工表面退刀方式用于对加工表面部分进行切削时的退刀方式。

● 与加工表面成定角　指在每一切削行后加入一段与轨迹切削方向夹成一定角度的退刀段，刀具先沿该退刀段退刀，再从该退刀段的末点开始垂直退刀。角度定义该退刀段与轨迹切削方向的夹角，长度定义该退刀段的长度。

● 轮廓垂直退刀　指刀具直接退刀到每一切削行的起始点。

● 轮廓矢量退刀　指在每一切削行后加入一段与系统 X 轴（机床 Z 轴）正方向成一定夹角的退刀段。刀具先沿该退刀段退刀，再从该退刀段的末点开始垂直退刀。角度定义矢量（退刀段）与系统 X 轴正方向的夹角；长度定义矢量（退刀段）的长度。

● 快速退刀距离　以给定的退刀速度回退的距离（相对值），在此距离上以机床允许的最大进给速度退刀。

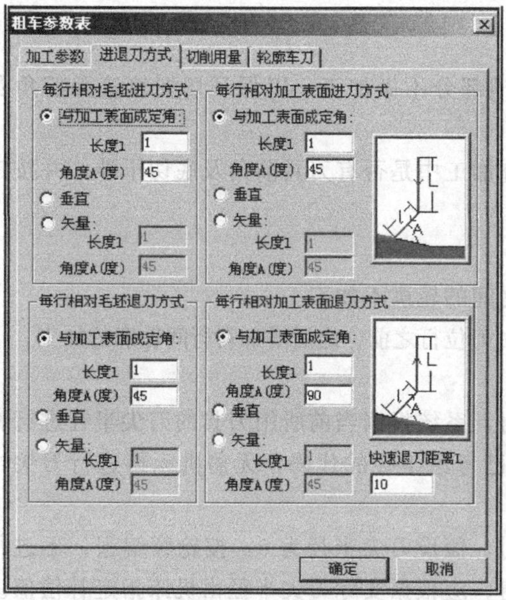

图 8-5　轮廓粗车进退刀方式

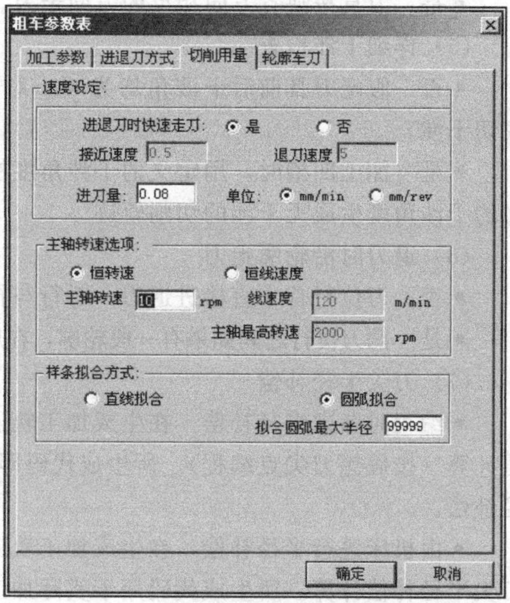

图 8-6　轮廓粗车切削用量参数表

3. 切削用量

在每种刀具轨迹生成时，都需要设置一些与切削用量及机床加工相关的参数。单击“切削用量”选项页，即进入切削用量参数表，如图 8-6 所示，其各参数的含义如下。

● 接近速度　刀具接近工件时的进给速度。

● 切削速度　刀具切削工件时的进给速度。

• 主轴速度　机床主轴旋转的速度（计量单位是机床的缺省单位）。

• 退刀速度　刀具离开工件的速度。

• 恒转速　切削过程中按指定的主轴转速保持主轴转速恒定，直到下一指令改变该转速。

• 恒线速度　切削过程中按指定的线速度值保持线速度恒定。线条拟合方式分直线和圆弧两种。

• 直线　对加工轮廓中的样条线根据给定的加工精度用直线段进行拟合。

• 圆弧　对加工轮廓中的样条线根据给定的加工精度用圆弧段进行拟合。

4. 轮廓车刀

单击“轮廓车刀”选项卡，可进入轮廓车刀参数设置，如图 8-7 所示。该页用于对加工中所用的刀具参数进行设置。具体参数说明请参考“刀具管理”中的说明。

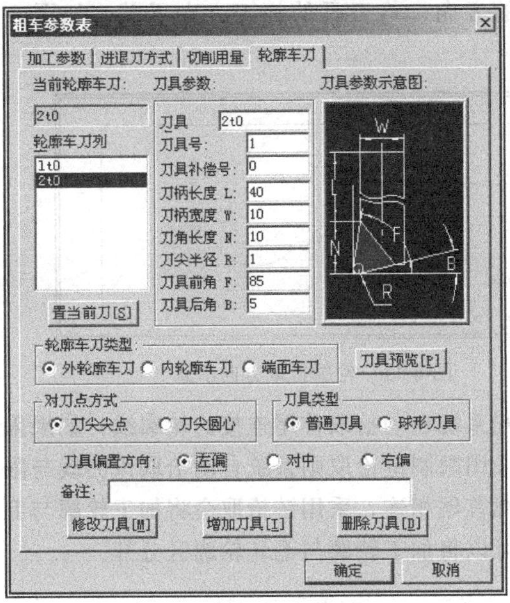

图 8-7　轮廓车刀参数设置

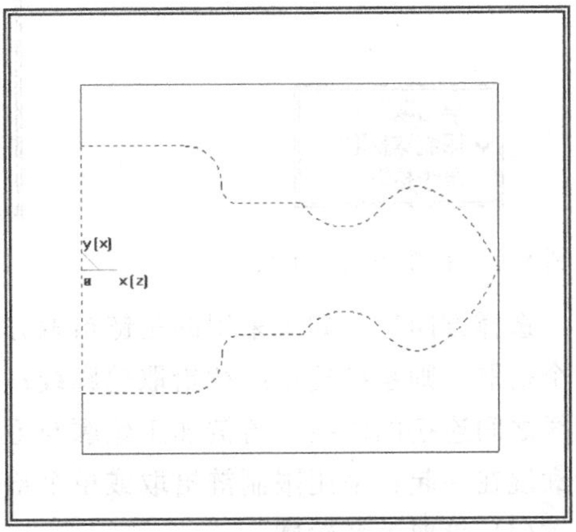

图 8-8　被加工零件及毛坯外轮廓

实例 1　如图 8-8 所示，简单曲线轮廓粗车。虚线表示为被加工的外轮廓，实线表示为毛坯轮廓。

轮廓粗车具体操作步骤如下。

(1) 绘制图形

生成轨迹时，只需画出由被加工出的外轮廓和毛坯轮廓上半部分组成的封闭区域（切除部分）即可，其余线条不用画出，如图 8-9 所示。

(2) 填写参数表

在图 8-2 所示对话框中填写参数表，填完之后单击 确认 按钮。

(3) 拾取被加工表面轮廓

系统提示用户选择轮廓线。拾取轮廓线可以利用曲线拾取工具菜单，按键盘“空格键”弹出链拾取工具菜单，如图 8-10 所示。工具菜单提供三种拾取方式，即单个拾取、链拾取和限制键拾取。

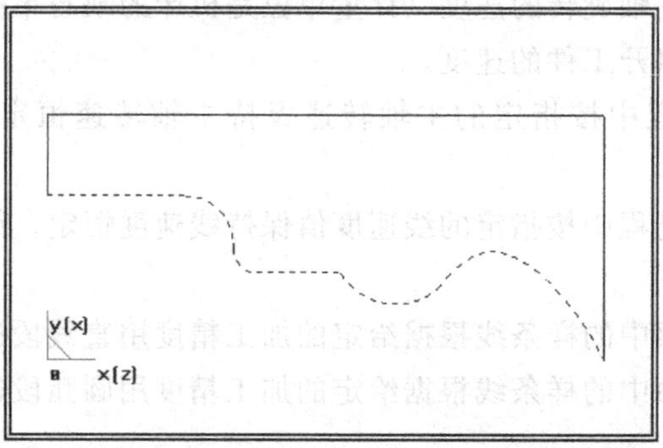

图 8-9　被加工外轮廓和毛坯轮廓上半部分组成的封闭区域

当拾取第一条轮廓线后，此轮廓线变为黄色的虚线。系统给出提示：选择方向。要求用户选择一个方向，此方向只表示拾取轮廓线的方向，与刀具的加工方向无关，如图 8-11 所示。

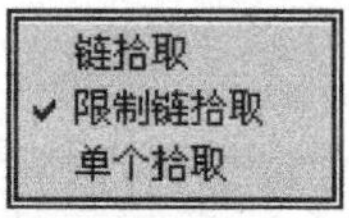

图 8-10　链拾取菜单工具

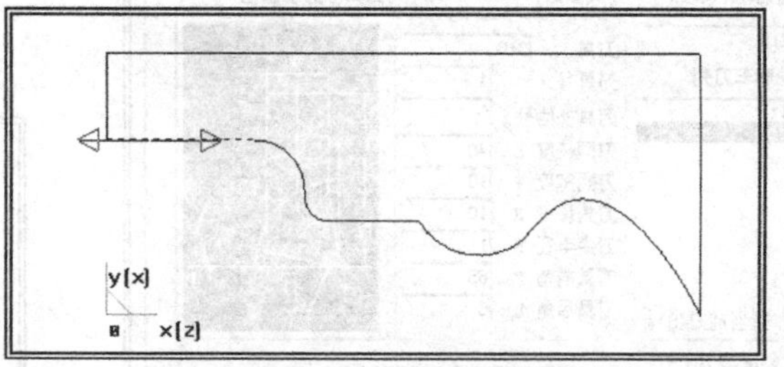

图 8-11　轮廓拾取方向示意

选择方向后，如果采用的是链拾取方式，则系统自动拾取首尾连接的轮廓线；如果采用单个拾取，则系统提示继续拾取轮廓线；如果采用限制链拾取则系统自动拾取该曲线与限制曲线之间连接的曲线。若被加工轮廓与毛坯轮廓首尾相连，采用链拾取会将加工轮廓与毛坯轮廓混在一起；采用限制链拾取或单个拾取则可以将加工轮廓与毛坯轮廓区分开。

(4) 拾取毛坯轮廓

拾取方法与拾取被加工表面轮廓方法相同。

(5) 确定进退刀点

指定一点为刀具加工前和加工后所在的位置。若单击鼠标右键确定可忽略该点的输入。

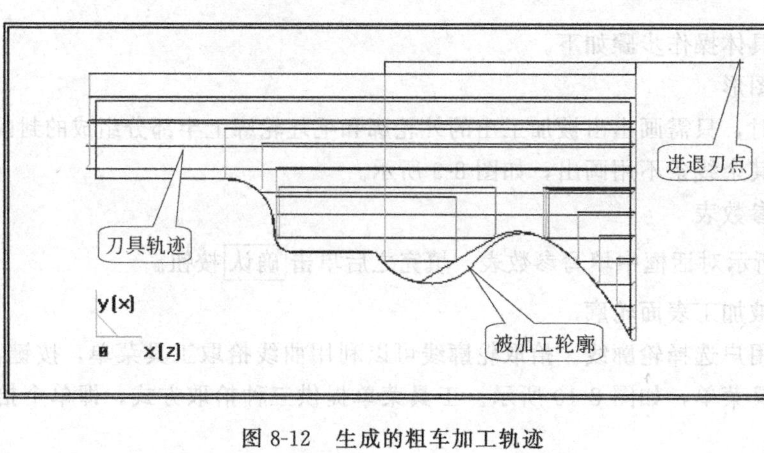

图 8-12　生成的粗车加工轨迹

（6）生成刀具轨迹

当确定进退刀点之后，系统生成绿色的刀具轨迹，如图 8-12 所示。

（7）生成代码

单击主菜单中的【数控车】→【生成代码】命令，拾取刚生成的刀具轨迹，即可生成加工指令，如图 8-13 所示。

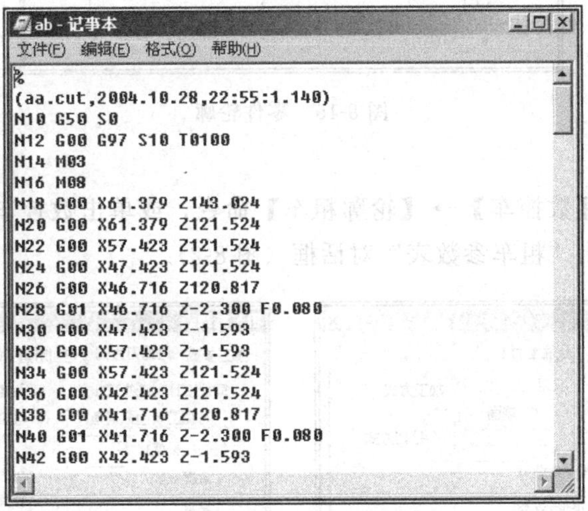


```
%
(aa.cut,2004.10.28,22:55:1.140)
N10 G50 S0
N12 G00 G97 S10 T0100
N14 M03
N16 M08
N18 G00 X61.379 Z143.024
N20 G00 X61.379 Z121.524
N22 G00 X57.423 Z121.524
N24 G00 X47.423 Z121.524
N26 G00 X46.716 Z120.817
N28 G01 X46.716 Z-2.300 F0.080
N30 G00 X47.423 Z-1.593
N32 G00 X57.423 Z-1.593
N34 G00 X57.423 Z121.524
N36 G00 X42.423 Z121.524
N38 G00 X41.716 Z120.817
N40 G01 X41.716 Z-2.300 F0.080
N42 G00 X42.423 Z-1.593
```

图 8-13 数控代码

第二节 轮廓粗车的参数选择

一、外轮廓粗车加工

下面以零件的加工实例说明外轮廓粗车的参数选择。

实例 2 某零件毛坯尺寸 ϕ85mm×150mm，按图 8-14 所示零件简图进行加工。

操作步骤如下。

1. 轮廓建模

要生成粗加工轨迹，只需绘制要加工部分的上半部分外轮廓和毛坯轮廓，组成封闭的区域（需切除部分），其余线条无需画出，如图 8-15 所示。

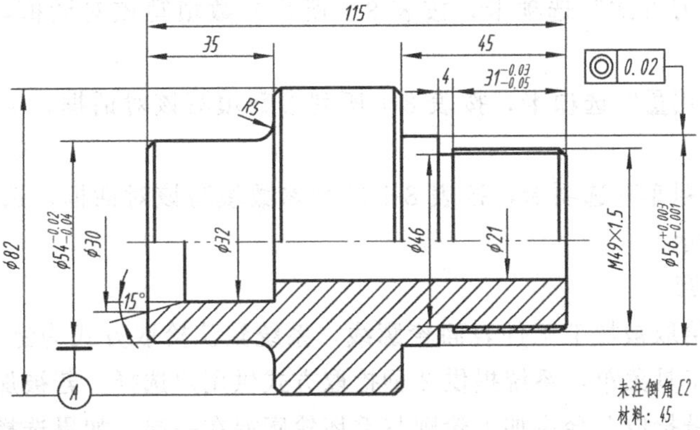

图 8-14 零件简图

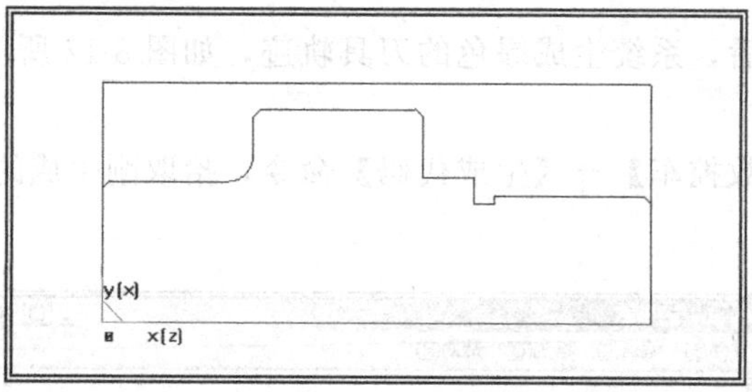

图 8-15　零件轮廓

2. 填写参数表

单击主菜单中的【数控车】→【轮廓粗车】命令，或单击数控车工具栏中的“轮廓粗车”图标，系统弹出“粗车参数表”对话框（图 8-2）。

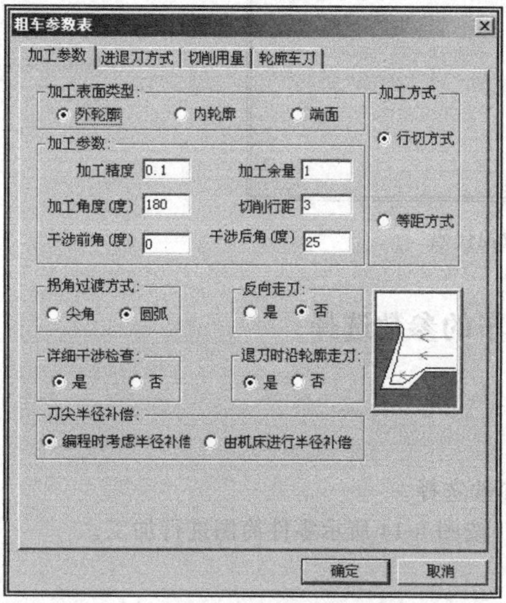

图 8-16　粗车加工参数设定

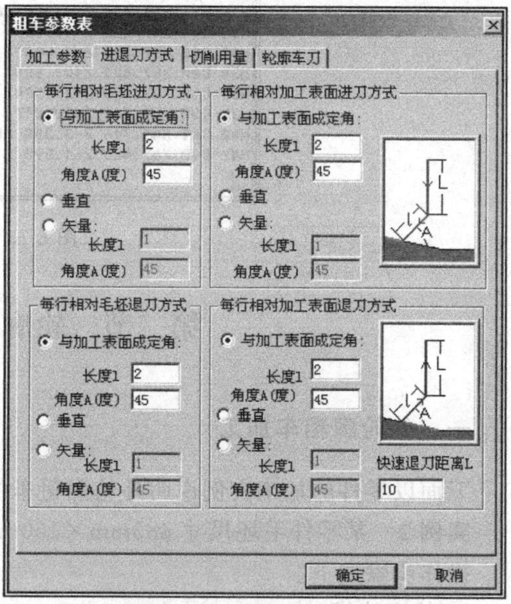

图 8-17　粗车进退刀参数设定

① 单击“加工参数”选项卡，按表 8-1 所列参数填写该对话框，如图 8-16 所示。

② 单击“进退刀方式”选项卡，按表 8-1 所列参数填写该对话框，选择进退刀方式，如图 8-17 所示。

③ 单击“切削用量”选项卡，按表 8-1 所列参数填写该对话框，选择切削用量，如图 8-18 所示。

④ 单击“轮廓粗车”选项卡，按表 8-1 所列参数填写该对话框，选择刀具及确定刀具参数，如图 8-19 所示。

3. 拾取加工轮廓

系统提示用户拾取被加工工件表面轮廓线，系统默认拾取方式为链拾取，如图 8-20 所示。按空格键弹出工具菜单，系统提供 3 种拾取方式供用户选择。若被加工轮廓与毛坯轮廓首尾相连，采用“链拾取”会将加工轮廓与毛坯轮廓混在一起。如果选择限制线拾取或单个拾取，状态栏中的“链拾取”会变为“限制链拾取”或“单个拾取”。

表 8-1　粗车加工参数

刀具参数			切削用量		
刀具名	45°轮廓车刀		切削速度	进退刀时是否快速	⊙是 ○否
刀具号	3			接近速度	30
刀具补偿号	3			退刀速度	30
刀具长度 L	30			进刀量 F	100
刀柄宽度 W	50		主轴转速	恒转速	100
刀角长度 N	10			恒线速度	150
刀尖半径 R	1			最高转速	2000
刀具前角 F	87		样条拟合方式	⊙直线	
刀具后角 B	35			○圆弧	
轮廓车刀类型	⊙外轮廓车刀 ○内轮廓车刀 ○端面车刀			拟合圆弧最大半径	
对刀点方式	○刀尖尖点 ⊙刀尖圆心		加工参数		
刀具类型	⊙普通车刀 ○球头车刀		加工表面类型	⊙外轮廓 ○内轮廓 ○端面	
刀具偏置方向	⊙左偏 ○对中 ○右偏		加工方式	⊙行切方式 ○等距方式	
进退刀方式			加工精度	0.1	
相对毛坯进刀	⊙与加工表面成定角	$L=2,A=45$	加工余量	0	
	○垂直进刀		加工角度	180	
	○矢量进刀		切削行距	2	
相对加工表面进刀	⊙与加工表面成定角		干涉前角	0	
	○垂直进刀		干涉后角	35	
	○矢量进刀		拐角过渡方式	⊙尖角 ○圆弧	
相对毛坯退刀	⊙与加工表面成定角	$L=2,A=45$	反向走刀	⊙是 ○否	
	○轮廓垂直退刀		详细干涉检查	⊙是 ○否	
	○轮廓矢量退刀		退刀时是否沿轮廓走刀	⊙是 ○否	
相对加工表面退刀	⊙与加工表面成定角				
	○轮廓垂直退刀		刀尖半径补偿	⊙编程时考虑半径补偿	
	○轮廓矢量退刀			○由机床进行半径补偿	
	快速退刀距离	$L=5$	—	—	

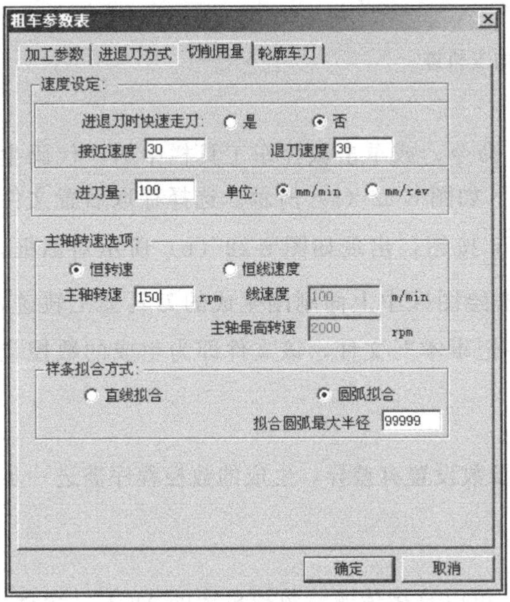

图 8-18　粗车切削用量参数设定

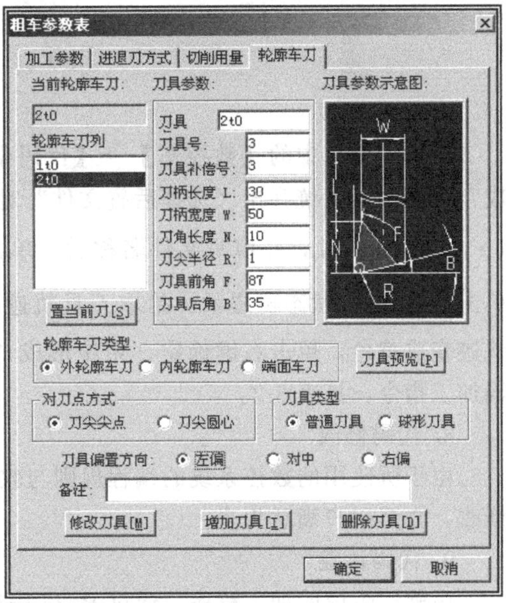

图 8-19　粗车轮廓车刀参数设定

采用限制链拾取，则用鼠标拾取左、右两条限制轮廓线，该两条轮廓线变成红色的虚线，如图 8-20 所示。且系统自动拾取该两条限制轮廓线之间连接的被加工工件表面轮廓线；采用限制链拾取或单个拾取则可以很容易地将加工轮廓与毛坯轮廓区分开。

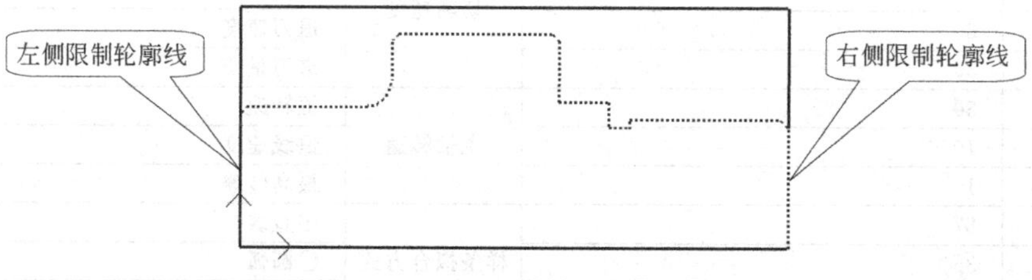

图 8-20　被加工表面轮廓拾取

4. 拾取毛坯轮廓

拾取方法与拾取加工轮廓类似。

5. 确定进退刀点

指定一点为刀具加工前和加工后所在的位置，如图 8-21 所示。若单击鼠标右键确定可忽略该点的输入。

6. 生成刀具轨迹

当确定进退刀点之后，系统生成绿色的刀具轨迹，如图 8-21 所示。

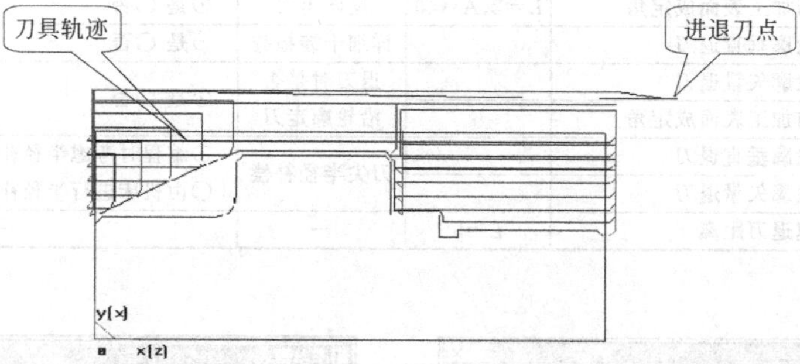

图 8-21　粗车加工轨迹

7. 代码生成

单击主菜单中的【数控车】→【代码生成】命令，或单击数控车工具栏中的“代码生成”图标，系统弹出“选择后置文件”对话框，如图 8-22（a）所示。选择存取后置文件（*.cut）的地址，并填写文件名称后，单击打开按钮，出现如图 8-22（b）所示对话框，单击是按钮，状态栏提示：拾取刀具轨迹，单击绘图区中上面刚刚生成的刀具加工轨迹，轨迹变成黄色，单击右键确定，系统形成“8-24-记事本”文件，该文件即为生成的数控代码加工指令，见表 8-2。

8. 代码修改

由于所使用的数控系统的编程规则与软件的参数设置有差异，生成的数控程序需进一步修改，直至用户满意为止。

9. 代码传输

由软件生成的加工程序，通过 R232 串行口，可以直接传输给数控机床的 MCU。至此，整个粗车加工结束。

表 8-2 粗车加工程序

程 序	程 序
(08-24. cut,04/11/03,10:05:15)	N64 G01 X42. 414 Z64. 180 F50. 000
N10 G50 S0	N66 G01 X52. 414 Z64. 180
N12 G00 G97 S600 T0103	N68 G00 X52. 414 Z110. 414
N14 M03	N70 G01 X39. 414 Z110. 414 F50. 000
N16 M08	N72 G01 X38. 000 Z109. 000
N18 G00 X53. 579 Z123. 014	N74 G01 X38. 000 Z64. 000 F100. 000
N20 G00 X55. 414 Z110. 414	N76 G01 X39. 186 Z64. 000
N22 G01 X45. 414 Z110. 414 F50. 000	N78 G03 X40. 176 Z63. 590 I0. 000 K-1. 400
N24 G01 X44. 000 Z109. 000	N80 G01 X41. 000 Z62. 766
N26 G01 X44. 000 Z-1. 800 F100. 000	N82 G01 X41. 000 Z64. 766 F50. 000
N28 G01 X45. 414 Z-0. 386 F50. 000	N84 G01 X51. 000 Z64. 766
N30 G01 X55. 414 Z-0. 386	N86 G00 X51. 000 Z110. 414
N32 G00 X55. 414 Z110. 414	N88 G01 X36. 414 Z110. 414 F50. 000
N34 G01 X42. 414 Z110. 414 F50. 000	N90 G01 X35. 000 Z109. 000
N36 G01 X41. 000 Z109. 000	N92 G01 X35. 000 Z64. 000 F100. 000
N38 G01 X41. 000 Z62. 766 F100. 000	N94 G01 X38. 000 Z64. 000
N40 G01 X41. 590 Z62. 176	N96 G01 X36. 586 Z65. 414 F50. 000
N42 G03 X42. 000 Z61. 186 I-0. 990 K-0. 990	N98 G01 X46. 586 Z65. 414
N44 G01 X42. 000 Z31. 014	N100 G00 X46. 586 Z110. 414
N46 G03 X41. 869 Z30. 423 I-1. 400 K0. 000	N102 G01 X33. 414 Z110. 414 F50. 000
N48 G01 X41. 000 Z28. 559	N104 G01 X32. 000 Z109. 000
N50 G01 X41. 000 Z-1. 800	N106 G01 X32. 000 Z64. 000 F100. 000
N52 G01 X42. 414 Z-0. 386 F50. 000	N108 G01 X35. 000 Z64. 000
N54 G01 X52. 414 Z-0. 386	N110 G01 X33. 586 Z65. 414 F50. 000
N56 G00 X52. 414 Z110. 414	N112 G01 X43. 586 Z65. 414
N58 G01 X42. 414 Z110. 414 F50. 000	N114 G00 X43. 586 Z110. 414
N60 G01 X41. 000 Z109. 000	N116 G01 X30. 714 Z110. 414 F50. 000
N62 G01 X41. 000 Z62. 766 F100. 000	N118 G01 X29. 300 Z109. 000

续表

程　序	程　序
N120 G01 X29.300 Z64.000 F100.000	N188 G01 X38.000 Z22.126 F100.000
N122 G01 X32.000 Z64.000	N190 G01 X38.000 Z-1.800
N124 G01 X30.586 Z65.414 F50.000	N192 G01 X39.414 Z-0.386 F50.000
N126 G01 X40.586 Z65.414	N194 G01 X49.879 Z-0.386
N128 G00 X40.586 Z110.414	N196 G00 X49.879 Z22.810
N130 G01 X27.714 Z110.414 F50.000	N198 G01 X39.879 Z22.810 F50.000
N132 G01 X26.300 Z109.000	N200 G01 X38.000 Z22.126
N134 G01 X26.300 Z74.000 F100.000	N202 G01 X35.000 Z15.692 F100.000
N136 G01 X27.600 Z74.000	N204 G01 X35.000 Z-1.800
N138 G03 X29.000 Z72.600 0.000 K-1.400	N206 G01 X36.414 Z-0.386 F50.000
N140 G01 X29.000 Z64.000	N208 G01 X46.879 Z-0.386
N142 G01 X29.300 Z64.000	N210 G00 X46.879 Z16.376
N144 G01 X27.886 Z65.414 F50.000	N212 G01 X36.879 Z16.376 F50.000
N146 G01 X37.886 Z65.414	N214 G01 X35.000 Z15.692
N148 G00 X37.886 Z110.414	N216 G01 X32.000 Z9.259 F100.000
N150 G01 X24.714 Z110.414 F50.000	N218 G01 X32.000 Z-1.800
N152 G01 X23.300 Z109.000	N220 G01 X33.414 Z-0.386 F50.000
N154 G01 X23.300 Z108.966 F100.000	N222 G01 X43.879 Z-0.386
N156 G01 X24.714 Z110.380 F50.000	N224 G00 X43.879 Z9.943
N158 G01 X51.000 Z110.380	N226 G01 X33.879 Z9.943 F50.000
N160 G00 X51.000 Z64.766	N228 G01 X32.000 Z9.259
N162 G01 X41.000 Z64.766 F50.000	N230 G01 X29.300 Z3.469 F100.000
N164 G01 X41.000 Z62.766	N232 G01 X29.300 Z-1.800
N166 G01 X41.590 Z62.176 F100.000	N234 G01 X30.714 Z-0.386 F50.000
N168 G03 X42.000 Z61.186 I-0.990 K-0.990	N236 G01 X41.179 Z-0.386
N170 G01 X42.000 Z31.014	N238 G00 X41.179 Z4.153
N172 G03 X41.869 Z30.423 I-1.400 K0.000	N240 G01 X31.179 Z4.153 F50.000
N174 G01 X41.000 Z28.559	N242 G01 X29.300 Z3.469
N176 G01 X41.000 Z-1.800	N244 G01 X27.220 Z-0.992 F100.000
N178 G01 X42.414 Z-0.386 F50.000	N246 G01 X29.100 Z-0.308 F50.000
N180 G01 X52.879 Z-0.386	N248 G01 X55.414 Z-0.308
N182 G00 X52.879 Z29.243	N250 G00 X53.579 Z123.014
N184 G01 X42.879 Z29.243 F50.000	N252 M09
N186 G01 X41.000 Z28.559	N254 M30

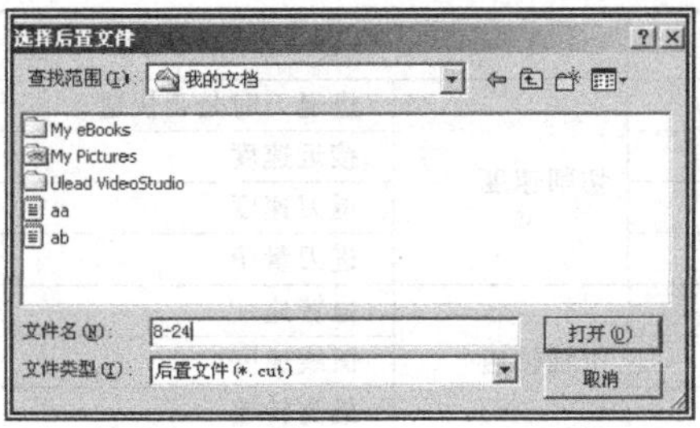

(a)

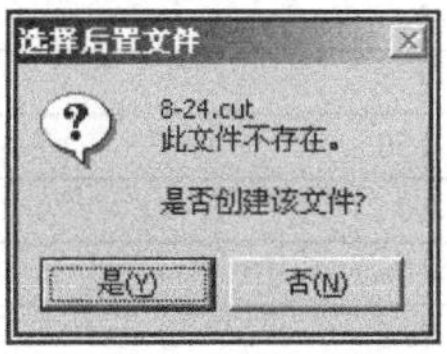

(b)

图 8-22 选择后置文件

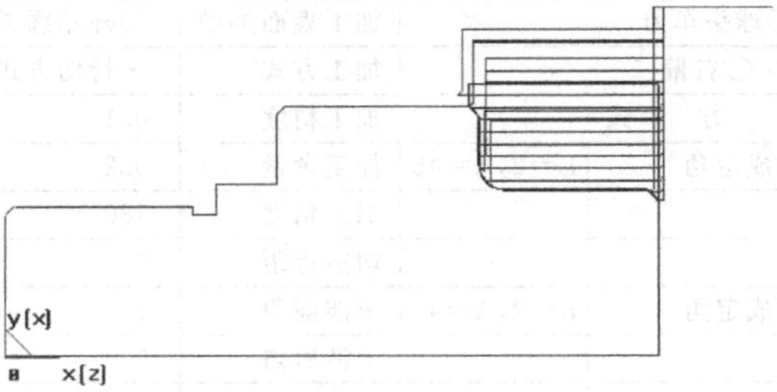

图 8-23 掉头粗车另一端

被加工件的左面部分加工不理想，掉头装夹，重复上述过程，完成左半部分的加工，如图 8-23 所示。

二、内轮廓粗车加工

1. 轮廓建模

要生成粗加工轨迹，只需绘制要加工的上半部分的内轮廓和毛坯轮廓，组成封闭的区域(需切除部分)，其余线条无需画出，如图 8-24、图 8-25 所示。

2. 填写参数表

单击主菜单中的【数控车】→【轮廓粗车】命令，或单击数控车工具栏中的“轮廓粗车”图标，系统弹出“粗车参数表”对话框（图 8-2)。

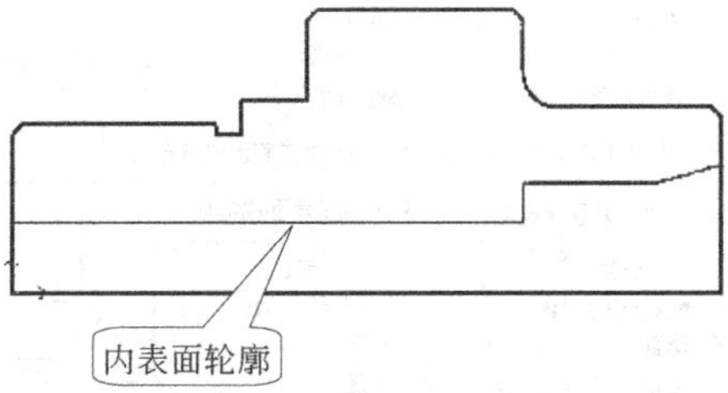

图 8-24 零件内表面轮廓

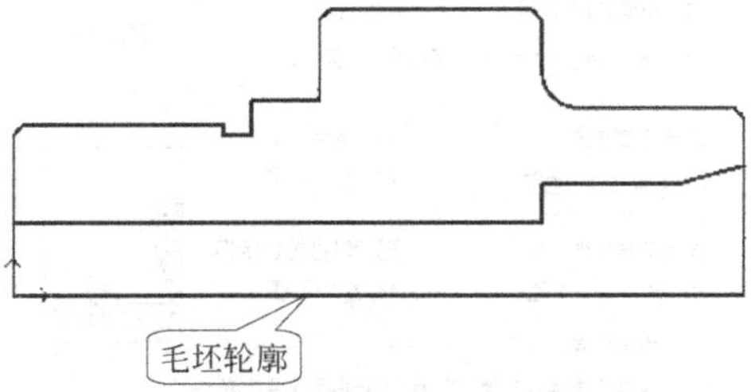

图 8-25 毛坯轮廓

① 单击“加工参数”选项卡，按表 8-3 所列参数填写该对话框，如图 8-26 所示。

② 单击“进退刀方式”选项卡，按表 8-3 所列参数填写该对话框，选择进退刀方式，如图 8-27 所示。

表 8-3　粗车内轮廓加工参数

刀具参数			切削用量		
刀具名	lt0			进退刀时是否快速	○是⊙否
刀具号	2		切削速度	接近速度	30
刀具补偿号	2			退刀速度	30
刀具长度 L	150			进刀量 F	100
刀柄宽度 W	10		主轴转速	恒转速	150
刀角长度 N	10			恒线速度	100
刀尖半径 R	0.5			最高转速	2000
刀具前角 F	85		样条拟合方式	○直线	
刀具后角 B	5			⊙圆弧	99999
轮廓车刀类型	○外轮廓车刀 ⊙内轮廓车刀 ○端面车刀			拟合圆弧最大半径	
对刀点方式	⊙刀尖尖点 ○刀尖圆心		加工参数		
刀具类型	⊙普通车刀 ○球头车刀		加工表面类型	○外轮廓 ⊙内轮廓 ○端面	
刀具偏置方向	⊙左偏 ○对中 ○右偏		加工方式	⊙行切方式 ○等距方式	
进退刀方式			加工精度	0.1	
相对毛坯进刀	⊙与加工表面成定角	$L=2,A=45$	加工余量	0.2	
	○垂直进刀		加工角度	180	
	○矢量进刀		切削行距	2	
相对加工表面进刀	⊙与加工表面成定角	$L=2,A=45$	干涉前角	0	
	○垂直进刀		干涉后角	5	
	○矢量进刀		拐角过渡方式	○尖角 ⊙圆弧	
相对毛坯退刀	⊙与加工表面成定角	$L=2,A=45$	反向走刀	○是 ⊙否	
	○轮廓垂直退刀		详细干涉检查	⊙是 ○否	
	○轮廓矢量退刀		退刀时是否沿轮廓走刀	⊙是 ○否	
相对加工表面退刀	⊙与加工表面成定角	$L=2,A=45$			
	○轮廓垂直退刀		刀尖半径补偿	⊙编程时考虑半径补偿	
	○轮廓矢量退刀			○由机床进行半径补偿	
	快速退刀距离	$L=5$	—	—	

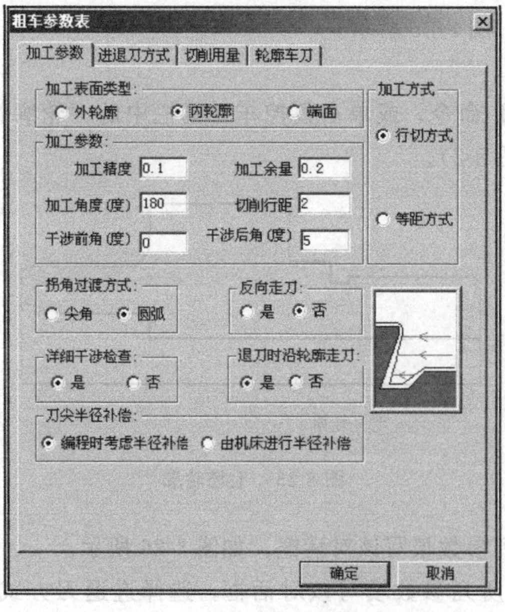

图 8-26　粗车加工参数设定

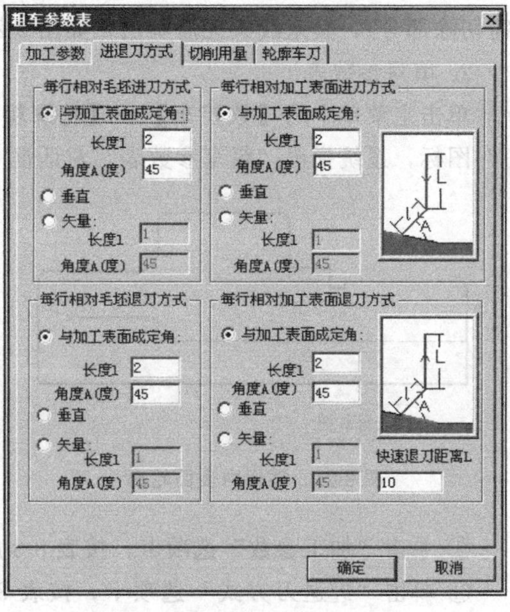

图 8-27　粗车进退刀参数设定

③ 单击“切削用量”选项卡，按表 8-3 所列参数填写该对话框，选择切削用量，如图 8-28 所示。

④ 单击“轮廓车刀”选项卡，按表 8-3 所列参数填写该对话框，选择刀具及确定刀具参数，如图 8-29 所示。

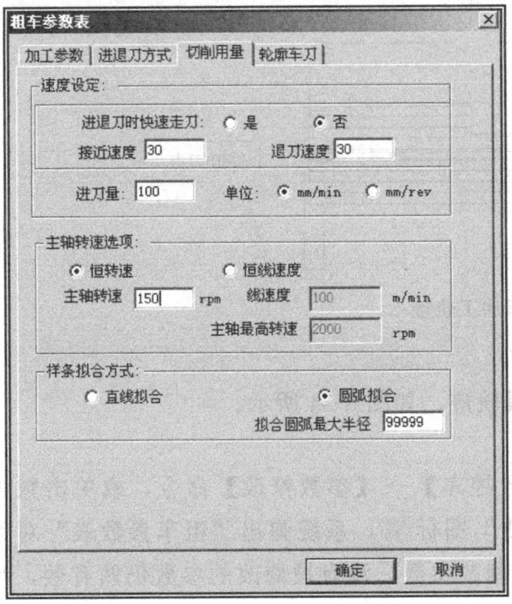

图 8-28 粗车切削用量参数设定

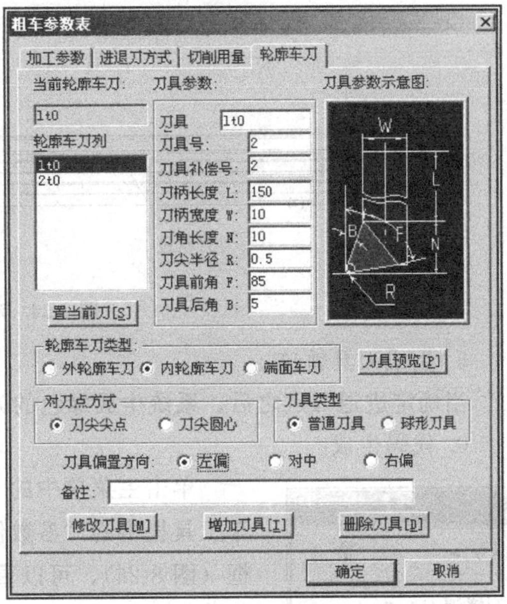

图 8-29 粗车轮廓车刀参数设定

3. 拾取加工轮廓

系统提示用户拾取被加工工件表面轮廓线，系统默认拾取方式为链拾取。系统提供 3 种拾取方式供用户选择。具体采用什么方法，与用户的画图方法有直接关系。若被加工轮廓与毛坯轮廓首尾相连，采用“链拾取”会将加工轮廓与毛坯轮廓混在一起，如图 8-30 所示。显然，把外轮廓一同拾取上是不正确的。

如果选择限制线拾取，又拾取上了不该拾取的左、右两条竖线，如图 8-31 所示。

采用单个拾取，则可以很容易地将加工轮廓（图 8-32）与毛坯轮廓（图 8-33）区分开。

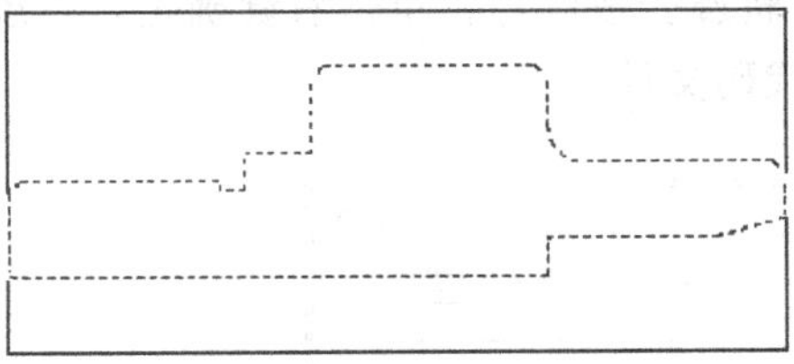

图 8-30 链拾取方式拾取被加工轮廓

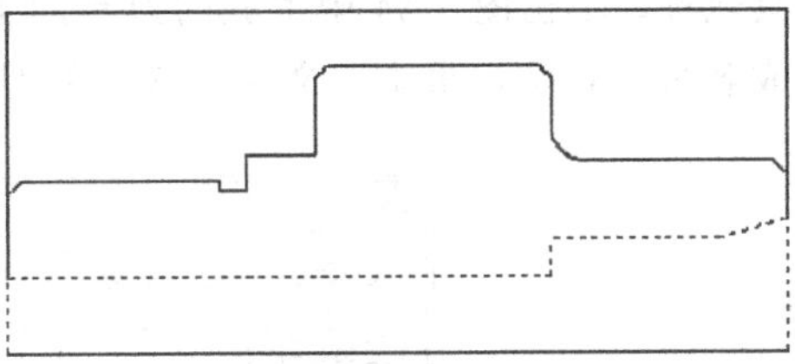

图 8-31 限制线拾取被加工表面

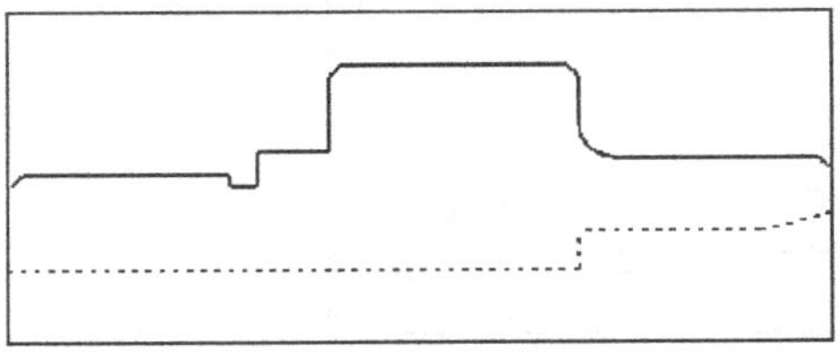

图 8-32 被加工表面轮廓

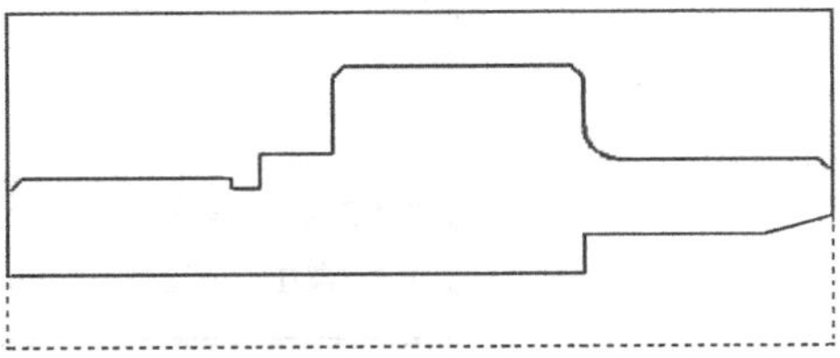

图 8-33 毛坯轮廓

4. 确定进退刀点

指定一点为刀具加工前和加工后所在的位置，如图 8-34 所示。若单击鼠标右键确定可忽略该点的输入。

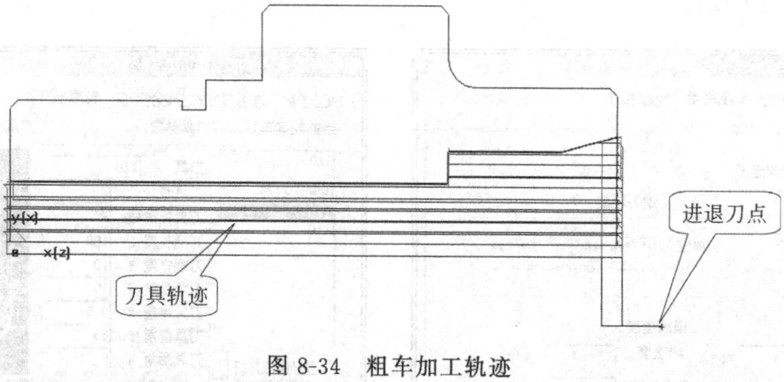

图 8-34　粗车加工轨迹

5. 生成刀具轨迹

当确定进退刀点之后，系统生成绿色的刀具轨迹，如图 8-34 所示。

6. 代码生成

图 8-35　撤销图标

单击主菜单中的【数控车】→【参数修改】命令，或单击数控车工具栏中的“参数修改”图标，系统弹出“粗车参数表”对话框（图 8-26），可以重新修改参数，没有被修改的参数仍然有效，被修改的参数执行修改后的新参数。

这与采用主菜单中的“撤销”图标（图 8-35）有本质区别。因为采用“撤销”图标意味着取消上述第 2 步填写参数表；而采用“参数修改”图标，是在上面的第 2 步填写参数表的基础上，更改局部参数。

7. 代码生成

单击主菜单中的【数控车】→【代码生成】命令；或单击数控车工具栏中的“代码生成”图标，系统弹出“选择后置文件”对话框，如图 8-36 所示。根据自己的意愿选择存取后置文件（*.cut）的地址，填写文件名称为 8-37，单击打开按钮，状态栏提示：拾取刀具轨迹，单击图 8-34 中生成的刀具加工轨迹，轨迹变成红色，单击右键确定，系统自动生成名为“8-37 记事本”文件，该文件即为数控代码文件。

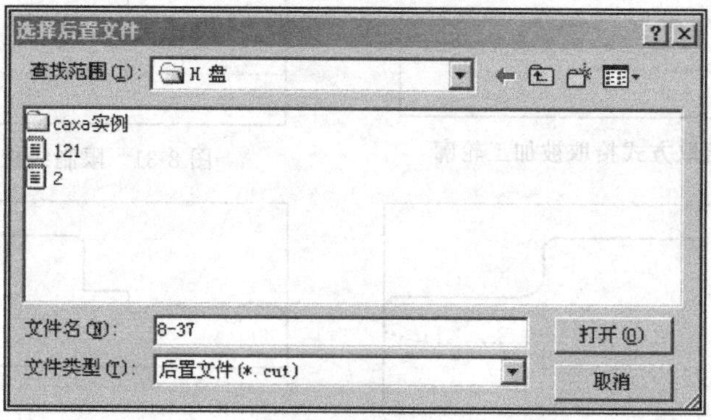

图 8-36　选择后置文件

由于形成的“8-37 记事本”文件篇幅很大，经整理形成表 8-4。

表 8-4 粗车加工内轮廓程序

程 序	程 序	程 序
(08-37.cut,04/11/23,10:05:15)	N64 G01 X7.800 Z-1.200 F100.000	N120 G01 X29.300 Z64.000 F100.000
N10 G50 S0	N66 G01 X7.093 Z-0.493 F50.000	N122 G01 X32.000 Z64.000
N12 G00 G97 S350 T0202	N68 G01 X4.093 Z-0.493	N124 G01 X30.586 Z65.414 F50.000
N14 M03	N70 G00 X4.093 Z108.907	N126 G01 X40.586 Z65.414
N16 M08	N72 G01 X9.093 Z108.907 F50.000	N128 G00 X40.586 Z110.414
N18 G00 X-13.931 Z115.744	N74 G01 X9.800 Z108.200	N130 G01 X27.714 Z110.414 F50.000
N20 G00 X-13.931 Z108.907	N76 G01 X39.186 Z64.000	N130 G01 X16.893 Z108.907 F50.000
N22 G00 X-1.907 Z108.907	N78G03 X40.176 Z63.590 I0.000 K-1.400	N132 G01 X17.600 Z108.200
N24 G01 X1.093 Z108.907 F50.000	N80 G01 X41.000 Z62.766	N134 G01 X17.600 Z104.310 F100.000
N26 G01 X1.800 Z108.200	N82 G01 X41.000 Z64.766 F50.000	N136 G01 X15.824 Z97.681
N28 G01 X1.800 Z-1.200 F100.000	N84 G01 X51.000 Z64.766	N138G02X15.800Z97.500I0.676K-0.181
N30 G01 X1.093 Z-0.493 F50.000	N86 G00 X51.000 Z110.414	N140 G01 X15.800 Z78.200
N32 G01 X-1.907 Z-0.493	N88 G01 X36.414 Z110.414 F50.000	N142 G01 X15.600 Z78.200
N34 G00 X-1.907 Z108.907	N90 G01 X35.000 Z109.000	N144 G01 X16.600 Z78.200 F50.000
N36 G01 X3.093 Z108.907 F50.000	N92 G01 X35.000 Z64.000 F100.000	N146 G01 X11.600 Z78.200
N38 G01 X3.800 Z108.200	N94 G01 X38.000 Z64.000	N148 G00 X11.600 Z108.647
N40 G01 X3.800 Z-1.200 F100.000	N96 G01 X36.586 Z65.414 F50.000	N150 G01 X18.762 Z108.647 F50.000
N42 G01 X3.093 Z-0.493 F50.000	N98 G01 X46.586 Z65.414	N152 G01 X18.503 Z107.681
N44 G01 X0.093 Z-0.493	N100 G00 X46.586 Z110.414	N154 G01 X17.600 Z104.310 F100.000
N46 G00 X0.093 Z108.907	N102 G01 X33.414 Z110.414 F50.000	N156 G01 X17.859 Z105.276 F50.000
N48 G01 X5.093 Z108.907 F50.000	N104 G01 X32.000 Z109.000	N158 G01 X-1.907 Z105.276
N50 G01 X5.800 Z108.200	N106 G01 X32.000 Z64.000 F100.000	N160 G00 X-13.931 Z105.276
N52 G01 X5.800 Z-1.200 F100.000	N108 G01 X35.000 Z64.000	N162 G00 X-13.931 Z115.744
N54 G01 X5.093 Z-0.493 F50.000	N110 G01 X33.586 Z65.414 F50.000	N164 M09
N56 G01 X2.093 Z-0.493	N112 G01 X43.586 Z65.414	N166 M30
N58 G00 X2.093 Z108.907	N114 G00 X43.586 Z110.414	%
N60 G01 X7.093 Z108.907 F50.000	N116 G01 X30.714 Z110.414 F50.000	
N62 G01 X7.800 Z108.200	N118 G01 X29.300 Z109.000	

8. 代码修改

由于所使用的数控系统的编程规则与软件的参数设置有差异，生成的数控程序应进一步修改。修改工作在“8-37 记事本”文件中进行，直至用户满意为止。

9. 代码传输

由软件生成的加工程序，通过 R232 串行口，可以直接传输给数控机床的 MCU。至此，整个粗车加工结束。

三、端面粗车加工

实例 3 毛坯零件轮廓如图 8-37 所示，粗车端面。

端面轮廓粗车的操作过程如下。

1. 轮廓建模

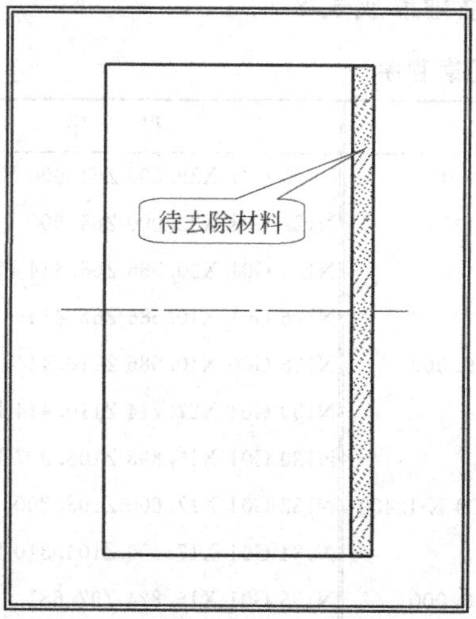

图 8-37　毛坯零件轮廓

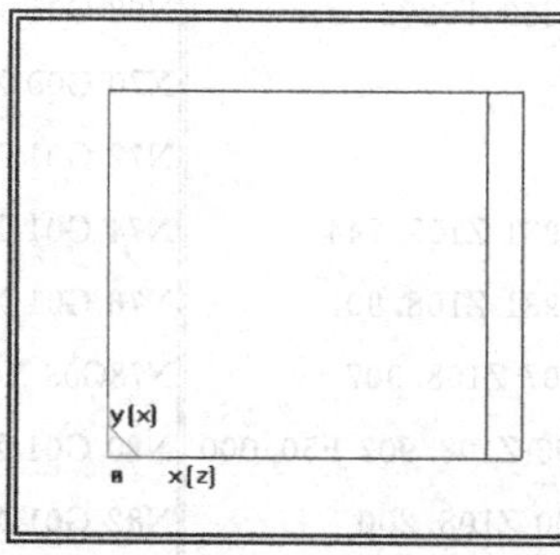

图 8-38　零件轮廓

要生成端面轮廓粗加工轨迹，仍然需绘制要加工部分的上半部分的端面轮廓和毛坯轮廓，组成封闭的区域（需切除部分），其余线条无需画出，如图 8-38 所示。

2. 填写参数表

单击主菜单中的【数控车】→【轮廓粗车】命令，或单击数控车工具栏中的“轮廓粗车”图标，系统弹出“粗车参数表”对话框，如图 8-39 所示。

① 单击“加工参数”选项卡，按表 8-5 所列参数填写该对话框，如图 8-39 所示。

② 单击“进退刀方式”选项卡，按表 8-5 所列参数填写该对话框，选择进退刀方式，如图 8-40 所示。

③ 单击“切削用量”选项卡，按表 8-5 所列参数填写该对话框，选择切削用量，如图 8-41 所示。

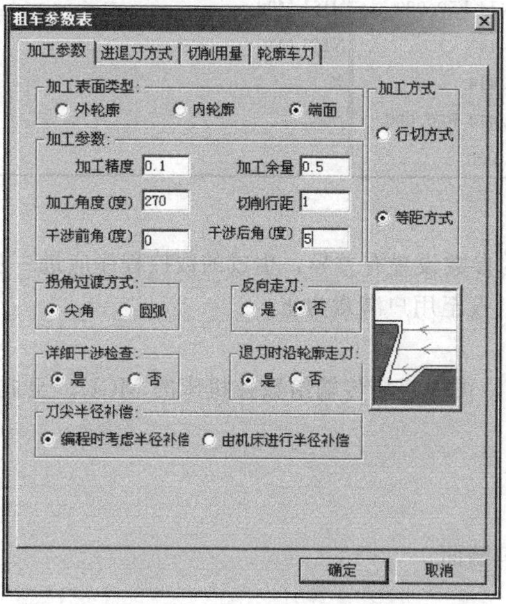

图 8-39　粗车加工参数设定

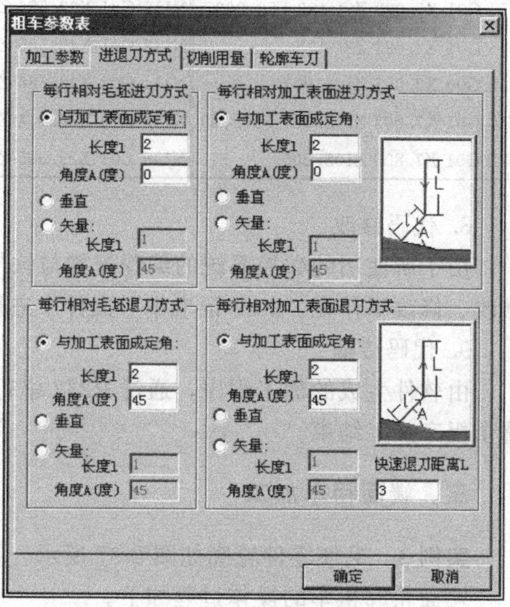

图 8-40　端面粗车进退刀参数设定

表 8-5 端面粗车加工参数

刀具参数			切削用量		
刀具名	端面车刀		切削速度	进退刀时是否快速	⊙是○否
刀具号	4			接近速度	
刀具补偿号	4			退刀速度	30
刀具长度 L	60			进刀量 F	100
刀柄宽度 W	15		主轴转速	恒转速	300
刀角长度 N	10			恒线速度	100
刀尖半径 R	1			最高转速	2000
刀具前角 F	85		样条拟合方式	⊙直线	
刀具后角 B	20			○圆弧	
轮廓车刀类型	○外轮廓车刀 ○内轮廓车刀 ⊙端面			拟合圆弧最大半径	
对刀点方式	⊙刀尖尖点 ○刀尖圆心		加工参数		
刀具类型	⊙普通车刀 ○球头车刀		加工表面类型	○外轮廓 ⊙内轮廓 ○端面	
刀具偏置方向	⊙左偏 ○对中 ○右偏		加工方式	⊙行切方式 ○等距方式	
进退刀方式			加工精度	0.1	
相对毛坯进刀	⊙与加工表面成定角	$L=2,A=0$	加工余量	0.5	
	○垂直进刀		加工角度	270	
	○矢量进刀		切削行距	2	
相对加工表面进刀	⊙与加工表面成定角	$L=2,A=0$	干涉前角	0	
	○垂直进刀		干涉后角	5	
	○矢量进刀		拐角过渡方式	○尖角 ⊙圆弧	
相对毛坯退刀	⊙与加工表面成定角	$L=2,A=45$	反向走刀	○是 ⊙否	
	○轮廓垂直退刀		详细干涉检查	⊙是 ○否	
	○轮廓矢量退刀		退刀时是否沿轮廓走刀	⊙是 ○否	
相对加工表面退刀	⊙与加工表面成定角	$L=2,A=45$			
	○轮廓垂直退刀		刀尖半径补偿	⊙编程时考虑半径补偿	
	○轮廓矢量退刀			○由机床进行半径补偿	
	快速退刀距离	$L=5$	—	—	

④ 单击“轮廓粗车”选项卡，按表 8-5 所列参数填写该对话框，选择刀具及确定刀具参数，如图 8-42 所示。如果要添加新的刀具，就单击 增加刀具 按钮，CAXA 数控车系统弹出新的对话框，如图 8-43 所示。参数填写完成后，单击 确定 按钮。在图 8-42 中的轮廓车刀列表中增加了“端面车刀”。单击“端面车刀”，在“刀具参数”下显示的参数即为图 8-43 所设定的参数。单击 刀具预览 按钮，可以预览刀具形状，如图 8-44 所示。如果想采用新增加的刀具（如端面车刀），单击轮廓车刀列表中端面车刀使它变为蓝色，然后单击 置当前刀 按钮，当前所使用的刀具即为端面车刀。

3. 拾取加工轮廓

系统提示用户拾取被加工工件表面轮廓线，系统默认拾取方式为链拾取。系统提供了 3 种拾取方式供用户选择。具体采用什么方法，与用户的画图方法有直接关系。若被加工轮廓与毛坯轮廓首尾相连，采用“链拾取”会将加工轮廓与毛坯轮廓混在一起。显然，把其他轮廓线一同拾取是不正确的。

采用单个拾取，则可以很容易地将加工轮廓（图 8-45）与毛坯轮廓（图 8-46）区分开。

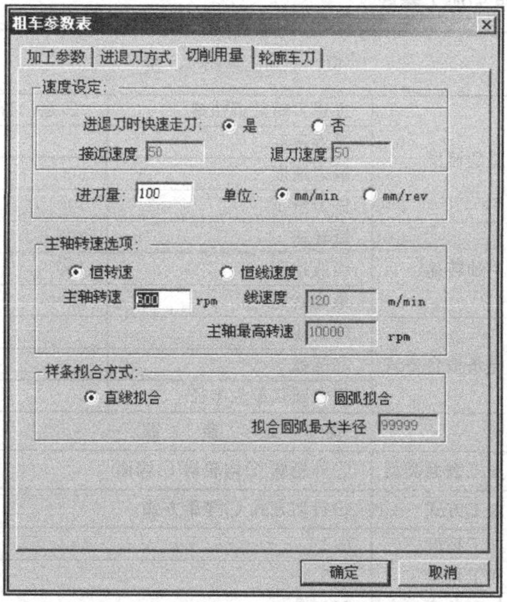

图 8-41　端面粗车切削用量参数设定

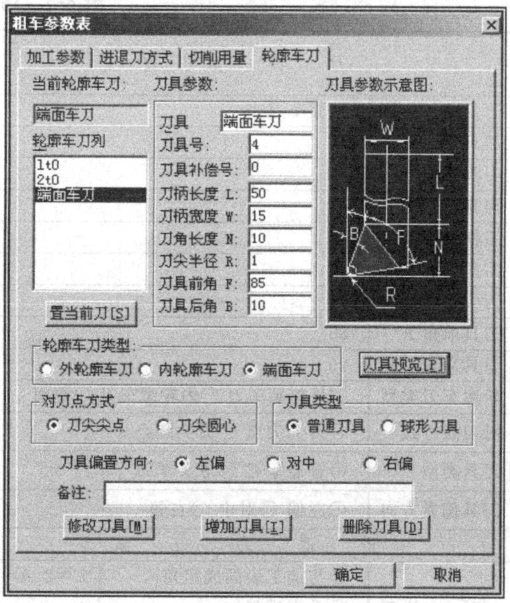

图 8-42　粗车轮廓车刀参数设定

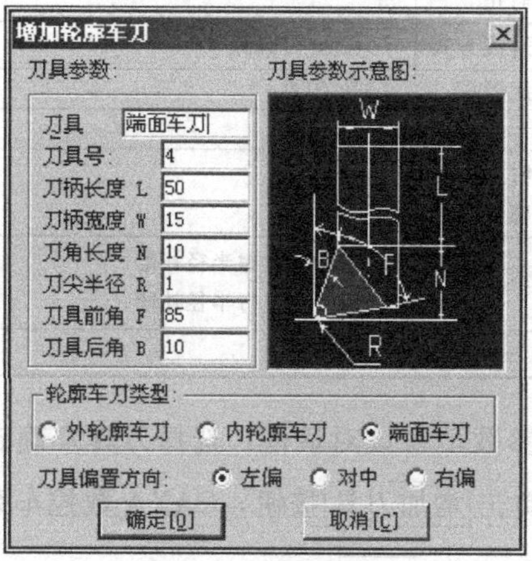

图 8-43　增加轮廓车刀

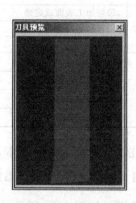

图 8-44　刀具预览

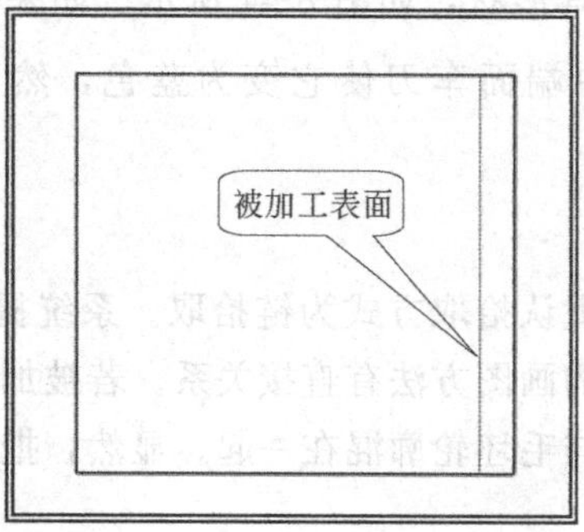

图 8-45　被加工表面轮廓

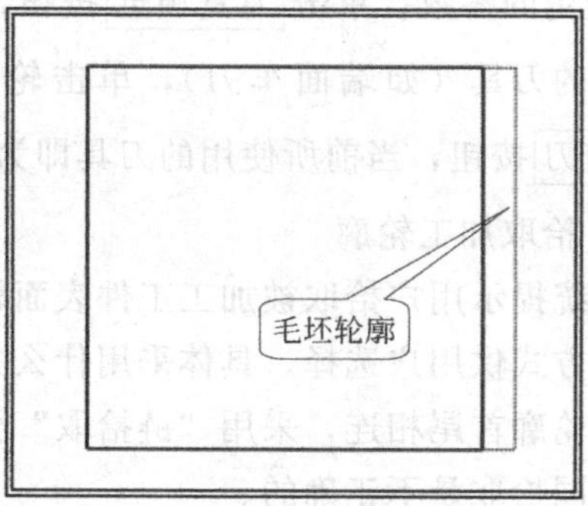

图 8-46　毛坯轮廓

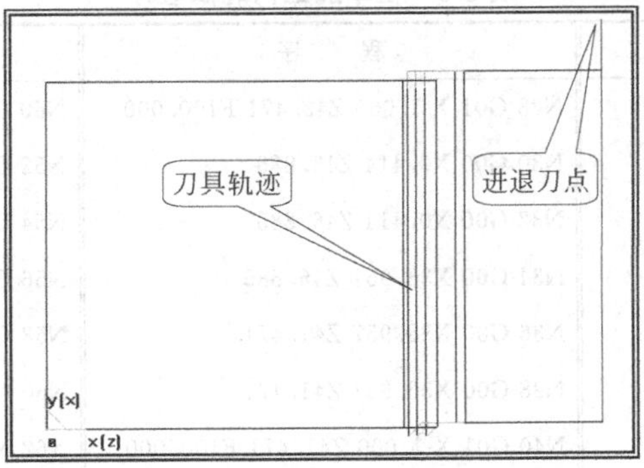

图 8-47　粗车加工轨迹

4. 确定进退刀点

指定一点为刀具加工前和加工后所在的位置，如图 8-47 所示。若单击右键确定可忽略该点的输入。

5. 生成刀具轨迹

当确定进退刀点之后，系统生成绿色的刀具轨迹，如图 8-47 所示。

6. 代码生成

代码生成与本章第三节实例 3 相同，在此省略。生成的数控加工程序如图 8-48 所示，经整理得到表 8-6。

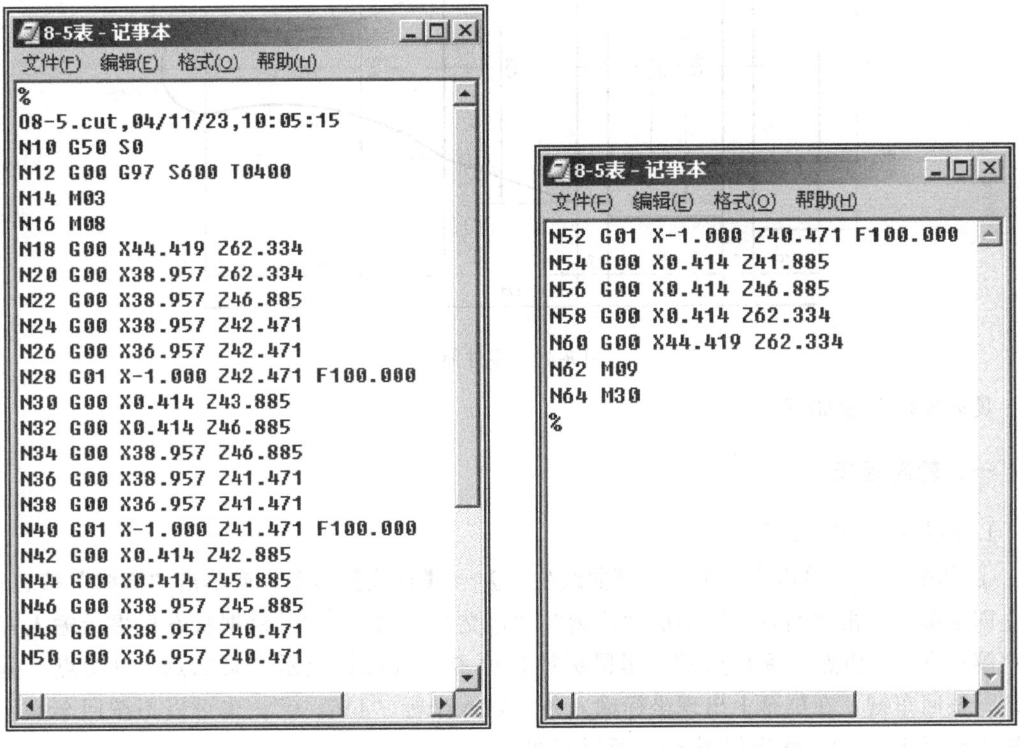
8-5表 - 记事本
文件(F)　编辑(E)　格式(O)　帮助(H)

```
%
08-5.cut,04/11/23,10:05:15
N10 G50 S0
N12 G00 G97 S600 T0400
N14 M03
N16 M08
N18 G00 X44.419 Z62.334
N20 G00 X38.957 Z62.334
N22 G00 X38.957 Z46.885
N24 G00 X38.957 Z42.471
N26 G00 X36.957 Z42.471
N28 G01 X-1.000 Z42.471 F100.000
N30 G00 X0.414 Z43.885
N32 G00 X0.414 Z46.885
N34 G00 X38.957 Z46.885
N36 G00 X38.957 Z41.471
N38 G00 X36.957 Z41.471
N40 G01 X-1.000 Z41.471 F100.000
N42 G00 X0.414 Z42.885
N44 G00 X0.414 Z45.885
N46 G00 X38.957 Z45.885
N48 G00 X38.957 Z40.471
N50 G00 X36.957 Z40.471
```

8-5表 - 记事本
文件(F)　编辑(E)　格式(O)　帮助(H)

```
N52 G01 X-1.000 Z40.471 F100.000
N54 G00 X0.414 Z41.885
N56 G00 X0.414 Z46.885
N58 G00 X0.414 Z62.334
N60 G00 X44.419 Z62.334
N62 M09
N64 M30
%
```

图 8-48　数控加工程序

表 8-6　粗车加工内轮廓程序

程　　序	程　　序	程　　序
%	N28 G01 X-1.000 Z42.471 F100.000	N50 G00 X36.957 Z40.471
O8-5.cut,04/11/23,10:05:15	N30 G00 X0.414 Z43.885	N52 G01 X-1.000 Z40.471 F100.000
N10 G50 S0	N32 G00 X0.414 Z46.885	N54 G00 X0.414 Z41.885
N12 G00 G97 S600 T0400	N34 G00 X38.957 Z46.885	N56 G00 X0.414 Z46.885
N14 M03	N36 G00 X38.957 Z41.471	N58 G00 X0.414 Z62.334
N16 M08	N38 G00 X36.957 Z41.471	N60 G00 X44.419 Z62.334
N18 G00 X44.419 Z62.334	N40 G01 X-1.000 Z41.471 F100.000	N62 M09
N20 G00 X38.957 Z62.334	N42 G00 X0.414 Z42.885	N64 M30
N22 G00 X38.957 Z46.885	N44 G00 X0.414 Z45.885	%
N24 G00 X38.957 Z42.471	N46 G00 X38.957 Z45.885	
N26 G00 X36.957 Z42.471	N48 G00 X38.957 Z40.471	

第三节　轮廓粗车实例

实例 4　外轮廓粗车综合应用一。利用 CAXA 数控车软件粗加工图 8-49 所示零件。

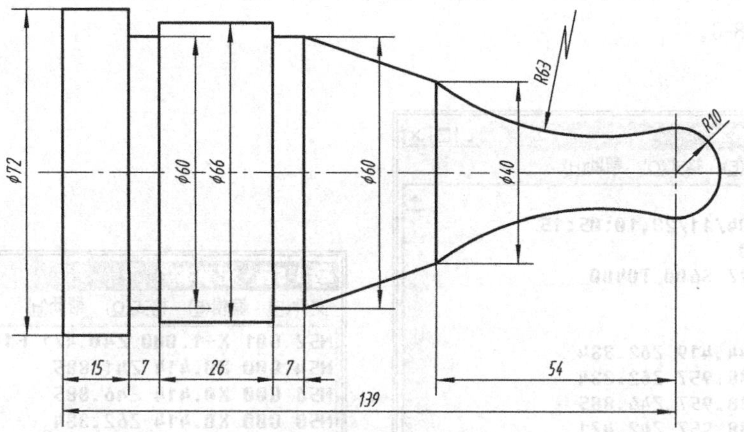

图 8-49　零件简图

具体操作步骤如下。

一、轮廓建模

1. 绘制被加工表面轮廓

① 作平行线　单击主菜单中的【曲线生成】→【直线】命令，或单击“直线”按钮，在立即菜单中单击“两点线”中的“连续”、“正交”、“点方式”。根据状态栏提示输入直线的“第一点：（切点、垂直点）”，用鼠标捕捉原点；状态栏提示“第二点：（切点、垂直点）”，按回车键，在屏幕上出现坐标输入条，输入坐标“146，0”；也可以不按回车键，直接输入坐标 146，0，作出如图 8-50 所示直线 L_1。

② 作水平线 L_1 的等距线　单击主菜单中的【曲线生成】→【等距线】命令，或单击曲

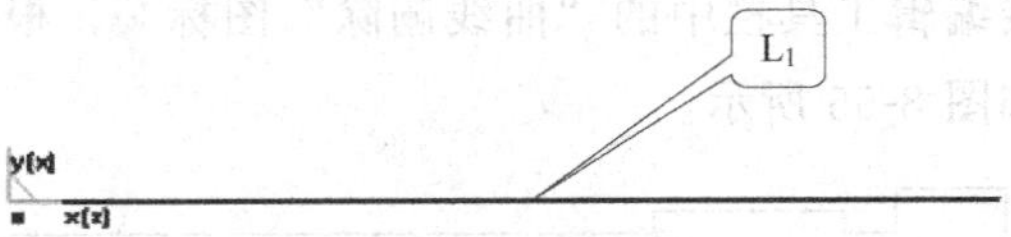

图 8-50 生成直线 L_1

线工具栏中的“等距线”图标，在立即菜单中选择“等距”，在距离栏中输入“30”，按回车键。状态栏中提示“拾取直线”，用鼠标单击直线 L_1；状态栏提示“选择等距方向”，如图 8-51（a）所示，用鼠标单击向上箭头，生成直线 L_2，如图 8-51（b）所示。

采用同样的办法，作与 L_1 等距分别为“33”、“36”的两条等距线 L_3、L_4，如图 8-52 所示。

③ 作垂直线　单击主菜单中的【曲线生成】→【直线】命令，或单击曲线工具栏中的“直线”图标，在立即菜单中选择“水平/垂直线”，根据状态栏提示输入直线中点，用鼠标捕捉原点，生成第一条垂直线 L_5，如图 8-53 所示。

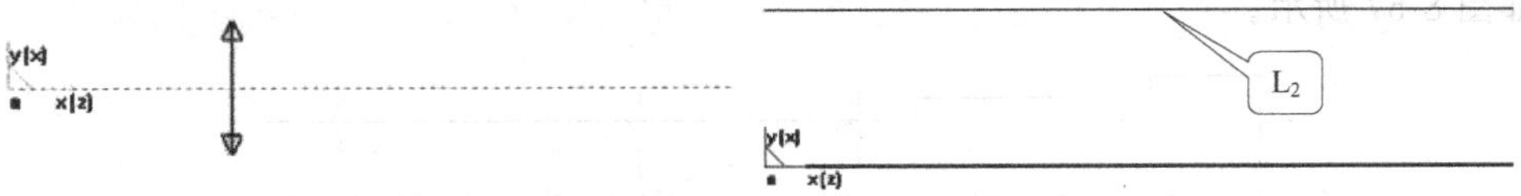

(a)　　　　(b)

图 8-51 作等距线 L_2

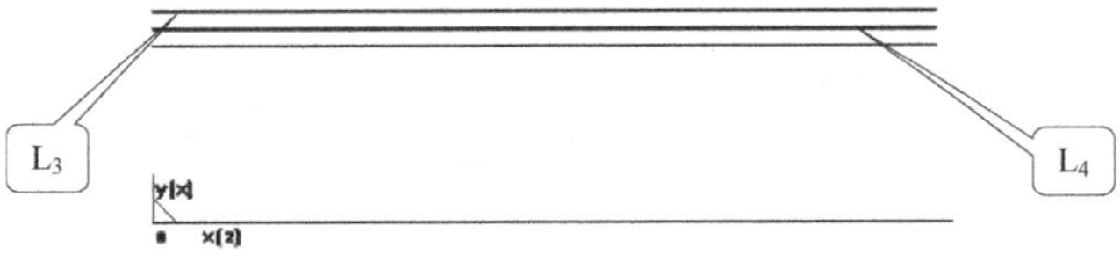

图 8-52 作 L_3、L_4 等距线

图 8-53 生成垂直线 L_5

采用等距线的方法，作与第一条垂直线 L_5 距离为 15 mm、22 mm 和 48 mm 的等距线，如图 8-54 所示。

④ 曲面裁剪和删除　单击主菜单中的【曲线编辑】→【曲面裁剪】命令，或单击曲线编辑工具栏中的“曲线裁剪”图标，在立即菜单中选择“快速裁剪”、“正常裁剪”，根据状态栏提示，拾取被裁掉的线段。对剪切不掉的线，单击主菜单中的【曲线编辑】→【曲面

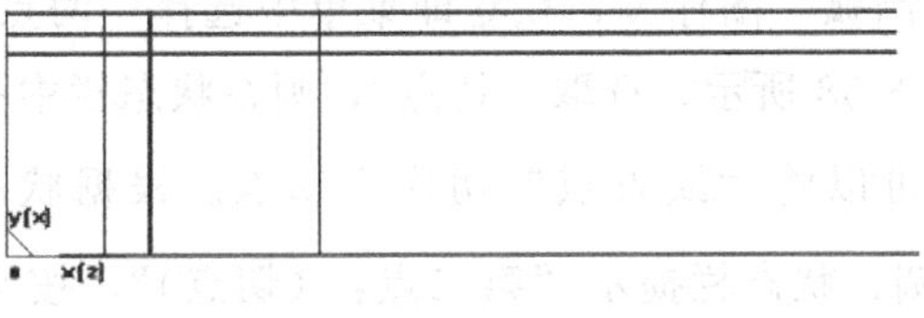

图 8-54 作垂直线 L_5 的等距线

删除】命令，或单击曲线编辑工具栏中的“曲线删除”图标，根据状态栏提示拾取元素，拾取要删除的线即可，如图 8-55 所示。

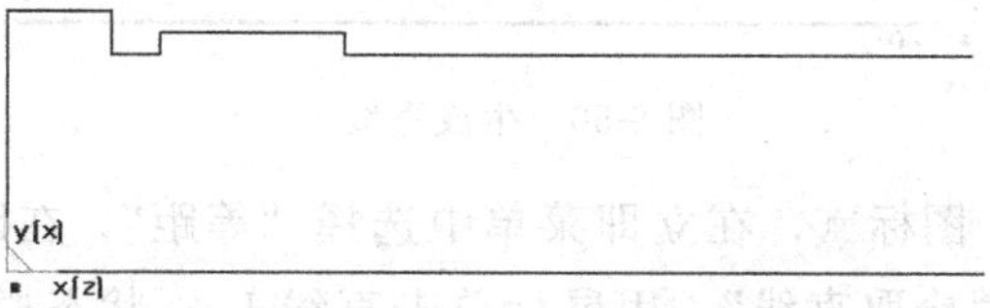

图 8-55 曲线裁剪与删除

⑤ 作斜线 L_6 用等距线的方法作与直线 L_1 的距离为 20 mm，与直线 L_5 的距离分别为 55 mm、85 mm 的等距线，如图 8-56（a）所示。剪切和删除不需要的线，如图 8-56（b）所示。

⑥ 作圆 C_1 单击主菜单中的【曲线生成】→【圆】命令，或单击曲线工具栏中的“圆”图标，在立即菜单中选择“圆心＋半径”，以点 136，0 为圆心，作半径为10 的圆 C_1，如图 8-57 所示。

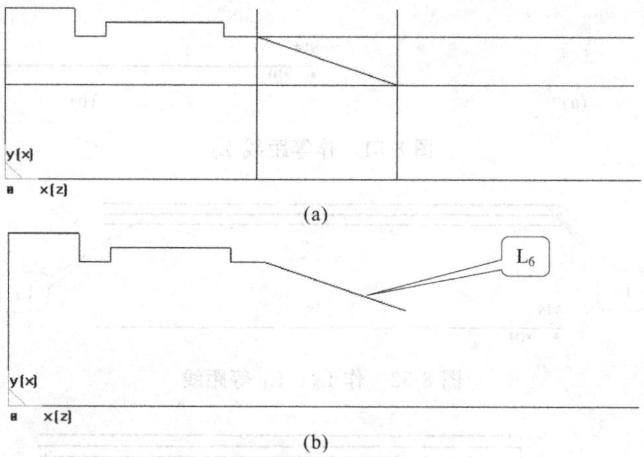

图 8-56 作斜线 L_6

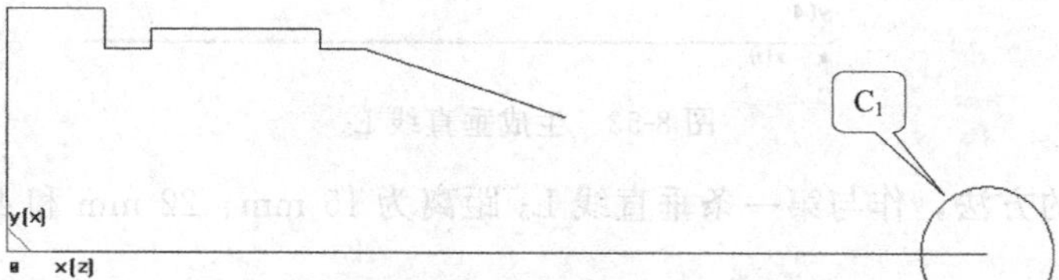

图 8-57 作圆 C_1

⑦ 作与圆 C_1 和直线 L_6 相切的圆弧 单击主菜单中的【曲线生成】→【圆弧】命令，或单击曲线工具栏中的“圆弧”图标，在立即菜单中选择“两点_半径”。按空格键，弹出点拾取工具菜单，如图 8-58 所示。选取“切点”，则在状态栏中将“缺省点”切换到“切点”；或直接按 T 键，也可以将“缺省点”切换到切点。根据状态栏提示输入“第一点：(切点)”用鼠标点取 C_1 圆；状态栏提示“第二点：(切点)”，按空格键，弹出点拾取工具菜单，如图 8-58 所示。

选取“端点”，则在状态栏中将“缺省点”切换到“端点”；或直接按E键，也可以将“缺省点”切换到端点。用鼠标点取直线 L_6，然后拖动鼠标，可以看到一个半径可以变动的圆弧，状态栏提示“第三点：(切点) 或半径”，输入圆弧半径为 63 mm，得到圆弧 C_2，如图 8-59 所示。

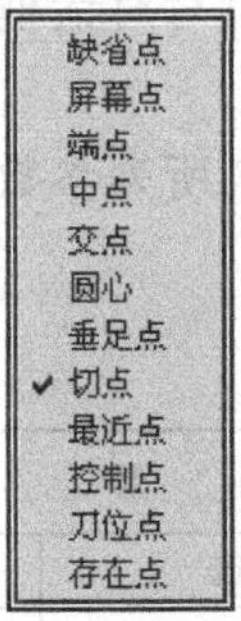

图 8-58 点拾取工具菜单

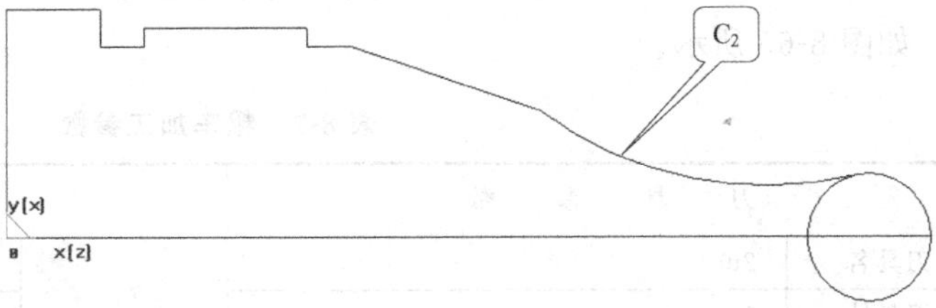

图 8-59 作圆弧 C_2

⑧ 曲线裁剪 单击主菜单中的【曲线编辑】→【曲面裁剪】命令，或单击曲线编辑工具栏中的“曲线裁剪”图标，在立即菜单中选择“快速裁剪”、“正常裁剪”，根据状态栏提示，拾取被裁剪线段，如图 8-60 所示。

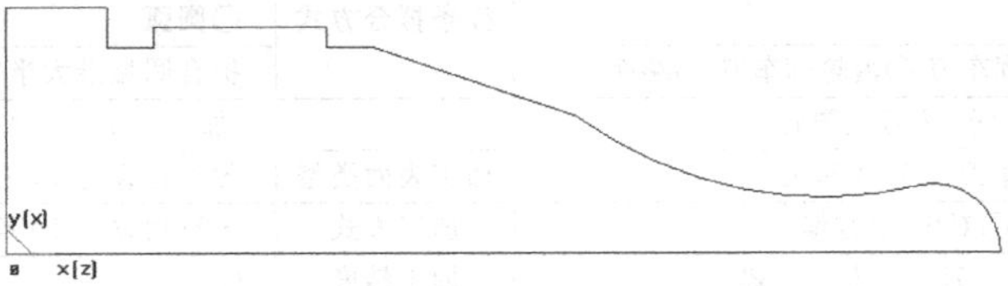

图 8-60 零件图形的上半部分

至此，零件图形的上半部分已经绘制完成。

2. 绘制毛坯轮廓

单击主菜单中的【曲线生成】→【直线】命令，或单击“直线”按钮，在立即菜单中单击“两点线”中的“连续”、“正交”、“点方式”。根据状态栏提示输入直线的“第一点：(切点、垂直点)”，用鼠标捕捉图 8-60 中的左上点；状态栏提示“第二点：(切点、垂直点)”，按回车键，在屏幕上出现坐标输入条，输入坐标“0，41”；也可以不按回车键，直接输入坐标“0，41”。继续输入“150，41”、“150，0”，作出毛坯轮廓，如图 8-61 所示。

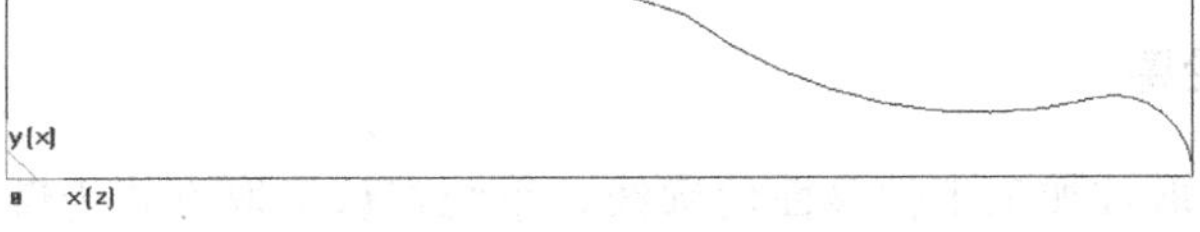

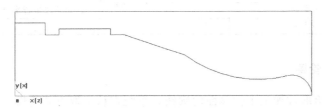

图 8-61 被加工轮廓和毛坯轮廓

二、填写参数表

单击主菜单中的【数控车】→【轮廓粗车】命令，或单击数控车工具栏中的“轮廓粗车”图标▣，系统弹出“粗车参数表”对话框，如图 8-62 所示。

① 单击“加工参数”选项卡，按表 8-7 所列参数填写对话框，如图 8-62 所示。

② 单击“进退刀方式”选项卡，选择进退刀方式，按表 8-7 所列参数填写对话框，如图 8-63 所示。

③ 单击“切削用量”选项卡，选择切削用量，按表 8-7 所列参数填写对话框，如图 8-64 所示。

④ 单击“轮廓粗车”选项卡，选择刀具及确定刀具参数，按表 8-7 所列参数填写对话框，如图 8-65 所示。

表 8-7　粗车加工参数

刀具参数		
刀具名	2t0	
刀具号	1	
刀具补偿号	3	
刀具长度 L	30	
刀柄宽度 W	15	
刀角长度 N	10	
刀尖半径 R	0.4	
刀具前角 F	87	
刀具后角 B	35	
轮廓车刀类型	⊙外轮廓车刀 ○内轮廓车刀 ○端面	
对刀点方式	○刀尖尖点 ⊙刀尖圆心	
刀具类型	⊙普通车刀 ○球头车刀	
刀具偏置方向	⊙左偏 ○对中 ○右偏	
进退刀方式		
相对毛坯进刀	⊙与加工表面成定角	L=2,A=45
	○垂直进刀	
	○矢量进刀	
相对加工表面进刀	○与加工表面成定角	
	⊙垂直进刀	
	○矢量进刀	
相对毛坯退刀	⊙与加工表面成定角	L=2,A=45
	○轮廓垂直退刀	
	○轮廓矢量退刀	
相对加工表面退刀	⊙与加工表面成定角	L=2,A=45
	○轮廓垂直退刀	
	○轮廓矢量退刀	
	快速退刀距离	L=5

切削用量		
切削速度	进退刀时是否快速	○是⊙否
	接近速度	50
	退刀速度	50
	进刀量 F	150
主轴转速	恒转速	320
	恒线速度	120
	最高转速	10000
样条拟合方式	⊙直线	
	○圆弧	
	拟合圆弧最大半径	
加工参数		
加工表面类型	⊙外轮廓 ○内轮廓 ○端面	
加工方式	⊙行切方式 ○等距方式	
加工精度	0.1	
加工余量	0.3	
加工角度	180	
切削行距	3.5	
干涉前角	0	
干涉后角	35	
拐角过渡方式	⊙尖角 ○圆弧	
反向走刀	○是⊙否	
详细干涉检查	⊙是 ○否	
退刀时是否沿轮廓走刀	○是⊙否	
刀尖半径补偿	⊙编程时考虑半径补偿 ○由机床进行半径补偿	
—	—	

三、拾取加工轮廓

系统提示用户拾取被加工工件表面轮廓线，系统默认拾取方式为链拾取。按空格键弹出工具菜单，系统提供 3 种拾取方式供用户选择。若被加工轮廓与毛坯轮廓首尾相连，采用“链拾取”会将加工轮廓与毛坯轮廓混在一起。如果选择限制线拾取或单个拾取，在状态栏中的“链拾取”位置上会变为“限制链拾取”或“单个拾取”。采用限制链拾取，则拾取左、右两条限制轮廓线，该两条轮廓线变成红色的虚线。被加工表面轮廓拾取如图 8-66 所示。

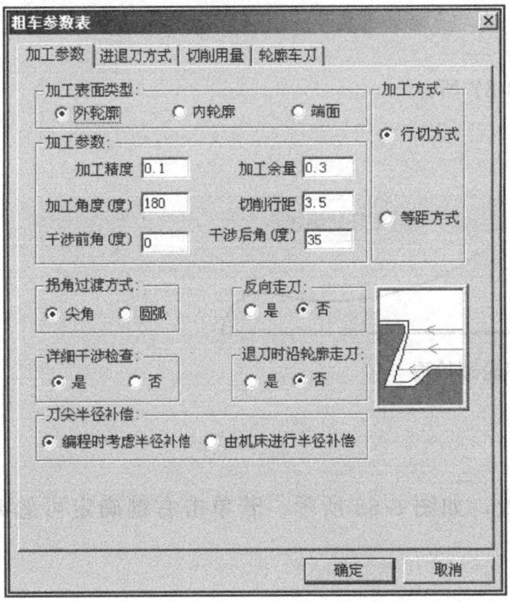

图 8-62　粗车加工参数设定

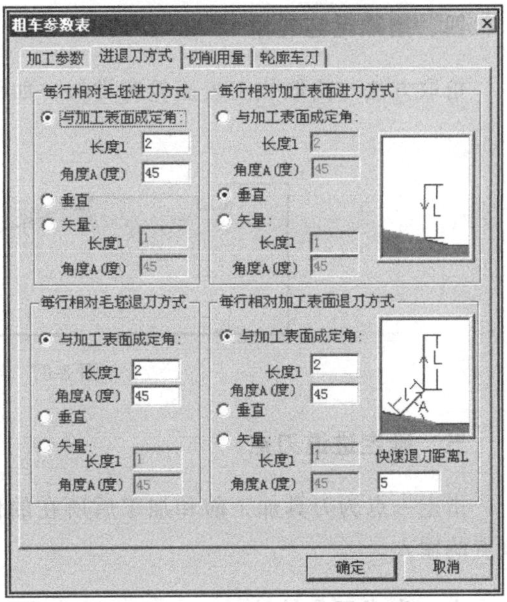

图 8-63　粗车进退刀参数设定

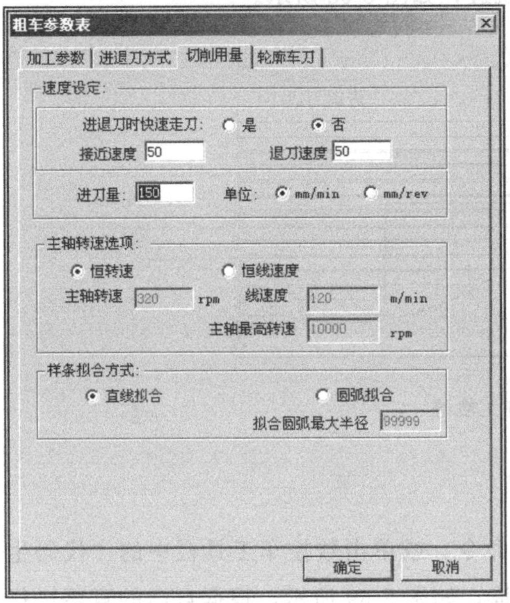

图 8-64　粗车切削用量参数设定

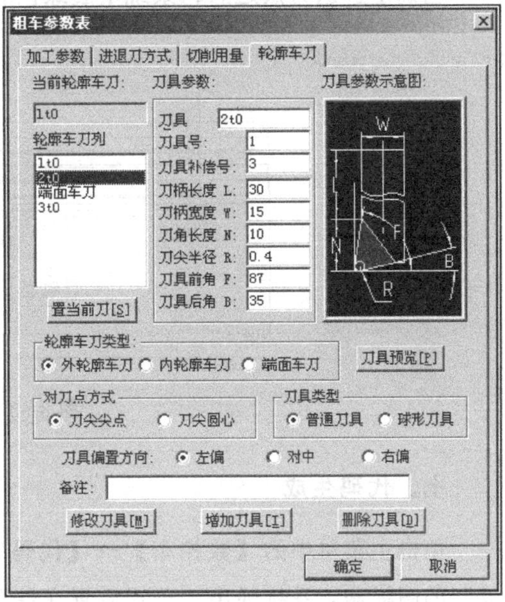

图 8-65　粗车轮廓车刀参数设定

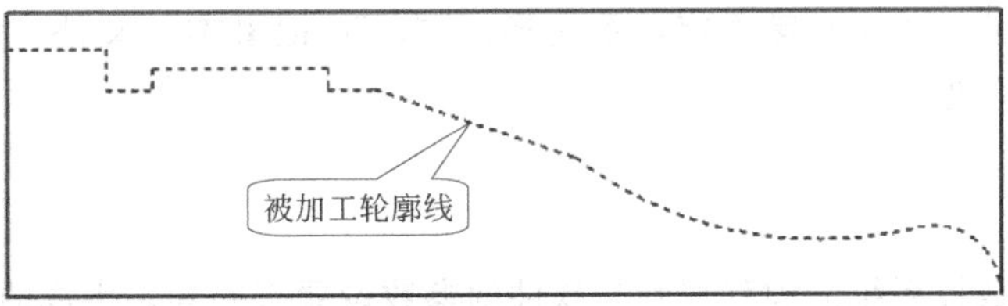

图 8-66　被加工表面轮廓拾取

四、拾取毛坯轮廓

拾取方法与拾取加工表面轮廓类似，如图 8-67 所示。

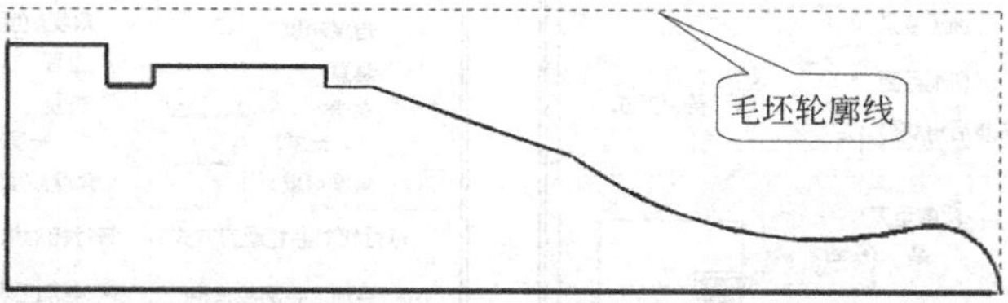

图 8-67　毛坯轮廓拾取

五、确定进退刀点

指定一点为刀具加工前和加工后所在的位置，如图 8-68 所示。若单击右键确定可忽略该点的输入。

六、生成刀具轨迹

当确定进退刀点之后，系统生成绿色的刀具轨迹，如图 8-68 所示。

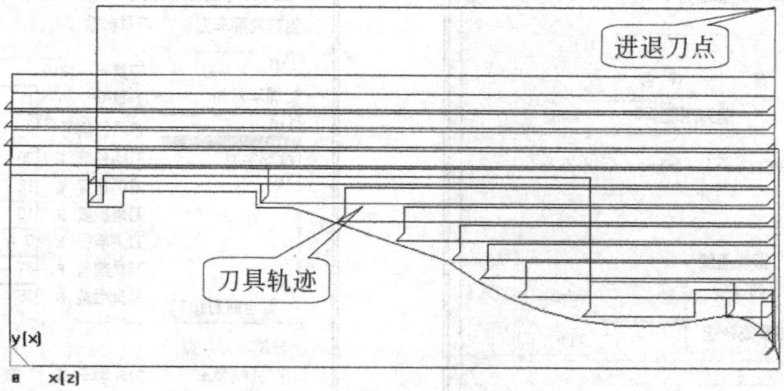

图 8-68　粗车加工轨迹

七、代码生成

单击主菜单中的【数控车】→【代码生成】命令，或单击数控车工具栏中的“代码生成”的图标，系统弹出“选择后置文件”对话框，如图 8-69 所示，根据自己的意愿选择存取后置文件（*.cut）的地址，如图 8-69 中选择文件存在“我的文档”中，并填写文件名称为 8-70，单击 打开 按钮，状态栏提示：拾取刀具轨迹，单击图 8-68 中生成的刀具加工轨迹，轨迹变成黄色，单击右键确定，系统形成“8-70-记事本”文件，该文件即为生成的数控代码加工指令，见表 8-8。

八、代码修改

由于所使用的数控系统的编程规则与软件的参数设置有差异，生成的数控程序需进一步修改。直至用户满意为止。

表 8-8 粗车加工程序

程　序	程　序	程　序
(08-23. cut,04/11/03,10:05:15)	N92 G00 X34. 390 Z18. 022	N176 G01 X11. 304 Z148. 106 F50. 000
N10 G50 S0	N94 G01 X30. 890 Z18. 022 F50. 000	N178 G01 X9. 890 Z146. 692
N12 G00 G97 S320 T0202	N96 G01 X30. 890 Z15. 103 F150. 000	N180 G01 X9. 890 Z138. 876 F150. 000
N14 M03	N98 G01 X32. 304 Z16. 517 F50. 000	N182 G01 X13. 390 Z138. 876 F50. 000
N16 M08	N100 G01 X37. 304 Z16. 517	N184 G00 X13. 390 Z132. 591
N18 G00 X67. 705 Z147. 927	N102 G00 X37. 304 Z148. 106	N186 G01 X9. 890 Z132. 591 F50. 000
N20 G00 X67. 705 Z148. 106	N104 G01 X32. 304 Z148. 106 F50. 000	N188 G01 X9. 890 Z111. 184 F150. 000
N22 G00 X54. 804 Z148. 106	N106 G01 X30. 890 Z146. 692	N190 G01 X11. 304 Z112. 598 F50. 000
N24 G01 X49. 804 Z148. 106 F50. 000	N108 G01 X30. 890 Z48. 804 F150. 000	N192 G01 X16. 304 Z112. 598
N26 G01 X48. 390 Z146. 692	N110 G01 X32. 304 Z50. 218 F50. 000	N194 G00 X16. 304 Z148. 106
N28 G01 X48. 390 Z-1. 300 F150. 000	N112 G01 X37. 304 Z50. 218	N196 G01 X11. 304 Z148. 106 F50. 000
N30 G01 X49. 804 Z0. 114 F50. 000	N114 G00 X37. 304 Z148. 106	N198 G01 X9. 890 Z146. 692
N32 G01 X54. 804 Z0. 114	N116 G01 X28. 804 Z148. 106 F50. 000	N200 G01 X9. 890 Z138. 876 F150. 000
N34 G00 X54. 804 Z148. 106	N118 G01 X27. 390 Z146. 692	N202 G01 X11. 304 Z140. 291 F50. 000
N36 G01 X46. 304 Z148. 106 F50. 000	N120 G01 X27. 390 Z63. 587 F150. 000	N204 G01 X16. 304 Z140. 291
N38 G01 X44. 890 Z146. 692	N122 G01 X28. 804 Z65. 001 F50. 000	N206 G00 X16. 304 Z148. 106
N40 G01 X44. 890 Z-1. 300 F150. 000	N124 G01 X33. 804 Z65. 001	N208 G01 X7. 804 Z148. 106 F50. 000
N42 G01 X46. 304 Z0. 114 F50. 000	N126 G00 X33. 804 Z148. 106	N210 G01 X6. 390 Z146. 692
N44 G01 X51. 304 Z0. 114	N128 G01 X25. 304 Z148. 106 F50. 000	N212 G01 X6. 390 Z144. 213 F150. 000
N46 G00 X51. 304 Z148. 106	N130 G01 X23. 890 Z146. 692	N214 G01 X7. 804 Z145. 627 F50. 000
N48 G01 X42. 804 Z148. 106 F50. 000	N132 G01 X23. 890 Z75. 173 F150. 000	N216 G01 X12. 804 Z145. 627
N50 G01 X41. 390 Z146. 692	N134 G01 X25. 304 Z76. 587 F50. 000	N218 G00 X12. 804 Z148. 106
N52 G01 X41. 390 Z-1. 300 F150. 000	N136 G01 X30. 304 Z76. 587	N220 G01 X4. 304 Z148. 106 F50. 000
N54 G01 X42. 804 Z0. 114 F50. 000	N138 G00 X30. 304 Z148. 106	N222 G01 X2. 890 Z146. 692
N56 G01 X47. 804 Z0. 114	N140 G01 X21. 804 Z148. 106 F50. 000	N224 G01 X2. 890 Z146. 147 F150. 000
N58 G00 X47. 804 Z148. 106	N142 G01 X20. 390 Z146. 692	N226 G01 X4. 304 Z147. 561 F50. 000
N60 G01 X39. 304 Z148. 106 F50. 000	N144 G01 X20. 390 Z85. 867 F150. 000	N228 G01 X14. 890 Z147. 561
N62 G01 X37. 890 Z146. 692	N146 G01 X21. 804 Z87. 281 F50. 000	N230 G00 X14. 890 Z132. 591
N64 G01 X37. 890 Z-1. 300 F150. 000	N148 G01 X26. 804 Z87. 281	N232 G01 X9. 890 Z132. 591 F50. 000
N66 G01 X39. 304 Z0. 114 F50. 000	N150 G00 X26. 804 Z148. 106	N234 G01 X9. 890 Z111. 184 F150. 000
N68 G01 X44. 304 Z0. 114	N152 G01 X18. 304 Z148. 106 F50. 000	N236 G01 X11. 304 Z112. 598 F50. 000
N70 G00 X44. 304 Z148. 106	N154 G01 X16. 890 Z146. 692	N238 G01 X35. 890 Z112. 598
N72 G01 X35. 804 Z148. 106 F50. 000	N156 G01 X16. 890 Z91. 430 F150. 000	N240 G00 X35. 890 Z18. 022
N74 G01 X34. 390 Z146. 692	N158 G01 X18. 304 Z92. 844 F50. 000	N242 G01 X30. 890 Z18. 022 F50. 000
N76 G01 X34. 390 Z15. 103 F150. 000	N160 G01 X23. 304 Z92. 844	N244 G01 X30. 890 Z15. 103 F150. 000
N78 G01 X35. 804 Z16. 517 F50. 000	N162 G00 X23. 304 Z148. 106	N246 G01 X32. 304 Z16. 517 F50. 000
N80 G01 X40. 804 Z16. 517	N164 G01 X14. 804 Z148. 106 F50. 000	N248 G01 X54. 804 Z16. 517
N82 G00 X40. 804 Z148. 106	N166 G01 X13. 390 Z146. 692	N250 G00 X67. 705 Z16. 517
N84 G01 X32. 304 Z148. 106 F50. 000	N168 G01 X13. 390 Z98. 793 F150. 000	N252 G00 X67. 705 Z147. 927
N86 G01 X30. 890 Z146. 692	N170 G01 X14. 804 Z100. 207 F50. 000	N254 M09
N88 G01 X30. 890 Z48. 804 F150. 000	N172 G01 X19. 804 Z100. 207	N256 M30
N90 G01 X34. 390 Z48. 804 F50. 000	N174 G00 X19. 804 Z148. 106	%

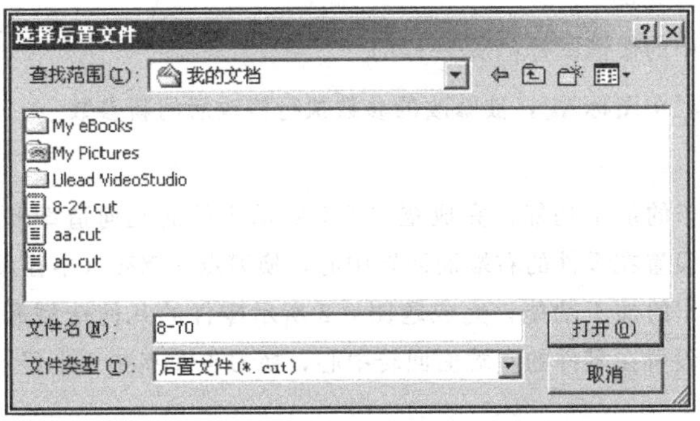

图 8-69 选择后置文件

九、代码传输

由软件生成的加工程序，通过 R232 串行口，可以直接传输给数控机床的 MCU。

至此，整个粗车加工结束。

注意：加工轮廓与毛坯轮廓必须构成一个封闭区域，被加工轮廓和毛坯轮廓不能单独闭合或自相交。为便于采用链拾取方式，可以将加工轮廓与毛坯轮廓绘成相交，系统能自动求出其封闭区域，如图 8-25 所示。

思考与练习（八）

一、思考题

（1）CAXA 数控车系统中的轮廓粗车对加工轮廓与毛坯轮廓有哪些要求？

（2）在绘制被加工轮廓与毛坯轮廓时应注意哪些问题？

（3）在拾取被加工轮廓与毛坯轮廓时应采用哪些方式？

二、填空题

（1）轮廓粗车功能主要用于对工件______表面、______表面和______面的粗车加工，用于快速消除毛坯多余部分______的生成、轨迹仿真以及______的提取。

（2）当系统提示用户拾取被加工工件表面轮廓时，系统默认拾取方式为______拾取。按空格键弹出工具菜单，系统提供 3 种拾取方式供用户选择。它们分别是______方式、______方式和______方式。

（3）指定一点为刀具加工前和加工后所在的位置，该点为进退刀点。若单击鼠标______键可忽略该点的输入。

三、选择题

（1）车端面时，缺省加工方向应垂直于系统 X 轴，即加工角度为（　　）。

A. $-90°$或 $270°$　B. $90°$或 $270°$　C. $-90°$或 $-270°$

（2）矢量进刀是指（　　）。

A. 刀具直接进刀到每一切削行的起始点

B. 在每一切削行前加入一段与系统 X 轴（机床 Z 轴）正方向成一定夹角的进刀段

C. 对加工表面部分进行切削时的进刀方式

（3）编程时考虑半径补偿是指（　　）。

A. 生成加工轨迹时，假设刀尖半径为 0，按轮廓编程，不进行刀尖半径补偿计算

B. 所生成代码用于实际加工时，应根据实际刀尖半径由机床指定补偿值

C. 所生成代码即为已考虑半径的代码，无需机床再进行刀尖半径补偿

（4）参数修改功能（　　）。

A. 与代码修改是一样的

B. 与采用主菜单中的撤销图标是一样的

C. 为数控车工具栏中图标，被修改的参数执行修改后的新参数

四、上机练习题

（1）使用 CAXA 数控车的加工功能，完成题图 8-1 所示零件的几何造型和轮廓粗车。毛坯外径尺寸 ϕ65 mm。工件坐标系原点设置在零件的右端面回转中心，换刀点在 X80（半径尺寸）、Z50 的位置。

（2）使用 CAXA 数控车的加工功能，完成题图 8-2 所示零件的几何造型和轮廓粗车。毛坯外径尺寸 ϕ45 mm。工件坐标系原点设置在零件的左端面回转中心，换刀点在 X60（半径尺寸）、Z150 的位置。具体要求如下。

① 把所生成的几何造型及加工轨迹，以 Ta 作为文件名，保存为 .mxe 格式文件。

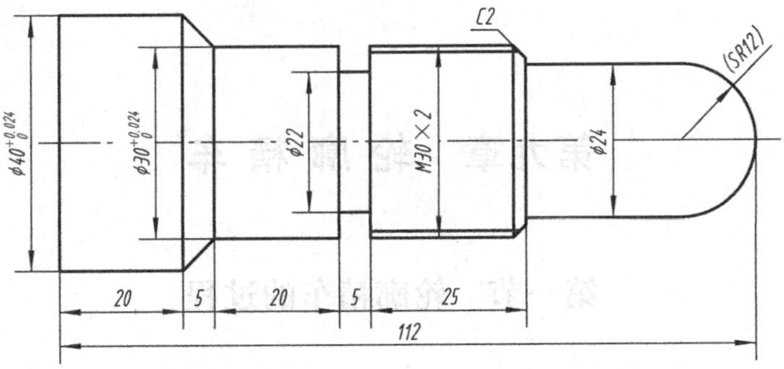

题图 8-1 零件简图

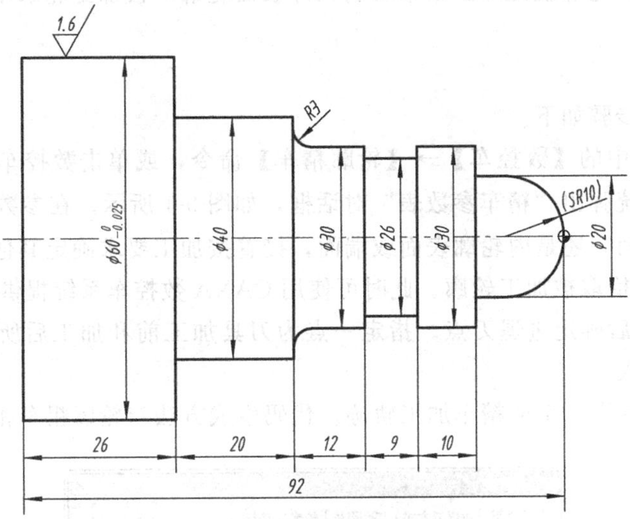

题图 8-2 零件简图

② 通过机床参数设置和后置处理（按照本单位数控车床的指令格式，用宏指令编写程序头、换刀和程序尾）生成加工程序，并将后置文件以 Ta 作为文件名，保存为 .CUT、. NC、MPF 等格式文件。

③ 把选择的主要参数填入题表 1。

题表 1 轮廓粗加工主要参数

刀尖半径 *R*		加工余量	
刀具前角 *F*		切削行距	
刀具后角 *B*		干涉前角	
轮廓车刀类型		干涉后角	
对刀点方式		拐角过渡方式	
刀具类型		反向走刀	
刀具偏置方向		详细干涉检查	
进/退刀方式		退刀时是否沿轮廓走刀	
加工方式		刀尖半径补偿	

第九章 轮廓精车

第一节 轮廓精车的过程

轮廓精车实现对工件外轮廓表面、内轮廓表面和端面的精车加工。轮廓精车时，要确定被加工轮廓。被加工轮廓就是加工结束后的工件表面轮廓，被加工轮廓不能闭合或自相交。

一、操作步骤

轮廓精车操作步骤如下。

① 单击主菜单中的【数控车】→【轮廓精车】命令，或单击数控车工具栏中的“轮廓精车”图标，系统弹出“精车参数表”对话框，如图 9-1 所示。在参数表中首先要确定被加工的是外轮廓表面，还是内轮廓表面或端面，接着按加工要求确定其他各加工参数。

② 确定参数后拾取被加工轮廓。此时可使用 CAXA 数控车系统提供的轮廓拾取工具。

③ 选择完轮廓后确定进退刀点。指定一点为刀具加工前和加工后所在的位置。单击右键可忽略该点的输入。

完成上述步骤后即可生成精车加工轨迹。代码生成方法与轮廓粗车相同。

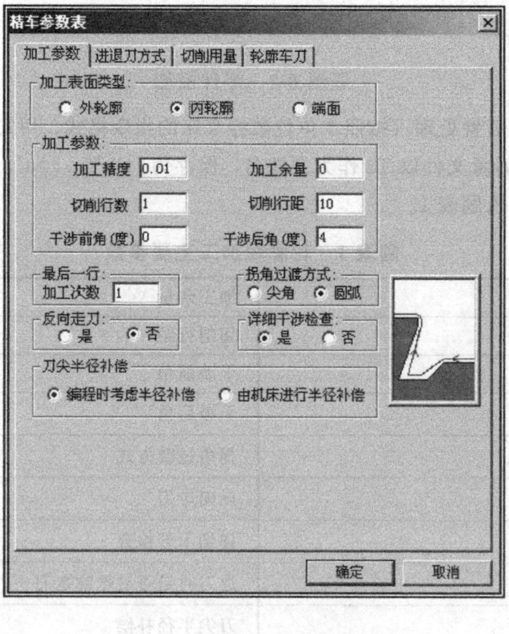

图 9-1 精车参数表对话框

二、参数说明

精车加工主要参数包括加工参数、进退刀方式、切削用量和轮廓车刀。

1. 加工参数

加工参数主要用于对精车加工中的各种工艺条件和加工方式进行限定。各加工参数含义说明如下。

（1）加工表面类型

• 外轮廓　采用外轮廓精车加工外轮廓，此时缺省加工方向角度为180°。

• 内轮廓　采用内轮廓精车加工内轮廓，此时缺省加工方向角度为180°。

• 车端面　缺省加工方向垂直于系统X轴，即加工角度为－90°或270°。

（2）加工参数

• 切削行距　行与行之间的距离。沿加工轮廓走刀一次称为一行。

• 切削行数　刀位轨迹的加工行数，不包括最后一行的重复次数。

• 加工余量　被加工表面没有加工部分的剩余量。

• 加工精度　用户可按需要来控制加工的精度。对轮廓中的直线和圆弧，机床可以精确地加工；对由样条曲线组成的轮廓，系统将按给定的精度把样条转化成直线段来满足用户所需的加工精度。

• 干涉前角　做底切干涉检查时，确定干涉检查的角度。避免加工反锥时出现前刀面与工件干涉。

• 干涉后角　做底切干涉检查时，确定干涉检查的角度。避免加工正锥时出现刀具底面与工件干涉。

• 最后一行加工次数　精车加工时，为提高车削的表面质量，最后一行常常在相同进给量的情况下进行多次车削，该处定义多次切削的次数。

（3）拐角过渡方式

• 圆弧　在切削过程遇到拐角时，刀具从轮廓的一边到另一边的过程中，以圆弧的方式过渡。

• 尖角　在切削过程遇到拐角时，刀具从轮廓的一边到另一边的过程中，以尖角的方式过渡。

（4）反向走刀

• 否　刀具按缺省方向走刀，即刀具从Z轴正向向Z轴负向移动。

• 是　刀具按与缺省方向相反的方向走刀。

（5）详细干涉检查

• 否　假定刀具前后干涉角均为0°，对凹槽部分不做加工，以保证切削轨迹无前角及底切干涉。

• 是　加工凹槽时，用定义的干涉角度检查加工中是否有刀具前角及底切干涉，并按定义的干涉角度生成无干涉的切削轨迹。

（6）刀尖半径补偿

• 编程时考虑半径补偿　在生成加工轨迹时，系统根据当前所用刀具的刀尖半径进行补偿计算（按假想刀尖点编程）。所生成代码即为已考虑半径补偿的代码，机床无需再进行刀尖半径补偿。

• 由机床进行半径补偿　在生成加工轨迹时，假设刀尖半径为0，按轮廓编程，不进行刀尖半径补偿计算。所生成代码在用于实际加工时应根据实际刀尖半径由机床指定补偿值。

2. 进退刀方式

单击“进退刀方式”选项页，即进入进退刀方式参数表，如图 9-2 所示。该参数表用于对加工中的进退刀方式进行设定。

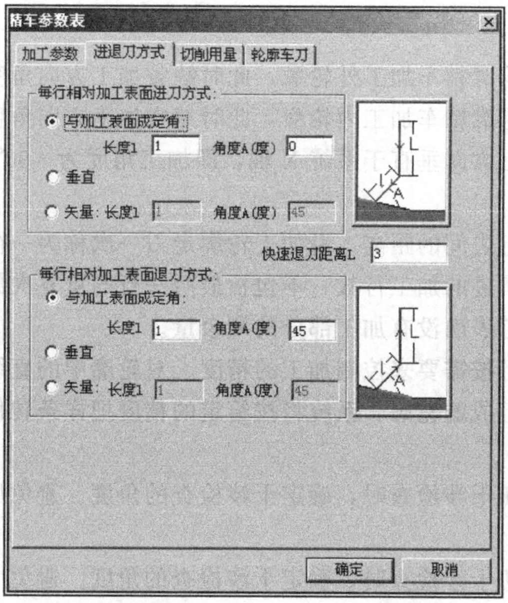

图 9-2 精车进退刀方式

(1) 每行相对加工表面进刀方式

• 与加工表面成定角　指在每一切削行前，加入一段与轨迹切削方向夹角成一定角度的进刀段。刀具先垂直进刀到该进刀段的起点，再沿该进刀段进刀至切削行。角度定义该进刀段与轨迹切削方向的夹角，长度定义该进刀段的长度。

• 垂直进刀　指刀具直接进刀到每一切削行的起始点。

• 矢量进刀　指在每一切削行前加入一段与机床 Z 轴正向（系统 X 轴正方向）成一定夹角的进刀段，刀具进刀到该进刀段的起点，再沿该进刀段进刀至切削行。角度定义矢量（进刀段）与机床 Z 轴正向（系统 X 正方向）的夹角，长度定义矢量（进刀段）的长度。

(2) 每行相对加工表面退刀方式

• 与加工表面成定角　指在每一切削行后，加入一段与轨迹切削方向夹角成一定角度的退刀段，刀具先沿该退刀段退刀，再从该退刀段的末点开始垂直退刀。角度定义该退刀段与轨迹切削方向的夹角，长度定义该退刀段的长度。

• 垂直退刀　指刀具直接进刀到每一切削行的起始点。

• 矢量退刀　指在每一切削行后加入一段与机床 Z 轴正向（系统 X 轴正方向）成一定夹角的退刀段，刀具先沿该退刀段退刀，再从该退刀段的末点开始垂直退刀。角度定义矢量（退刀段）与机床 Z 轴正向（系统 X 轴正方向）的夹角，长度定义矢量（退刀段）的长度。

3. 切削用量

切削用量参数表的说明请参考轮廓粗车中的说明。

4. 轮廓车刀

单击“轮廓车刀”选项卡，进入轮廓车刀参数设置页。该页用于对加工中所用的刀具参数进行设置。具体参数说明请参考“刀具管理”中的说明。

第二节　轮廓精车参数选择及说明

以具体实例说明轮廓精车的参数选择。

实例 1　利用 CAXA 数控车软件，精加工图 8-49 所示零件。

1. 轮廓建模

轮廓建模过程参见第八章第三节实例 4，只需绘制出零件的外轮廓，如图 9-3 所示。

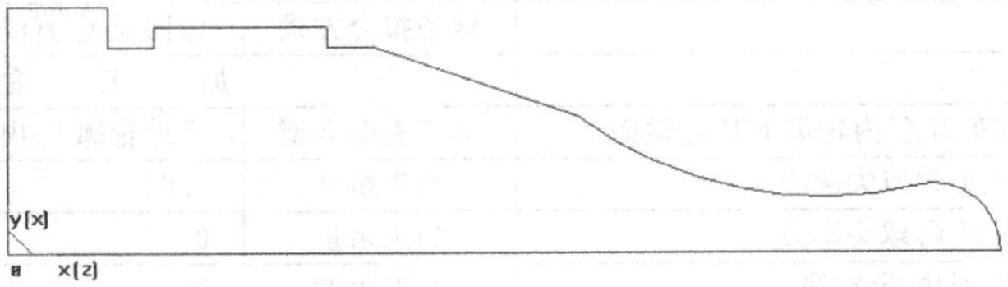

图 9-3　零件外轮廓

2. 填写参数表

① 单击主菜单中的【数控车】→【轮廓精车】命令，或单击数控车工具栏中的“轮廓精车”图标，系统弹出“粗车参数表”对话框，按表 9-1 所列参数填写该对话框。

② 单击“加工参数”选项卡，按表 9-1 所列参数填写该对话框，如图 9-4 所示。

③ 单击“进退刀方式”选项卡，按表 9-1 所列参数填写该对话框，选择进退刀方式，如图 9-5 所示。

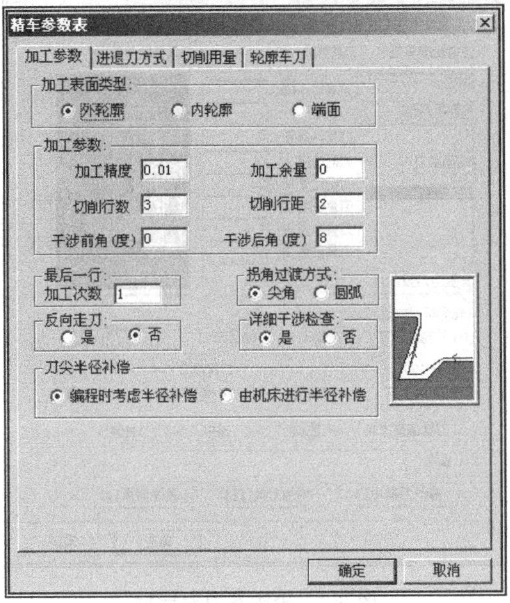

图 9-4　加工参数对话框

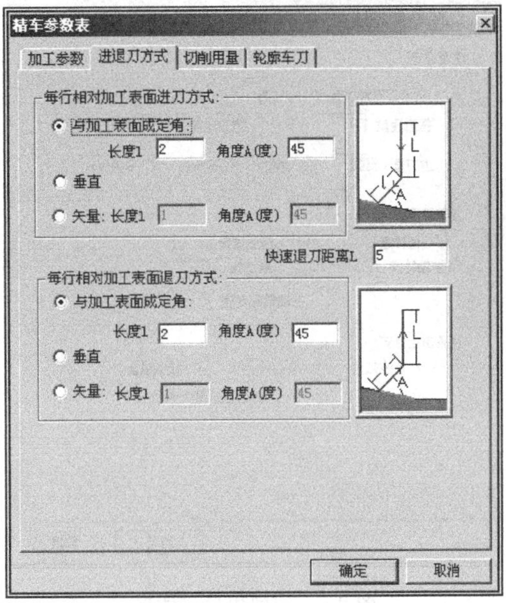

图 9-5　进退刀方式对话框

④ 单击“切削用量”选项卡，按表 9-1 所列参数填写该对话框，选择切削用量，如图 9-6 所示。

⑤ 单击“轮廓车刀”选项卡，按表 9-1 所列参数填写该对话框，选择刀具及确定刀具参数，如图 9-7 所示。

表 9-1 精车参数

刀具参数			切削用量		
刀具名	93°右偏刀/93°左偏刀		速度设定	进退刀时是否快速	○是⊙否
刀具号	3			接近速度	50
刀具补偿号	0			退刀速度	50
刀柄长度 L	60			进刀量 F	100
刀柄宽度 W	20		主轴转速	⊙恒转速	120
刀角长度 N	10			○恒线速度	
刀尖半径 R	0.2			最高转速	
刀具前角 F	87		样条拟合方式	⊙圆弧 ○直线	
刀具后角 B	35		加工参数		
轮廓车刀类型	⊙外轮廓车刀 ○内轮廓车刀 ○端面		加工表面类型	⊙外轮廓 ○内轮廓 ○端面	
对刀点方式	○刀尖尖点 ⊙刀尖圆心		加工精度	0.01	
刀具类型	⊙普通车刀 ○球头车刀		加工余量	0	
刀具偏置方向	○左偏 ○对中 ⊙右偏		加工角度	180	
进退刀方式			切削行距	2	
相对加工表面进刀	⊙与加工表面成定角	$L=2,A=45$	干涉前角	0	
	○垂直进刀		干涉后角	8	
	○矢量进刀		最后一行加工次数	1	
相对加工表面退刀	⊙与加工表面成定角	$L=2,A=45$	拐角过渡方式	⊙尖角 ○圆弧	
	○轮廓垂直退刀		反向走刀	○否 ⊙是	
	○轮廓矢量退刀		详细干涉检查	⊙是 ○否	
	快速退刀距离	$L=5$	刀尖半径补偿	⊙编程考虑 ○由机床补偿	

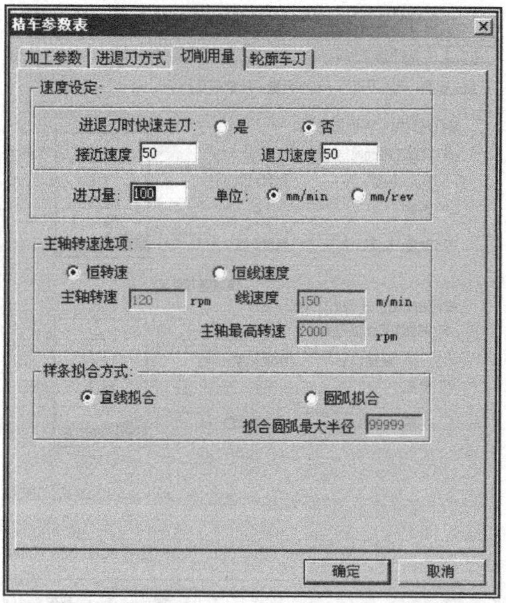

图 9-6 切削用量对话框

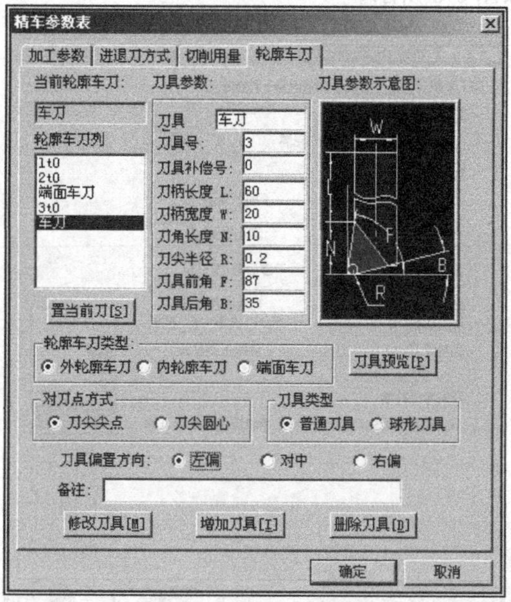

图 9-7 轮廓车刀对话框

3. 拾取加工轮廓

系统提示用户拾取被加工工件表面轮廓线，按空格键弹出工具菜单，系统提供 3 种拾取方式供用户选择。若采用“链拾取”会将被加工轮廓与其他轮廓混在一起。如果选择限制线拾取或单个拾取，在状态栏中的“链拾取”位置上会变为“限制链拾取”或“单个拾取”。采用限制链拾取，则用鼠标拾取左、右两条限制轮廓线，该两条轮廓线及期间的所有线都变成红色虚线；采用单个拾取，按顺序拾取被加工轮廓线就可以了。拾取完后，单击右键确定。

4. 确定进退刀点

系统提示：输入进退刀点，指定一点为刀具加工前和加工后所在的位置，如图 9-8 所示。若单击右键确定可忽略该点的输入。

5. 生成刀具轨迹

当确定进退刀点之后，系统生成绿色的刀具轨迹，如图 9-8 所示。

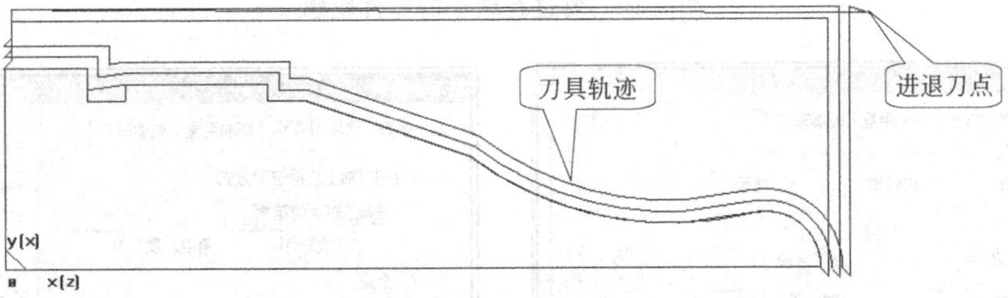

图 9-8 刀具精加轨迹

6. 参数修改

对生成的轨迹不满意时，可以用参数修改功能对轨迹的各种参数进行修改，以生成新的加工轨迹。

参数修改的操作步骤如下。

单击主菜单中的【数控车】→【参数修改】命令，或单击数控车工具栏中的“参数修改”图标，则提示用户拾取要进行参数修改的加工轨迹。拾取轨迹后，将弹出该轨迹的参数表供用户修改。参数修改完毕单击确定按钮，即依据新的参数重新生成该轨迹。

第三节 轮廓精车实例

实例 2 使用 CAXA 数控车的加工功能，完成图 9-3 所示零件的几何造型和外轮廓粗、精加工。如图 9-9 所示，粗曲线部分为要加工的外轮廓，需去除的材料余量为 0.2mm。

CAXA 数控车系统生成刀具轨迹线及加工外轮廓的过程如下。

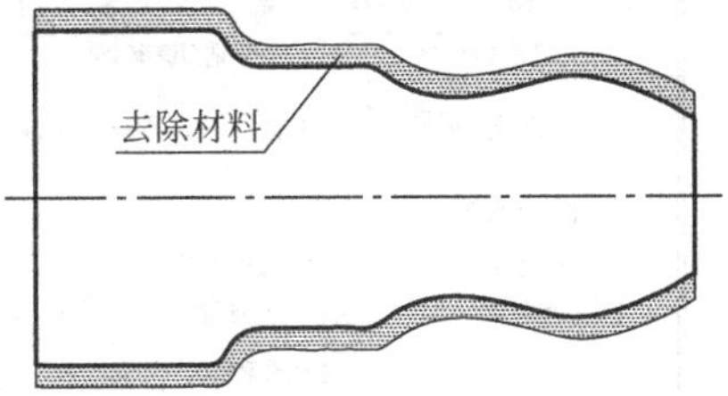

图 9-9 要进行精车的零件轮廓

1. 轮廓建模

生成轨迹时，只需画出由要加工出的外轮廓的上半部分即可，其余线条不用画出，如图 9-10 所示。

2. 填写参数表

在精车参数表对话框中，单击“加工参数”选项卡，如图 9-11 所示。

① 单击“进退刀方式”选项卡，选择进退刀方式，如图 9-12 所示。

② 单击“切削用量”选项卡，选择切削用量，如图 9-13 所示。

③ 单击“轮廓车刀”选项卡，选择刀具及确定刀具参数，如图 9-14 所示。

3. 拾取轮廓

提示用户选择轮廓线。拾取轮廓线可以利用曲线拾取工具菜单，用空格键弹出工具菜

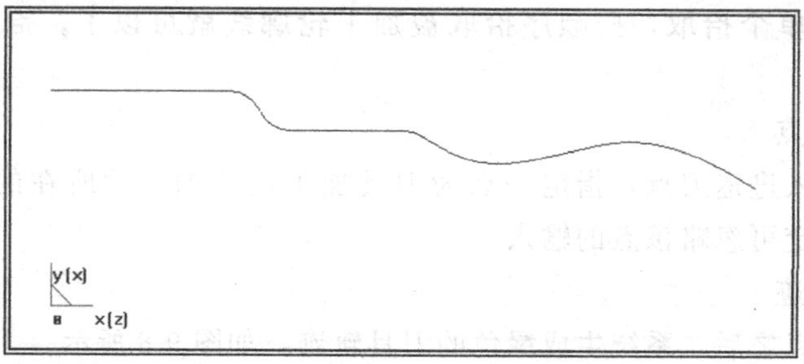

图 9-10 要进行精车的零件轮廓

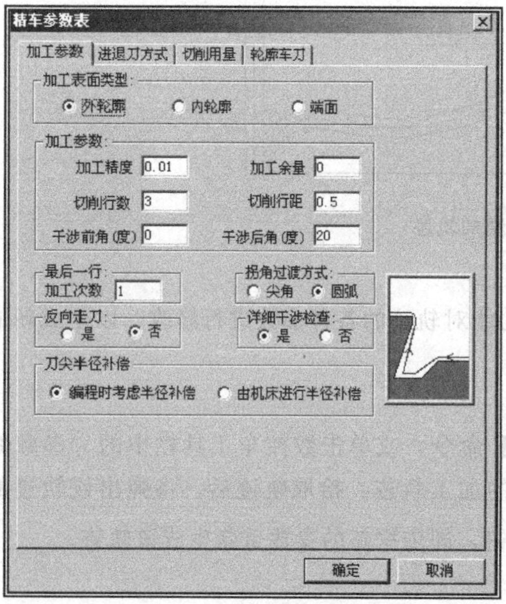

图 9-11 加工参数对话框

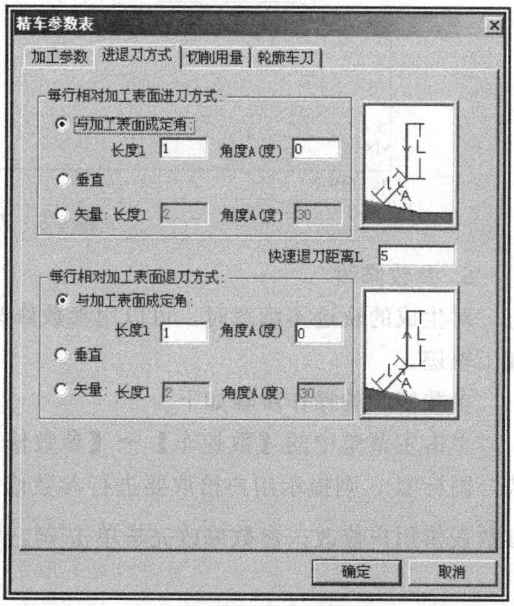

图 9-12 进退刀方式对话框

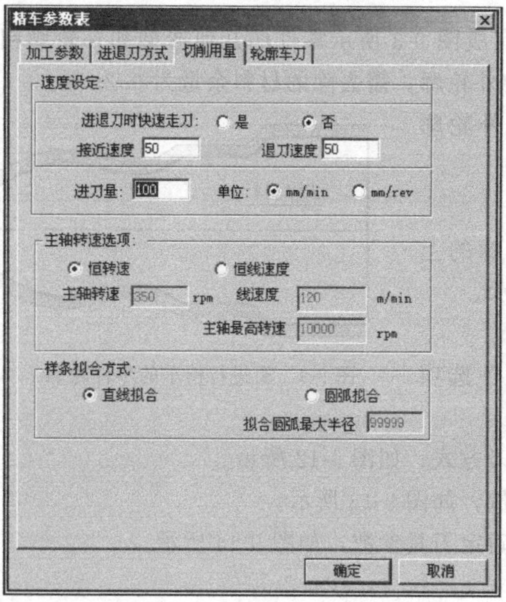

图 9-13 切削用量对话框

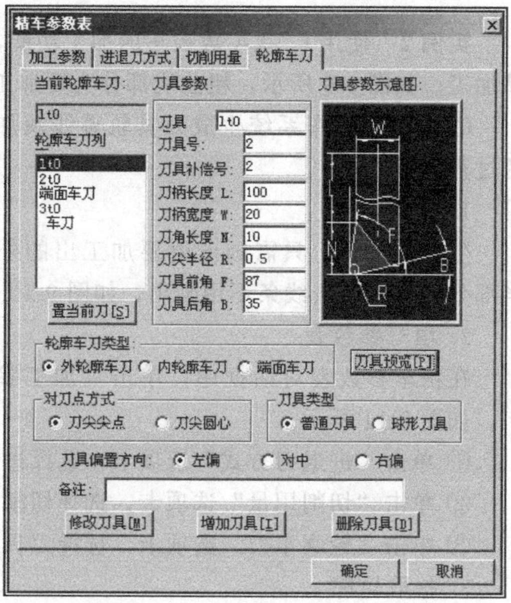

图 9-14 轮廓车刀对话框

单，当拾取第一条轮廓线后，此轮廓线变为红色虚线。系统提示“选择方向”。要求用户选择一个方向，此方向只表示拾取轮廓线的方向，与刀具的加工方向无关，如图 9-15（a）所示。

选择方向后，如果采用的是链拾取方式，则系统自动拾取首尾连接的轮廓线，如图 9-15（b）所示。如果采用单个拾取，则系统提示继续拾取轮廓线。由于只需拾取一条轮廓线，采用链拾取的方法较为方便。

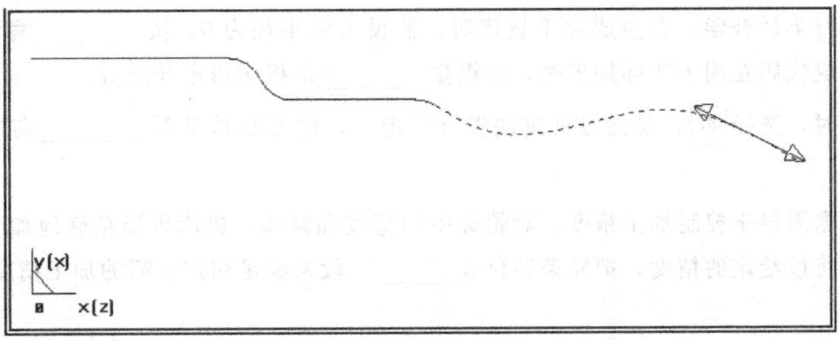

(a)

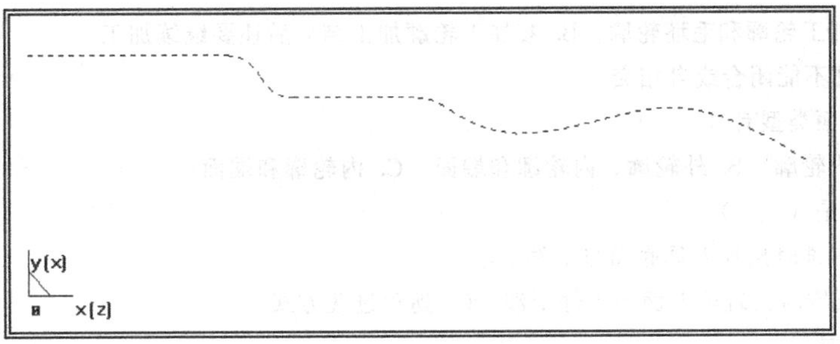

(b)

图 9-15　采用链拾取方式

4. 确定进退刀点

指定一点为刀具加工前和加工后所在的位置。单击右键可忽略该点的输入。

5. 生成刀具轨迹

确定进退刀点之后，系统生成绿色的刀具轨迹，如图 9-16 所示。

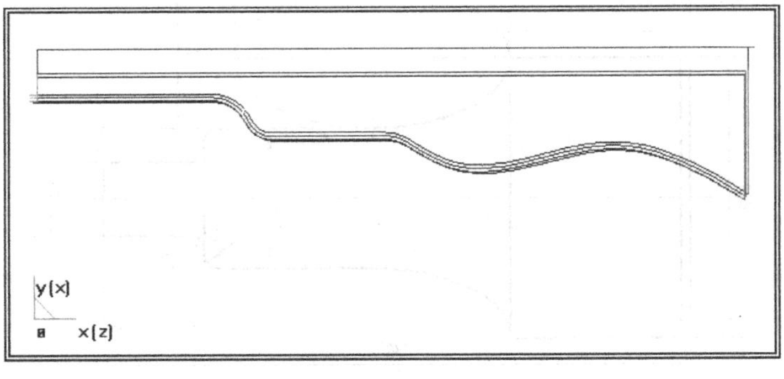

图 9-16　生成的精车加工轨迹

提示：被加工轮廓不能闭合或自相交。如果是在进行了粗加工以后再进行精加工，则可以省略轮廓建模这一步。

思考与练习（九）

一、思考题

(1) CAXA 数控车系统中的轮廓精车需要毛坯轮廓吗？为什么？

(2) 轮廓精车与轮廓粗车在选择切削用量方面有什么不同？

(3) CAXA 数控车系统中轮廓粗车与轮廓精车的刀具轨迹有什么不同？

二、填空题

(1) 由机床进行半径补偿，在生成加工轨迹时，假设刀尖半径为 0，按________编程，不进行刀尖半径补偿计算。所生成代码在用于实际加工时，应根据________由机床指定补偿值。

(2) 反向走刀时，选择[否]，是指刀具按缺省方向走刀，即刀具从 Z 轴________向向 Z 轴________向移动。

(3) 用户可根据需要来控制加工精度。对轮廓中的直线和圆弧，机床可以精确地加工；对由样条曲线组成的轮廓，系统将按给定的精度，把样条转化成________段来满足用户所需的加工精度。

三、选择题

(1) 轮廓精车时，(　　)。

A. 要确定被加工轮廓和毛坯轮廓　B. 被加工轮廓加工结束后还要继续加工

C. 被加工轮廓不能闭合或自相交

(2) 精加工表面类型有（　　）。

A. 外轮廓和内轮廓　B. 外轮廓、内轮廓和端面　C. 内轮廓和端面

(3) 干涉前角是（　　）。

A. 避免加工正锥时出现刀具底面与工件干涉

B. 避免加工反锥时出现前刀面与工件干涉　C. 拐角过渡方式

(4) 反向走刀是（　　）。

A. 刀具按缺省方向走刀　B. 刀具从 Z 轴正向向 Z 轴负向移动

C. 刀具按缺省方向相反的方向走刀

四、上机练习题

(1) 使用 CAXA 数控车的加工功能，完成题图 9-1 所示零件的几何造型和外轮廓精加工。毛坯外径尺寸为 ϕ45mm。工件坐标系原点设置在零件的左端面回转中心处，换刀点在 X60（半径尺寸）、Z150 的位置。

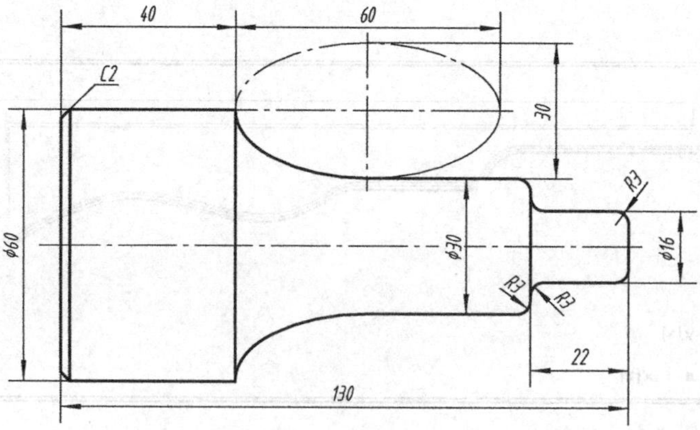

题图 9-1　零件简图

(2) 使用 CAXA 数控车的加工功能，加工题图 9-2 所示零件。根据图纸尺寸及技术要求，完成下列内容。

① 完成零件的车削加工造型（建模）。

② 根据加工工艺顺序，进行零件的轮廓粗、精加工，生成加工轨迹。

③ 进行机床参数设置和后置处理，生成 NC 加工程序。

④ 将零件造型、加工轨迹和 NC 加工程序文件，以 Tb1 作为文件名，保存到指定的服务器上。

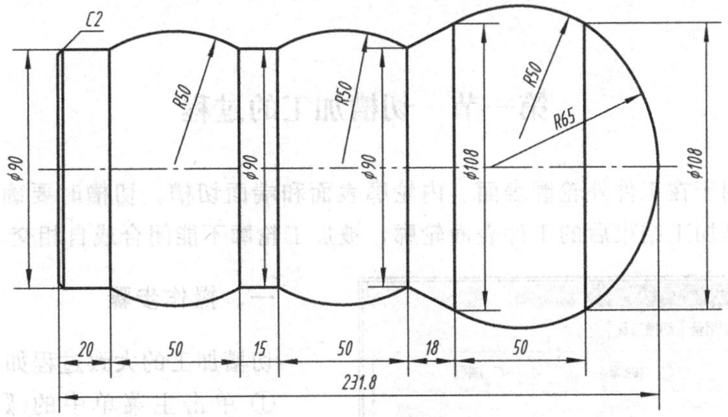

题图 9-2　零件简图

第十章　切 槽 加 工

第一节　切槽加工的过程

车槽功能用于在工件外轮廓表面、内轮廓表面和端面切槽。切槽时要确定被加工轮廓，被加工轮廓就是加工结束后的工件表面轮廓，被加工轮廓不能闭合或自相交。

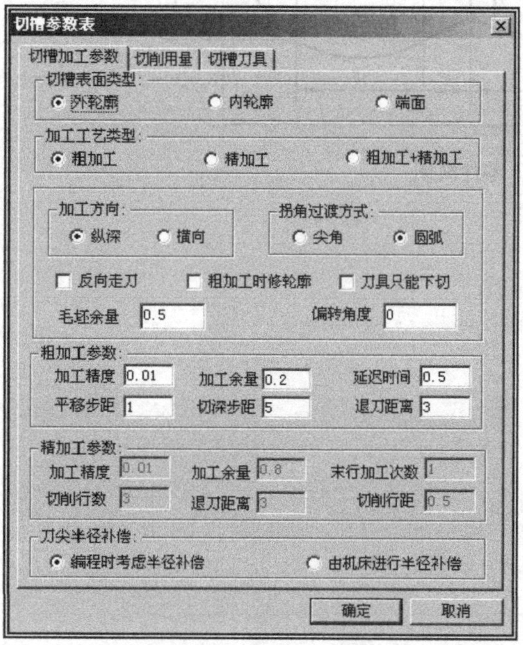

图 10-1　切槽参数表对话框

一、操作步骤

切槽加工的大致过程如下。

① 单击主菜单中的【数控车】→【切槽】命令，或单击数控车工具栏中的“切槽”图标，系统弹出“切槽参数表”对话框，如图 10-1 所示。在参数表中首先要确定被加工的是外轮廓表面，还是内轮廓表面或端面，接着按加工要求确定其他各加工参数。

② 确定参数后拾取被加工轮廓，此时可使用系统提供的轮廓拾取工具。

③ 选择完轮廓后系统提示确定进退刀点。指定一点为刀具加工前和加工后所在的位置。单击右键可忽略该点的输入。

完成上述步骤后即可生成切槽加工轨迹。“生成代码”功能项，与第八章所述轮廓粗车代码生成方法相同，在此不再赘述。

二、参数说明

切槽加工主要包括切槽加工参数、切削用量和切槽刀具。

1. 加工参数

加工参数主要对切槽加工中各种工艺条件和加工方式进行限定。各加工参数含义如下。

(1) 加工轮廓类型

- 外轮廓　外轮廓切槽，或用切槽刀加工外轮廓。
- 内轮廓　内轮廓切槽，或用切槽刀加工内轮廓。
- 端面　端面切槽，或用切槽刀加工端面。

(2) 加工工艺类型

- 粗加工　对槽只进行粗加工。
- 精加工　对槽只进行精加工。

• 粗加工+精加工　对槽进行粗加工之后接着做精加工。

(3) 拐角过渡方式

• 圆角　在切削过程遇到拐角时，刀具从轮廓的一边到另一边的过程中，以圆弧的方式过渡。

• 尖角　在切削过程遇到拐角时，刀具从轮廓的一边到另一边的过程中，以尖角的方式过渡。

(4) 粗加工参数

• 延迟时间　指粗车槽时，刀具在槽的底部停留的时间。

• 切深步距　指粗车槽时，刀具每一次纵向切槽的切入量（机床 X 轴向）。

• 水平步距　指粗车槽时，刀具切到指定的切深平移量后进行下一次切削前的水平平移量（机床 Z 轴向）。

• 退刀距离　粗车槽中进行下一行切削前退刀到槽外的距离。

• 加工余量　粗加工时，被加工表面未加工部分的预留量。

(5) 精加工参数

• 切削行距　精加工行与行之间的距离。

• 切削行数　精加工刀位轨迹的加工行数，不包括最后一行的重复次数。

• 退刀距离　精加工中切削完一行之后，进行下一行切削前退刀的距离。

• 加工余量　精加工时，被加工表面未加工部分的预留量。

• 末行加工次数　精车槽时，为提高加工的表面质量，最后一行常常在相同进给量的情况下进行多次车削，在该处定义多次切削的次数。

2. 切削用量

切削用量参数表的说明请参考第八章轮廓粗车中的说明。

3. 切槽车刀

单击“切槽车刀”选项卡可进入切槽车刀参数设置页。该页用于对加工中所用的切槽刀具参数进行设置。具体参数说明请参考“刀具管理”中的说明。

第二节　切槽加工实例

下面以具体实例说明切槽加工的操作过程。

实例 1　利用 CAXA 数控车切槽功能，加工图 10-2 所示零件的 ϕ80mm×10mm 内凹槽部分，并生成数控代码。

图中退刀槽内凹槽部分为要加工出的轮廓。系统生成刀具轨迹线及退刀槽内凹槽部分的数控代码过程如下。

1. 轮廓建模

生成轨迹时，只需画出由要加工出的轮廓的上半部分即可，其余线条不用画出，如图 10-3 所示。

2. 填写参数表

在切槽参数表对话框中填写参数后，单击对话框中的[确认]按钮。

(1) 加工参数

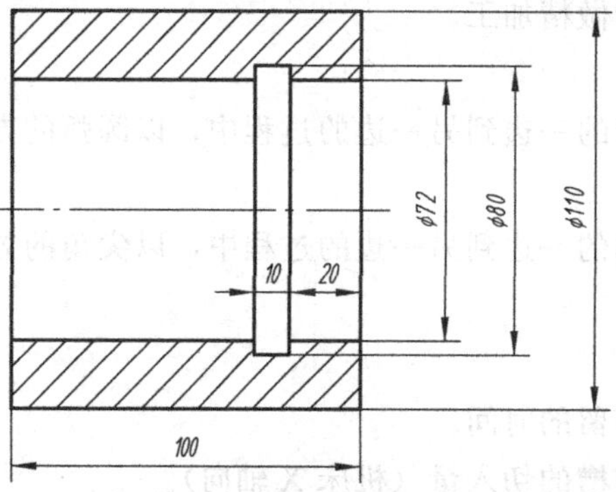

图 10-2 内切槽零件

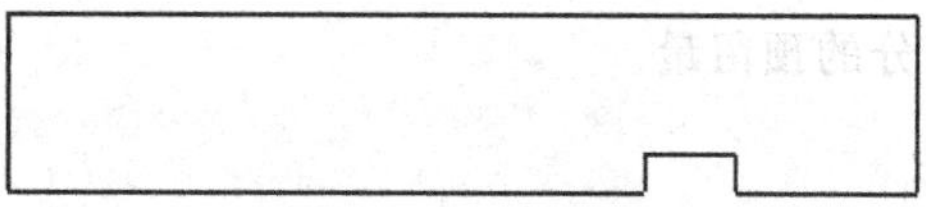

图 10-3 切槽轮廓线

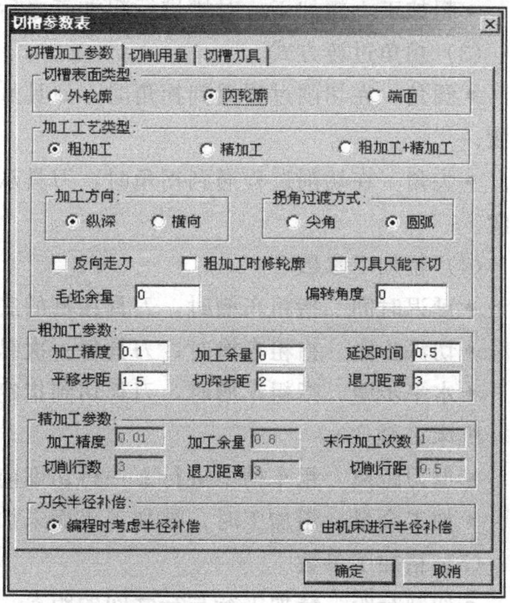

图 10-4 切槽加工参数表

单击主菜单中的【数控车】→【切槽】命令，或单击数控车工具栏中的“切槽”图标，系统弹出“切槽参数表”对话框，如图 10-4 所示。按表 10-1 切槽加工参数总表填写该对话框。

表 10-1 切槽加工参数总表

刀具参数	刀刃宽度 *N*	6	精加工参数	加工精度	0.1
	刀尖半径 *R*	0.5		加工余量	0
	刀具引角 *A*	1		延迟时间	0.5
	编程刀位点	前刀尖圆心		平移步距	1.5
加工参数	切槽表面类型	○外轮廓 ⊙内轮廓 ○端面		切深步距	2
	加工工艺类型	⊙粗加工 ○精加工 ○粗＋精加工		退刀距离	3
	加工方向	⊙纵深 ○横向	精加工参数	加工精度	0.01
	拐角过渡方式	○尖角 ⊙圆弧		加工余量	0
	反向走刀	□		末行加工次数	
	粗加工时修轮廓	□		切削行数	
	刀具只能下切	□		退刀距离	
	毛坯余量	0		切削行距	
	刀尖半径补偿	⊙编程考虑 ○由机床补偿	切削用量	(同精车参数)	

(2) 切削用量

单击“切削用量”选项卡即进入切削用量参数表，按表 10-1 切槽加工参数总表填写对话框，如图 10-5 所示。该参数表用于对加工中的切削用量进行设定。

(3) 切槽刀具

单击“切槽刀具”选项卡可进入切槽刀具参数设置页。按表 10-1 切槽加工参数总表填写对话框，如图 10-6 所示。该页用于对加工中所用的刀具参数进行设置，设定情况如何，可通过刀具预览按钮观察。上述参数设置完成后，单击确定按钮。

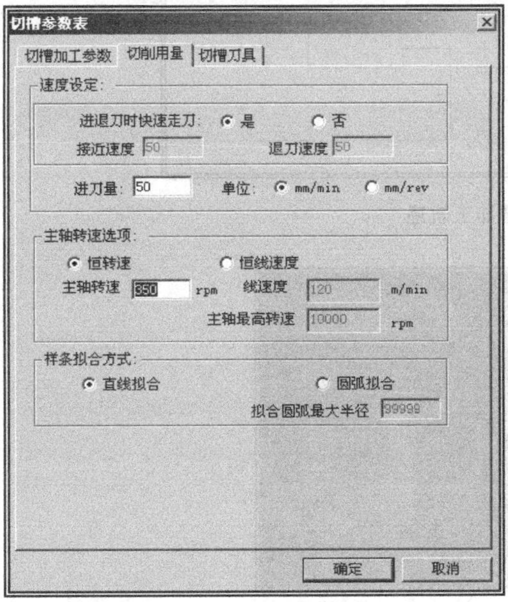

图 10-5 切削用量参数表

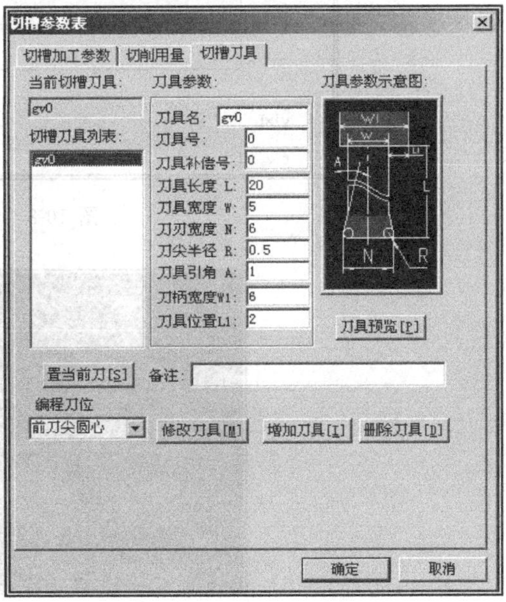

图 10-6 切槽刀具参数表

3. 拾取轮廓

状态栏提示用户选择轮廓线。拾取轮廓线，如果采用单个链拾取方式，则按顺序依次拾取；如果采用限制链选取，系统继续提示选取限制线，分别拾取凹槽的左边和右边，凹槽部分变成红色虚线，按右键确定，如图 10-7 所示。

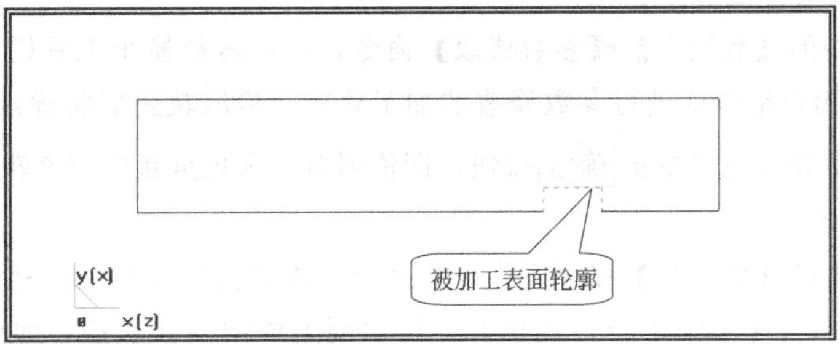

图 10-7 被加工表面轮廓

4. 输入进退刀点

系统提示输入进退刀点，指定一点为刀具加工前和加工后所在的位置。单击右键可忽略该点的输入。

5. 刀具轨迹生成

输入进退刀点或忽略进退刀点的输入后，CAXA 数控车系统自动生成切槽加工轨迹，如图 10-8 所示。

6. 轨迹仿真

生成的刀具粗车轨迹，进行模拟仿真，单击主菜单中的【数控车】→【轨迹仿真】命令，或单击数控车工具栏中的“轨迹仿真”图标，CAXA 数控车系统进行自动仿真，如图 10-

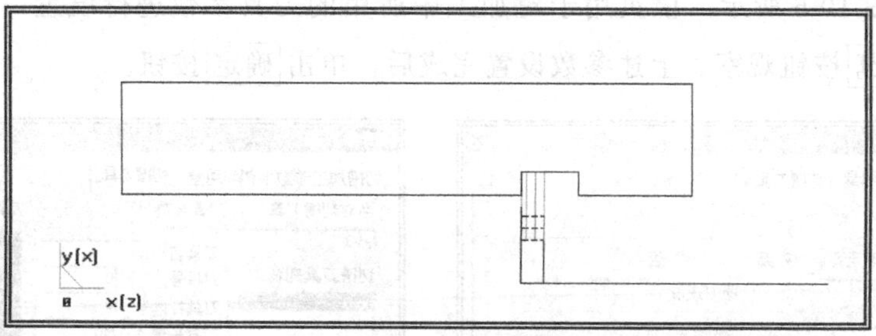

图 10-8　切槽加工轨迹

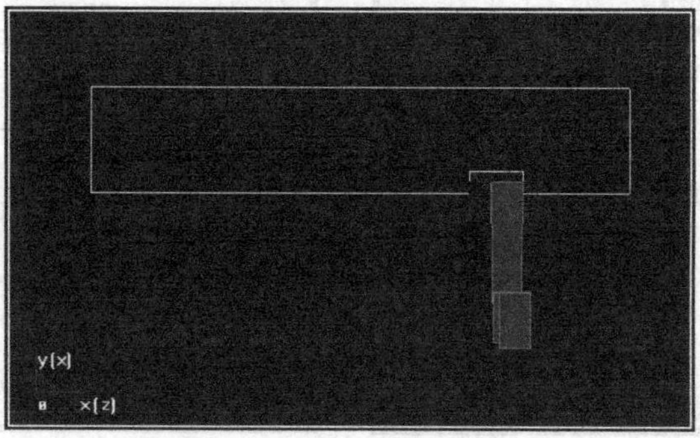

图 10-9　切槽加工轨迹仿真

9 所示。如果仿真结果不理想，可以通过修改参数来改变。

7. 参数修改

对生成的轨迹不满意时，可以用参数修改功能对轨迹的各种参数进行修改，以生成新的加工轨迹。

修改参数的操作步骤如下。

单击主菜单中的【数控车】→【参数修改】命令，或单击数控车工具栏中的“参数修改”图标，则提示用户拾取要进行参数修改的加工轨迹。拾取轨迹后将弹出该轨迹的参数表供用户修改。参数修改完毕单击 确定 按钮，即依据新的参数重新生成该轨迹。

8. 生成数控代码

单击主菜单中的【数控车】→【生成代码】命令，或单击数控车工具栏中的“代码生成”图标，CAXA 数控车系统进行自动仿真，拾取刚生成的刀具轨迹，即可生成加工指令，见表 10-2。

表 10-2　切槽加工程序

程　序	程　序	程　序
(O10-8. cut,04/11/04,10:05:15)	N26 G01 X35. 500 Z86. 457 F50. 000	N44 G00 X31. 500 Z83. 457
N10 G50 S10000	N28 G04 X0. 500	N46 G01 X35. 500 Z83. 457 F50. 000
N12 G00 G97 S350 T0002	N30 G00 X28. 500 Z86. 457	N48 G04 X0. 500
N14 M03	N32 G00 X28. 500 Z84. 957	N50 G00 X28. 500 Z83. 457
N16 M08	N34 G00 X31. 500 Z84. 957	N52 G00 X28. 500 Z81. 957
N18 G00 X7. 176 Z129. 681	N36 G01 X35. 500 Z84. 957 F50. 000	N54 G00 X31. 500 Z81. 957
N20 G00 X7. 176 Z86. 457	N38 G04 X0. 500	N56 G01 X35. 500 Z81. 957 F50. 000
N22 G00 X28. 500 Z86. 457	N40 G00 X28. 500 Z84. 957	N58 G04 X0. 500
N24 G00 X31. 500 Z86. 457	N42 G00 X28. 500 Z83. 457	N60 G00 X28. 500 Z81. 957

续表

程　序	程　序	程　序
N62 G00 X28.500 Z80.457	N160 G01 X37.500 Z81.957 F50.000	N248 G00 X32.500 Z84.957
N64 G00 X31.500 Z80.457	N162 G04 X0.500	N250 G00 X32.500 Z83.457
N66 G01 X35.500 Z80.457 F50.000	N164 G00 X30.500 Z81.957	N252 G00 X35.500 Z83.457
N68 G04 X0.500	N166 G00 X30.500 Z80.457	N254 G01 X39.500 Z83.457 F50.000
N70 G00 X28.500 Z80.457	N168 G00 X33.500 Z80.457	N256 G04 X0.500
N72 G00 X28.500 Z86.457	N170 G01 X37.500 Z80.457 F50.000	N258 G00 X32.500 Z83.457
N74 G00 X29.500 Z86.457	N172 G04 X0.500	N260 G00 X32.500 Z81.957
N76 G00 X32.500 Z86.457	N174 G00 X30.500 Z80.457	N262 G00 X35.500 Z81.957
N78 G01 X36.500 Z86.457 F50.000	N176 G00 X30.500 Z86.457	N264 G01 X39.500 Z81.957 F50.000
N80 G04 X0.500	N178 G00 X31.500 Z86.457	N266 G04 X0.500
N82 G00 X29.500 Z86.457	N180 G00 X34.500 Z86.457	N268 G00 X32.500 Z81.957
N84 G00 X29.500 Z84.957	N182 G01 X38.500 Z86.457 F50.000	N270 G00 X32.500 Z80.457
N86 G00 X32.500 Z84.957	N184 G04 X0.500	N272 G00 X35.500 Z80.457
N88 G01 X36.500 Z84.957 F50.000	N186 G00 X31.500 Z86.457	N274 G01 X39.500 Z80.457 F50.000
N90 G04 X0.500	N188 G00 X31.500 Z84.957	N276 G04 X0.500
N92 G00 X29.500 Z84.957	N190 G00 X34.500 Z84.957	N278 G00 X32.500 Z80.457
N94 G00 X29.500 Z83.457	N192 G01 X38.500 Z84.957 F50.000	N280 G00 X32.500 Z86.457
N96 G00 X32.500 Z83.457	N194 G04 X0.500	N282 G00 X33.500 Z86.457
N98 G01 X36.500 Z83.457 F50.000	N196 G00 X31.500 Z84.957	N284 G00 X36.500 Z86.457
N100 G04 X0.500	N198 G00 X31.500 Z83.457	N286 G01 X40.000 Z86.457 F50.000
N102 G00 X29.500 Z83.457	N200 G00 X34.500 Z83.457	N288 G04 X0.500
N104 G00 X29.500 Z81.957	N202 G01 X38.500 Z83.457 F50.000	N290 G00 X33.500 Z86.457
N106 G00 X32.500 Z81.957	N204 G04 X0.500	N292 G00 X33.500 Z84.957
N108 G01 X36.500 Z81.957 F50.000	N206 G00 X31.500 Z83.457	N294 G00 X36.500 Z84.957
N110 G04 X0.500	N208 G00 X31.500 Z81.957	N296 G01 X40.000 Z84.957 F50.000
N112 G00 X29.500 Z81.957	N210 G00 X34.500 Z81.957	N298 G04 X0.500
N114 G00 X29.500 Z80.457	N212 G01 X38.500 Z81.957 F50.000	N300 G00 X33.500 Z84.957
N116 G00 X32.500 Z80.457	N214 G04 X0.500	N302 G00 X33.500 Z83.457
N118 G01 X36.500 Z80.457 F50.000	N216 G00 X31.500 Z81.957	N304 G00 X36.500 Z83.457
N120 G04 X0.500	N218 G00 X31.500 Z80.457	N306 G01 X40.000 Z83.457 F50.000
N122 G00 X29.500 Z80.457	N220 G00 X34.500 Z80.457	N308 G04 X0.500
N124 G00 X29.500 Z86.457	N222 G01 X38.500 Z80.457 F50.000	N310 G00 X33.500 Z83.457
N126 G00 X30.500 Z86.457	N214 G04 X0.500	N312 G00 X33.500 Z81.957
N128 G00 X33.500 Z86.457	N216 G00 X31.500 Z81.957	N314 G00 X36.500 Z81.957
N130 G01 X37.500 Z86.457 F50.000	N218 G00 X31.500 Z80.457	N316 G01 X40.000 Z81.957 F50.000
N132 G04 X0.500	N220 G00 X34.500 Z80.457	N318 G04 X0.500
N134 G00 X30.500 Z86.457	N222 G01 X38.500 Z80.457 F50.000	N320 G00 X33.500 Z81.957
N136 G00 X30.500 Z84.957	N224 G04 X0.500	N322 G00 X33.500 Z80.457
N138 G00 X33.500 Z84.957	N226 G00 X31.500 Z80.457	N324 G00 X36.500 Z80.457
N140 G01 X37.500 Z84.957 F50.000	N228 G00 X31.500 Z86.457	N326 G01 X40.000 Z80.457 F50.000
N142 G04 X0.500	N230 G00 X32.500 Z86.457	N328 G04 X0.500
N144 G00 X30.500 Z84.957	N232 G00 X35.500 Z86.457	N330 G00 X34.000 Z80.457
N146 G00 X30.500 Z83.457	N234 G01 X39.500 Z86.457 F50.000	N332 G00 X7.176 Z80.457
N148 G00 X33.500 Z83.457	N236 G04 X0.500	N334 G00 X7.176 Z129.681
N150 G01 X37.500 Z83.457 F50.000	N238 G00 X32.500 Z86.457	N336 M09
N152 G04 X0.500	N240 G00 X32.500 Z84.957	N338 M30
N154 G00 X30.500 Z83.457	N242 G00 X35.500 Z84.957	%
N156 G00 X30.500 Z81.957	N244 G01 X39.500 Z84.957 F50.000	
N158 G00 X33.500 Z81.957	N246 G04 X0.500	

注意：被加工轮廓不能闭合或自相交；生成轨迹与切槽刀刀角半径、刀刃宽度等参数密切相关；可按实际需要只绘出退刀槽的上半部分。

思考与练习（十）

一、思考题

（1）切槽时被加工轮廓如何拾取？

（2）切槽时应如何选择刀具？

二、填空题

（1）车槽功能用于在工件________表面、________表面和________面切槽。切槽时要确定被加工轮廓，被加工轮廓就是加工结束后的________轮廓，被加工轮廓不能________或________。

（2）切槽加工参数表中主要包括________、________和________。

（3）切深步距指粗车槽时，刀具每一次________向切槽的切入量（机床________轴向）。

三、选择题

（1）切槽加工工艺类型为（　　）。

A. 粗加工或精加工　　B. 粗加工＋精加工　　C. 以上都包括

（2）粗车槽时，刀具每一次纵向切槽的切入量为（　　）。

A. 水平步距　　B. 切深步距　　C. 退刀距离

（3）精加工刀位轨迹的加工行数为（　　）。

A. 末行加工次数　　B. 切削行距　　C. 切削行数

（4）当状态栏提示用户选择轮廓线时，分别拾取凹槽的左边和右边，凹槽部分就变成红色虚线，则这种拾取方法为（　　）。

A. 单个链拾取　　B. 限制链拾取　　C. 链拾取

四、上机练习题

（1）加工题图 10-1 所示零件。根据图纸尺寸及技术要求，完成零件的内切槽加工，生成加工轨迹和数控代码。

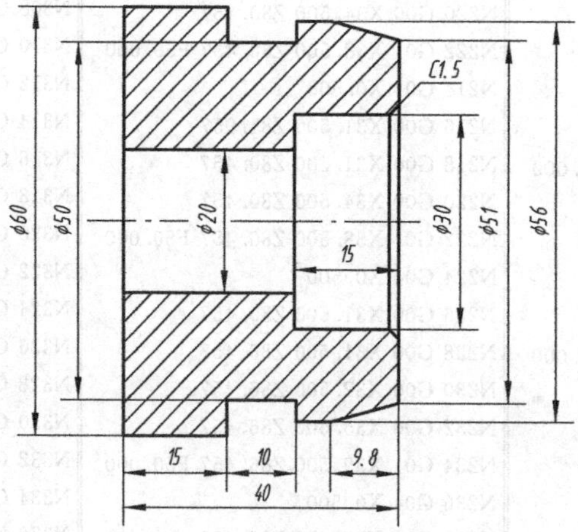

题图 10-1　零件简图

（2）加工题图 10-2 所示零件。根据图纸尺寸及技术要求，完成零件的外切槽加工，生成加工轨迹和数控代码。

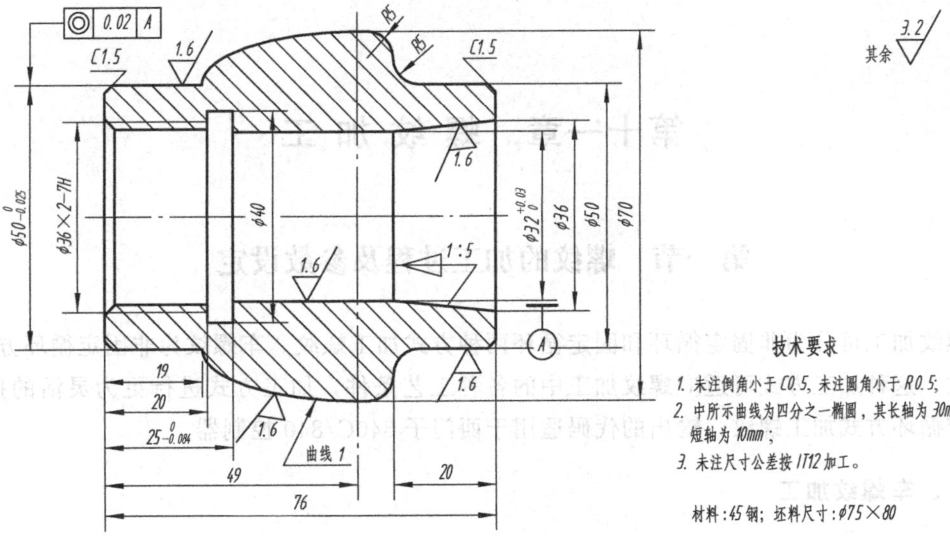
0.02 A
C1.5
1.6
R5
R5
C1.5
其余 3.2
1.6
φ50 0 -0.025
φ36×2-7H
φ40
φ32 +0.03 0
φ36
φ50
φ70
1.6
1:5
A
1.6
19
20
1.6
25 0 -0.084
曲线 1
49
20
76
技术要求
1. 未注倒角小于C0.5, 未注圆角小于R0.5;
2. 中所示曲线为四分之一椭圆，其长轴为30mm，短轴为10mm；
3. 未注尺寸公差按IT12加工。
材料：45钢；坯料尺寸：φ75×80

题图 10-2　零件简图

第十一章　螺 纹 加 工

第一节　螺纹的加工过程及参数设定

螺纹加工可分为非固定循环和固定循环两种方式加工螺纹。车螺纹为非固定循环方式加工螺纹，这种加工方式可适应螺纹加工中的各种工艺条件，加工方式进行更为灵活的控制；而固定循环方式加工螺纹，输出的代码适用于西门子 840C/840 控制器。

一、车螺纹加工

1. 操作步骤

① 单击主菜单中的【数控车】→【车螺纹】命令，或单击数控车工具栏中的“车螺纹”图标。根据系统提示，依次拾取螺纹起点、终点。

② 拾取完毕，弹出“螺纹参数表”对话框，如图 11-1 所示。前面拾取的点的坐标也将显示在参数表中。螺纹加工各参数设置如图 11-2 所示。其余各选项卡的设置见本章实例 1。

③ 参数填写完毕，单击 确定 按钮，即生成螺纹车削刀具轨迹。

④ 单击主菜单中的【数控车】→【代码生成】命令，或单击数控车工具栏中的“代码生成”图标。根据系统提示，拾取刚生成的刀具轨迹，即可生成螺纹加工指令。

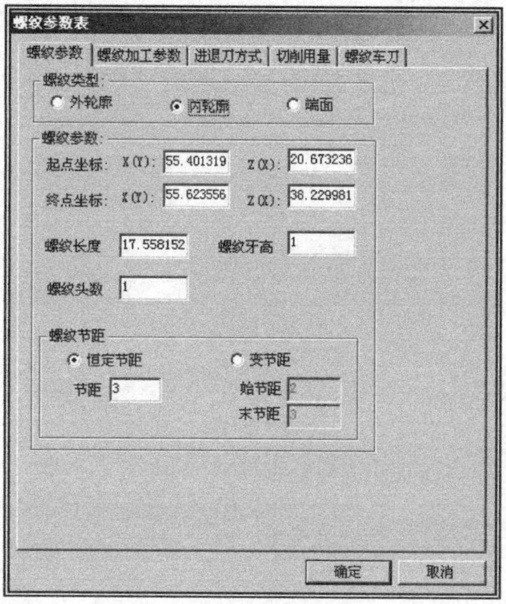

图 11-1　螺纹参数表对话框

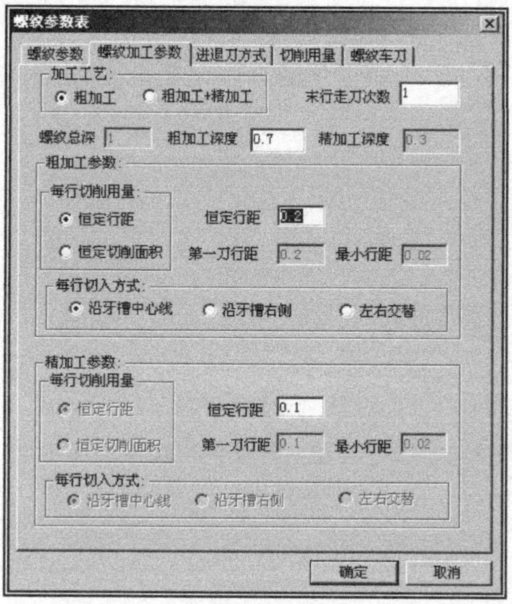

图 11-2　螺纹加工参数对话框

2. 参数说明

“螺纹加工参数”表用于对螺纹加工中的工艺条件和加工方式进行设置。它主要包含了与螺纹性质相关的参数，如螺纹深度、节距、头数等。螺纹起点和终点坐标来自前一步的拾取结果，用户也可以进行修改。

（1）加工工艺

• 粗加工　指直接采用粗切方式加工螺纹。

• 粗加工＋精加工方式　指根据指定的粗加工深度进行粗切后，再采用精切方式（如采用更小的行距）切除剩余余量（精加工深度）。

• 精加工深度　指螺纹精加工的切深量。

• 粗加工深度　指螺纹粗加工的切深量。

（2）行切削用量

• 恒定行距　指每一切削行的间距保持恒定。

• 恒定切削面积　为保证每次切削的切削面积恒定，各次切削深度将逐步减小，直至等于最小行距。用户需指定第一刀行距及最小行距。吃刀深度规定：第 n 刀的吃刀深度为第一刀的吃刀深度的$\sqrt{n}$倍。

• 末行走刀次数　为提高加工质量，最后一个切削行有时需要重复走刀多次，此时需要指定重复走刀次数。

• 每行切入方式　指刀具在螺纹始端切入时的切入方式。刀具在螺纹末端的退出方式与切入方式相同。

二、螺纹固定循环

1. 操作步骤

① 单击主菜单中的【数控车】→【螺纹固定循环】命令，或单击数控车工具栏中的“螺纹固定循环”图标。根据系统提示，依次拾取螺纹起点、终点、第一个中间点和第二个中间点。该固定循环功能可以进行两段或三段螺纹连接加工。若只有一段螺纹，则在拾取完终点后按右键。若只有两段螺纹，则在拾取完第一个中间点后按右键。

② 拾取完毕，弹出“螺纹参数表”对话框，如图 11-3 所示。前面拾取的点的坐标也将显示在参数表中。用户可在该参数表对话框中确定各加工参数。

③ 参数填写完毕，单击确定按钮，生成刀具轨迹。该刀具轨迹仅为一个示意性的轨迹，可用于输出固定循环指令。

④ 单击主菜单中的【数控车】→【代码生成】命令，或单击数控车工具栏中的“代码生成”图标。根据系统提示，拾取刚生成的刀具轨迹，即可生成螺纹加工固定循环指令。

2. 参数说明

该螺纹切削固定循环功能仅针对西门子 840C/840 控制器。详细的参数说明和代码格

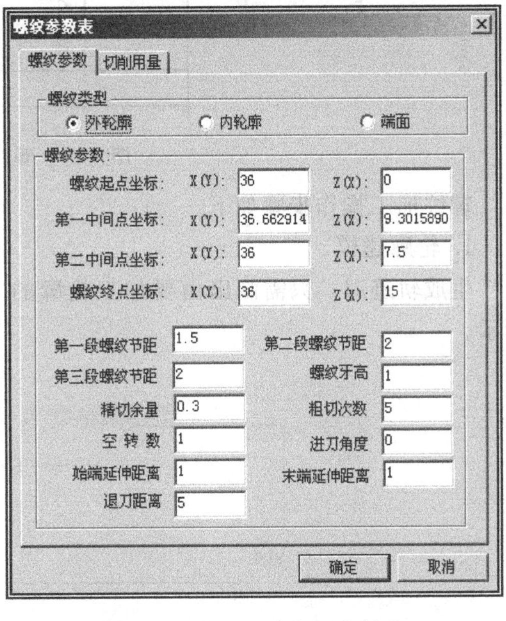

图 11-3　螺纹固定循环参数表

式说明请参考西门子 840C/840 控制器的固定循环编程说明书。

螺纹参数表中的螺纹起点、终点、第一中间点、第二中间点坐标及螺纹长度来自于前面的拾取结果，用户可以进一步修改。

- 粗切次数　螺纹粗切的次数。控制系统自动计算保持固定切削截面时各次进刀的深度。
- 进刀角度　刀具可以垂直于切削方向进刀，也可以沿着侧面进刀。角度无符号输入并且不能超过螺纹角的一半。
- 空转数　指末行走刀次数。为提高加工质量，最后一个切削行有时需要重复走刀多次，此时需要指定重复走刀次数。
- 精切余量　螺纹深度减去精切余量为粗切深度。粗切完成后，进行一次精切运行后指定的空转数。
- 始端延伸距离　刀具切入点与螺纹始端的距离。
- 末端延伸距离　刀具退刀点与螺纹末端的距离。

第二节　螺纹加工实例

下面以具体实例说明螺纹加工的操作过程。

实例 1　利用 CAXA 数控车螺纹加工功能，加工图 11-4 所示零件的螺纹部分，并生成数控代码。

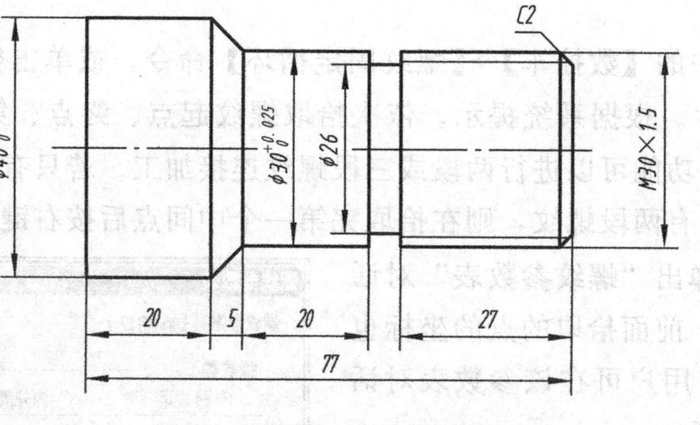

图 11-4　螺纹加工零件简图

螺纹加工操作步骤如下。

1. 轮廓建模

生成轨迹时，只需画出由要加工轮廓的上半部分即可，其余线条不用画出，如图 11-5 所示。

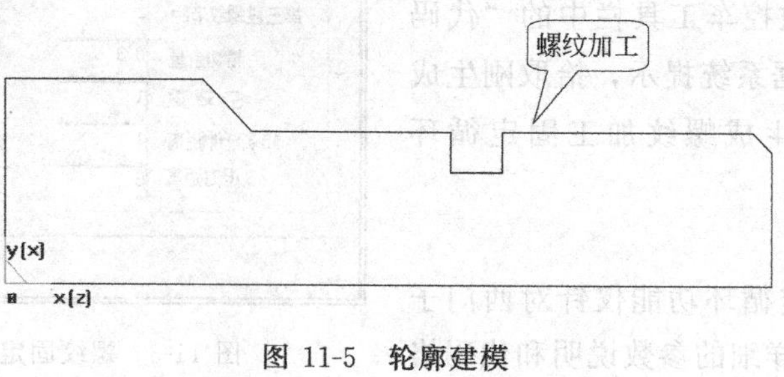

图 11-5　轮廓建模

2. 填写参数表

① 单击主菜单中的【数控车】→【车螺纹】命令，或单击数控车工具栏中的“车螺纹”图标，根据系统提示，依次拾取螺纹起点、终点。拾取完毕，弹出“螺纹参数表”对话框，如图 11-6 所示。用户可在该对话框中确定各加工参数，按表 11-1 螺纹加工参数总表填写。前面拾取的点的坐标也将显示在参数表中。

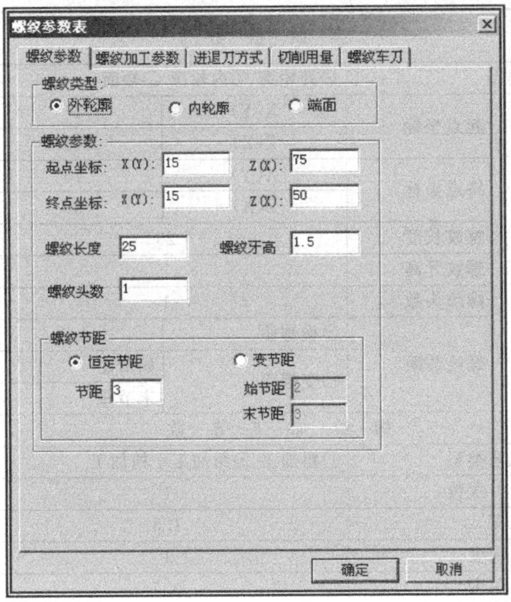

图 11-6 螺纹参数表对话框

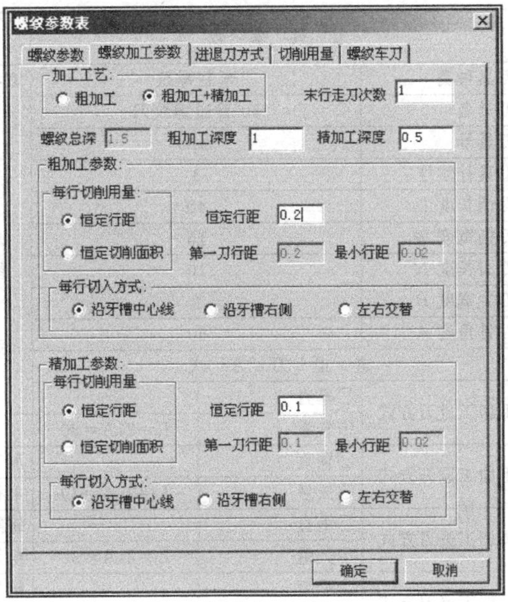

图 11-7 螺纹加工参数对话框

② 单击“螺纹加工参数”选项卡，进入“螺纹加工参数”对话框，如图 11-7 所示。按表 11-1 所列参数填写该对话框，对加工中的螺纹参数进行设定。

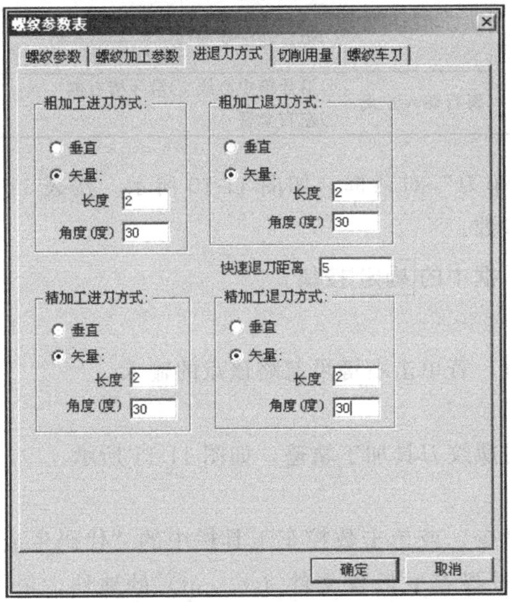

图 11-8 进退刀方式对话框

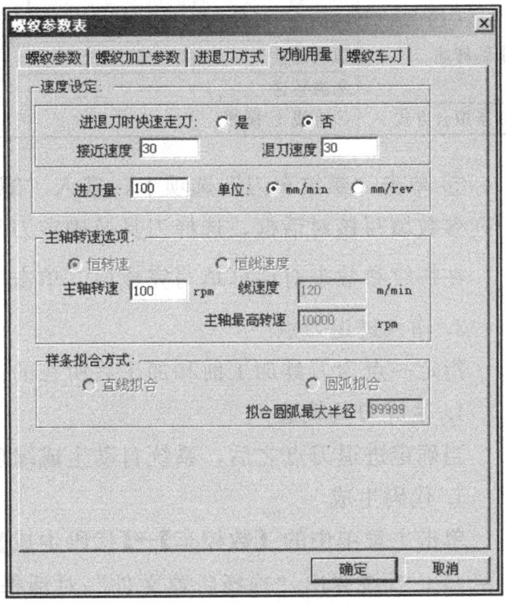

图 11-9 切削用量对话框

③ 单击“进退刀方式”选项卡，进入“进退刀方式”对话框，如图 11-8 所示。按表 11-1 所列参数填写该对话框，选择进退刀方式。

④ 单击“切削用量”选项卡，进入“切削用量”对话框，如图 11-9 所示。按表 11-1 所列参数填写该对话框，对加工中的切削用量进行设定。

表 11-1　螺纹加工参数总表

刀具参数		
刀具种类	米制螺纹	
刀具名	60°普通螺纹刀	
刀具号	SCO	
刀具补偿号	3	
刀柄长度 L	40	
刀柄宽度 W	15	
刀刃长度 N	10	
刀尖宽度 B	1	
刀具角度 A	60	
进退刀方式		
粗加工进刀方式	○垂直	
	⊙矢量	$L=2,A=30$
粗加工退刀方式	○垂直	
	⊙矢量	$L=2,A=30$
精加工进刀方式	○垂直	
	⊙矢量	$L=2,A=30$
精加工退刀方式	○垂直	
	⊙矢量	$L=2,A=30$
切削用量		
速度设定	进退刀是否快速	○是 ⊙否
	接近速度	30
	退刀速度	30
	进刀量 F	100
主轴转速	恒转速	100
	恒线速度	
	最高转速	
样条拟合方式	⊙直线 ○圆弧	

螺纹参数				
螺纹类型	⊙外轮廓 ○内轮廓 ○端面			
螺纹参数	起点坐标	X(Y)	15	
		Z(X)	75	
	终点坐标	X(Y)	15	
		Z(X)	50	
	螺纹长度	25		
	螺纹牙高			
	螺纹头数	1		
	螺纹节距	⊙横螺距	1.5	
		○变螺距	始节距	
			末节距	
螺纹加工参数				
加工工艺类型	○粗加工 ⊙粗加工+精加工			
末行走刀次数	1			
螺纹总深	1.5			
粗加工深度	1			
精加工深度	0.5			
粗加工参数	每行切削用量	⊙恒定行距	0.2	
		○恒定切削面积	第一刀行距	
			最小行距	
	每行切入方式	⊙沿牙槽中心线○沿牙槽右侧 ○左右交替		
精加工参数	每行切削用量	⊙恒定行距	0.1	
		○恒定切削面积	第一刀行距	
			最小行距	
	每行切入方式	⊙沿牙槽中心线 ○沿牙槽右侧 ○左右交替		

⑤ 单击“螺纹车刀”选项卡，进入“螺纹车刀”对话框，如图 11-10 所示。按表 11-1 所列参数填写该对话框，选择刀具及确定刀具参数。

在螺纹参数表对话框填写完成后，单击对话框中的 确定 按钮。

3. 输入进退刀点

指定一点为刀具加工前和加工后所在的位置，若单击右键可忽略该点的输入。

4. 生成刀具轨迹

当确定进退刀点之后，系统自动生成绿色的螺纹刀具加工轨迹，如图 11-11 所示。

5. 代码生成

单击主菜单中的【数控车】→【代码生成】命令，或单击数控车工具栏中的“代码生成”图标，系统弹出“选择后置文件”对话框，选择存取后置文件（*.cut）的地址，单击 打开 按钮，出现一个对话框，单击 是 按钮，状态栏提示：拾取刀具轨迹，单击图 11-11 中

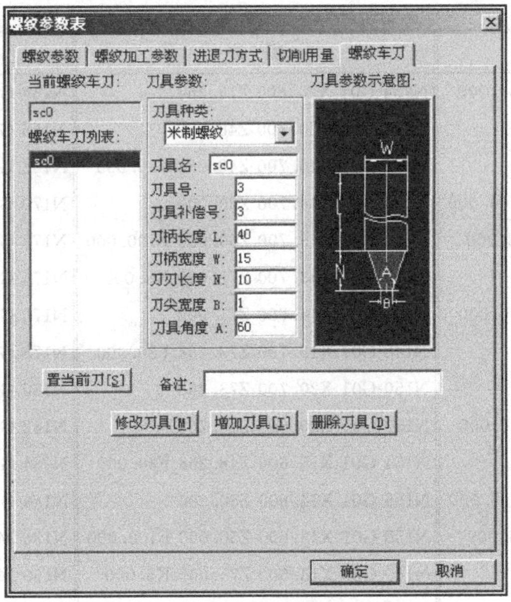

图 11-10 螺纹车刀对话框

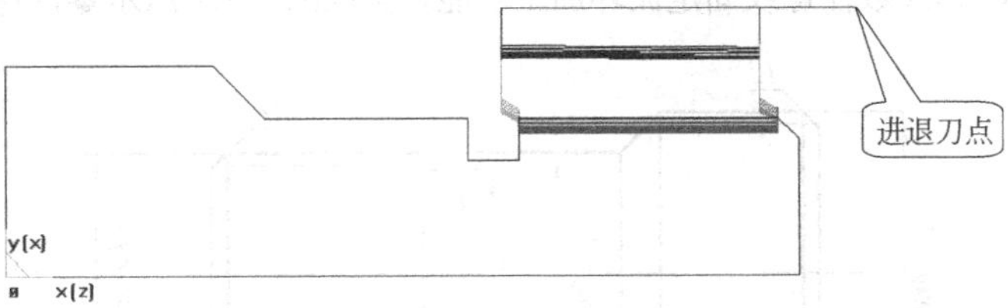

图 11-11 螺纹刀具加工轨迹

生成的螺纹刀具加工轨迹（轨迹变成黄色），单击右键确定，系统形成“11-4. cut-记事本”文件，该文件即为生成的数控代码加工指令，经整理见表 11-2。

表 11-2 螺纹刀具加工程序

程 序	程 序	程 序
(011-4. cut,04/11/03,10:05:15)	N40 G01 X16. 600 Z48. 268 F30. 000	N72 G01 X16. 200 Z48. 268 F30. 000
N10 G50 S0	N42 G01 X15. 600 Z50. 000	N74 G01 X15. 200 Z50. 000
N12 G00 G97 S100 T0000	N44 G01 X14. 600 Z50. 000 F100. 000	N76 G01 X14. 200 Z50. 000 F100. 000
N14 M03	N46 G33 X14. 600 Z75. 000 K3. 000	N78 G33 X14. 200 Z75. 000 K3. 000
N16 M08	N48 G01 X15. 600 Z75. 000	N80 G01 X15. 200 Z75. 000
N18 G00 X25. 254 Z78. 701	N50 G01 X16. 600 Z73. 268 F30. 000	N82 G01 X16. 200 Z73. 268 F30. 000
N20 G00 X25. 254 Z48. 268	N52 G01 X21. 600 Z73. 268	N84 G01 X21. 200 Z73. 268
N22 G00 X21. 800 Z48. 268	N54 G00 X21. 400 Z48. 268	N86 G00 X21. 000 Z48. 268
N24 G01 X16. 800 Z48. 268 F30. 000	N56 G01 X16. 400 Z48. 268 F30. 000	N88 G01 X16. 000 Z48. 268 F30. 000
N26 G01 X15. 800 Z50. 000	N58 G01 X15. 400 Z50. 000	N90 G01 X15. 000 Z50. 000
N28 G01 X14. 800 Z50. 000 F100. 000	N60 G01 X14. 400 Z50. 000 F100. 000	N92 G01 X14. 000 Z50. 000 F100. 000
N30 G33 X14. 800 Z75. 000 K3. 000	N62 G33 X14. 400 Z75. 000 K3. 000	N94 G33 X14. 000 Z75. 000 K3. 000
N32 G01 X15. 800 Z75. 000	N64 G01 X15. 400 Z75. 000	N96 G01 X15. 000 Z75. 000
N34 G01 X16. 800 Z73. 268 F30. 000	N66 G01 X16. 400 Z73. 268 F30. 000	N98 G01 X16. 000 Z73. 268 F30. 000
N36 G01 X21. 800 Z73. 268	N68 G01 X21. 400 Z73. 268	N100 G01 X21. 000 Z73. 268
N38 G00 X21. 600 Z48. 268	N70 G00 X21. 200 Z48. 268	N102 G00 X21. 000 Z48. 268

续表

程　序	程　序	程　序
N104 G01 X20.900 Z48.268 F30.000	N134 G01 X20.800 Z73.268	N164 G01 X15.600 Z73.268 F30.000
N106 G01 X15.900 Z48.268	N136 G00 X20.700 Z48.268	N166 G01 X20.600 Z73.268
N108 G01 X14.900 Z50.000	N138 G01 X15.700 Z48.268 F30.000	N168 G00 X20.500 Z48.268
N110 G01 X13.900 Z50.000 F100.000	N140 G01 X14.700 Z50.000	N170 G01 X15.500 Z48.268 F30.000
N112 G33 X13.900 Z75.000 K3.000	N142 G01 X13.700 Z50.000 F100.000	N172 G01 X14.500 Z50.000
N114 G01 X14.900 Z75.000	N144 G33 X13.700 Z75.000 K3.000	N174 G01 X13.500 Z50.000 F100.000
N116 G01 X15.900 Z73.268 F30.000	N146 G01 X14.700 Z75.000	N176 G33 X13.500 Z75.000 K3.000
N118 G01 X20.900 Z73.268	N148 G01 X15.700 Z73.268 F30.000	N178 G01 X14.500 Z75.000
N120 G00 X20.800 Z48.268	N150 G01 X20.700 Z73.268	N180 G01 X15.500 Z73.268 F30.000
N122 G01 X15.800 Z48.268 F30.000	N152 G00 X20.600 Z48.268	N182 G01 X20.500 Z73.268
N124 G01 X14.800 Z50.000	N154 G01 X15.600 Z48.268 F30.000	N184 G00 X25.254 Z73.268
N126 G01 X13.800 Z50.000 F100.000	N156 G01 X14.600 Z50.000	N186 G00 X25.254 Z78.701
N128 G33 X13.800 Z75.000 K3.000	N158 G01 X13.600 Z50.000 F100.000	N188 M09
N130 G01 X14.800 Z75.000	N160 G33 X13.600 Z75.000 K3.000	N190 M30
N132 G01 X15.800 Z73.268 F30.000	N162 G01 X14.600 Z75.000	%

实例 2　利用 CAXA 数控螺纹固定循环加工功能，生成图 11-12 所示零件螺纹加工数控代码。

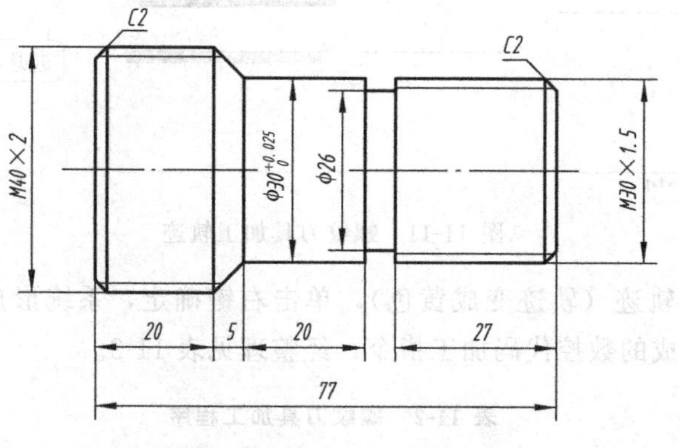

图 11-12　螺纹加工零件简图

螺纹固定循环加工操作步骤如下。

1. 轮廓建模

生成轨迹时，只需画出由要加工出的轮廓的上半部分即可，其余线条不用画出，如图 11-12 所示。

2. 填写参数表

① 单击主菜单中的【数控车】→【螺纹固定循环】命令，或单击数控车工具栏中的“螺纹固定循环”图标■。根据系统提示，依次拾取螺纹起点、终点、第一个中间点和第二个中间点。该固定循环功能可以进行两段或三段螺纹连接加工。若只有一段螺纹，则在拾取完终点后按鼠标右键。若只有两段螺纹，而这两段螺纹又不在同一圆柱面上，则在拾取完第一个中间点后再拾取第二个中间点，如图 11-13 所示。

② 拾取完毕，弹出“螺纹参数表”对话框，如图 11-14 所示。前面拾取的各点的坐标也将显示在参数表中。用户可在该参数表对话框中确定各加工参数。

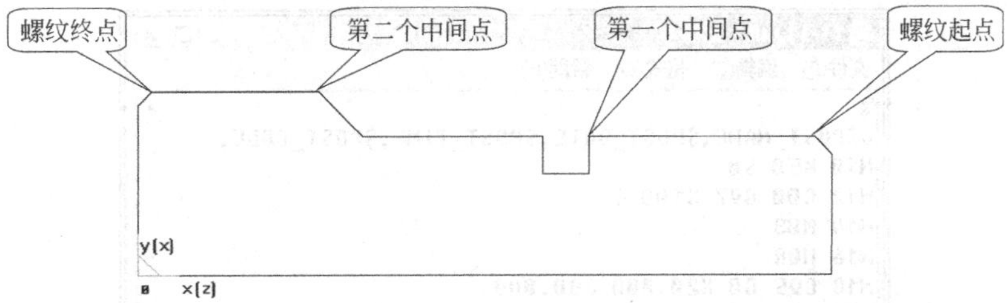

图 11-13 轮廓建模

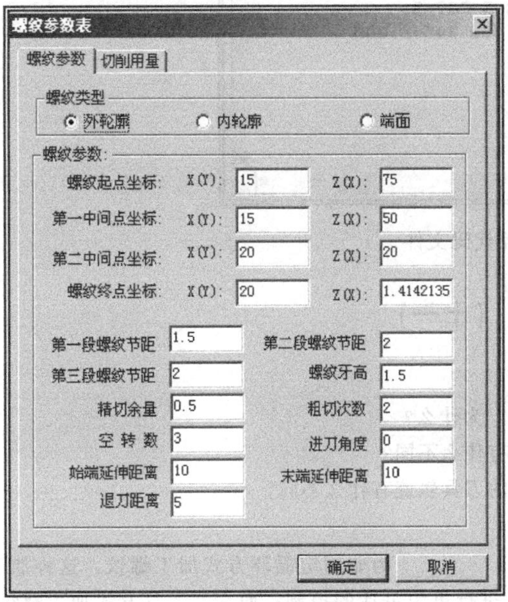

图 11-14 螺纹参数表对话框

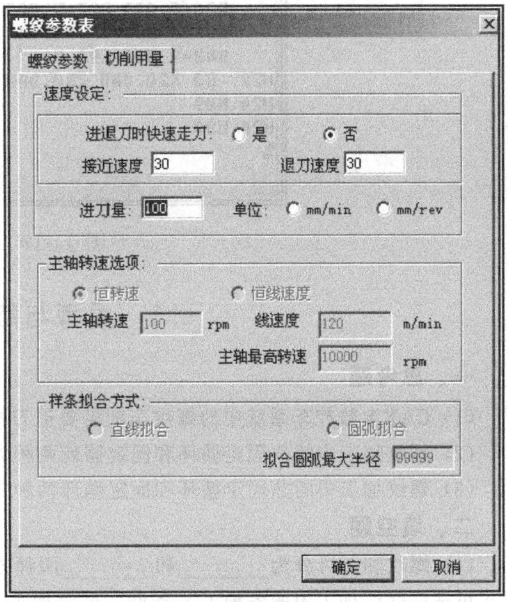

图 11-15 切削用量对话框

③ 单击“切削用量”选项卡，进入“切削用量”对话框，如图 11-15 所示。按表 11-1 所列参数填写该对话框，对加工中的切削用量进行设定。

3. 生成刀具轨迹

参数填写完毕，单击确定按钮，生成刀具轨迹，如图 11-16 所示。该刀具轨迹仅为一个示意性的轨迹，不能进行轨迹仿真，只可用于生成固定循环加工指令。

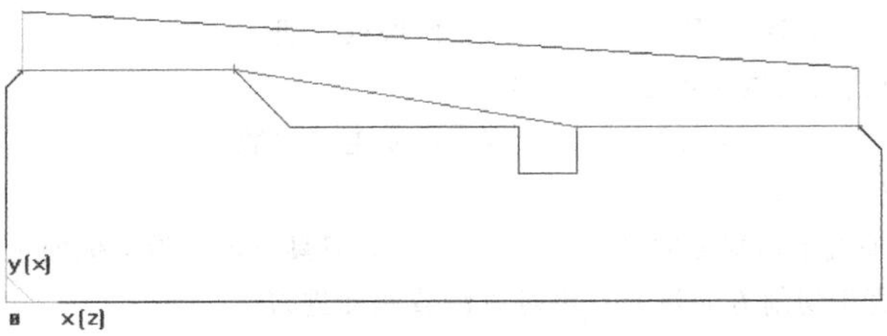

图 11-16 螺纹固定循环加工的轨迹

4. 生成数控代码

单击主菜单中的【数控车】→【生成代码】命令，拾取生成的刀具轨迹（图 11-15），即可生成加工指令，如图 11-17 所示。

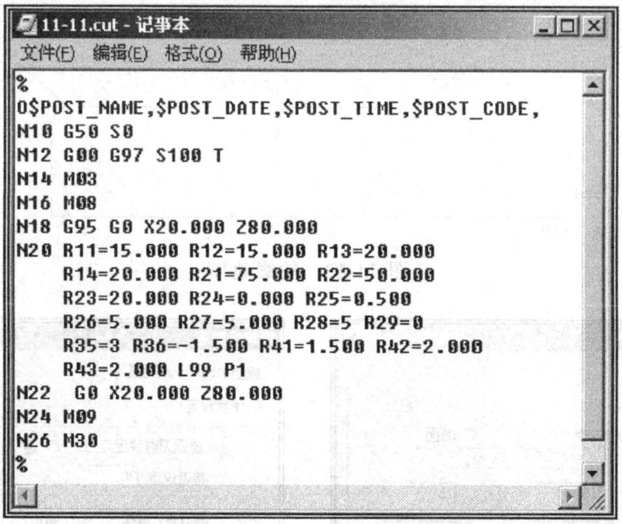

```
11-11.cut - 记事本
文件(F) 编辑(E) 格式(O) 帮助(H)
%
O$POST_NAME,$POST_DATE,$POST_TIME,$POST_CODE,
N10 G50 S0
N12 G00 G97 S100 T
N14 M03
N16 M08
N18 G95 G0 X20.000 Z80.000
N20 R11=15.000 R12=15.000 R13=20.000
    R14=20.000 R21=75.000 R22=50.000
    R23=20.000 R24=0.000 R25=0.500
    R26=5.000 R27=5.000 R28=5 R29=0
    R35=3 R36=-1.500 R41=1.500 R42=2.000
    R43=2.000 L99 P1
N22  G0 X20.000 Z80.000
N24 M09
N26 M30
%
```

图 11-17　数控代码文件

思考与练习（十一）

一、思考题

（1）CAXA 数控车系统中的螺纹车削需要退刀槽吗？为什么？

（2）螺纹加工中的非固定循环和固定循环两种方式有什么不同？

（3）螺纹加工中的非固定循环和固定循环两种方式的刀具轨迹有什么不同？

二、填空题

（1）螺纹加工可分为________和________两种方式。________为非固定循环方式加工螺纹，这种加工方式可适应螺纹加工中的各种工艺条件，可对加工方式进行更为灵活的控制；而________方式加工螺纹，输出的代码适用于西门子 840C/840 控制器。

（2）固定循环功能可以进行________段或________段螺纹连接加工。若只有一段螺纹，则在拾取完终点后按________键。若只有两段螺纹，则在拾取完第一个中间点后按________键。

（3）始端延伸距离是指刀具________点与________端的距离。

三、选择题

（1）车螺纹为（　　）方式加工螺纹。

A. 非固定循环　　B. 固定循环　　C. 西门子 840C/840 控制器

（2）螺纹固定循环功能可以进行（　　）段螺纹连接加工。

A. 两段　　B. 三段　　C. 两段或三段

（3）螺纹加工的末行走刀次数指的是（　　）。

A. 粗切次数　　B. 空转数　　C. 重复走刀次数

（4）进刀角度表示（　　）。

A. 刀具只可以垂直于切削方向进刀　　B. 刀具只可以沿着侧面进刀

C. 刀具可以垂直于切削方向进刀，也可以沿着侧面进刀

四、上机练习题

（1）题图 11-1 为典型车削零件。按图纸要求，使用 CAXA 数控车软件完成零件的几何造型、外槽和螺纹加工。

（2）加工题图 11-2 所示零件。根据图纸尺寸及技术要求，完成下列内容。

① 完成零件的车削加工造型（建模）。

② 根据加工工艺顺序，进行零件轮廓的粗精加工、切槽加工和螺纹加工，并生成加工轨迹。

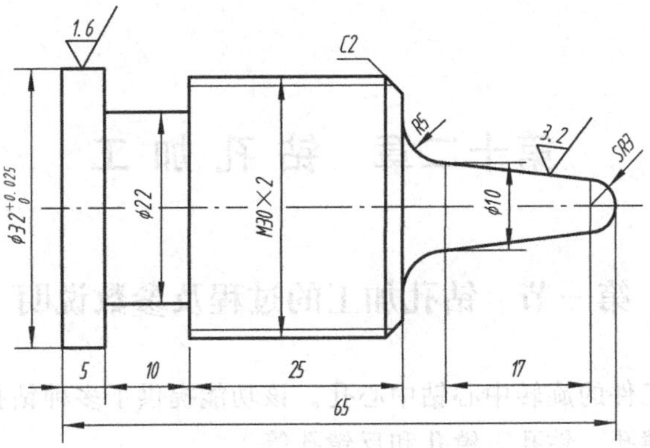

题图 11-1　车削零件简图

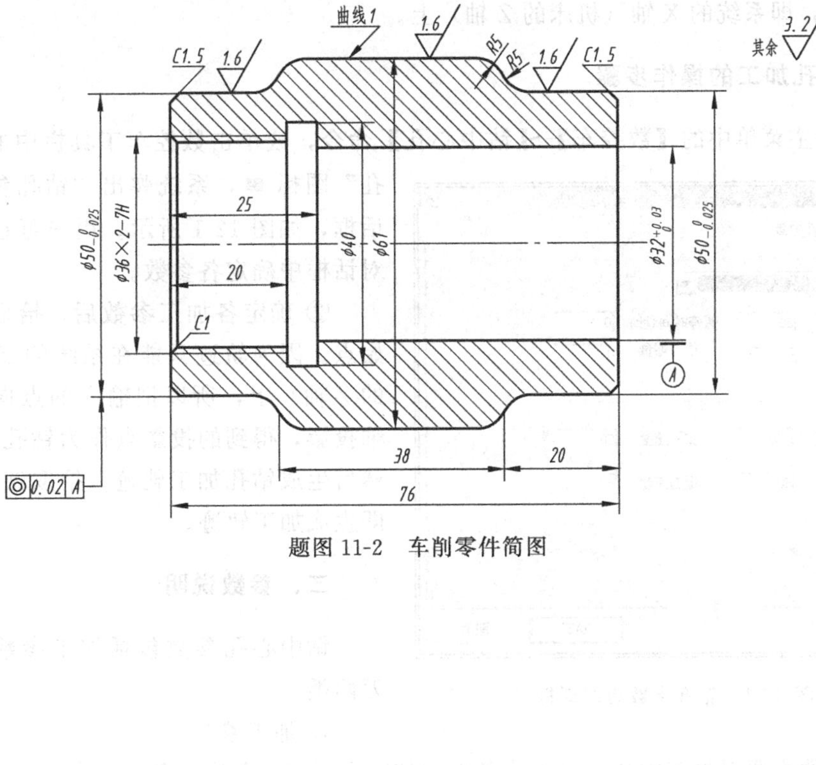

题图 11-2　车削零件简图

第十二章　钻 孔 加 工

第一节　钻孔加工的过程及参数说明

钻孔功能用于在工件的旋转中心钻中心孔。该功能提供了多种钻孔方式，包括高速啄式深孔钻、左攻丝、精镗孔、钻孔、镗孔和反镗孔等。

因为车加工中的钻孔位置只能是工件的旋转中心，所以，最终所有的加工轨迹都在工件的旋转轴上，即系统的 X 轴（机床的 Z 轴）上。

一、钻孔加工的操作步骤

① 单击主菜单中的【数控车】→【钻中心孔】命令，或单击数控车工具栏中的“钻中心孔”图标，系统弹出“钻孔参数表”对话框，如图 12-1 所示。用户可在该参数表对话框中确定各参数。

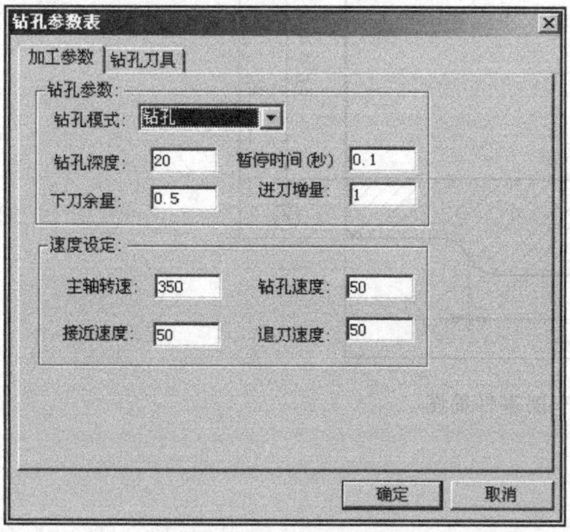

图 12-1　钻孔参数表对话框

② 确定各加工参数后，拾取钻孔的起始点。因为轨迹只能在系统的 X 轴（机床的 Z 轴）上，所以把输入的点向系统的 X 轴投影，得到的投影点作为钻孔的起始点，然后生成钻孔加工轨迹。拾取钻孔点之后，即生成加工轨迹。

二、参数说明

钻中心孔参数包括加工参数和钻孔车刀两类。

1. 加工参数

加工参数主要对加工中的各种工艺条件和加工方式进行限定。各加工参数含义如下。

- 钻孔深度　指要钻孔的深度。
- 暂停时间　指攻丝时刀在工件底部的停留时间。
- 钻孔模式　指钻孔的方式，钻孔模式不同，后置处理中用到机床的固定循环指令不同。
- 进刀增量　指深孔钻时每次进刀量或镗孔时每次侧进量。
- 下刀余量　指当钻下一个孔时，刀具从前一个孔顶端的抬起量。
- 接近速度　指刀具接近工件时的进给速度。
- 钻孔速度　指钻孔时的进给速度。
- 主轴转速　指机床主轴旋转的速度。计量单位是机床的缺省单位。
- 退刀速度　指刀具离开工件的速度。

2. 钻孔刀具

单击“钻孔参数表”对话框中的“钻孔刀具”选项卡，该页可用于对加工中所用的刀具参数进行设置。参数说明请参考第七章第三节“数控车床刀具库管理”中的说明。

第二节　钻孔加工实例

实例 1　零件简图如图 12-2 所示，在轴心钻直径为 ϕ30mm 的通孔。

操作步骤如下。

1. 轮廓建模

生成轨迹时，只需画出由要加工轮廓的上半部分即可，其余线条不用画出，如图 12-3 所示。

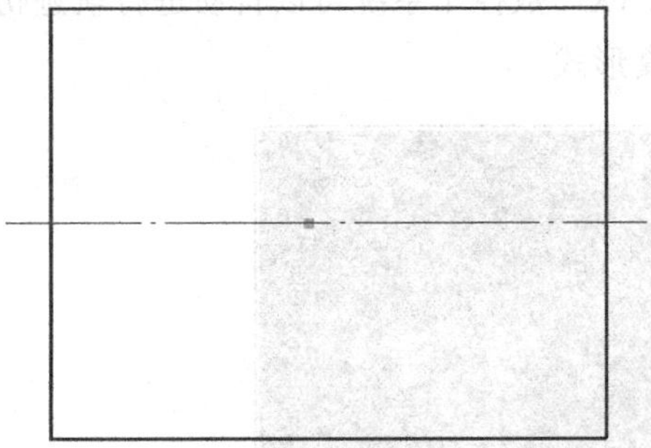

图 12-2　零件简图

图 12-3　轮廓建模

2. 填写参数表

(1) 加工参数

单击主菜单中的【数控车】→【钻中心孔】命令，或单击数控车工具栏中的“钻中心孔”图标，系统弹出“钻孔参数表”对话框，如图 12-4 所示。单击“加工参数”选项卡，用户可在该对话框中确定各参数。

(2) 钻孔刀具

单击“钻孔刀具”选项卡，用户可在该对话框中确定各参数。如果增加新刀具并要使用该刀具，不要忘记单击置当前刀，如图 12-5 所示。“钻孔刀具”设置完成后，单击确定按钮。

图 12-4　钻孔参数表对话框

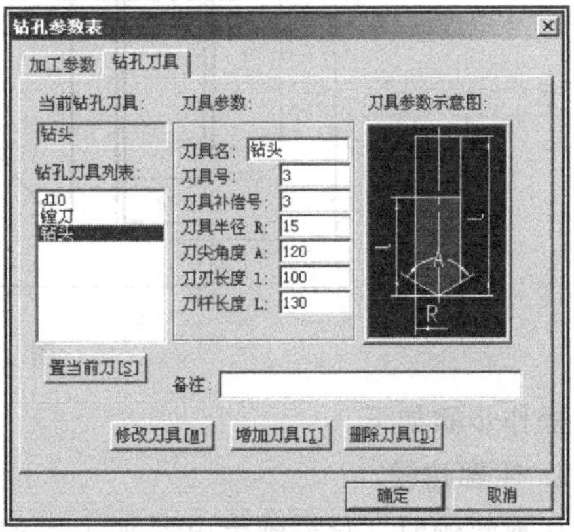

图 12-5　钻孔刀具参数表对话框

3. 生成刀具轨迹

系统提示：拾取钻孔起始点，用鼠标单击要钻孔位置的起始点，则在轴心线上形成钻孔轨迹（一条红色的轨迹线），如图 12-6 所示。

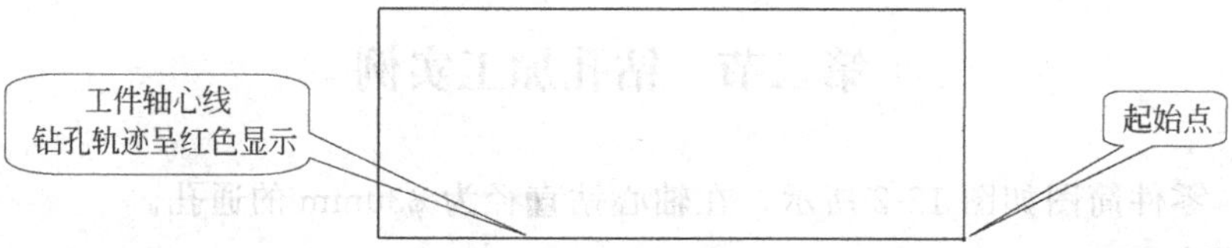

图 12-6 钻孔起始点

4. 轨迹仿真

生成的刀具钻孔轨迹，进行模拟仿真。单击主菜单中的【数控车】→【轨迹仿真】命令，或单击数控车工具栏中的“轨迹仿真”图标，CAXA 数控车系统可以自动进行轨迹仿真。轨迹仿真有三种方式，图 12-7 所示为轨迹静态仿真形式。

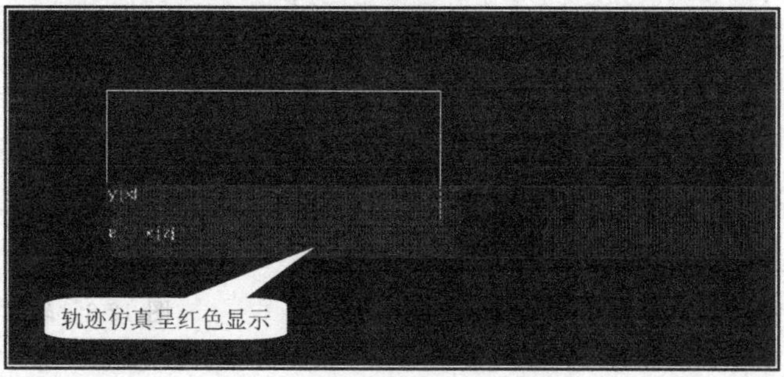

图 12-7 轨迹静态仿真形式

实例 2 在数控车床上加工如图 12-8 所示的零件。ϕ60mm 外圆及长度等已经按尺寸加工完成，只需钻孔。

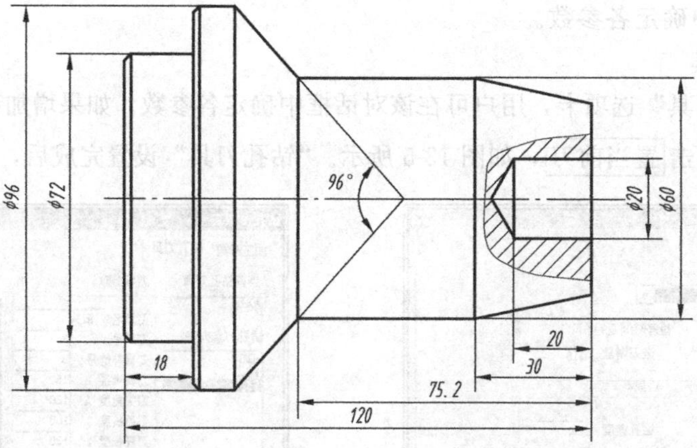

图 12-8 零件简图

操作步骤如下。

1. 轮廓建模

生成轨迹时，只需画出由要加工出的轮廓的上半部分即可，其余线条不用画出，如图 12-9 所示。

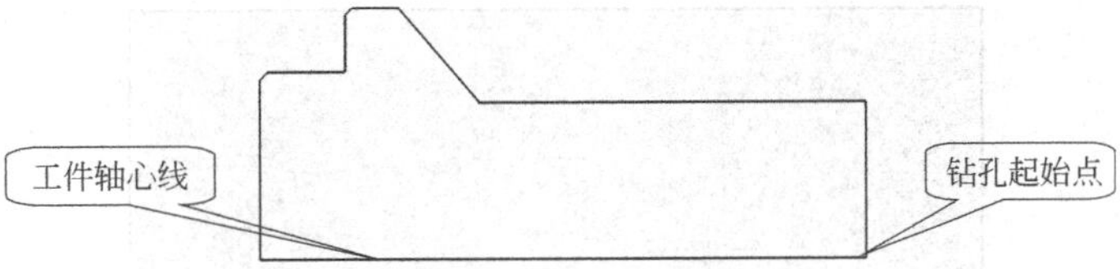

图 12-9 轮廓建模

2. 填写参数表

(1) 加工参数

单击主菜单中的【数控车】→【钻中心孔】命令，或单击数控车工具栏中的“钻中心孔”图标，系统弹出“钻孔参数表”对话框。单击“加工参数”选项卡，用户可在该设置项对话框中根据表 12-1 来确定各参数，如图 12-10 所示。

表 12-1 钻孔参数表

刀具参数		加工参数		
刀具名	钻头 1	速度设定	主轴转速	350
刀具号	2		接近速度	50
刀具补偿号	2		退刀速度	50
刀具半径	10		钻孔速度	50
刀尖角度	120	钻孔参数	钻孔模式	钻孔
刀刃长度	40		钻孔深度	20
刀杆长度	60		下刀余量	0.5
—	—		暂停时间	0.1
—	—		进刀增量	10

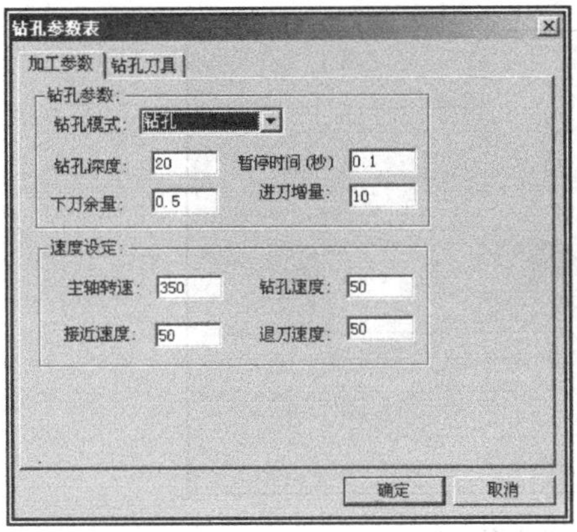

图 12-10 钻孔参数对话框

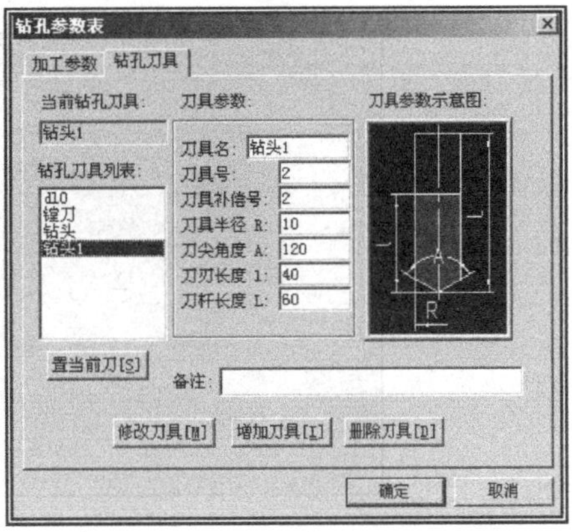

图 12-11 钻孔刀具对话框

(2) 钻孔刀具

“加工参数”设置项设置完成后，单击“钻孔刀具”选项卡，用户可在该对话框中确定各参数，如果增加新刀具并要使用该刀具，不要忘记单击置当前刀，如图 12-11 所示。“钻孔刀具”设置完成后，单击确定按钮。

3. 生成刀具轨迹

系统提示：拾取钻孔起始点，用鼠标点取图 12-9 上的要钻孔位置的起始点，如图 12-12 所示。则在轴心线上形成钻孔轨迹（一条红色的轨迹线）。

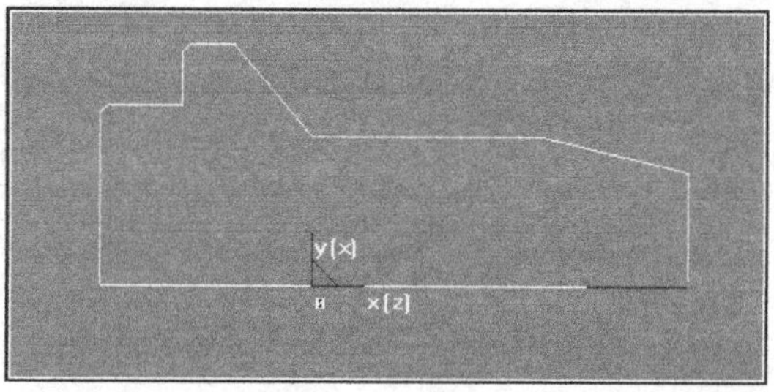

图 12-12　刀具轨迹

4. 轨迹仿真

生成的刀具钻孔轨迹，进行模拟仿真。单击主菜单中的【数控车】→【轨迹仿真】命令，或单击数控车工具栏中的“轨迹仿真”图标，CAXA数控车系统可以自动进行轨迹仿真，轨迹仿真有三种方式，包括动态、静态和二维实体，毛坯轮廓有缺省和拾取两种方式，如图12-13所示。

图 12-13　轨迹仿真方式

由于静态方式能很好地反映钻孔过程，因此，以轨迹静态仿真为例来表示钻孔轨迹仿真，如图12-14所示。

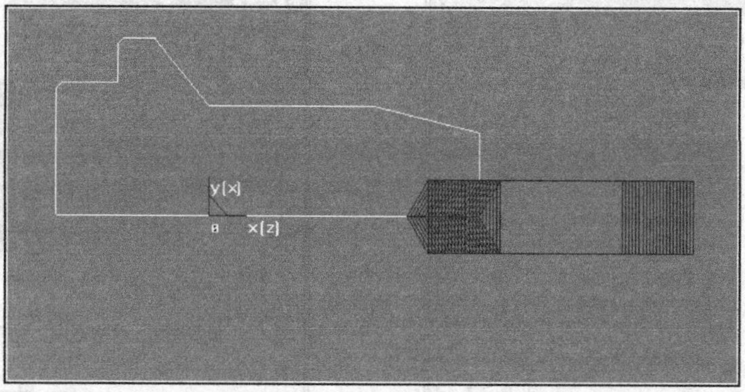

图 12-14　钻孔轨迹仿真

5. 参数修改

对生成的轨迹不满意时，可以用参数修改功能对轨迹的各种参数进行修改，以生成新的加工轨迹。

参数修改的操作步骤如下。

单击主菜单中的【数控车】→【参数修改】命令，或单击数控车工具栏中的“参数修改”图标，则提示用户拾取要进行参数修改的加工轨迹。拾取轨迹后将弹出该轨迹的参数表供用户修改。参数修改完毕选取[确定]按钮，即依据新的参数重新生成该轨迹。

6. 代码生成

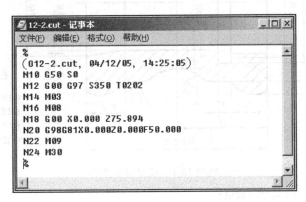

单击主菜单中的【数控车】→【代码生成】命令，或单击数控车工具栏中的“代码生成”图标，系统弹出“选择后置文件”对话框，选择存取后置文件（*.cut）的地址，并填写文件名称“12-2”后，单击 打开 按钮，出现“选择后置文件”对话框，单击 是 按钮，状态栏提示：拾取刀具轨迹，单击绘图区中图12-12生成的刀具加工轨迹，轨迹变成黄色，单击右键确定，系统形成记事本文件，该文件即为生成的数控代码加工指令，如图12-15所示。

```
12-2.cut - 记事本
文件(F) 编辑(E) 格式(O) 帮助(H)
%
(012-2.cut, 04/12/05, 14:25:05)
N10 G50 S0
N12 G00 G97 S350 T0202
N14 M03
N16 M08
N18 G00 X0.000 Z75.894
N20 G98G81X0.000Z0.000F50.000
N22 M09
N24 M30
%
```

图 12-15 数控代码

7. 代码修改

由于数控系统的编程规则与软件的参数设置有差异，生成的数控程序有时需进一步修改，直至用户满意为止。

思考与练习（十二）

一、思考题

(1) CAXA 数控车能实现哪些孔的加工？

(2) 钻孔加工有几种轨迹仿真？效果有什么不同？

(3) 应用 CAXA 数控车进行轮廓粗车与轮廓精车时，其刀具轨迹有什么不同？

二、填空题

(1) 钻孔功能用于在工件的________钻中心孔。该功能提供了多种钻孔方式，包括________、________、________、________、________、________和________。

(2) 进刀增量指深孔钻时每次________量或镗孔时每次________量。

(3) 暂停时间指攻丝时刀在工件________部分的停留时间。

三、选择题

(1) 钻孔时的进给速度是指（　　）。

A. 主轴转速　　B. 进刀速度　　C. 接近速度

(2) 车加工中的钻孔位置只能是工件的（　　）位置。

A. 任意　　B. 旋转中心　　C. 端面

(3) 钻孔加工最终所有的加工轨迹都在工件的（　　）轴上。

A. 旋转　　B. 垂直　　C. 水平

(4) CAXA 数控车的 X 轴是机床的（　　）。

A. X 轴　　B. Y 轴　　C. Z 轴

四、上机练习题

(1) 题图 12-1 为成型辊零件图。根据图中的尺寸及技术要求，完成下列内容。

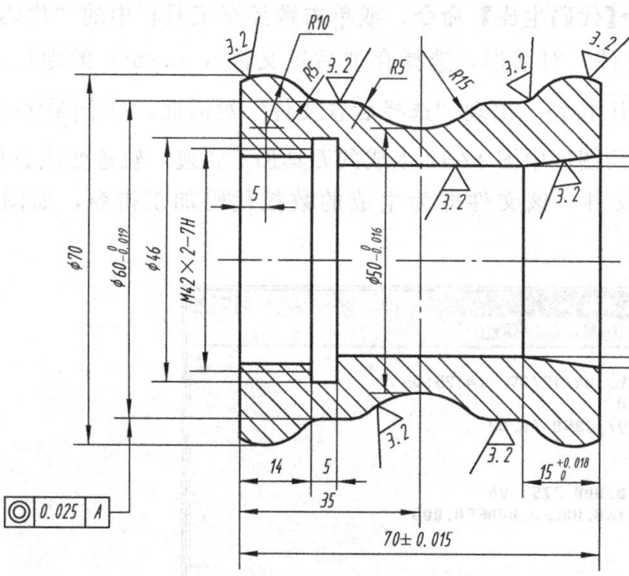

技术要求

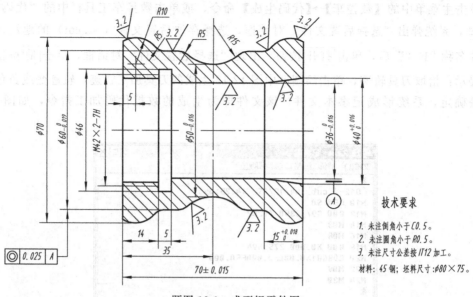

1. 未注倒角小于C0.5。
2. 未注圆角小于R0.5。
3. 未注尺寸公差按IT12加工。

材料：45钢；坯料尺寸：φ80×75。

题图 12-1　成型辊零件图

① 完成零件的车削加工造型（建模）。

② 根据加工工艺的顺序，进行零件的钻孔加工，钻直径为 ϕ36mm 的通孔，生成加工轨迹。

③ 进行机床参数设置和后置处理，生成 NC 加工程序。

④ 将造型、加工轨迹和 NC 加工程序文件，以 Tb1 作为文件名，保存到指定的服务器上。

(2) 题图 12-2 为典型车削零件。根据图中的尺寸，完成下列内容。

① 完成零件的车削加工造型（建模）。

② 进行零件的钻孔加工，钻直径为 ϕ15mm 的盲孔，生成加工轨迹。

③ 进行机床参数设置和后置处理，生成 NC 加工程序。

④ 将造型、加工轨迹和 NC 加工程序文件，以 CA2 作为文件名，保存到指定的服务器上。

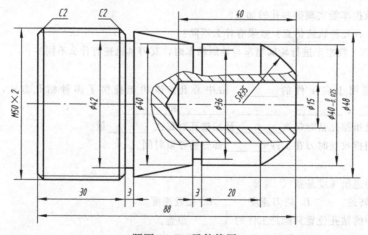

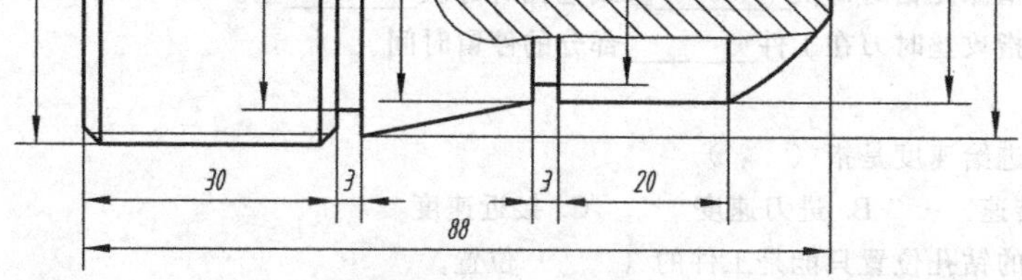

题图 12-2　零件简图

第十三章　典型零件加工实例

第一节　手柄的加工

要求　利用CAXA数控车软件，完成图13-1所示手柄的加工，包括外轮廓、外槽、外螺纹粗加工和精加工。

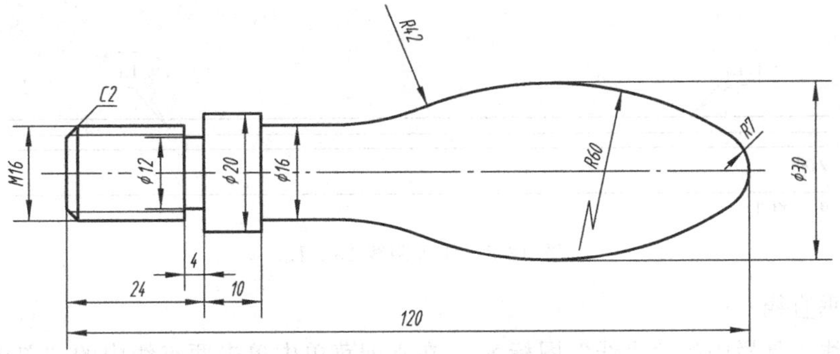

图13-1　手柄零件简图

操作步骤如下。

一、轮廓建模

1. 绘制被加工表面轮廓

(1) 作平行线

单击曲线工具栏中的“直线”图标，在立即菜单中单击“两点线”“连续”“正交”、“点方式”，如图13-2所示。根据状态栏提示，输入直线的“第一点：(切点、垂直点)”，用鼠标捕捉原点；状态栏提示“第二点：(切点、垂直点)”，按回车键，在屏幕上出现坐标输入条，输入坐标“110，0”；也可以不按回车键，直接输入坐标“110，0”，作出直线L_1，如图13-3所示。

图13-2　直线的立即菜单

图13-3　生成直线L_1

作水平线L_1的等距线。单击曲线工具栏中的“等距线”图标，在立即菜单中选择“等距”，在距离栏中输入“12”后按回车键。状态栏中提示“拾取直线”，单击直线L_1；状态栏提示“选择等距方向”，如图13-4 (a) 所示，单击向上箭头，生成直线L_2，如图13-4 (b) 所示。

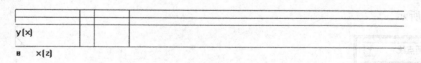

(a)

(b)

图 13-4　作等距线 L_2

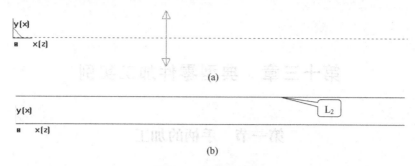

采用同样的方法，作与 L_1 等距分别为 16mm、20mm 的两条等距线 L_3、L_4，如图 13-5 所示。

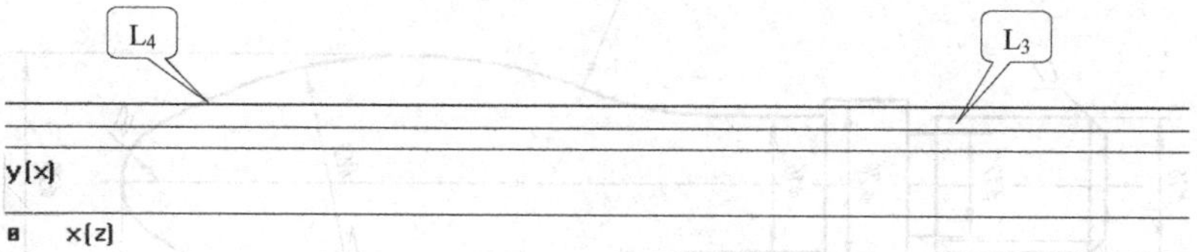

图 13-5　作等距线 L_3、L_4

(2) 作垂直线

单击曲线工具栏中的“直线”图标，在立即菜单中单击两点线中的“单个”，根据状态栏提示，输入直线的“第一点：(切点、垂直点)”，用鼠标捕捉原点；状态栏提示“第二点：(切点、垂直点)”，拾取直线 L_4 的左端点，画出直线 L_5，如图 13-6 所示。

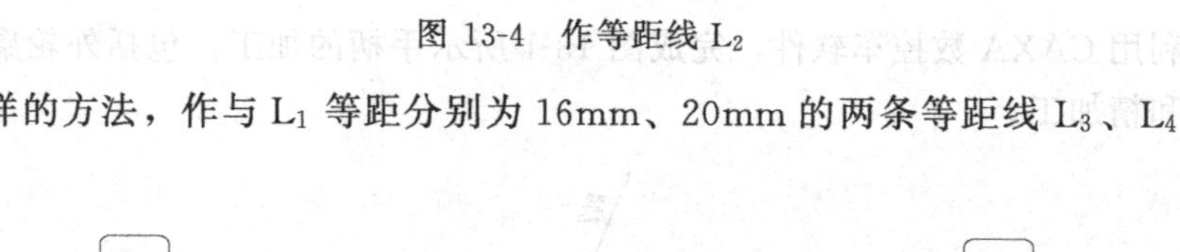

图 13-6　生成垂直线 L_5

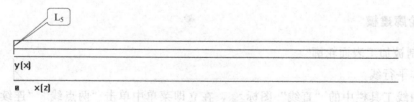

用等距线的方法，作与第一条垂直线 L_5 距离为 20mm、24mm 和 36mm 的等距线，如图 13-7 所示。

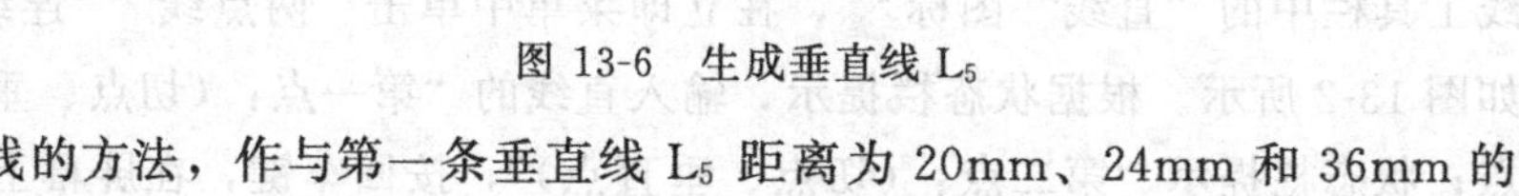

图 13-7　作垂直线 L_5 的等距线

(3) 曲线裁剪和删除

单击曲线编辑工具栏中的“曲线裁剪”图标，在立即菜单中选择“快速裁剪”、“正常裁剪”，根据状态栏提示，用鼠标拾取被裁剪的线段即可。对剪切不掉的线，可单击曲线编辑工具栏中的“曲线删除”图标，根据状态栏提示，用鼠标拾取要删除的线即可，如图 13-8 所示。

(4) 作圆和圆弧

单击曲线工具栏中的“圆”图标，在立即菜单中选择“圆心＋半径”，以点“110，

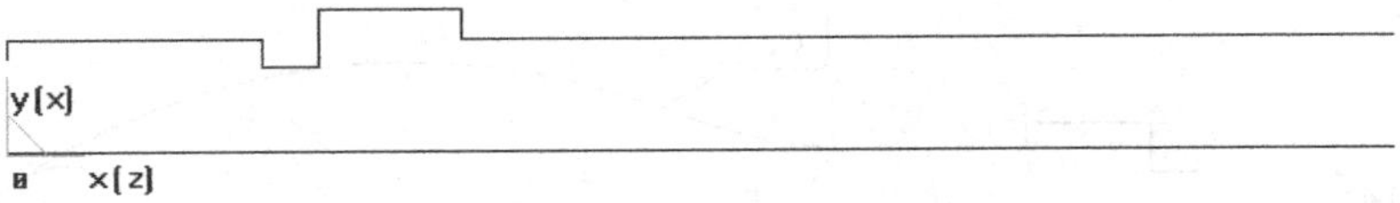

图 13-8　曲线的裁剪与删除

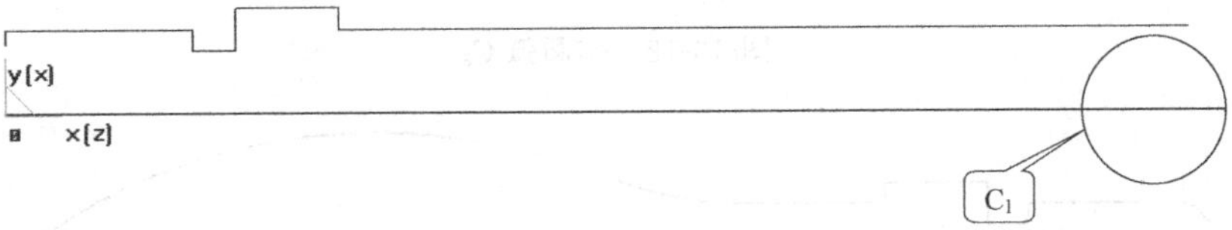

图 13-9　作圆 C_1

0”为圆心，作半径为 7mm 的圆 C_1，如图 13-9 所示。

作与圆 C_1 和直线 L_3 相切的弧。单击曲线工具栏中的“圆弧”图标，在立即菜单中选择“两点-半径”。根据状态栏提示，输入“第一点：(切点)”，按回车键，在屏幕上出现坐标输入条，输入坐标“48，8”；状态栏提示，“第二点：(切点)”，选取“切点”，则在状态栏中将“缺省点”切换到“切点”；或直接按T键，也可以将“缺省点”切换到切点。

根据状态栏提示，输入“第一点：(切点)”，用鼠标拾取圆 C_1；状态栏提示“第二点：(切点)”，输入坐标“60，10”；可以看到一个半径可以变动的圆弧，状态栏提示“第三点：(切点) 或半径”，输入圆弧半径为 42mm，得到圆弧 C_2，如图 13-10 所示。

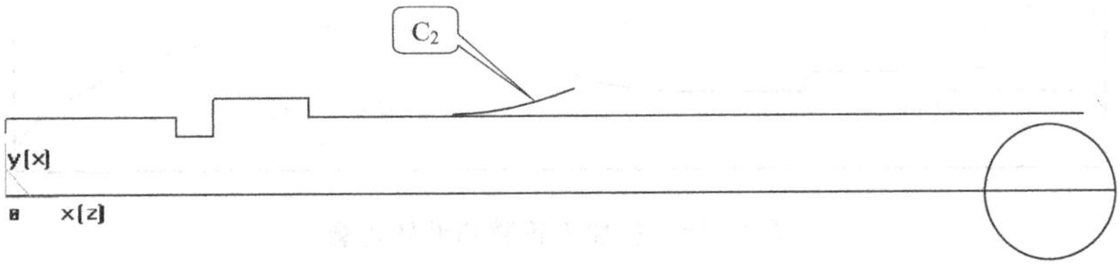

图 13-10　作圆弧 C_2

作与圆 C_1 和圆弧 C_2 相切的弧。单击曲线工具中的“圆弧”图标，在立即菜单中选择“两点-半径”。根据状态栏提示，输入“第一点：(切点)”按空格键，弹出点拾取工具菜单，如图 13-11 所示。选取“切点”，则在状态栏中将“缺省点”切换到“切点”；或直接按T键，也可以将“缺省点”切换到切点，拾取圆 C_1；状态栏提示“第二点：(切点)”，按空格键，弹出点拾取工具菜单，选取“端点”，则在状态栏中将“缺省点”切换到“端点”；或直接按E键，也可以将“缺省点”切换到“端点”。拾取圆弧 C_2，然后拖动鼠标，可以看到一个半径可以变动的圆弧，状态栏提示“第三点：(切点) 或半径”，输入圆弧半径 60mm，得到圆弧 C_3，如图 13-12 所示。

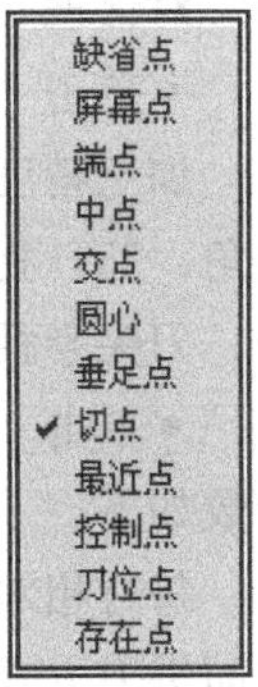

图 13-11　点拾取工具菜单

(5) 曲线裁剪或删除

单击曲线编辑工具栏中的“曲线裁剪”图标，在立即菜单中选择“快速裁剪”、“正常裁剪”，根据状态栏提示，用鼠标拾取被裁剪的线段即可。如果还有裁剪不掉的曲线，可采用删除的方法，删除不需要的线，如图 13-

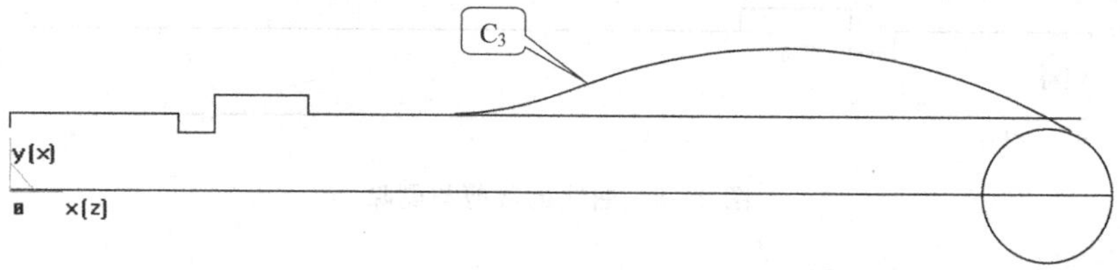

图 13-12　作圆弧 C_3

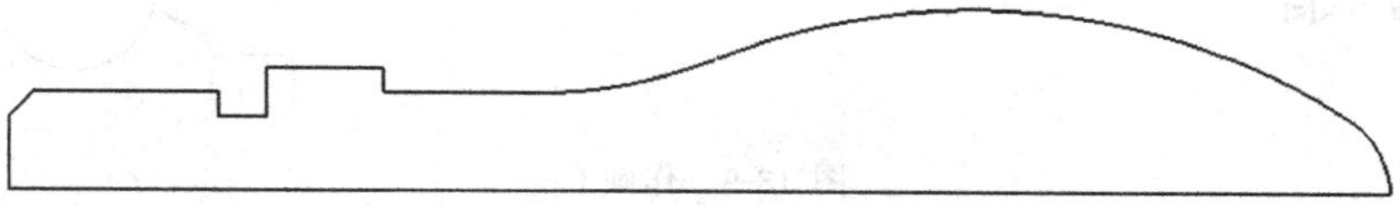

图 13-13　手柄图形的上半部分

13 所示。

至此，手柄图形的上半部分已经完成。

2. 绘制毛坯轮廓

单击“直线”按钮，在立即菜单中单击“两点线”中的“连续”、“正交”、“点方式”。根据状态栏提示，输入直线的“第一点：(切点、垂直点)”，用鼠标捕捉图 13-13 中的左上点；状态栏提示“第二点：(切点、垂直点)”，输入坐标“0，18”；继续输入“120，18”、“120，0”，作图结果如图 13-14 所示。

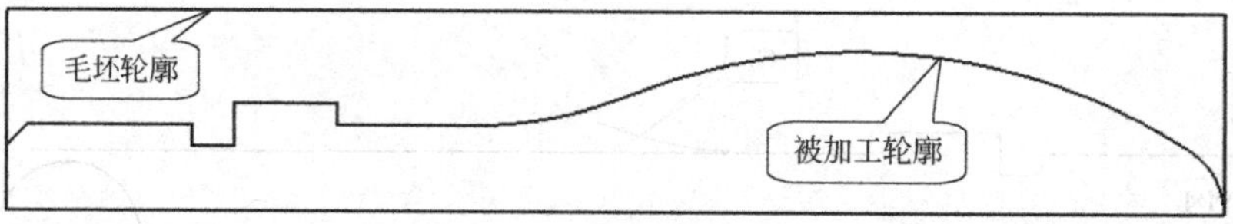

图 13-14　被加工轮廓和毛坯轮廓

注意：机床坐标系与工件坐标系（编程坐标系）的选取。

二、编制加工程序

1. 轮廓粗车

① 填写参数表　单击数控车工具栏中的“轮廓粗车”图标，系统弹出“粗车参数表”对话框，如图 13-15 所示。

• 单击“加工参数”选项卡，按表 13-1 所列参数填写对话框，输入加工参数如下。

加工精度：0.1；加工余量：0.3；加工角度：180；切削行距：2；干涉前角：0；干涉后角：25；拐角过渡方式：尖角；反向走刀：否；详细干涉检查：是；退刀时沿轮廓走刀：否；刀尖半径补偿：编程时考虑半径补偿。

• 单击“进退刀方式”选项卡，如图 13-16 所示，按表 13-1 所列参数填写进退刀方式参数如下。

每行相对毛坯进刀方式：与加工表面成定角，长度 $L=2$，角度 $A=45$；每行相对加工表面进刀方式：垂直；每行相对毛坯退刀方式：与加工表面成定角，长度 $L=2$，角度 $A=45$；每行相对加工表面退刀方式：与加工表面成定角，长度 $L=1$，角度 $A=90$；快速退刀距离：$L=5$。

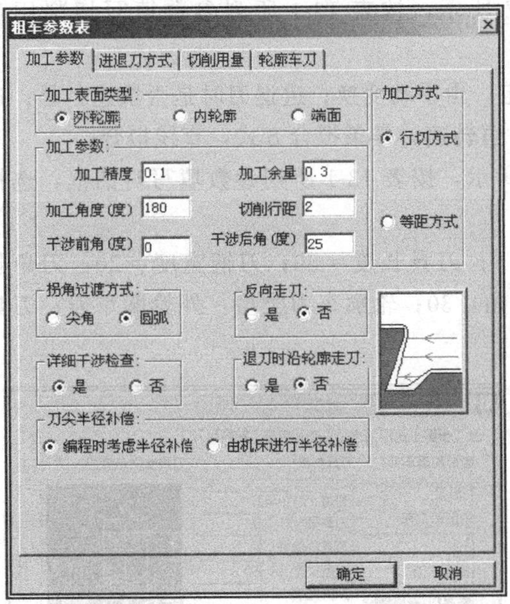

图 13-15 粗车加工参数设定

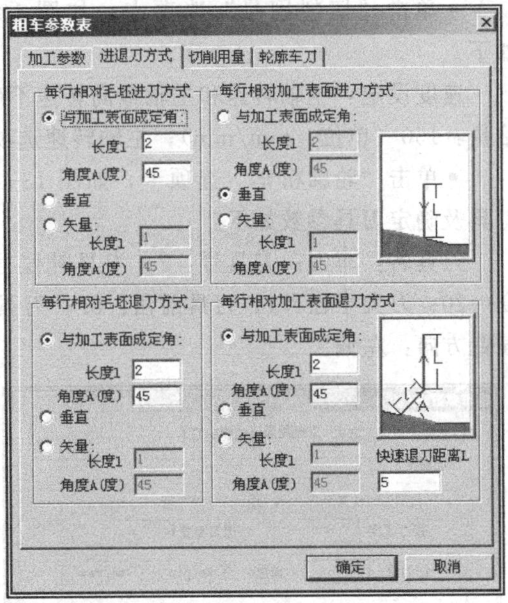

图 13-16 粗车进退刀参数设定

表 13-1 粗车加工参数总表

刀具参数			切削用量		
刀具名	车刀		切削速度	进退刀时是否快速	⊙是○否
刀具号	7			接近速度	
刀具补偿号	0			退刀速度	
刀具长度 L	50			进刀量 F	150
刀柄宽度 W	20		主轴转速	恒转速	300
刀角长度 N	20			恒线速度	
刀尖半径 R	1			最高转速	
刀具前角 F	87		样条拟合方式	⊙直线	
刀具后角 B	30			○圆弧	
轮廓车刀类型	⊙外轮廓车刀 ○内轮廓车刀 ○端面			拟合圆弧最大半径	
对刀点方式	○刀尖尖点 ⊙刀尖圆心		加工参数		
刀具类型	⊙普通车刀 ○球头车刀		加工表面类型	⊙外轮廓 ○内轮廓 ○端面	
刀具偏置方向	⊙左偏 ○对中 ○右偏		加工方式	⊙行切方式 ○等距方式	
进退刀方式			加工精度	0.1	
相对毛坯进刀	⊙与加工表面成定角	$L=2,A=45$	加工余量	0.3	
	○垂直进刀		加工角度	180	
	○矢量进刀		切削行距	2	
相对加工表面进刀	○与加工表面成定角		干涉前角	0	
	⊙垂直进刀		干涉后角	25	
	○矢量进刀		拐角过渡方式	⊙尖角 ○圆弧	
相对毛坯退刀	⊙与加工表面成定角	$L=2,A=45$	反向走刀	○是 ⊙否	
	○轮廓垂直退刀		详细干涉检查	⊙是 ○否	
	○轮廓矢量退刀		退刀时是否沿轮廓走刀	○是 ⊙否	
相对加工表面退刀	⊙与加工表面成定角	$L=2,A=45$	刀尖半径补偿	⊙编程时考虑半径补偿 ○由机床进行半径补偿	
	○轮廓垂直退刀				
	○轮廓矢量退刀				
	快速退刀距离	$L=5$	—	—	

• 单击“切削用量”选项卡，如图 13-17 所示，按表 13-1 所列参数填写切削用量如下。

速度设定：主轴转速和主轴最高转速不确定，由手动变换；进退刀时是否快速：是；进给量：150（单位：mm/min）；主轴转速选项：恒转速；样条拟合方式：直线拟合。

• 单击“轮廓粗车”选项卡，如图 13-18 所示，按表 13-1 所列参数填写对话框，选择刀具及确定刀具参数如下。

刀具名：车刀；刀具号：7；刀具补偿号：0；刀具长度＝50；刀柄宽度＝20；刀角长度＝20；刀尖半径＝1；刀具前角：87；刀具后角：30；轮廓车刀类型：外轮廓车刀；刀具偏置方向：左偏。

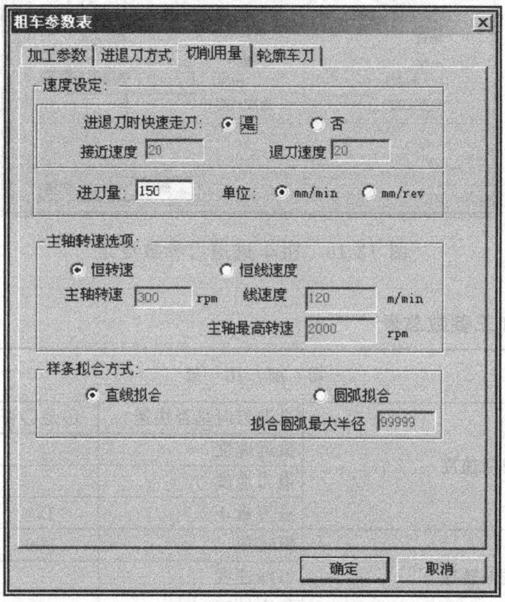

图 13-17　粗车切削用量参数设定

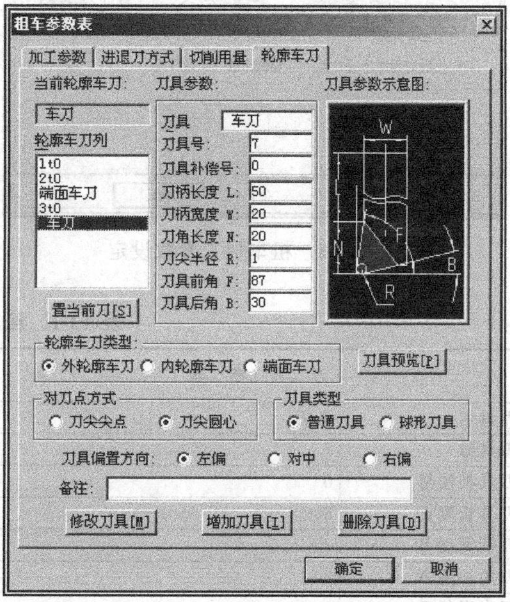

图 13-18　粗车轮廓车刀参数设定

② 拾取加工轮廓　系统提示用户拾取被加工工件表面轮廓线，采用限制链拾取，则分别拾取左面轮廓线和右面 $R7$ 圆弧部分的轮廓线，该两条轮廓线变成红色的虚线，且系统自动拾取该两条限制轮廓线之间连接的被加工工件表面轮廓线，如图 13-19 所示。当轮廓线是由多条曲线组成时，采用限制链拾取，可以快速地拾取加工轮廓。

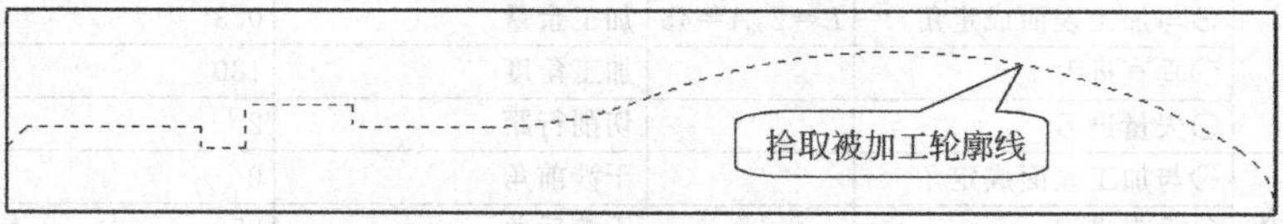

图 13-19　拾取被加工表面轮廓

③ 拾取毛坯轮廓　拾取方法与拾取加工表面轮廓类似，如图 13-20 所示。

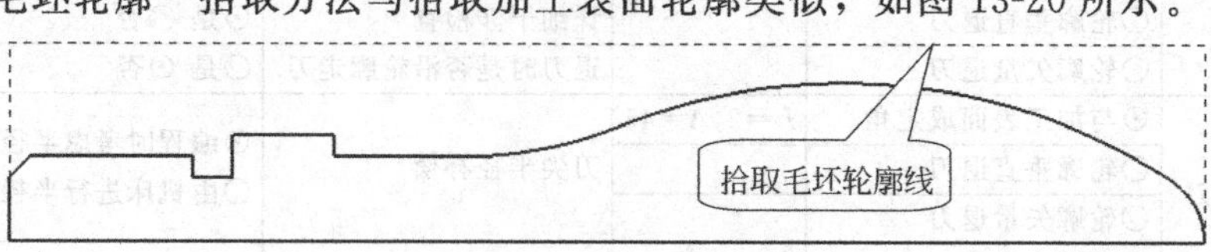

图 13-20　拾取毛坯轮廓

④ 确定进退刀点　指定一点为刀具加工前和加工后所在的位置，如图 13-21 所示。

⑤ 生成刀具轨迹　当确定进退刀点之后，系统生成绿色的刀具轨迹，如图 13-21 所示。

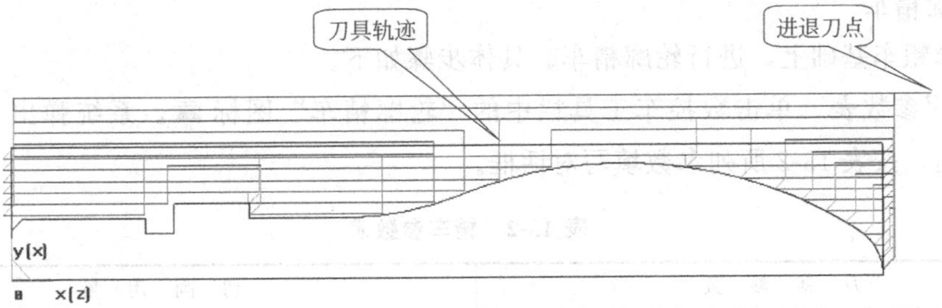

图 13-21　粗车加工轨迹

对生成的轨迹不满意，认为粗加工加工参数选取不当，可以用“参数修改”功能对轨迹的加工参数进行修改，以生成新的加工轨迹。

⑥ 参数修改　参数修改的操作步骤如下。

单击数控车工具栏中的“参数修改”图标，则提示用户拾取要进行参数修改的加工轨迹。拾取粗加工轨迹后，弹出该轨迹的参数表，单击“加工参数”设置项，如图 13-22 所示。重新修改加工参数如下。

加工精度：0.1；加工余量：0.2；加工角度：180；切削行距：1；干涉前角：0；干涉后角：20。

修改完毕单击确定按钮，即依据新的参数重新生成该轨迹。通过参数修改，使各个加工参数更趋于合理。

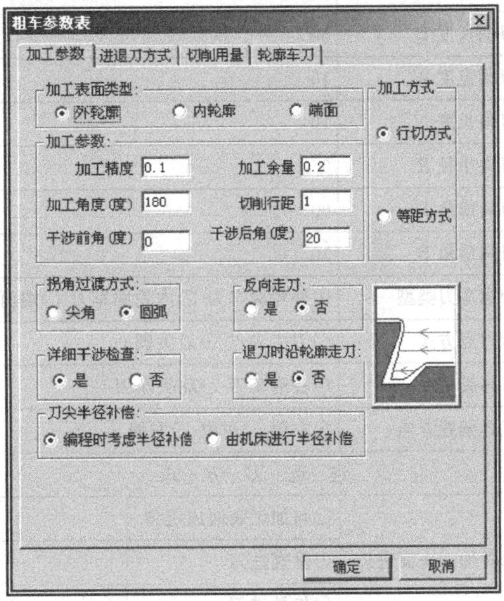

图 13-22　加工参数对话框

⑦ 轨迹仿真　生成的粗加工刀具轨迹，进行模拟仿真。单击数控车工具栏中的“轨迹仿真”图标，选择“二维实体”，“缺省毛坯轮廓”方式。系统提示：拾取刀具轨迹，拾取已生成的粗加工刀具轨迹，按右键确定，系

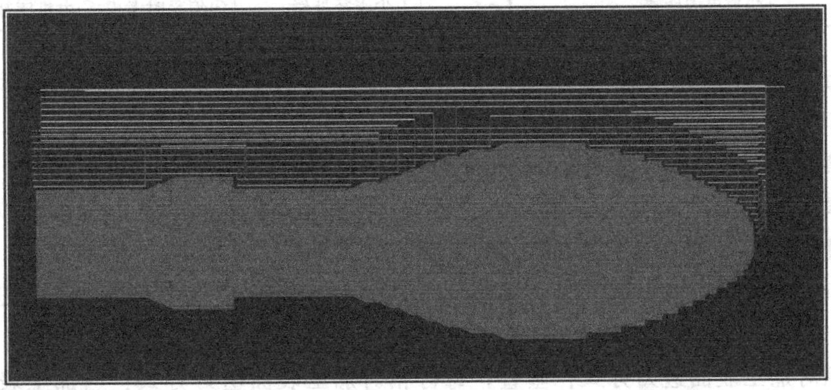

图 13-23　粗加工轨迹仿真结果

统开始进行仿真。通过轨迹仿真，观察刀具走刀路线以及是否存在干涉及过切现象，图 13-23 所示为仿真结果。

2. 轮廓精车

在轮廓粗车基础上，进行轮廓精车。具体步骤如下。

① 填写参数表　单击数控车工具栏中的“轮廓精车”图标，系统弹出“粗车参数表”对话框，按表 13-2 所列参数填写对话框。

表 13-2　精车参数表

刀具参数			切削用量		
刀具名	精车刀		速度设定	进退刀时是否快速	⊙是 ○否
刀具号	8			接近速度	
刀具补偿号	0			退刀速度	
刀柄长度 L	50			进刀量 F	200
刀柄宽度 W	15		主轴转速	○恒转速	
刀角长度 N	10			⊙恒线速度	150
刀尖半径 R	0.2			最高转速	3000
刀具前角 F	80		样条拟合方式	○直线 ⊙圆弧	
刀具后角 B	30		加工参数		
轮廓车刀类型	⊙外轮廓车刀 ○内轮廓车刀 ○端面		加工表面类型	⊙外轮廓 ○内轮廓 ○端面	
对刀点方式	○刀尖尖点 ⊙刀尖圆心		加工精度	0.01	
刀具类型	⊙普通车刀 ○球头车刀		加工余量	0	
刀具偏置方向	⊙左偏 ○对中 ○右偏		加工角度	180	
进退刀方式			切削行距	0.5	
相对加工表面进刀	○与加工表面成定角		干涉前角	0	
	⊙垂直进刀		干涉后角	25	
	○矢量进刀		最后一行加工次数	1	
相对加工表面退刀	⊙与加工表面成定角	$L=2,A=45$	拐角过渡方式	○尖角 ⊙圆弧	
	○轮廓垂直退刀		反向走刀	○是 ⊙否	
	○轮廓矢量退刀		详细干涉检查	⊙是 ○否	
	快速退刀距离	$L=5$	刀尖半径补偿	⊙编程时考虑 ○由机床补偿	

• 单击“加工参数”选项卡，如图 13-24 所示，按表 13-2 所列参数填写对话框，输入加工参数如下。

加工精度：0.01；加工余量：0；切削行数：3；切削行距：0.5；干涉前角：0；干涉后角：25；最后一行加工次数：1；拐角过渡方式：圆弧；反向走刀：否；详细干涉检查：是；刀尖半径补偿：编程时考虑半径补偿。

• 单击“进退刀方式”选项卡，如图 13-25 所示，按表 13-2 所列参数填写进退刀方式如下。

每行相对加工表面进刀方式：垂直；每行相对加工表面退刀方式：与加工表面成定角，长度 L=2，角度 A=45。

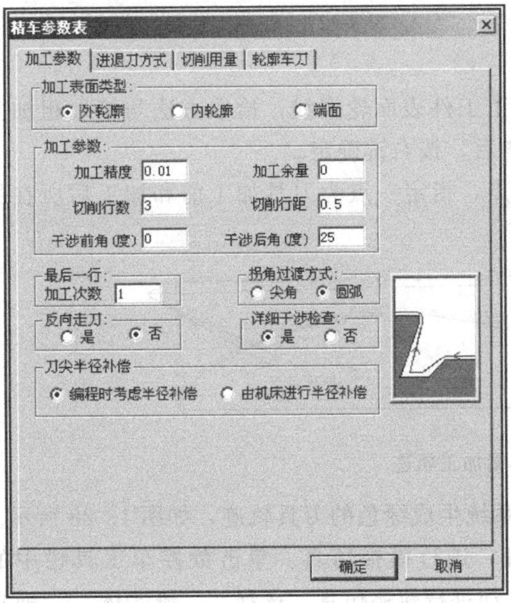

图 13-24 加工参数对话框

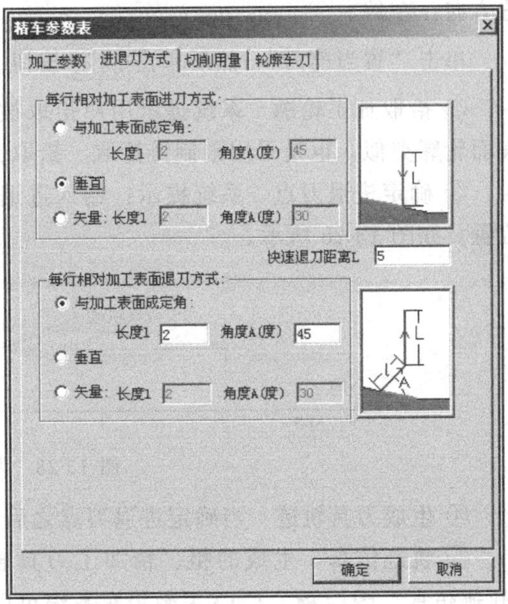

图 13-25 进退刀方式对话框

• 单击“切削用量”选项卡，如图 13-26 所示，按表 13-2 所列参数填写对话框如下。

进退刀时是否快速：是；进刀量：200（单位：mm/min）；主轴转速选项：恒线速度，线速度=150m/min；主轴最高转速=3000rpm；样条拟合方式：直线拟合。

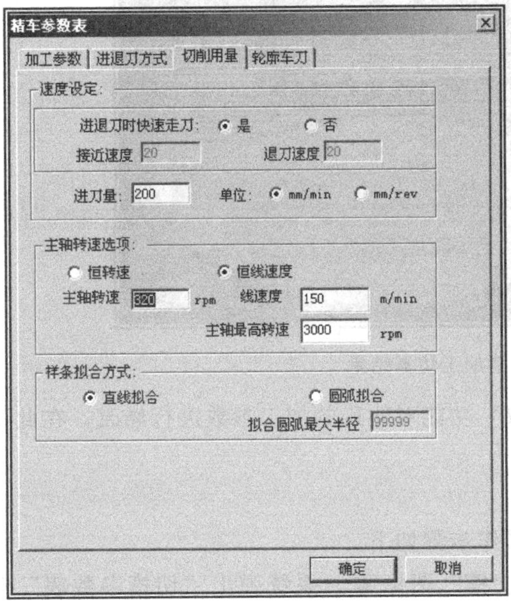

图 13-26 切削用量对话框

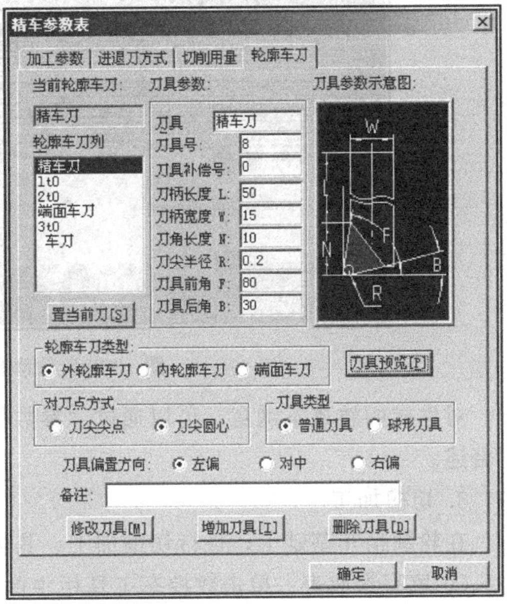

图 13-27 轮廓车刀对话框

• 单击“轮廓粗车”选项卡，如 13-27 所示，按表 13-2 所列参数填写对话框，选择刀具及确定刀具参数如下。

刀具名：精车刀；刀具号：2；刀具补偿号：2；刀柄长度：50；刀柄宽度：15；刀角长度：10；刀尖半径：0.2；刀具前角：80；刀具后角：30；轮廓车刀类型：精车刀；刀具偏

置方向：左偏。

单击“置当前刀”，然后单击确定按钮。

② 拾取加工轮廓　系统提示用户拾取被加工工件表面轮廓线，拾取方法与拾取粗加工表面轮廓类似，也是采用限制链拾取。拾取完毕后，按右键确定。

③ 确定进退刀点　系统提示：输入进退刀点，指定一点为刀具加工前和加工后所在的位置，如图 13-28 所示。

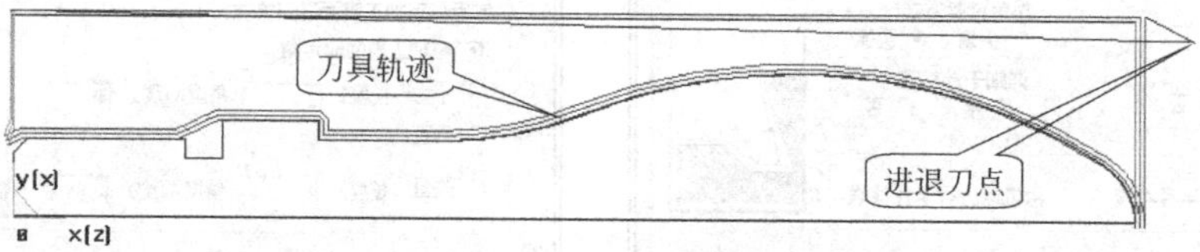

图 13-28　刀具精加工轨迹

④ 生成刀具轨迹　当确定进退刀点之后，系统生成绿色的刀具轨迹，如图 13-28 所示。

⑤ 轨迹仿真　生成的粗、精加工刀具轨迹，进行模拟仿真。单击数控车工具栏中的“轨迹仿真”图标，CAXA 数控车系统可以自动进行轨迹仿真。选择“二维实体”、“缺省毛坯轮廓”方式。系统提示：拾取刀具轨迹，拾取已生成的粗、精加工刀具轨迹，按右键确定，系统开始进行仿真。通过轨迹仿真，观察刀具走刀路线以及是否存在干涉及过切现象。图 13-29 所示为仿真结果。

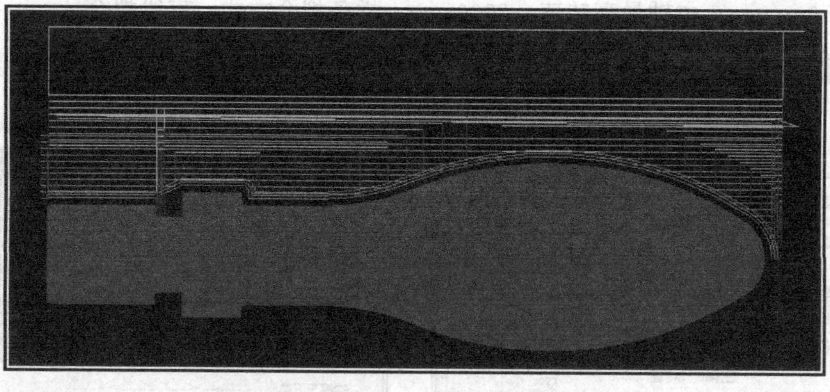

图 13-29　轮廓粗、精加工仿真结果

对生成的轨迹不满意，可以通过“参数修改”功能对轨迹的加工参数进行修改，在此不再赘述。

3. 切槽加工

在轮廓精车基础上，进行切槽加工。具体操作步骤如下。

① 填写参数表　单击数控车工具栏中的“切槽”图标，系统弹出“切槽参数表”对话框，如图 13-30 所示。接着按表 13-3 中的加工要求，确定其他各加工参数如下。

加工表面类型：外轮廓；毛坯余量：1；加工工艺类型：粗加工；加工方向：纵深；拐角过渡方式：尖角；加工精度：0.1；加工余量：0.1；平移步距：0.3；切深步距：1；延迟时间：0.5；退刀距离：5；刀尖半径补偿：编程时考虑半径。

• 单击“切削用量”选项卡，如图 13-31 所示，进刀量为 100，其余按表 13-2 精加工参数总表中的切削用量填写对话框。

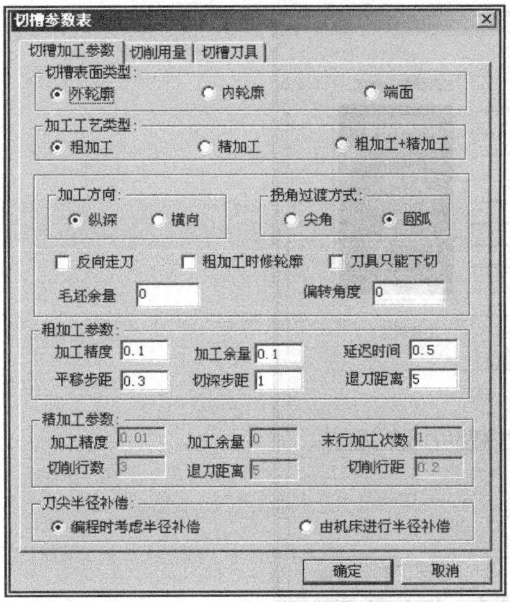

图 13-30　切槽加工参数表

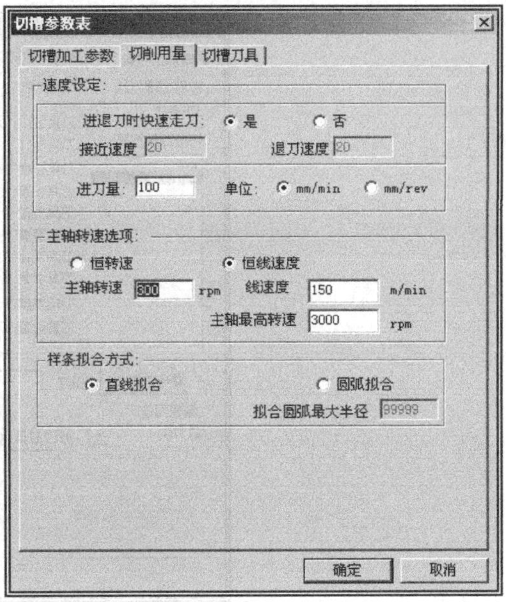

图 13-31　切削用量参数表

表 13-3　切槽加工参数总表

刀具参数	刀刃宽度 N	3	粗加工参数	加工精度	0.1
	刀尖半径 R	0.2		加工余量	0.1
	刀具引角 A	2		延迟时间	0.5
	编程刀位点	前刀尖		平移步距	0.3
加工参数	切槽表面类型	⊙外轮廓 ○内轮廓 ○端面		切深步距	1
	加工工艺类型	⊙粗加工 ○精加工 ○粗加工＋精加工		退刀距离	5
	加工方向	⊙纵深 ○横向	精加工参数	加工精度	
	拐角过渡方式	○尖角 ⊙圆弧		加工余量	
	反向走刀	□		末行加工次数	
	粗加工时修轮廓	□		切削行数	
	刀具只能下切	□		退刀距离	
	毛坯余量	□		切削行距	
	刀尖半径补偿	⊙编程考虑 ○由机床补偿	切削用量	进刀量为 100,其余同精车参数	

• 单击“切槽刀具”选项卡，按表 13-3 切槽加工参数总表填写对话框，如图 13-32 所示，对所用的刀具参数进行设置如下。

刀具名：切槽刀；刀具号：1；刀具补偿号：3；刀具长度：30；刀柄宽度：3；刀刃宽度：3；刀尖半径：0.2；刀具引角：2。

设定情况如何，可通过[刀具预览]按钮观察。上述参数设置完成后，单击[确定]按钮。

② 拾取轮廓　状态栏提示用户选择轮廓线。拾取轮廓线，采用单个链拾取方式，按顺序依次拾取，则凹槽部分变成红色虚线，按右键确定，如图 13-33 所示。

③ 输入进退刀点　系统提示输入进退刀点，指定一点为刀具加工前和加工后所在的位置。

④ 刀具轨迹生成　输入进退刀点或忽略进退刀点的输入后，CAXA 数控车系统自动生成切槽加工轨迹，如图 13-34 所示。

⑤ 轨迹仿真　生成刀具的粗车轨迹，进行模拟仿真。单击数控车工具栏中的“轨迹仿

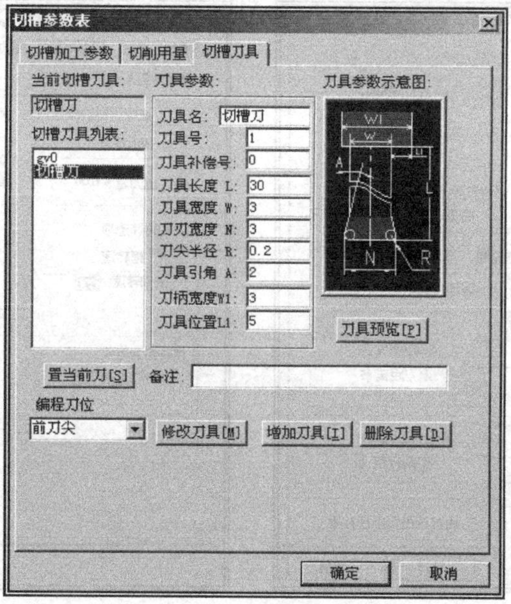

图 13-32　切槽刀具参数表

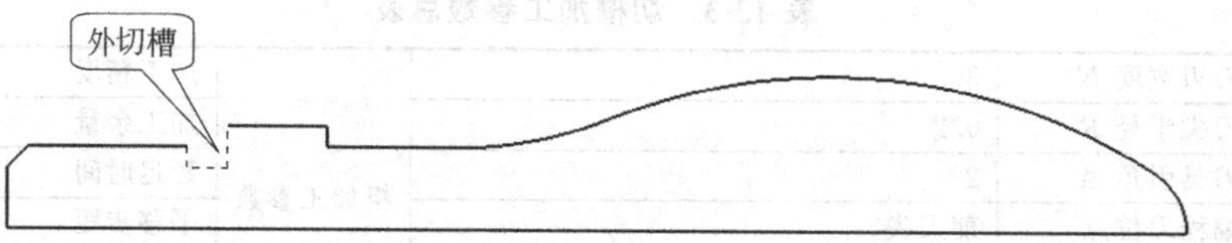

图 13-33　切槽轮廓

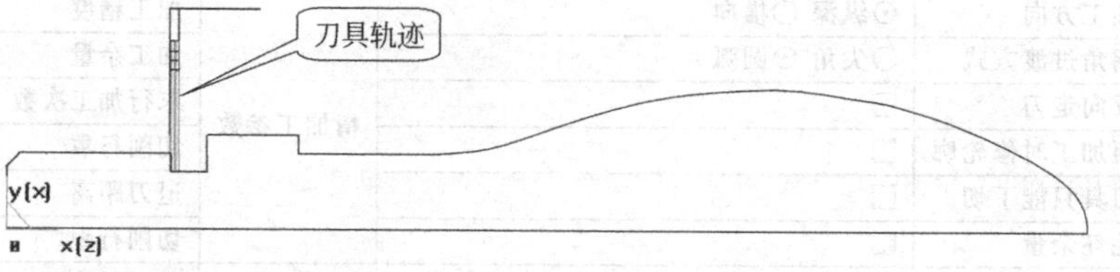

图 13-34　切槽刀具加工轨迹

真”图标，CAXA 数控车系统进行自动仿真。

⑥ 参数修改　参见本节轮廓粗车中的参数修改部分。

4. 螺纹加工

在轮廓精车基础上，进行螺纹加工。具体操作步骤如下。

① 填写参数表　单击数控车工具栏中的“车螺纹”图标，根据系统提示，依次拾取螺纹起点、终点。拾取完毕，弹出“螺纹参数表”对话框（见图 13-35），按表 13-4 螺纹加工参数总表确定各加工参数。

• 单击“螺纹参数”选项卡，按表 13-4 所列参数填写对话框，如图 13-36 所示，设定螺纹参数如下。

螺纹类型：外轮廓；螺纹参数：起点坐标（X＝8，Z＝18），终点坐标（X＝8，Z＝－4.9246）；螺纹长度：18；螺纹牙高：0.975；螺纹头数：1；螺纹节距：恒定节距，节距 1.5。

表 13-4 螺纹加工参数总表

刀具参数		
刀具种类	米制螺纹	
刀具名	螺纹刀	
刀具号	1	
刀具补偿号	0	
刀柄长度 *L*	40	
刀柄宽度 *W*	15	
刀刃长度 *N*	10	
刀尖宽度 *B*	0.2	
刀具角度 *A*	60	
进退刀方式		
粗加工进刀方式	⊙垂直	
	○矢量	
粗加工退刀方式	⊙垂直	
	○矢量	
精加工进刀方式	⊙垂直	
	○矢量	
精加工退刀方式	⊙垂直	
	○矢量	
切削用量		
速度设定	进退刀是否快速	○是 ⊙否
	接近速度	1
	退刀速度	5
	进刀量 *F*	1.5
主轴转速	恒转速	
	恒线速度	150
	最高转速	3000
样条拟合方式	⊙直线 ○圆弧	

螺纹参数				
螺纹类型		⊙外轮廓 ○内轮廓 ○端面		
螺纹参数	起点坐标	X(Y)	8	
		Z(X)	18	
	终点坐标	X(Y)	8	
		Z(X)	−4.9264	
	螺纹长度	18		
	螺纹牙高	0.975		
	螺纹头数	1		
	螺纹节距	⊙横螺距	1.5	
		○变螺距	始节距	
			末节距	
螺纹加工参数				
加工工艺类型		○粗加工 ⊙粗加工＋精加工		
末行走刀次数				
螺纹总深		0.975		
粗加工深度		0.7		
精加工深度		0.275		
粗加工参数	每行切削用量	○恒定行距	0.2	
		⊙恒定切削面积	第一刀行距	0.2
			最小行距	0.02
	每行切入方式	⊙沿牙槽中心线○沿牙槽右侧 ○左右交替		
精加工参数	每行切削用量	○恒定行距		
		⊙恒定切削面积	第一刀行距	0.05
			最小行距	0.02
	每行切入方式	⊙沿牙槽中心线 ○沿牙槽右侧 ○左右交替		

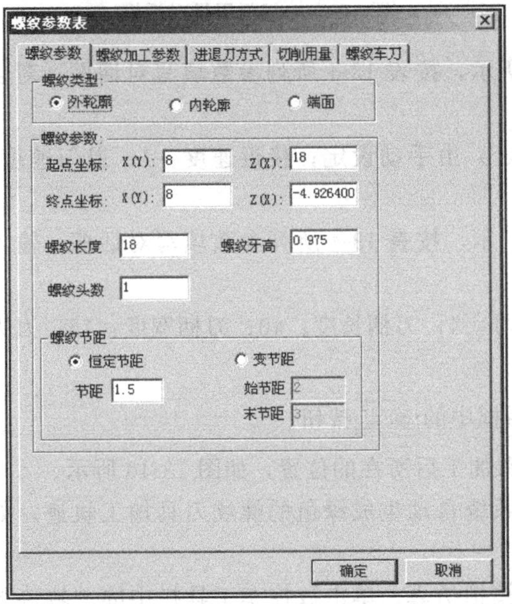

图 13-35 “螺纹参数表”对话框

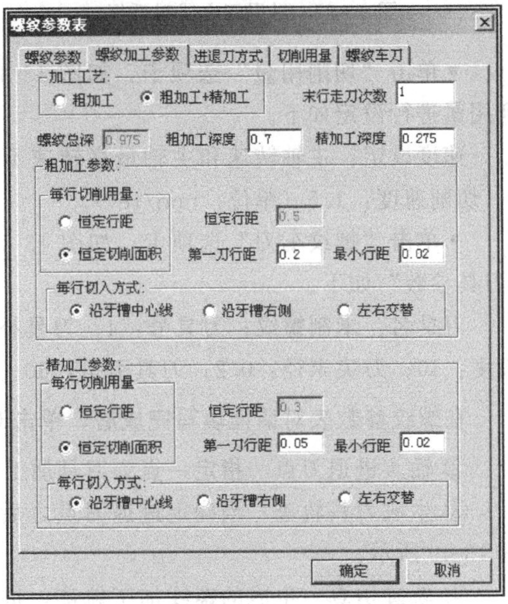

图 13-36 螺纹加工参数对话框

• 单击“螺纹加工参数”选项卡，如图 13-36 所示，设定螺纹加工参数如下。

加工工艺：粗加工＋精加工；末行走刀次数：1；粗加工深度：0.7；精加工深度：0.275；每行切削用量：恒定切削面积，第一刀行距 0.2，最小行距 0.02；每行切入方式：沿牙槽中心线；每行切削用量：恒定切削面积，第一刀行距 0.05，最小行距 0.02；每行切入方式：沿牙槽中心线。

• 单击“进退刀方式”选项卡，如图 13-37 所示，按表 13-4 所列参数填写对话框，选择进退刀方式如下。

粗加工进刀方式：垂直；粗加工退刀方式：垂直；快速退刀距离：5；精加工进刀方式：垂直；精加工退刀方式：垂直；

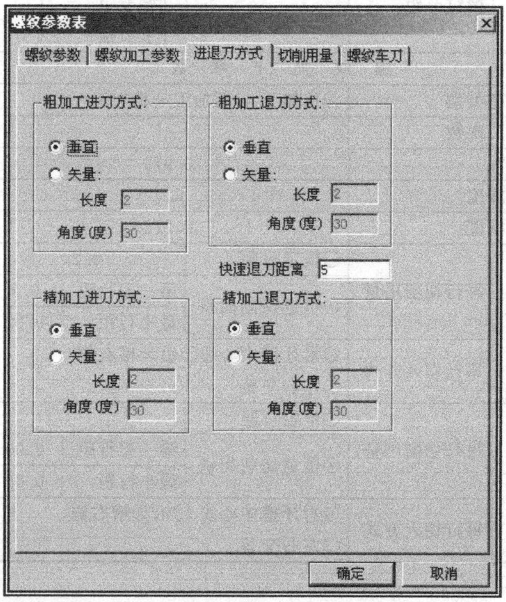

图 13-37　进退刀方式对话框

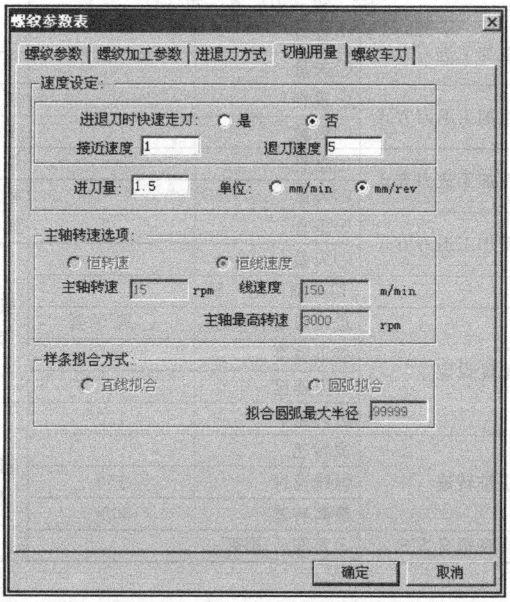

图 13-38　切削用量对话框

• 单击“切削用量”选项卡，如图 13-38 所示，按表 13-4 所列参数填写对话框，对切削用量进行设定如下。

速度设定：主轴转速和主轴最高转速不设定，由手动设定；接近速度：1；退刀速度：5；切削速度：1.5（单位：mm/rev）。

• 单击“螺纹车刀”选项卡，如图 13-39 所示，按表 13-4 所列参数填写对话框，输入“刀具参数”如下。

刀具名：米制螺纹；刀具号：4；刀具补偿号：4；刀柄长度：40；刀柄宽度：15；刀刃长度：10；刀尖半径：0.2；刀具引角：60。

在螺纹参数表对话框填写完成后，单击对话框中的 确定 按钮。

② 输入进退刀点　指定一点为刀具加工前和加工后所在的位置，如图 13-40 所示。

③ 生成刀具轨迹　当确定进退刀点之后，系统自动生成绿色的螺纹刀具加工轨迹，如图 13-40 所示。

④ 轨迹仿真　生成的螺纹加工轨迹，进行模拟仿真。单击数控车工具栏中的“轨迹仿真”图标，在立即菜单中选择“动态”、“缺省毛坯轮廓”方式。系统提示：拾取刀具轨

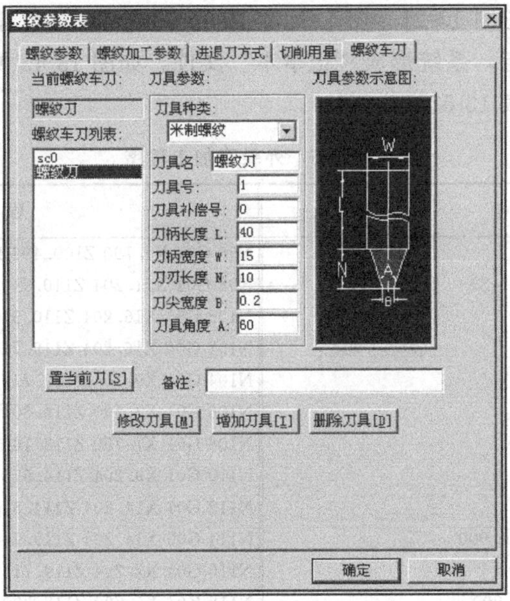

图 13-39　螺纹车刀对话框

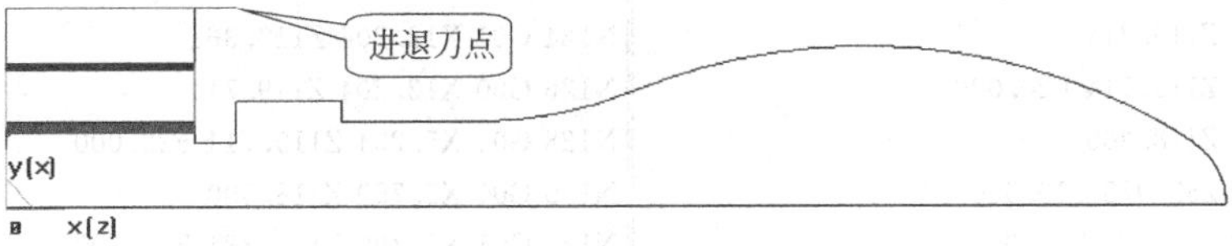

图 13-40　螺纹刀具加工轨迹

迹，拾取已生成的螺纹加工刀具轨迹，按右键确定，系统开始进行仿真。

⑤ 参数修改　参见本节轮廓粗车中的参数修改部分。

至此，所有外轮廓加工轨迹都已生成。我们的最终目的是提取数控代码，上述四种加工数控代码生成的先后顺序，取决于数控工艺的编制。

5. 代码生成

单击主菜单中的【数控车】→【代码生成】命令，或单击数控车工具栏中的“代码生成”的图标，系统弹出“选择后置文件”对话框，如图 13-41 所示。根据自己的意愿选择存取后置文件（*. cut）的地址，并填写文件名称。单击打开按钮，状态栏提示：拾取刀具轨

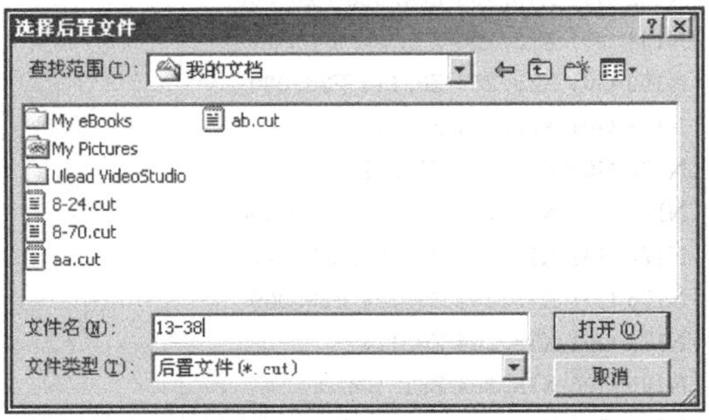

图 13-41　选择后置文件

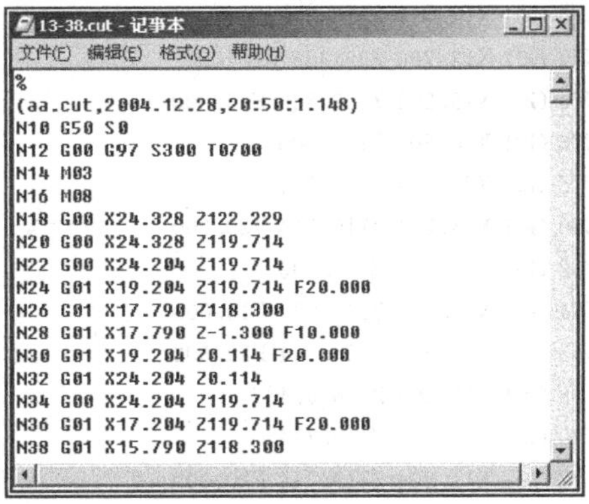


```
%
(aa.cut,2004.12.28,20:50:1.148)
N10 G50 S0
N12 G00 G97 S300 T0700
N14 M03
N16 M08
N18 G00 X24.328 Z122.229
N20 G00 X24.328 Z119.714
N22 G00 X24.204 Z119.714
N24 G01 X19.204 Z119.714 F20.000
N26 G01 X17.790 Z118.300
N28 G01 X17.790 Z-1.300 F10.000
N30 G01 X19.204 Z0.114 F20.000
N32 G01 X24.204 Z0.114
N34 G00 X24.204 Z119.714
N36 G01 X17.204 Z119.714 F20.000
N38 G01 X15.790 Z118.300
```

图 13-42　生成数控代码文件

迹，按先后顺序分别单击图 13-21、图 13-28、图 13-34、图 13-40 中生成的刀具轨迹，轨迹变成黄色，单击右键确定，系统形成“记事本”文件，如图 13-42 所示。该文件即为生成的数控代码加工指令，见表 13-5。

表 13-5　外轮廓加工程序

程　　序	程　　序
%	N96 G01 X9.790 Z109.496 F10.000
(13-38.cut,28/12/04,20:50:1.148)	N98 G01 X11.204 Z110.910 F20.000
N10 G50 S0	N100 G01 X16.204 Z110.910
N12 G00 G97 S300 T0700	N102 G00 X16.204 Z119.714
N14 M03	N104 G01 X9.204 Z119.714 F20.000
N16 M08	N106 G01 X7.790 Z118.300
N18 G00 X24.328 Z122.229	N108 G01 X7.790 Z113.160 F10.000
N20 G00 X24.328 Z119.714	N110 G01 X9.204 Z114.575 F20.000
N22 G00 X24.204 Z119.714	N112 G01 X14.204 Z114.575
N24 G01 X19.204 Z119.714 F20.000	N114 G00 X14.204 Z119.714
N26 G01 X17.790 Z118.300	N116 G01 X7.204 Z119.714 F20.000
N28 G01 X17.790 Z-1.300 F10.000	N118 G01 X5.790 Z118.300
N30 G01 X19.204 Z0.114 F20.000	N120 G01 X5.790 Z115.947 F10.000
N32 G01 X24.204 Z0.114	N122 G01 X7.204 Z117.361 F20.000
N34 G00 X24.204 Z119.714	N124 G01 X12.204 Z117.361
N36 G01 X17.204 Z119.714 F20.000	N126 G00 X12.204 Z119.714
N38 G01 X15.790 Z118.300	N128 G01 X5.204 Z119.714 F20.000
N40 G01 X15.790 Z89.975 F10.000	N130 G01 X3.790 Z118.300
N42 G01 X17.790 Z89.975 F20.000	N132 G01 X3.790 Z117.384 F10.000
N44 G00 X17.790 Z73.979	N134 G01 X5.204 Z118.798 F20.000
N46 G01 X15.790 Z73.979 F20.000	N136 G01 X10.204 Z118.798
N48 G01 X15.790 Z-1.300 F10.000	N138 G00 X10.204 Z119.714
N50 G01 X17.204 Z0.114 F20.000	N140 G01 X3.204 Z119.714 F20.000
N52 G01 X22.204 Z0.114	N142 G01 X1.790 Z118.300
N54 G00 X22.204 Z119.714	N144 G01 X1.790 Z118.105 F10.000
N56 G01 X17.204 Z119.714 F20.000	N146 G01 X3.204 Z119.519 F20.000
N58 G01 X15.790 Z118.300	N148 G01 X20.790 Z119.519
N60 G01 X15.790 Z89.975 F10.000	N150 G00 X20.790 Z73.979
N62 G01 X17.204 Z91.389 F20.000	N152 G01 X15.790 Z73.979 F20.000
N64 G01 X22.204 Z91.389	N154 G01 X15.790 Z-1.300 F10.000
N66 G00 X22.204 Z119.714	N156 G01 X17.204 Z0.114 F20.000
N68 G01 X15.204 Z119.714 F20.000	N158 G01 X22.204 Z0.114
N70 G01 X13.790 Z118.300	N160 G00 X22.204 Z64.568
N72 G01 X13.790 Z99.386 F10.000	N162 G01 X13.790 Z64.568 F20.000
N74 G01 X15.204 Z100.800 F20.000	N164 G01 X13.790 Z-1.300 F10.000
N76 G01 X20.204 Z100.800	N166 G01 X15.204 Z0.114 F20.000
N78 G00 X20.204 Z119.714	N168 G01 X20.204 Z0.114
N80 G01 X13.204 Z119.714 F20.000	N170 G00 X20.204 Z58.824
N82 G01 X11.790 Z118.300	N172 G01 X11.790 Z58.824 F20.000
N84 G01 X11.790 Z105.090 F10.000	N174 G01 X11.790 Z-1.300 F10.000
N86 G01 X13.204 Z106.504 F20.000	N176 G01 X13.204 Z0.114 F20.000
N88 G01 X18.204 Z106.504	N178 G01 X18.204 Z0.114
N90 G00 X18.204 Z119.714	N180 G00 X18.204 Z51.104
N92 G01 X11.204 Z119.714 F20.000	N182 G01 X9.790 Z51.104 F20.000
N94 G01 X9.790 Z118.300	N184 G01 X9.790 Z33.300 F10.000

续表

程　序	程　序
N186 G01 X11.790 Z33.300 F20.000	N286 G01 X8.500 Z17.111
N188 G00 X11.790 Z18.474	N288 G01 X8.500 Z1.014
N190 G01 X9.790 Z18.474 F20.000	N290 G03 X8.416 Z0.634 I-0.900 K-0.000
N192 G01 X9.790 Z-1.300 F10.000	N292 G01 X7.756 Z-0.780
N194 G01 X11.204 Z0.114 F20.000	N294 G01 X9.636 Z-0.096 F20.000
N196 G01 X16.204 Z0.114	N296 G01 X20.514 Z-0.096
N198 G00 X16.204 Z51.104	N298 G00 X20.514 Z117.000
N200 G01 X9.790 Z51.104 F20.000	N300 G01 X-0.400 Z117.000 F20.000
N202 G01 X9.790 Z33.300 F10.000	N302G03X5.881Z113.513I0.000K-7.400F100.000
N204 G01 X11.204 Z34.714 F20.000	N304 G03 X10.861 Z59.566 I-51.267 K-31.935
N206 G01 X16.204 Z34.714	N306 G02 X8.000 Z44.406 I38.739 K-15.160
N208 G00 X16.204 Z18.474	N308 G01 X8.000 Z32.000
N210 G01 X9.790 Z18.474 F20.000	N310 G01 X9.600 Z32.000
N212 G01 X9.790 Z-1.300 F10.000	N312 G03 X10.000 Z31.600 I0.000 K-0.400
N214 G01 X11.204 Z0.114 F20.000	N314 G01 X10.000 Z21.600
N216 G01 X24.204 Z0.114	N316 G03 X9.963 Z21.431 I-0.400 K0.000
N218 G00 X24.328 Z0.114	N318 G01 X8.000 Z17.222
N220 G00 X24.328 Z122.229	N320 G01 X8.000 Z1.014
N222 M01	N322 G03 X7.963 Z0.845 I-0.400 K0.000
N224 G50 S3000	N324 G01 X7.303 Z-0.569
N226 G00 G96 S150 T0103	N326 G01 X9.182 Z0.115 F20.000
N228 M03	N328 G01 X21.014 Z0.115
N230 M08	N330 G00 X18.490 Z123.040
N232 G00 X18.490 Z123.040	N332 M01
N234 G00 X21.014 Z118.000	N334 G50 S3000
N236 G01 X-0.400 Z118.000 F20.000	N336 G00 G96 S150 T0100
N238G03X6.730Z114.041I0.000K-8.400F100.000	N338 M03
N240G03X11.792Z59.202I-52.116-32.464	N340 M08
N242 G02 X9.000 Z44.406I37.808K-14.796	N342 G00 X23.193 Z27.689
N244 G01 X9.000 Z33.000	N344 G00 X23.193 Z18.900
N246 G01 X9.600 Z33.000	N346 G00 X19.800 Z18.900
N248 G03 X11.000 Z31.600 I0.000 K-1.400	N348 G01 X14.800 Z18.900 F20.000
N250 G01 X11.000 Z21.600	N350 G01 X8.800 Z18.900 F100.000
N252 G03 X10.869 Z21.008 I-1.400 K0.000	N352 G04X0.500
N254 G01 X9.000 Z17.001	N354 G01 X19.800 Z18.900 F20.000
N256 G01 X9.000 Z1.014	N356 G00 X19.800 Z18.600
N258 G03 X8.869 Z0.423 I-1.400 K-0.000	N358 G01 X14.800 Z18.600 F20.000
N260 G01 X8.209 Z-0.992	N360 G01 X8.800 Z18.600 F100.000
N262 G01 X10.089 Z-0.308 F20.000	N362 G04X0.500
N264 G01 X21.014 Z-0.308	N364 G01 X19.800 Z18.600 F20.000
N266 G00 X21.014 Z117.500	N366 G00 X19.800 Z18.300
N268 G01 X-0.400 Z117.500 F20.000	N368 G01 X14.800 Z18.300 F20.000
N270G03X6.305Z113.777I0.000K-7.900F100.000	N370 G01 X8.800 Z18.300 F100.000
N272G03X11.326Z59.384I-51.691 K-32.200	N372 G04X0.500
N274 G02 X8.500 Z44.406 I38.274 K-14.978	N374 G01 X19.800 Z18.300 F20.000
N276 G01 X8.500 Z32.500	N376 G00 X19.800 Z18.000
N278 G01 X9.600 Z32.500	N378 G01 X14.800 Z18.000 F20.000
N280 G03 X10.500 Z31.600 I0.000 K-0.900	N380 G01 X8.800 Z18.000 F100.000
N282 G01 X10.500 Z21.600	N382 G04X0.500
N284 G03 X10.416 Z21.220 I-0.900 K0.000	N384 G01 X19.800 Z18.000 F20.000

续表

程　序	程　序
N386 G00 X19. 800 Z17. 800	N486 G04X0. 500
N388 G01 X14. 800 Z17. 800 F20. 000	N488 G01 X17. 800 Z18. 000 F20. 000
N390 G01 X8. 800 Z17. 800 F100. 000	N490 G00 X17. 800 Z17. 800
N392 G04X0. 500	N492 G01 X12. 800 Z17. 800 F20. 000
N394 G01 X19. 800 Z17. 800 F20. 000	N494 G01 X6. 800 Z17. 800 F100. 000
N396 G00 X19. 800 Z18. 900	N496 G04X0. 500
N398 G01 X18. 800 Z18. 900 F20. 000	N498 G01 X17. 800 Z17. 800 F20. 000
N400 G01 X13. 800 Z18. 900	N500 G00 X17. 800 Z18. 900
N402 G01 X7. 800 Z18. 900 F100. 000	N502 G01 X16. 800 Z18. 900 F20. 000
N404 G04X0. 500	N504 G01 X11. 800 Z18. 900
N406 G01 X18. 800 Z18. 900 F20. 000	N506 G01 X6. 100 Z18. 900 F100. 000
N408 G00 X18. 800 Z18. 600	N508 G04X0. 500
N410 G01 X13. 800 Z18. 600 F20. 000	N510 G01 X16. 800 Z18. 900 F20. 000
N412 G01 X7. 800 Z18. 600 F100. 000	N512 G00 X16. 800 Z18. 600
N414 G04X0. 500	N514 G01 X11. 800 Z18. 600 F20. 000
N416 G01 X18. 800 Z18. 600 F20. 000	N516 G01 X6. 100 Z18. 600 F100. 000
N418 G00 X18. 800 Z18. 300	N518 G04X0. 500
N420 G01 X13. 800 Z18. 300 F20. 000	N520 G01 X16. 800 Z18. 600 F20. 000
N422 G01 X7. 800 Z18. 300 F100. 000	N522 G00 X16. 800 Z18. 300
N424 G04X0. 500	N524 G01 X11. 800 Z18. 300 F20. 000
N426 G01 X18. 800 Z18. 300 F20. 000	N526 G01 X6. 100 Z18. 300 F100. 000
N428 G00 X18. 800 Z18. 000	N528 G04X0. 500
N430 G01 X13. 800 Z18. 000 F20. 000	N530 G01 X16. 800 Z18. 300 F20. 000
N432 G01 X7. 800 Z18. 000 F100. 000	N532 G00 X16. 800 Z18. 000
N434 G04X0. 500	N534 G01 X11. 800 Z18. 000 F20. 000
N436 G01 X18. 800 Z18. 000 F20. 000	N536 G01 X6. 100 Z18. 000 F100. 000
N438 G00 X18. 800 Z17. 800	N538 G04X0. 500
N440 G01 X13. 800 Z17. 800 F20. 000	N540 G01 X16. 800 Z18. 000 F20. 000
N442 G01 X7. 800 Z17. 800 F100. 000	N542 G00 X16. 800 Z17. 800
N444 G04X0. 500	N544 G01 X11. 800 Z17. 800 F20. 000
N446 G01 X18. 800 Z17. 800 F20. 000	N546 G01 X6. 100 Z17. 800 F100. 000
N448 G00 X18. 800 Z18. 900	N548 G04X0. 500
N450 G01 X17. 800 Z18. 900 F20. 000	N550 G01 X10. 000 Z17. 800 F20. 000
N452 G01 X12. 800 Z18. 900	N552 G00 X23. 193 Z17. 800
N454 G01 X6. 800 Z18. 900 F100. 000	N554 G00 X23. 193 Z27. 689
N456 G04X0. 500	N556 M01
N458 G01 X17. 800 Z18. 900 F20. 000	N558 G50 S3000
N460 G00 X17. 800 Z18. 600	N560 G00 G96 S150 T0100
N462 G01 X12. 800 Z18. 600 F20. 000	N562 M03
N464 G01 X6. 800 Z18. 600 F100. 000	N564 M08
N466 G04X0. 500	N566 G00 X18. 652 Z21. 852
N468 G01 X17. 800 Z18. 600 F20. 000	N568 G00 X18. 652 Z18. 000
N470 G00 X17. 800 Z18. 300	N570 G00 X13. 600 Z18. 000
N472 G01 X12. 800 Z18. 300 F20. 000	N572 G01 X8. 600 Z18. 000 F1. 000
N474 G01 X6. 800 Z18. 300 F100. 00	N574 G01 X8. 500 Z18. 000
N476 G04X0. 500	N576 G01 X7. 800 Z18. 000 F2. 000
N478 G01 X17. 800 Z18. 300 F20. 000	N578 G33 X7. 800 Z-0. 000 K1. 500
N480 G00 X17. 800 Z18. 000	N580 G01 X8. 500 Z-0. 000
N482 G01 X12. 800 Z18. 000 F20. 000	N582 G01 X8. 600 Z-0. 000 F5. 000
N484 G01 X6. 800 Z18. 000 F100. 000	N584 G01 X13. 600 Z-0. 000

续表

程　序	程　序
N586 G00 X13.517 Z18.000	N686 G01 X8.134 Z18.000
N588 G01 X8.517 Z18.000 F1.000	N688 G01 X7.434 Z18.000 F2.000
N590 G01 X8.417 Z18.000	N690 G33 X7.434 Z-0.000 K1.500
N592 G01 X7.717 Z18.000 F2.000	N692 G01 X8.134 Z-0.000
N594 G33 X7.717 Z-0.000 K1.500	N694 G01 X8.234 Z-0.000 F5.000
N596 G01 X8.417 Z-0.000	N696 G01 X13.234 Z-0.000
N598 G01 X8.517 Z-0.000 F5.000	N698 G00 X13.200 Z18.000
N600 G01 X13.517 Z-0.000	N700 G01 X8.200 Z18.000 F1.000
N602 G00 X13.454 Z18.000	N702 G01 X8.100 Z18.000
N604 G01 X8.454 Z18.000 F1.000	N704 G01 X7.400 Z18.000 F2.000
N606 G01 X8.354 Z18.000	N706 G33 X7.400 Z-0.000 K1.500
N608 G01 X7.654 Z18.000 F2.000	N708 G01 X8.100 Z-0.000
N610 G33 X7.654 Z-0.000 K1.500	N710 G01 X8.200 Z-0.000 F5.000
N612 G01 X8.354 Z-0.000	N712 G01 X13.200 Z-0.000
N614 G01 X8.454 Z-0.000 F5.000	N714 G00 X13.168 Z18.000
N616 G01 X13.454 Z-0.000	N716 G01 X8.168 Z18.000 F1.000
N618 G00 X13.400 Z18.000	N718 G01 X8.068 Z18.000
N620 G01 X8.400 Z18.000 F1.000	N720 G01 X7.368 Z18.000 F2.000
N622 G01 X8.300 Z18.000	N722 G33 X7.368 Z-0.000 K1.500
N624 G01 X7.600 Z18.000 F2.000	N724 G01 X8.068 Z-0.000
N626 G33 X7.600 Z-0.000 K1.500	N726 G01 X8.168 Z-0.000 F5.000
N628 G01 X8.300 Z-0.000	N728 G01 X13.168 Z-0.000
N630 G01 X8.400 Z-0.000 F5.000	N730 G00 X13.137 Z18.000
N632 G01 X13.400 Z-0.000	N732 G01 X8.137 Z18.000 F1.000
N634 G00 X13.353 Z18.000	N734 G01 X8.037 Z18.000
N636 G01 X8.353 Z18.000 F1.000	N736 G01 X7.337 Z18.000 F2.000
N638 G01 X8.253 Z18.000	N738 G33 X7.337 Z-0.000 K1.500
N640 G01 X7.553 Z18.000 F2.000	N740 G01 X8.037 Z-0.000
N642 G33 X7.553 Z-0.000 K1.500	N742 G01 X8.137 Z-0.000 F5.000
N644 G01 X8.253 Z-0.000	N744 G01 X13.137 Z-0.000
N646 G01 X8.353 Z-0.000 F5.000	N746 G00 X13.107 Z18.000
N648 G01 X13.353 Z-0.000	N748 G01 X8.107 Z18.000 F1.000
N650 G00 X13.310 Z18.000	N750 G01 X8.007 Z18.000
N652 G01 X8.310 Z18.000 F1.000	N752 G01 X7.307 Z18.000 F2.000
N654 G01 X8.210 Z18.000	N754 G33 X7.307 Z-0.000 K1.500
N656 G01 X7.510 Z18.000 F2.000	N756 G01 X8.007 Z-0.000
N658 G33 X7.510 Z-0.000 K1.500	N758 G01 X8.107 Z-0.000 F5.000
N660 G01 X8.210 Z-0.000	N760 G01 X13.107 Z-0.000
N662 G01 X8.310 Z-0.000 F5.000	N762 G00 X13.100 Z18.000
N664 G01 X13.310 Z-0.000	N764 G01 X8.100 Z18.000 F1.000
N666 G00 X13.271 Z18.000	N766 G01 X8.000 Z18.000
N668 G01 X8.271 Z18.000 F1.000	N768 G01 X7.300 Z18.000 F2.000
N670 G01 X8.171 Z18.000	N770 G33 X7.300 Z-0.000 K1.500
N672 G01 X7.471 Z18.000 F2.000	N772 G01 X8.000 Z-0.000
N674 G33 X7.471 Z-0.000 K1.500	N774 G01 X8.100 Z-0.000 F5.000
N676 G01 X8.171 Z-0.000	N776 G01 X13.100 Z-0.000
N678 G01 X8.271 Z-0.000 F5.000	N778 G00 X13.100 Z18.000
N680 G01 X13.271 Z-0.000	N780 G01 X13.050 Z18.000 F1.000
N682 G00 X13.234 Z18.000	N782 G01 X8.050 Z18.000
N684 G01 X8.234 Z18.000 F1.000	N784 G01 X7.950 Z18.000

续表

程　序	程　序
N786 G01 X7.250 Z18.000 F2.000	N892 G00 X12.909 Z18.000
N788 G33 X7.250 Z-0.000 K1.500	N894 G01 X7.909 Z18.000 F1.000
N790 G01 X7.950 Z-0.000	N896 G01 X7.809 Z18.000
N792 G01 X8.050 Z-0.000 F5.000	N898 G01 X7.109 Z18.000 F2.000
N794 G01 X13.050 Z-0.000	N900 G33 X7.109 Z-0.000 K1.500
N796 G00 X13.029 Z18.000	N902 G01 X7.809 Z-0.000
N798 G01 X8.029 Z18.000 F1.000	N904 G01 X7.909 Z-0.000 F5.000
N800 G01 X7.929 Z18.000	N906 G01 X12.909 Z-0.000
N802 G01 X7.229 Z18.000 F2.000	N908 G00 X12.889 Z18.000
N804 G33 X7.229 Z-0.000 K1.500	N910 G01 X7.889 Z18.000 F1.000
N806 G01 X7.929 Z-0.000	N912 G01 X7.789 Z18.000
N808 G01 X8.029 Z-0.000 F5.000	N914 G01 X7.089 Z18.000 F2.000
N810 G01 X13.029 Z-0.000	N916 G33 X7.089 Z-0.000 K1.500
N812 G00 X13.009 Z18.000	N918 G01 X7.789 Z-0.000
N814 G01 X8.009 Z18.000 F1.000	N920 G01 X7.889 Z-0.000 F5.000
N816 G01 X7.909 Z18.000	N922 G01 X12.889 Z-0.000
N818 G01 X7.209 Z18.000 F2.000	N924 G00 X12.869 Z18.000
N820 G33 X7.209 Z-0.000 K1.500	N926 G01 X7.869 Z18.000 F1.000
N822 G01 X7.909 Z-0.000	N928 G01 X7.769 Z18.000
N824 G01 X8.009 Z-0.000 F5.000	N930 G01 X7.069 Z18.000 F2.000
N826 G01 X13.009 Z-0.000	N932 G33 X7.069 Z-0.000 K1.500
N828 G00 X12.989 Z18.000	N934 G01 X7.769 Z-0.000
N830 G01 X7.989 Z18.000 F1.000	N936 G01 X7.869 Z-0.000 F5.000
N832 G01 X7.889 Z18.000	N938 G01 X12.869 Z-0.000
N834 G01 X7.189 Z18.000 F2.000	N940 G00 X12.849 Z18.000
N836 G33 X7.189 Z-0.000 K1.500	N942 G01 X7.849 Z18.000 F1.000
N838 G01 X7.889 Z-0.000	N944 G01 X7.749 Z18.000
N840 G01 X7.989 Z-0.000 F5.000	N946 G01 X7.049 Z18.000 F2.000
N842 G01 X12.989 Z-0.000	N948 G33 X7.049 Z-0.000 K1.500
N844 G00 X12.969 Z18.000	N950 G01 X7.749 Z-0.000
N846 G01 X7.969 Z18.000 F1.000	N952 G01 X7.849 Z-0.000 F5.000
N848 G01 X7.869 Z18.000	N954 G01 X12.849 Z-0.000
N850 G01 X7.169 Z18.000 F2.000	N956 G00 X12.829 Z18.000
N852 G33 X7.169 Z-0.000 K1.500	N958 G01 X7.829 Z18.000 F1.000
N854 G01 X7.869 Z-0.000	N960 G01 X7.729 Z18.000
N856 G01 X7.969 Z-0.000 F5.000	N962 G01 X7.029 Z18.000 F2.000
N858 G01 X12.969 Z-0.000	N964 G33 X7.029 Z-0.000 K1.500
N860 G00 X12.949 Z18.000	N966 G01 X7.729 Z-0.000
N862 G01 X7.949 Z18.000 F1.000	N968 G01 X7.829 Z-0.000 F5.000
N864 G01 X7.849 Z18.000	N970 G01 X12.829 Z-0.000
N866 G01 X7.149 Z18.000 F2.000	N972 G00 X12.825 Z18.000
N868 G33 X7.149 Z-0.000 K1.500	N974 G01 X7.825 Z18.000 F1.000
N870 G01 X7.849 Z-0.000	N976 G01 X7.725 Z18.000
N872 G01 X7.949 Z-0.000 F5.000	N978 G01 X7.025 Z18.000 F2.000
N874 G01 X12.949 Z-0.000	N980 G33 X7.025 Z-0.000 K1.500
N876 G00 X12.929 Z18.000	N982 G01 X7.725 Z-0.000
N878 G01 X7.929 Z18.000 F1.000	N984 G01 X7.825 Z-0.000 F5.000
N880 G01 X7.829 Z18.000	N986 G01 X12.825 Z-0.000
N882 G01 X7.129 Z18.000 F2.000	N988 G00 X18.652 Z-0.000
N884 G33 X7.129 Z-0.000 K1.500	N990 G00 X18.652 Z21.852
N886 G01 X7.829 Z-0.000	N992 M09
N888 G01 X7.929 Z-0.000 F5.000	N994 M30
N890 G01 X12.929 Z-0.000	%

6. 代码修改

由于所使用的数控系统的编程规则与软件的参数设置有差异，生成的数控程序需要个别调整。

7. 代码传输

由软件生成的加工程序，通过 R232 串行口，可以直接传输给数控机床的 MCU。

至此，整个加工程序编制结束。

第二节　轴套的加工

要求　利用 CAXA 数控车软件，完成图 13-43 所示轴套的加工，包括内轮廓、内槽、内螺纹的粗加工和精加工。

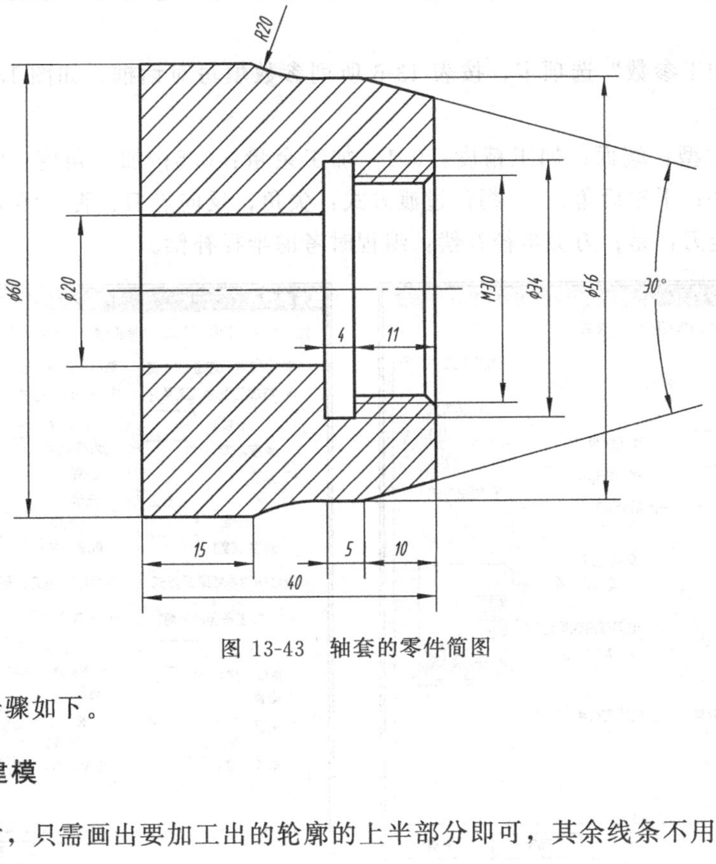

图 13-43　轴套的零件简图

具体操作步骤如下。

一、轮廓建模

生成轨迹时，只需画出要加工出的轮廓的上半部分即可，其余线条不用画出，如图 13-44 所示。

二、编制加工程序

1. 车端面

端面轮廓粗车的操作过程如下。

① 轮廓建模　要生成端面轮廓粗加工轨迹，仍然需绘制要加工部分的上半部分的端面轮廓和毛坯轮廓，组成封闭的区域（需切除部分），其余线条无需画出，如图 13-45 所示。

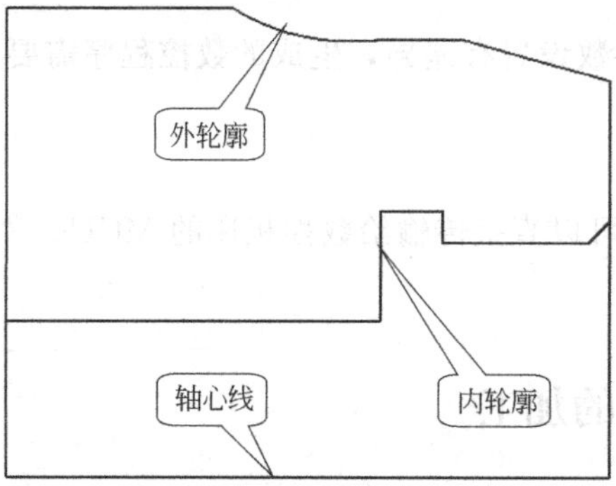

图 13-44　轮廓建模

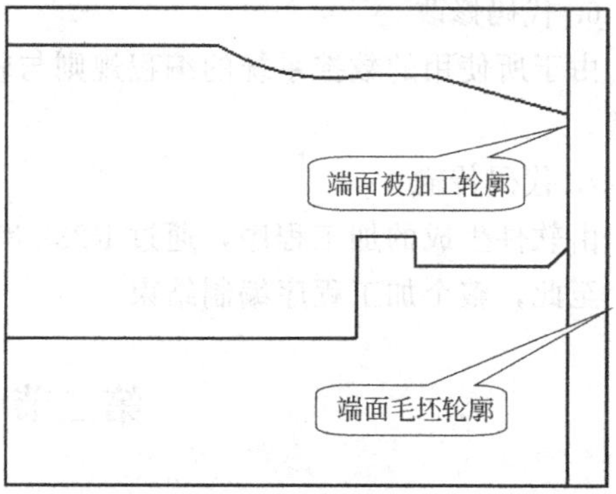

图 13-45　端面轮廓

② 填写参数表　单击主菜单中的【数控车】→【轮廓粗车】命令，系统弹出“粗车参数表”对话框。

• 单击“加工参数”选项卡，按表 13-6 所列参数填写对话框，如图 13-46 所示，设置参数如下。

加工表面类型：端面；加工精度：0.1；加工余量：0.5；加工角度：270；切削行距：1；干涉前角：0；干涉后角：5；拐角过渡方式：尖角；反向走刀：否；详细干涉检查：是；退刀时沿轮廓走刀：是；刀尖半径补偿：编程时考虑半径补偿。

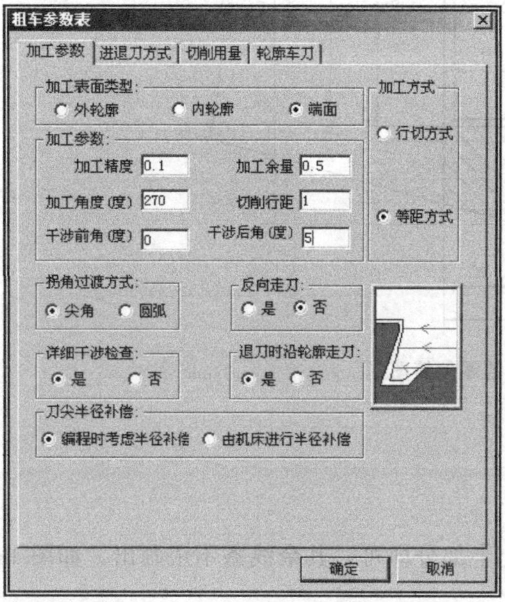

图 13-46　粗车加工参数设定

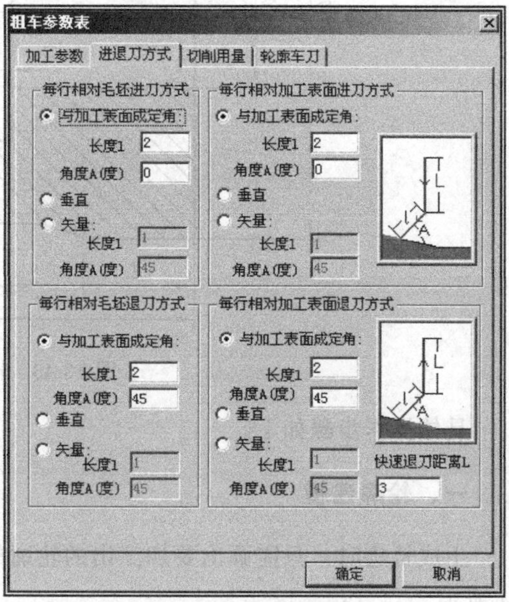

图 13-47　端面粗车进退刀参数设定

• 单击“进退刀方式”选项卡，按表 13-6 所列参数填写对话框，如图 13-47 所示，选择进退刀方式如下。

每行相对毛坯进刀方式：与加工表面成定角，长度 $L=2$，角度 $A=0$；每行相对加工表面进刀方式：与加工表面成定角，长度 $L=2$，角度 $A=0$；每行相对毛坯退刀方式：与加工表面成定角，长度 $L=2$，角度 $A=45$；每行相对加工表面退刀方式：与加工表面成定角，长度 $L=2$，角度 $A=45$；快速退刀距离：$L=3$。

表 13-6 端面粗车加工参数总表

刀具参数			切削用量		
刀具名	端面车刀		切削速度	进退刀时是否快速	⊙是 ○否
刀具号	4			接近速度	
刀具补偿号	0			退刀速度	
刀具长度 L	50			进刀量 F	100
刀柄宽度 W	15		主轴转速	恒转速	600
刀角长度 N	10			恒线速度	
刀尖半径 R	1			最高转速	
刀具前角 F	85		样条拟合方式	⊙直线	
刀具后角 B	10			○圆弧	
轮廓车刀类型	○外轮廓车刀 ○内轮廓车刀 ⊙端面			拟合圆弧最大半径	
对刀点方式	⊙刀尖尖点 ○刀尖圆心		加工参数		
刀具类型	⊙普通车刀 ○球头车刀		加工表面类型	○外轮廓 ○内轮廓 ⊙端面	
刀具偏置方向	⊙左偏 ○对中 ○右偏		加工方式	○行切方式 ⊙等距方式	
进退刀方式			加工精度	0.1	
相对毛坯进刀	⊙与加工表面成定角	$L=2,A=0$	加工余量	0.5	
	○垂直进刀		加工角度	270	
	○矢量进刀		切削行距	1	
相对加工表面进刀	⊙与加工表面成定角	$L=2,A=0$	干涉前角	0	
	○垂直进刀		干涉后角	5	
	○矢量进刀		拐角过渡方式	⊙尖角○ 圆弧	
相对毛坯退刀	⊙与加工表面成定角	$L=2,A=45$	反向走刀	○是 ⊙否	
	○轮廓垂直退刀		详细干涉检查	⊙是 ○否	
	○轮廓矢量退刀		退刀时是否沿轮廓走刀	⊙是 ○否	
相对加工表面退刀	⊙与加工表面成定角	$L=2,A=45$			
	○轮廓垂直退刀		刀尖半径补偿	⊙编程时考虑半径补偿	
	○轮廓矢量退刀			○由机床进行半径补偿	
	快速退刀距离	$L=3$	—	—	

• 单击“切削用量”选项卡，按表 13-6 所列参数填写对话框，如图 13-48 所示，设定切削用量参数如下。

进退刀时快速走刀：是；进刀量=100，单位：mm/min；主轴转速选项：恒转速；主轴转速：600（rpm）；样条拟合方式：直线拟合。

• 单击“轮廓粗车”选项卡，按表 13-6 所列参数填写对话框，如图 13-49 所示，选择刀具及确定刀具参数如下。

刀具名：端面车刀；刀具号：4；刀具补偿号：0；刀柄长度：50；刀柄宽度：15；刀角长度：10；刀尖半径：1；刀具前角：85；刀具后角：10；轮廓车刀类型：端面车刀；刀具偏置方向：左偏。

如果要添加新的刀具，就单击[增加刀具]按钮，CAXA 数控车系统弹出新的对话框，如图 13-50 所示。参数填写完成后，单击[确定]按钮，在图 13-49 中的轮廓车刀列表中增加了“端面车刀”。单击“端面车刀”，在“刀具参数”下显示的参数即为图 13-50 所设定的参数。

单击[刀具预览]按钮，可以预览刀具形状，如图 13-51 所示。

如果想采用新增加的刀具（如端面车刀），单击轮廓车刀列表中端面车刀使它变为蓝色，然后单击[置当前刀]按钮，当前所使用的刀具即为端面车刀。

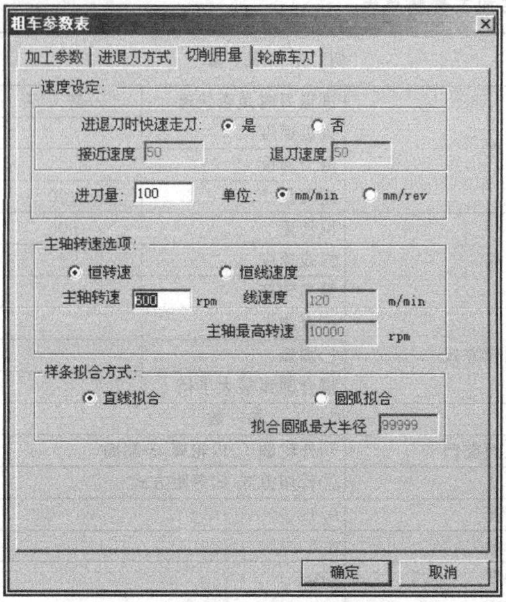

图 13-48　端面粗车切削用量参数设定

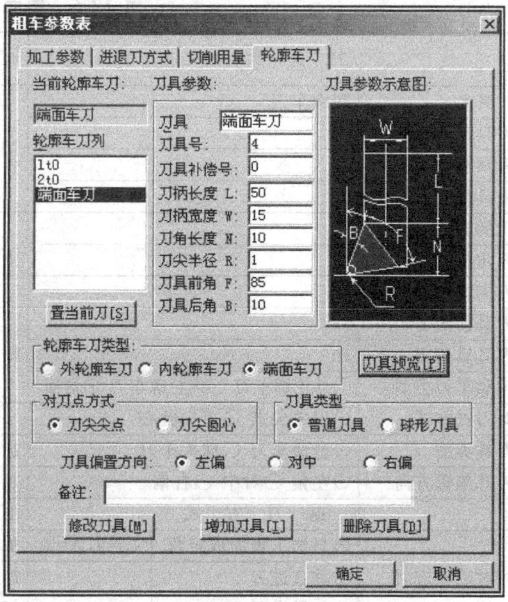

图 13-49　粗车轮廓车刀参数设定

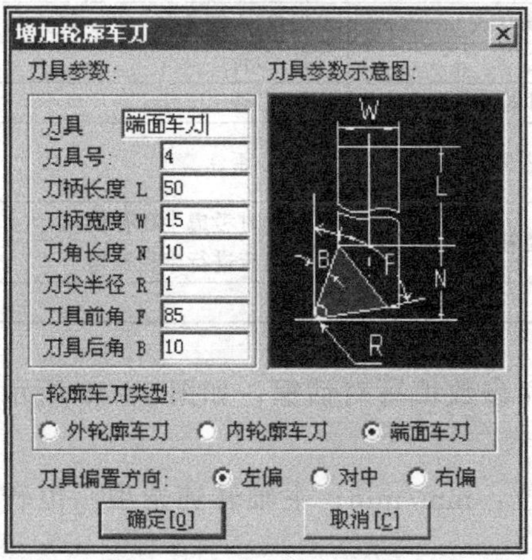

图 13-50　增加轮廓车刀

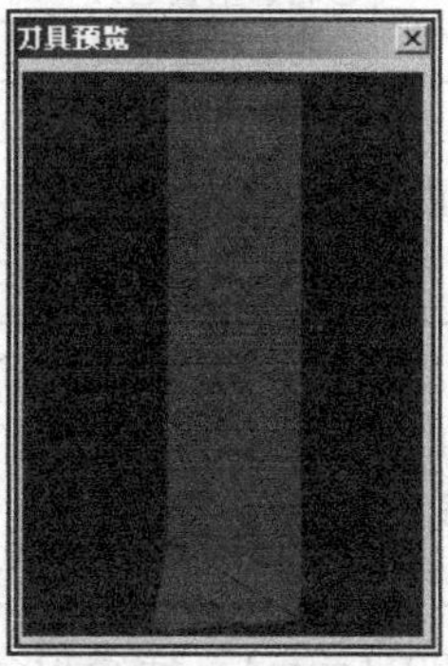

图 13-51　刀具预览

③ 拾取加工轮廓　系统提示用户拾取被加工工件表面轮廓线，按空格键，选取单个拾取方式，拾取加工轮廓（图 13-52）与毛坯轮廓（图 13-53）。

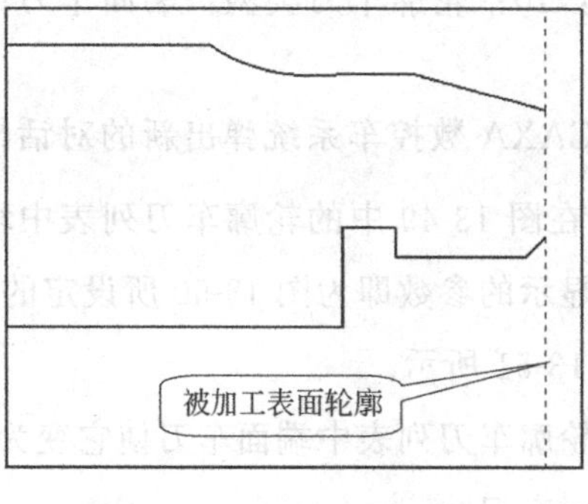

图 13-52　被加工表面轮廓

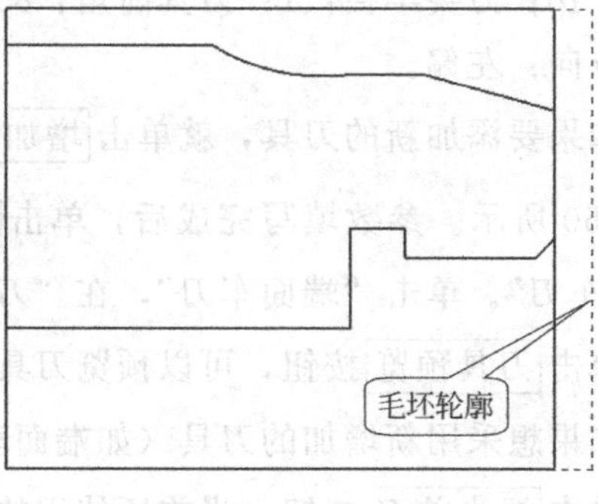

图 13-53　毛坯轮廓

④ 确定进退刀点　指定一点为刀具加工前和加工后所在的位置，如图 13-54 所示。

⑤ 生成刀具轨迹　当确定进退刀点之后，系统生成绿色的刀具轨迹，如图 13-54 所示。

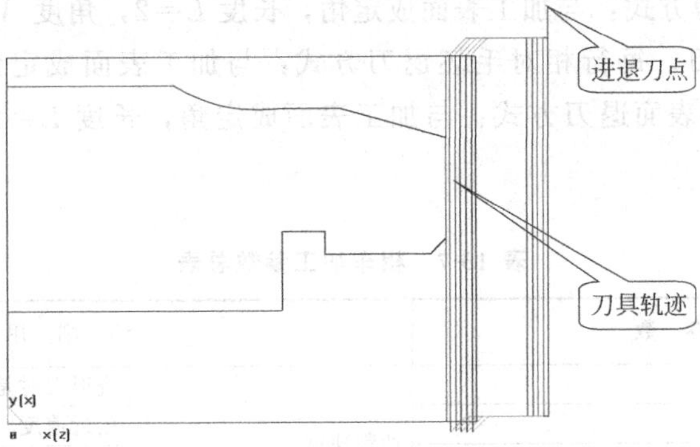

图 13-54　粗车加工端面轨迹

⑥ 轨迹仿真　生成刀具加工轨迹的好与坏，可以通过模拟仿真来识别。单击数控车工具栏中的“轨迹仿真”图标 。选择“动态”仿真功能，观察仿真结果。如不理想，可以通过修改参数来改变。

⑦ 参数修改　参见本章第一节轮廓粗车中的参数修改部分。

2. 外轮廓粗车

① 填写参数表　单击数控车工具栏中的“轮廓粗车”图标 ，系统弹出“粗车参数表”对话框。

• 单击“加工参数”选项卡，按表 13-7 所列参数填写对话框，如图 13-55 所示。

加工表面类型：外轮廓；加工精度：0.1；加工余量：0.1；加工角度：180；切削行距：0.5；干涉前角：0；干涉后角：10；拐角过渡方式：圆弧；反向走刀：否；详细干涉检查：是；退刀时沿轮廓走刀：否；刀尖半径补偿：编程时考虑半径补偿。

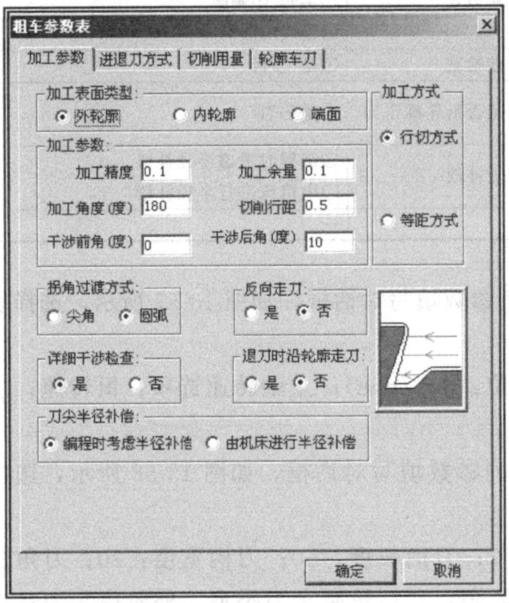

图 13-55　粗车加工参数设定

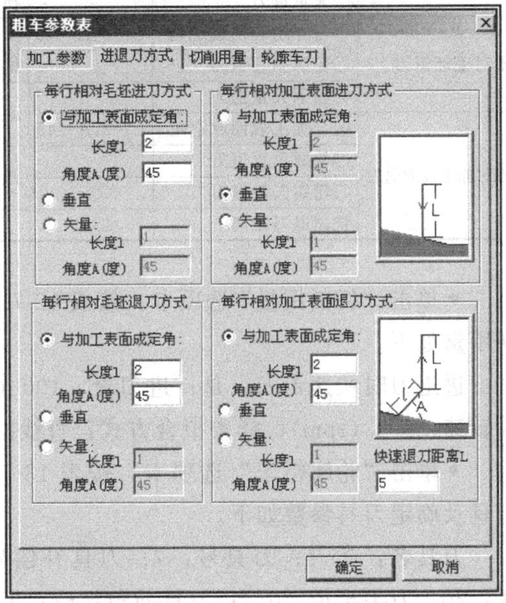

图 13-56　粗车进退刀参数设定

•单击“进退刀方式”选项卡，按表 13-7 所列参数填写对话框，如图 13-56 所示，选择进退刀方式如下。

每行相对毛坯进刀方式：与加工表面成定角，长度 $L=2$，角度 $A=0$；每行相对加工表面进刀方式：垂直进刀；每行相对毛坯退刀方式：与加工表面成定角，长度 $L=2$，角度 $A=45$；每行相对加工表面退刀方式：与加工表面成定角，长度 $L=2$，角度 $A=45$；快速退刀距离：$L=5$。

表 13-7　粗车加工参数总表

刀具参数			切削用量		
刀具名	车刀		切削速度	进退刀时是否快速	⊙是○否
刀具号	7			接近速度	
刀具补偿号	0			退刀速度	
刀具长度 L	50			进刀量 F	150
刀柄宽度 W	20		主轴转速	恒转速	300
刀角长度 N	20			恒线速度	
刀尖半径 R	1			最高转速	
刀具前角 F	87		样条拟合方式	⊙直线	
刀具后角 B	30			○圆弧	
轮廓车刀类型	⊙外轮廓车刀 ○内轮廓车刀 ○端面			拟合圆弧最大半径	
对刀点方式	○刀尖尖点 ⊙刀尖圆心		加工参数		
刀具类型	⊙普通车刀 ○球头车刀		加工表面类型	⊙外轮廓 ○内轮廓 ○端面	
刀具偏置方向	⊙左偏 ○对中 ○右偏		加工方式	⊙行切方式 ○等距方式	
进退刀方式			加工精度	0.1	
相对毛坯进刀	⊙与加工表面成定角	$L=2,A=45$	加工余量	0.1	
	○垂直进刀		加工角度	180	
	○矢量进刀		切削行距	0.5	
相对加工表面进刀	○与加工表面成定角		干涉前角	0	
	⊙垂直进刀		干涉后角	10	
	○矢量进刀		拐角过渡方式	○尖角 ⊙圆弧	
相对毛坯退刀	⊙与加工表面成定角	$L=2,A=45$	反向走刀	○是 ⊙否	
	○轮廓垂直退刀		详细干涉检查	⊙是 ○否	
	○轮廓矢量退刀		退刀时是否沿轮廓走刀	○是⊙否	
相对加工表面退刀	⊙与加工表面成定角	$L=2,A=45$			
	○轮廓垂直退刀		刀尖半径补偿	⊙编程时考虑半径补偿	
	○轮廓矢量退刀			○由机床进行半径补偿	
	快速退刀距离	$L=5$	—	—	

•单击“切削用量”选项卡，按表 13-7 所列参数填写对话框，如图 13-57 所示，选择切削用量如下。

进退刀时快速走刀：是；进刀量：100（单位：mm/min）；主轴转速选项：恒转速；主轴转速：600（rpm）；样条拟合方式：直线拟合。

•单击“轮廓粗车”选项卡，按表 13-7 所列参数填写对话框，如图 13-58 所示，选择刀具及确定刀具参数如下。

刀具名：车刀；刀具号：7；刀具补偿号：7；刀柄长度：50；刀柄宽度：20；刀角长度：20；刀尖半径：0.4；刀具前角：87；刀具后角：25；轮廓车刀类型：外轮廓车刀；刀具偏置方向：左偏。

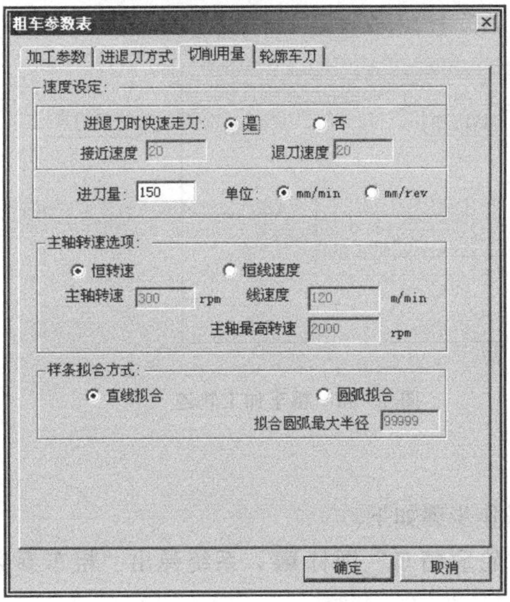

图 13-57　粗车切削用量参数设定

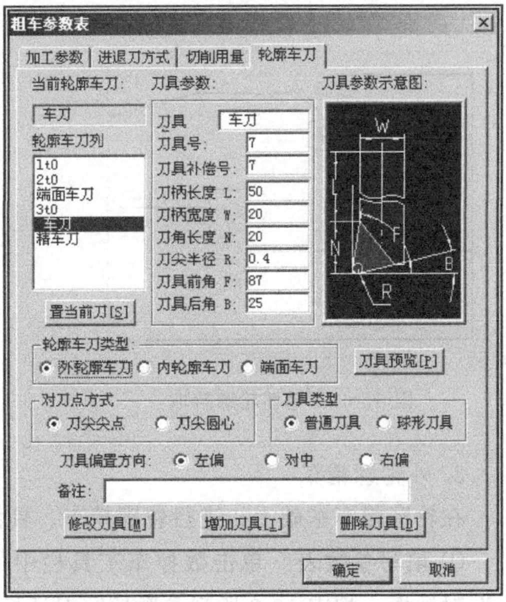

图 13-58　粗车轮廓车刀参数设定

② 拾取加工轮廓　系统提示用户拾取被加工工件表面轮廓线，按空格键弹出工具菜单，如果选择限制线拾取或单个拾取，在状态栏中的“链拾取”位置上会变为“限制链拾取”或“单个拾取”。这两种拾取方法得到的形式不同，若采用单个拾取，直接按顺序拾取被加工表面外轮廓，如图 13-59 所示；若采用限制链拾取，则拾取左、右两条限制轮廓线，该两条轮廓线变成红色的虚线，且系统自动拾取该两条限制轮廓线之间连接的被加工工件表面轮廓线，如图 13-60 所示。无论采用单个拾取还是限制链拾取，都可以将加工轮廓与毛坯轮廓区分开。

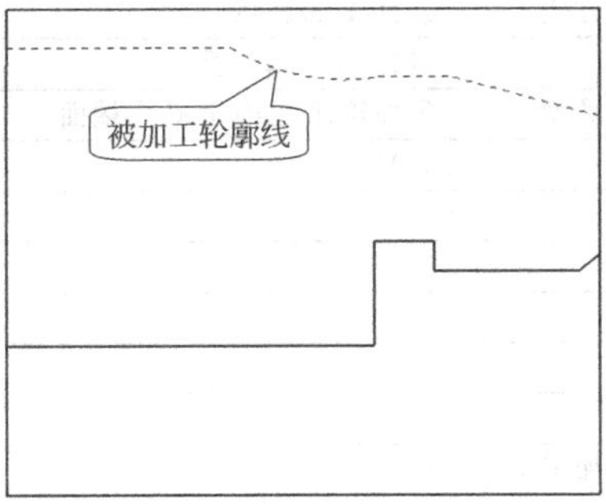

图 13-59　单个拾取被加工表面轮廓

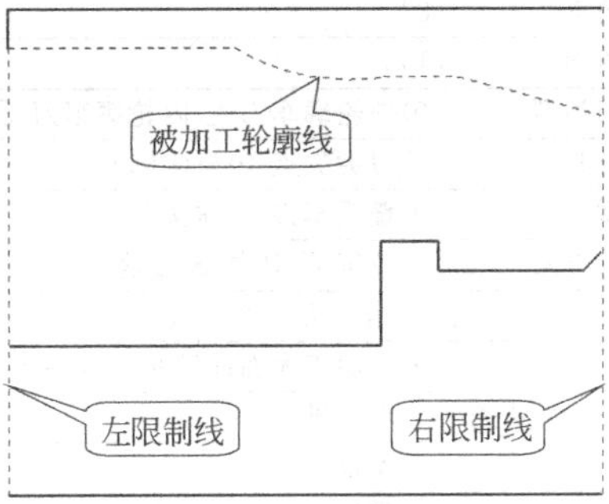

图 13-60　限制线拾取被加工表面轮廓

③ 拾取毛坯轮廓　拾取方法与拾取加工表面轮廓类似。单个拾取和限制线拾取毛坯轮廓是一样的，如图 13-61 所示。

④ 确定进退刀点　指定一点为刀具加工前和加工后所在的位置，如图 13-62 所示。

⑤ 生成刀具轨迹　当确定进退刀点之后，系统生成绿色的刀具轨迹，如图 13-62 所示。

⑥ 参数修改　如果对生成的轨迹不满意时，可以用“参数修改”功能对轨迹的各种参数进行修改，以生成新的加工轨迹。在前面曾多次提到，在此不再赘述。

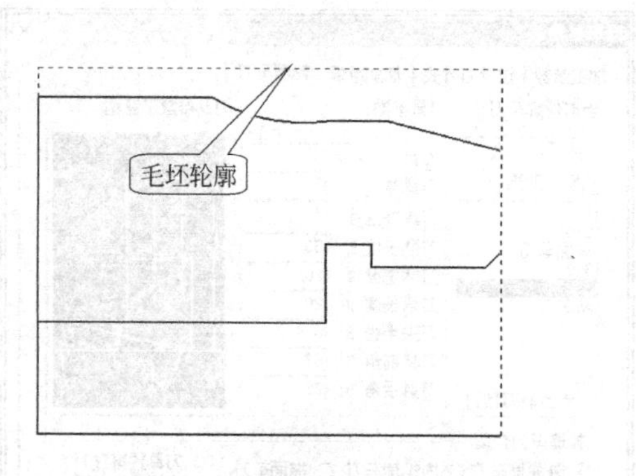

图 13-61　毛坯轮廓拾取

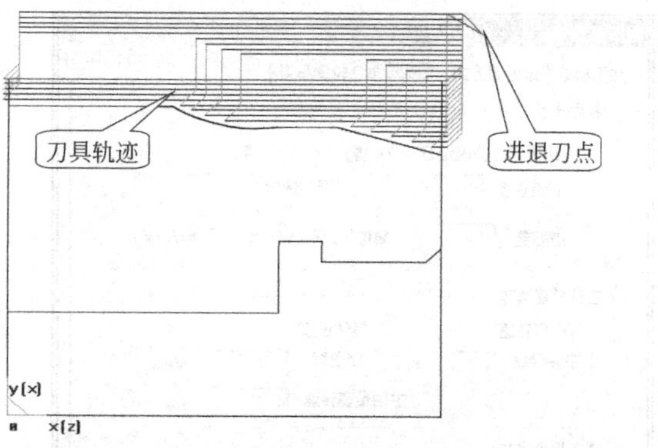

图 13-62　粗车加工轨迹

3. 外轮廓精车

在轮廓粗车基础上，进行轮廓精车。具体操作步骤如下。

① 填写参数表　单击数控车工具栏中的“轮廓精车”图标▣，系统弹出“粗车参数表”对话框，按表 13-8 所列参数填写对话框。

表 13-8　精车参数表

<table>
<tr><th colspan="3">刀 具 参 数</th><th colspan="3">切 削 用 量</th></tr>
<tr><td>刀具名</td><td colspan="2">车刀</td><td rowspan="4">速度设定</td><td>进退刀时是否快速</td><td>○是 ⊙否</td></tr>
<tr><td>刀具号</td><td colspan="2">7</td><td>接近速度</td><td>50</td></tr>
<tr><td>刀具补偿号</td><td colspan="2">0</td><td>退刀速度</td><td>50</td></tr>
<tr><td>刀具长度 L</td><td colspan="2">50</td><td>进刀量 F</td><td>100</td></tr>
<tr><td>刀柄宽度 W</td><td colspan="2">20</td><td rowspan="3">主轴转速</td><td>⊙恒转速</td><td>320</td></tr>
<tr><td>刀角长度 N</td><td colspan="2">20</td><td>○恒线速度</td><td>150</td></tr>
<tr><td>刀尖半径 R</td><td colspan="2">0.4</td><td>最高转速</td><td>3000</td></tr>
<tr><td>刀具前角 F</td><td colspan="2">87</td><td>样条拟合方式</td><td colspan="2">○直线 ⊙圆弧</td></tr>
<tr><td>刀具后角 B</td><td colspan="2">15</td><th colspan="3">加 工 参 数</th></tr>
<tr><td>轮廓车刀类型</td><td colspan="2">⊙外轮廓车刀 ○内轮廓车刀 ○端面</td><td>加工表面类型</td><td colspan="2">⊙外轮廓 ○内轮廓 ○端面</td></tr>
<tr><td>对刀点方式</td><td colspan="2">○刀尖尖点 ⊙刀尖圆心</td><td>加工精度</td><td colspan="2">0.01</td></tr>
<tr><td>刀具类型</td><td colspan="2">⊙普通车刀 ○球头车刀</td><td>加工余量</td><td colspan="2">0</td></tr>
<tr><td>刀具偏置方向</td><td colspan="2">○左偏 ○对中 ⊙右偏</td><td>加工角度</td><td colspan="2">180</td></tr>
<tr><th colspan="3">进 退 刀 方 式</th><td>切削行距</td><td colspan="2">0.5</td></tr>
<tr><td rowspan="3">相对加工表面进刀</td><td>⊙与加工表面成定角</td><td>L=2,A=45</td><td>干涉前角</td><td colspan="2">0</td></tr>
<tr><td colspan="2">○垂直进刀</td><td>干涉后角</td><td colspan="2">10</td></tr>
<tr><td colspan="2">○矢量进刀</td><td>最后一行加工次数</td><td colspan="2">1</td></tr>
<tr><td rowspan="4">相对加工表面退刀</td><td colspan="2">○与加工表面成定角</td><td>拐角过渡方式</td><td colspan="2">○尖角 ⊙圆弧</td></tr>
<tr><td colspan="2">⊙轮廓垂直退刀</td><td>反向走刀</td><td colspan="2">○是 ⊙否</td></tr>
<tr><td colspan="2">○轮廓矢量退刀</td><td>详细干涉检查</td><td colspan="2">⊙是 ○否</td></tr>
<tr><td>快速退刀距离</td><td>L=5</td><td>刀尖半径补偿</td><td colspan="2">⊙编程考虑 ○由机床补偿</td></tr>
</table>

• 单击“加工参数”选项卡，按表 13-8 所列参数填写对话框，如图 13-63 所示，精车参数设置如下。

加工精度：0.01；加工余量：0；切削行数：3；切削行距：0.5；干涉前角：0；干涉后角：10；最后一行加工次数：1；拐角过渡方式：圆弧；反向走刀：否；详细干涉检查：是；刀尖半径补偿：编程时考虑半径补偿。

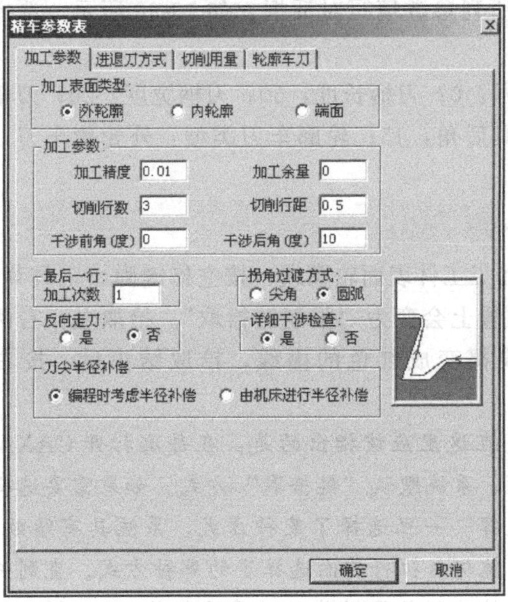

图 13-63　加工参数对话框

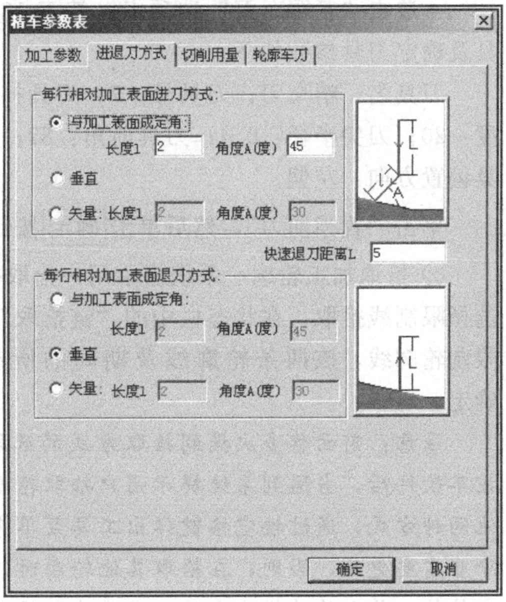

图 13-64　进退刀方式对话框

• 单击“进退刀方式”选项卡，按表 13-8 所列参数填写对话框，如图 13-64 所示，选择进退刀方式如下。

每行相对加工表面进刀方式：与加工表面成定角，长度 $L=2$，角度 $A=45$；每行相对加工表面退刀方式：与加工表面成定角。

• 单击“切削用量”选项卡，按表 13-8 所列参数填写对话框，如图 13-65 所示，选择切削用量如下。

速度设定：接近速度=50，退刀速度=50；进刀量：100(单位：mm/min)；恒线速度：线速度 150(mm/min)；主轴最高转速：3000(rpm)；样条拟合方式：直线拟合。

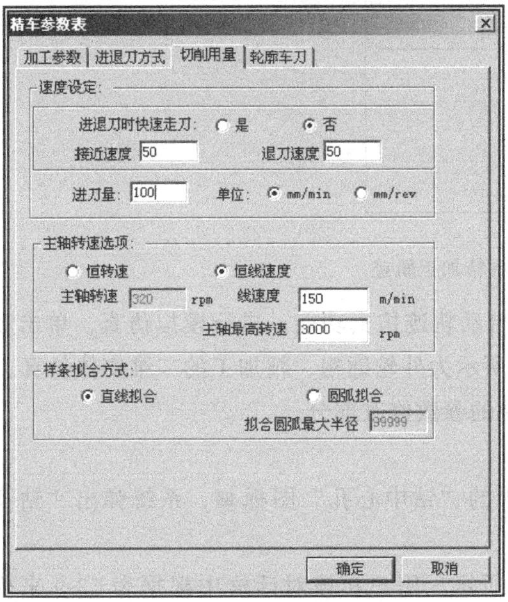

图 13-65　切削用量对话框

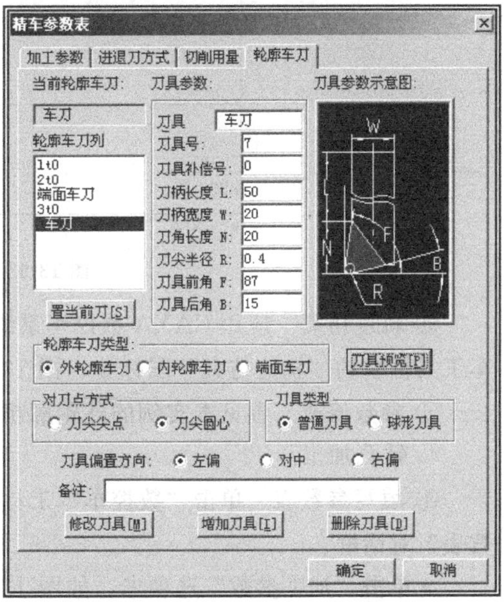

图 13-66　轮廓车刀对话框

•单击“轮廓车刀”选项卡，按表 13-8 所列参数填写对话框，如 13-66 所示，选择刀具及确定刀具参数如下。

刀具名：精车刀；刀具号：7；刀具补偿号：0；刀柄长度：50；刀柄宽度：20；刀角长度：20；刀尖半径：0.4；刀具前角：87；刀具后角：15；轮廓车刀类型：外轮廓车刀；刀具偏置方向：左偏。

单击“置当前刀”，然后单击确定按钮。

② 拾取加工轮廓　系统提示用户拾取被加工工件表面轮廓线，按空格键弹出工具菜单，选择限制线拾取，在状态栏中的“链拾取”位置上会变为“限制链拾取”。拾取左、右两条限制轮廓线，该两条轮廓线及期间的所有线都变成红色的虚线，拾取结束后，按右键确定。

注意：前面曾多次提到拾取方式的选取，在这里应该指出的是：在每次打开 CAXA 数控车软件后，当遇到系统提示用户拾取轮廓时，系统默认“链拾取”方式。如果需要选择其他两种方式，通过按空格键弹出工具菜单来选择。一旦选择了某种方式，系统具有续效性，除非需要更改，否则，在拾取其他轮廓时，系统仍然执行前面选择了的那种方式。直到关闭本软件，前面的选择才失效。当再次打开本软件应用拾取功能时，系统仍然默认“链拾取”方式。

③ 确定进退刀点　系统提示：输入进退刀点，指定一点为刀具加工前和加工后所在的位置，如图 13-67 所示。

④ 生成刀具轨迹　当确定进退刀点之后，系统生成绿色的刀具轨迹，如图 13-67 所示。

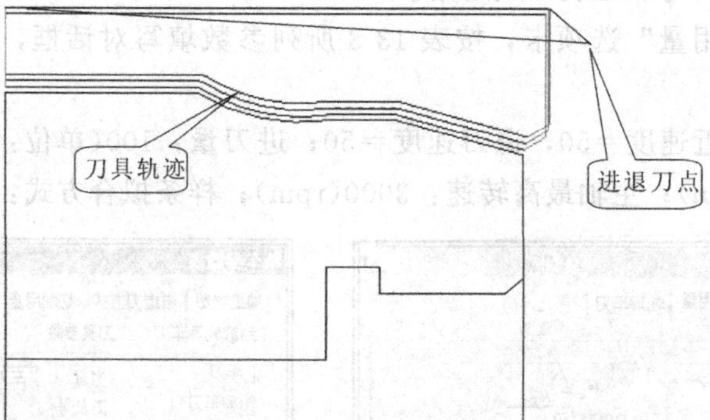

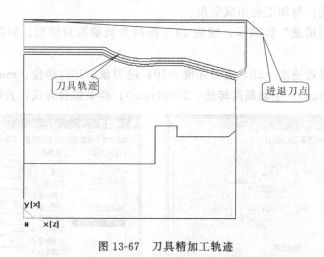

图 13-67　刀具精加工轨迹

⑤ 轨迹仿真　应用 CAXA 数控车系统的自动轨迹仿真功能，进行模拟仿真。单击数控车工具栏中的“轨迹仿真”图标，图 13-68 所示为外轮廓粗、精加工的二维实体仿真。

⑥ 参数修改　参见本实例的外轮廓粗车中的参数修改部分。

4. 钻孔加工

① 填写参数表　单击“数控车”工具栏中的“钻中心孔”图标，系统弹出“钻孔参数表”对话框。

•单击“加工参数”选项卡，如图 13-69 所示，用户在该对话框中根据表 13-9 来确定各参数。

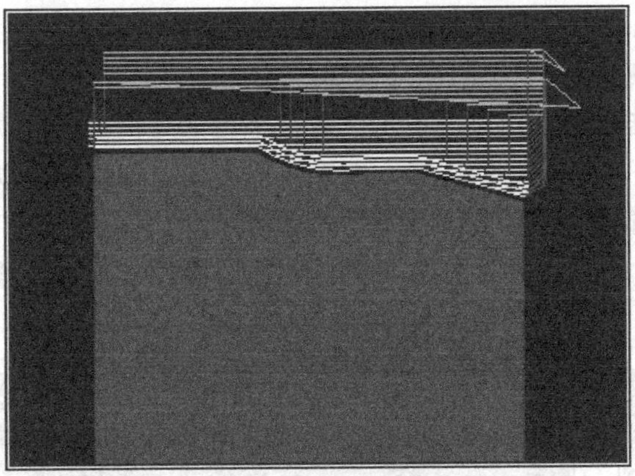

图 13-68　轨迹仿真

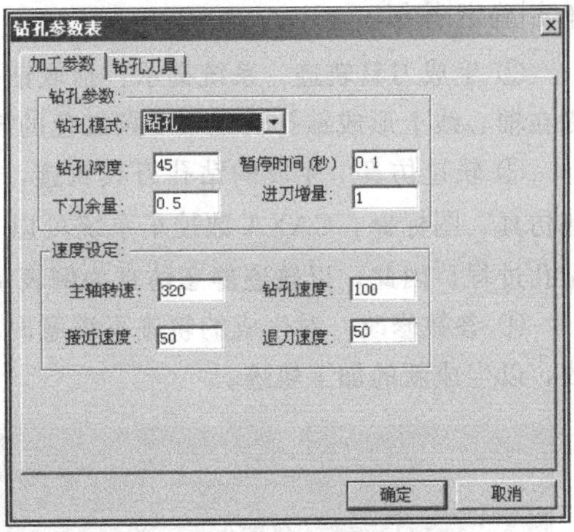

图 13-69　钻孔参数对话框

表 13-9　钻孔参数表

刀具参数		加工参数		
刀具名	钻头 1	速度设定	主轴转速	320
刀具号	2		接近速度	50
刀具补偿号	2		退刀速度	50
刀具半径 R	10		钻孔速度	50
刀尖角度 A	120	钻孔参数	钻孔模式	钻孔
刀刃长度 l	40		钻孔深度	45
刀杆长度 L	60		下刀余量	0.5
—	—		暂停时间	0.1
—	—		进刀增量	1

- “加工参数”设置完成后，单击“钻孔刀具”选项卡，如图 13-70 所示，用户可在该对话框中确定各参数如下。

刀具名：钻头 1；刀具号：2；刀具补偿号：2；刀具半径 R：10；刀尖角度 A：120；刀刃长度 l：40；刀杆长度 L：60；

如果增加新刀具并要使用该刀具，不要忘记单击[置当前刀]。“钻孔刀具”设置完成后，

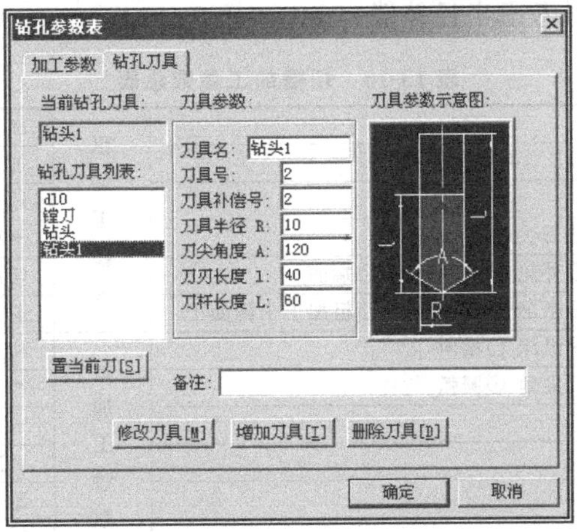

图 13-70　钻孔刀具对话框

单击[确定]按钮。

② 生成刀具轨迹　系统提示：拾取钻孔起始点，单击图 13-67 中要钻孔位置的起始点，则在轴心线上形成钻孔轨迹（一条红色的轨迹线），如图 13-71 所示。

③ 轨迹仿真　生成的钻孔刀具轨迹，进行轨迹仿真。单击“数控车”工具栏中的“轨迹仿真”图标，CAXA 数控车系统可以自动进行轨迹仿真，由于静态方式能很好地反映钻孔过程，因此，以轨迹静态仿真为例表示钻孔轨迹仿真，如图 13-72 所示。

④ 参数修改　对生成的轨迹不满意时，可以用参数修改功能对轨迹的各种参数进行修改，以生成新的加工轨迹。

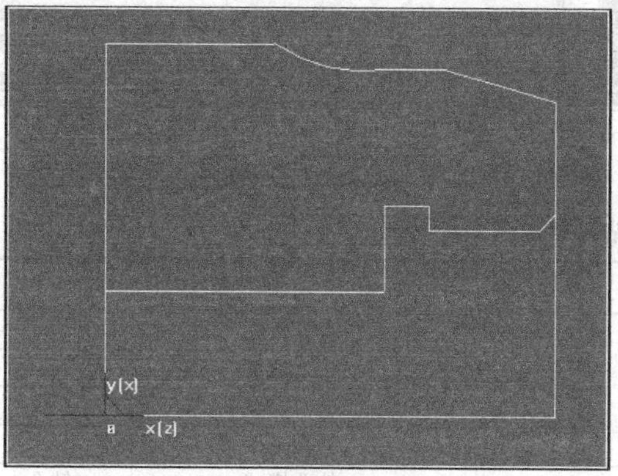

图 13-71　刀具轨迹

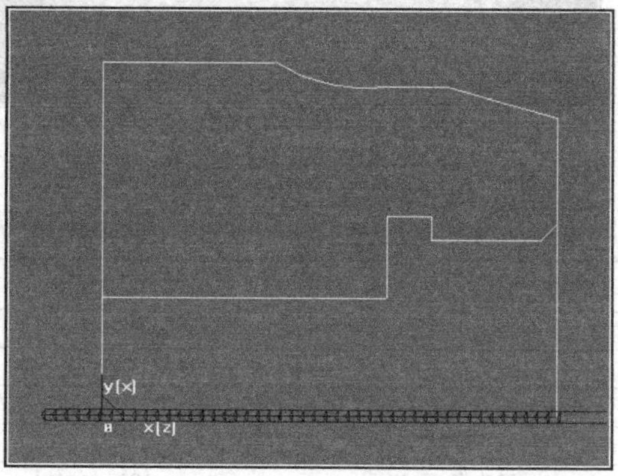

图 13-72　钻孔轨迹仿真

5. 切槽加工

① 加工参数

• 切槽加工参数　单击数控车工具栏中的“轨迹仿真”图标，系统弹出“切槽参数表”对话框，如图 13-73 所示。按表 13-10 所列切槽加工参数，选择“切槽表面类型”为内轮廓，输入参数如下。

毛坯余量：0.8；加工工艺类型：粗加工；加工方向：纵向；拐角过渡方式：圆弧；加工精度：0.1；加工余量：0；平移步距：1.5；切深步距：2；延迟时间：0.5；退刀距离：3；刀尖半径补偿：编程时考虑半径补偿。

表 13-10　切槽加工参数总表

刀具参数	刀刃宽度 N	6	粗加工参数	加工精度	0.1
	刀尖半径 R	0.5		加工余量	0
	刀具引角 A	1		延迟时间	0.5
	编程刀位点	前刀尖圆心		平移步距	1.5
加工参数	切槽表面类型	○外轮廓 ⊙内轮廓 ○端面		切深步距	2
	加工工艺类型	⊙粗加工 ○精加工 ○粗加工＋精加工		退刀距离	3
	加工方向	⊙纵深 ○横向	精加工参数	加工精度	
	拐角过渡方式	○尖角 ⊙圆弧		加工余量	
	反向走刀	□		末行加工次数	
	粗加工时修轮廓	□		切削行数	
	刀具只能下切	□		退刀距离	
	毛坯余量	□		切削行距	
	刀尖半径补偿	⊙编程考虑 ○由机床补偿	切削用量	（略）	

• 切削用量　单击“切削用量”选项卡，选择切削用量，出现如图 13-74 所示对话框。参数设定如下。

进退刀时快速走刀：是；进刀量：50(单位：mm/min)；主轴转速选项：恒转速；样条拟合方式：圆弧拟合。

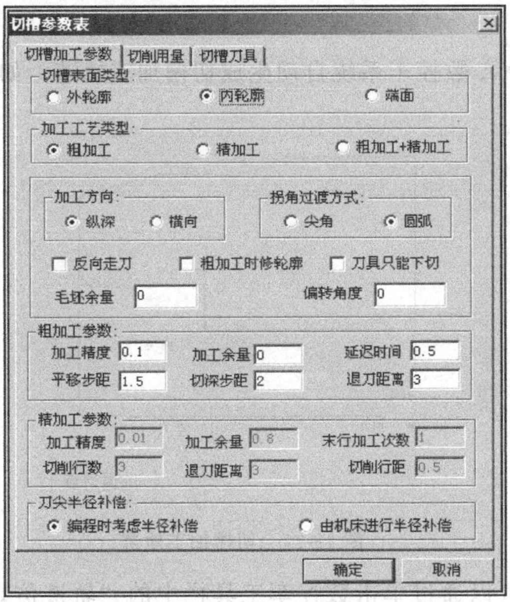

图 13-73　切槽加工参数表

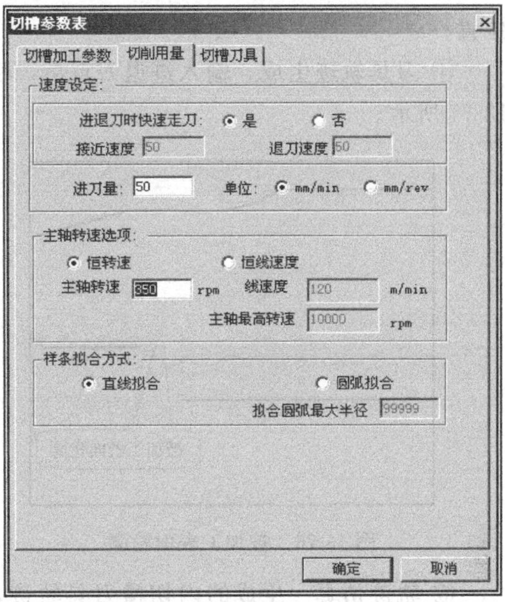

图 13-74　切削用量参数表

• 切槽刀具　单击“切槽刀具”选项卡，对加工中所用的刀具参数进行设置，按表 13-10 所列切槽加工参数填写对话框，如图 13-75 所示。输入“刀具参数”如下。

刀具名：gvo；刀具号：0；刀具补偿号：0；刀具长度：20；刀柄宽度：6；刀刃宽度：6；刀尖半径：0.5；刀具引角：1。

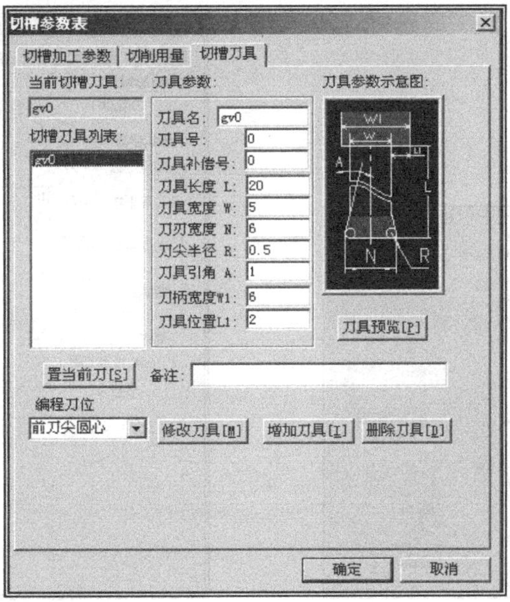

图 13-75　切槽刀具参数表

设定情况如何，可通过[刀具预览]按钮观察。上述参数设置完成后，单击[确定]按钮。

② 拾取轮廓　状态栏提示用户选择轮廓线。拾取轮廓线，采用单个链拾取方式，按顺序依次拾取，按右键确定，如图 13-76 所示。

③ 输入进退刀点　系统提示输入进退刀点，指定一点为刀具加工前和加工后所在的位置。

④ 刀具轨迹生成　输入进退刀点后，CAXA 数控车系统自动生成切槽加工轨迹，如图 13-77 所示。

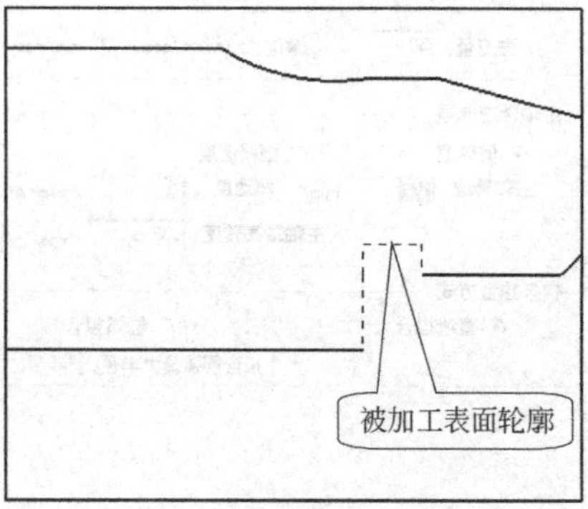

图 13-76　被加工表面轮廓

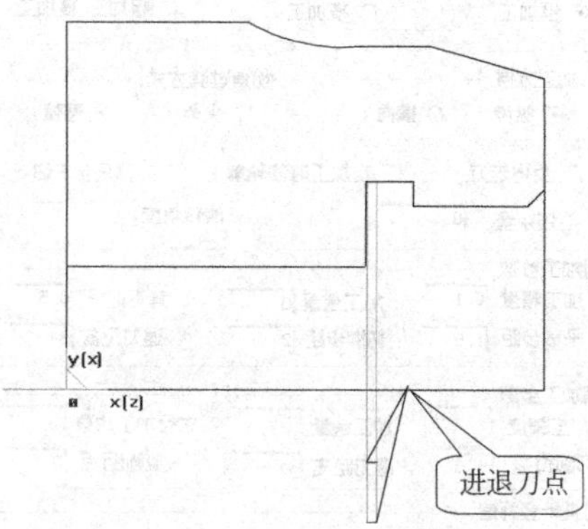

图 13-77　切槽加工轨迹

⑤ 轨迹仿真　生成的内切槽刀具轨迹，可以通过单击数控车工具栏中的“轨迹仿真”图标进行仿真，如图 13-78 所示。

⑥ 参数修改　如果生成的轨迹不理想，可以通过参数修改功能进行修改，以生成新的加工轨迹。

6. 车内螺纹加工

① 填写参数表　单击数控车工具栏中的“车螺纹”图标，根据系统提示，依次拾取

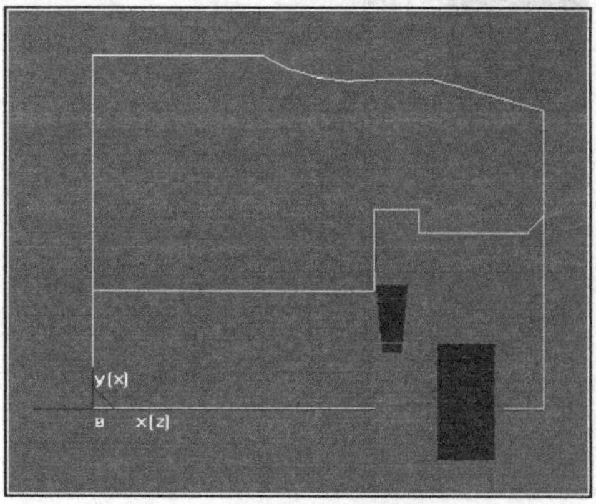

图 13-78　切槽加工轨迹仿真

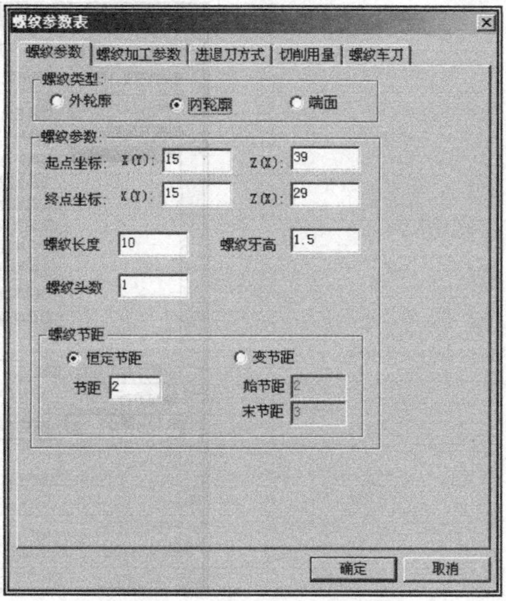

图 13-79　螺纹参数表对话框

螺纹起点、终点。拾取完毕，弹出“螺纹参数表”对话框，前面拾取的点的坐标同时显示在参数表中，如图 13-79 所示。按表 13-11 所列螺纹加工参数填写该对话框，确定各加工参数如下。

螺纹类型：外轮廓；螺纹参数：起点坐标（X＝15，Z＝39），终点坐标（X＝15，Z＝29）；螺纹长度：10；螺纹牙高：1.5；螺纹头数：1；螺纹节距：恒定节距，节距 2。

• 单击“螺纹加工参数”选项卡，按表 13-11 所列螺纹加工参数填写该对话框，如图 13-80 所示。对加工中的螺纹参数进行设定如下。

加工工艺：粗加工＋精加工；末行走刀次数：1；粗加工深度：1.2；精加工深度：0.3；每行切削用量：恒定切削面积，第一刀行距 0.5，最小行距 0.02；每行切入方式：沿牙槽中心线；每行切削用量：恒定切削面积，第一刀行距 0.15，最小行距 0.02；每行切入方式：沿牙槽中心线。

表 13-11 螺纹加工参数总表

刀具参数		
刀具种类	米制螺纹	
刀具名	60°普通螺纹刀	
刀具号	0	
刀具补偿号	0	
刀柄长度 L	40	
刀柄宽度 W	15	
刀刃长度 N	10	
刀尖宽度 B	1	
刀具角度 A	60	
进退刀方式		
粗加工进刀方式	○垂直	
	⊙矢量	$L=2,A=30$
粗加工退刀方式	○垂直	
	⊙矢量	$L=2,A=30$
精加工进刀方式	○垂直	
	⊙矢量	$L=2,A=30$
精加工退刀方式	○垂直	
	⊙矢量	$L=2,A=30$
切削用量		
速度设定	进退刀是否快速	⊙是 ○否
	接近速度	
	退刀速度	
	进刀量 F	100
主轴转速	恒转速	320
	恒线速度	
	最高转速	
样条拟合方式	⊙直线 ○圆弧	

螺纹参数				
螺纹类型		⊙外轮廓 ○内轮廓 ○端面		
螺纹参数	起点坐标	X(Y)	15	
		Z(X)	39	
	终点坐标	X(Y)	15	
		Z(X)	29	
	螺纹长度	10		
	螺纹牙高	1.5		
	螺纹头数	1		
	螺纹节距	⊙恒螺距	2	
		○变螺距	始节距	
			末节距	
螺纹加工参数				
加工工艺类型		○粗加工 ⊙粗加工＋精加工		
末行走刀次数				
螺纹总深		1.5		
粗加工深度		1.2		
精加工深度		0.3		
粗加工参数	每行切削用量	○恒定行距		
		⊙恒定切削面积	第一刀行距	0.5
			最小行距	0.02
	每行切入方式	⊙沿牙槽中心线 ○沿牙槽右侧 ○左右交替		
精加工参数	每行切削用量	○恒定行距		
		⊙恒定切削面积	第一刀行距	0.15
			最小行距	0.02
	每行切入方式	⊙沿牙槽中心线 ○沿牙槽右侧 ○左右交替		

• 单击“进退刀方式”选项卡，按表 13-12 所列螺纹加工参数填写对话框，如图 13-81 所示。选择进退刀方式如下。

粗加工进刀方式：矢量，长度＝2，角度＝30；粗加工退刀方式：矢量，长度＝2，角度＝30；快速退刀距离：5；精加工进刀方式：矢量，长度＝2，角度＝30；精加工退刀方式：矢量，长度＝2，角度＝30。

• 单击“切削用量”选项卡，按表 13-12 所列螺纹加工参数填写对话框，如图 13-82 所示，对加工中的切削用量进行设定如下。

进退刀时快速走刀：是；进刀量：100（单位：mm/min）；主轴转速：320（rpm）。

• 单击“螺纹车刀”选项卡，选择刀具及确定刀具参数，按表 13-12 所列螺纹加工参数填写对话框，如图 13-83 所示。

刀具种类：米制螺纹；刀具名：sco；刀具号：0；刀具补偿号：0；刀柄长度：40；刀柄宽度：15；刀刃长度：10；刀尖宽度：1；刀具角度：60。

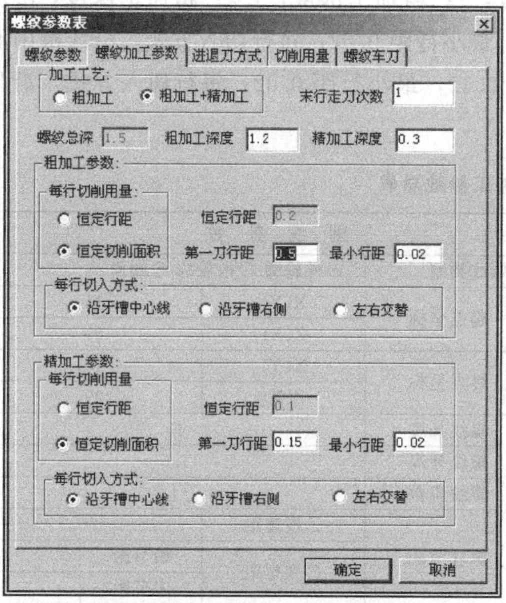

图 13-80 螺纹加工参数对话框

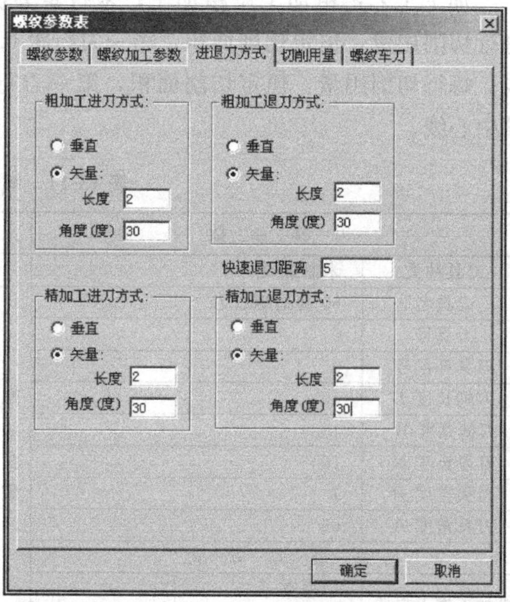

图 13-81 进退刀方式对话框

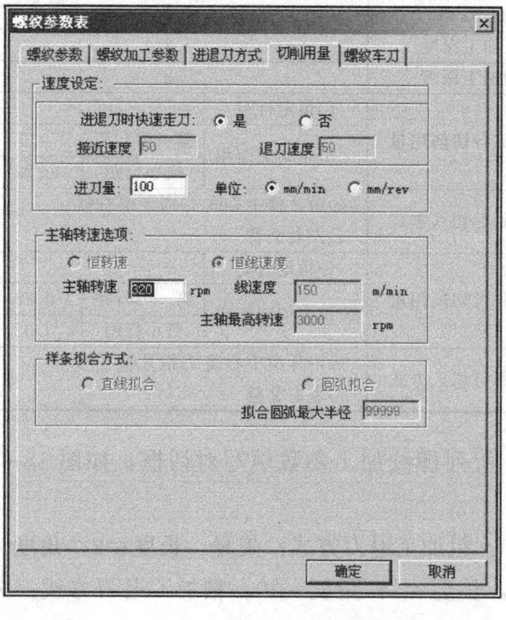

图 13-82 切削用量对话框

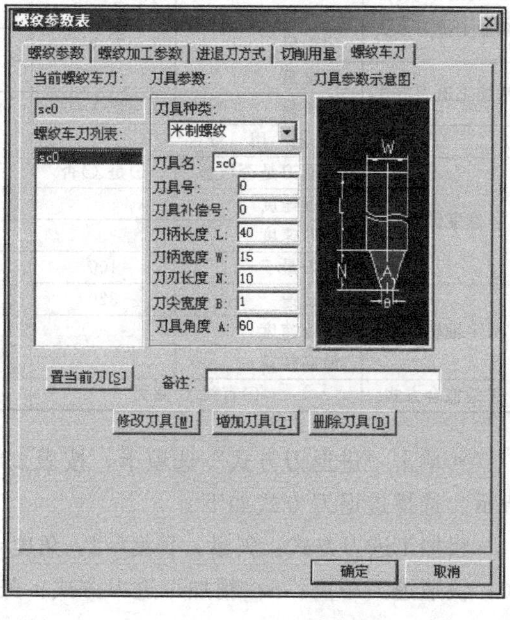

图 13-83 螺纹车刀对话框

在螺纹参数表对话框填写完成后，单击对话框中的确定按钮。

② 输入进退刀点 指定一点为刀具加工前和加工后所在的位置，如图 13-84 所示。

③ 生成刀具轨迹 当确定进退刀点之后，系统自动生成绿色的螺纹刀具加工轨迹，如图 13-84 所示。

④ 参数修改 参见本实例的外轮廓粗车中的参数修改部分。

至此，所有的加工轨迹都已形成，如图 13-85 所示。

⑤ 代码生成 单击数控车工具栏中的“代码生成”图标，系统弹出“选择后置文件”对话框，根据自己的意愿选择存取后置文件（*.cut）的地址，单击打开按钮，出现一个

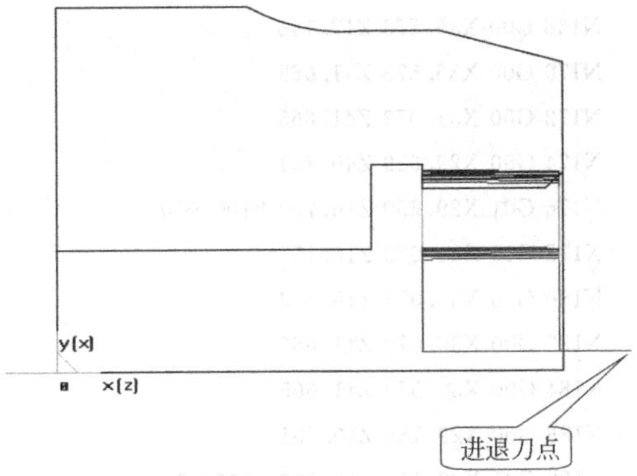

图 13-84 螺纹刀具加工轨迹

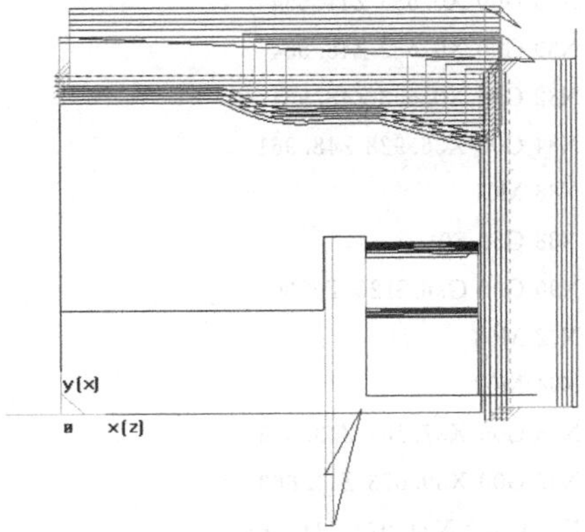

图 13-85 零件加工轨迹

对话框，单击是按钮，状态栏提示：拾取刀具轨迹，按加工顺序依次单击图 13-85 中生成的刀具加工轨迹，轨迹变成黄色，单击右键确定，系统形成“记事本”文件，该文件即为生成的数控代码加工指令，经整理见表 13-12。

表 13-12 螺纹刀具加工程序

程 序	程 序
%	N34 G00 X34.123 Z48.554
(13-实例 2.cut,29/12/04,21:50:5.140)	N36 G00 X34.123 Z43.054
N10 G50 S0	N38 G00 X32.709 Z41.639
N12 G00 G96 S150 T0700	N40 G01 X-0.861 Z41.639 F150.000
N14 M03	N42 G00 X0.553 Z43.054
N16 M08	N44 G00 X0.553 Z48.054
N18 G00 X36.928 Z48.961	N46 G00 X34.123 Z48.054
N20 G00 X34.121 Z48.961	N48 G00 X34.123 Z42.554
N22 G00 X34.121 Z48.554	N50 G00 X32.709 Z41.139
N24 G00 X34.121 Z43.554	N52 G01 X-0.861 Z41.139 F150.000
N26 G00 X32.706 Z42.139	N54 G00 X0.553 Z42.554
N28 G01 X-0.859 Z42.139 F150.000	N56 G00 X0.553 Z47.554
N30 G00 X0.555 Z43.554	N58 G00 X34.123 Z47.554
N32 G00 X0.555 Z48.554	N60 G00 X34.123 Z42.054

续表

程　序	程　序
N62 G00 X32.709 Z40.639	N150 G00 X30.659 Z40.251
N64 G01 X-0.861 Z40.639 F150.000	N152 G01 X30.659 Z-0.500 F100.000
N66 G00 X0.553 Z42.054	N154 G00 X32.073 Z0.914
N68 G00 X0.553 Z47.054	N156 G00 X37.073 Z0.914
N70 G00 X34.123 Z47.054	N158 G00 X37.073 Z41.665
N72 G00 X34.123 Z41.554	N160 G00 X31.573 Z41.665
N74 G00 X32.709 Z40.139	N162 G00 X30.159 Z40.251
N76 G01 X-0.861 Z40.139 F150.000	N164 G01 X30.159 Z15.732 F100.000
N78 G00 X0.553 Z41.554	N166 G00 X31.573 Z17.146
N80 G00 X0.553 Z48.554	N168 G00 X36.573 Z17.146
N82 G00 X0.553 Z48.961	N170 G00 X36.573 Z41.665
N84 G00 X36.928 Z48.961	N172 G00 X31.073 Z41.665
N86 M01	N174 G00 X29.659 Z40.251
N88 G50 S0	N176 G01 X29.659 Z16.739 F100.000
N90 G00 G96 S120 T0700	N178 G00 X31.073 Z18.153
N92 M03	N180 G00 X36.073 Z18.153
N94 M08	N182 G00 X36.073 Z41.665
N96 G00 X37.104 Z43.515	N184 G00 X30.573 Z41.665
N98 G00 X39.073 Z41.663	N186 G00 X29.159 Z40.251
N100 G00 X34.073 Z41.663	N188 G01 X29.159 Z18.000 F100.000
N102 G00 X32.659 Z40.249	N190 G00 X30.573 Z19.415
N104 G01 X32.659 Z-0.497 F100.000	N192 G00 X35.573 Z19.415
N106 G00 X34.073 Z0.917	N194 G00 X35.573 Z41.665
N108 G00 X39.073 Z0.917	N196 G00 X30.073 Z41.665
N110 G00 X39.073 Z41.665	N198 G00 X28.659 Z40.251
N112 G00 X33.573 Z41.665	N200 G01 X28.659 Z19.819 F100.000
N114 G00 X32.159 Z40.251	N202 G00 X30.073 Z21.233
N116 G01 X32.159 Z-0.500 F100.000	N204 G00 X35.073 Z21.233
N118 G00 X33.573 Z0.914	N206 G00 X35.073 Z41.665
N120 G00 X38.573 Z0.914	N208 G00 X29.573 Z41.665
N122 G00 X38.573 Z41.665	N210 G00 X28.159 Z40.251
N124 G00 X33.073 Z41.665	N212 G01 X28.159 Z31.339 F100.000
N126 G00 X31.659 Z40.251	N214 G00 X29.573 Z32.753
N128 G01 X31.659 Z-0.500 F100.000	N216 G00 X34.573 Z32.753
N130 G00 X33.073 Z0.914	N218 G00 X34.573 Z41.665
N132 G00 X38.073 Z0.914	N220 G00 X29.073 Z41.665
N134 G00 X38.073 Z41.665	N222 G00 X27.659 Z40.251
N136 G00 X32.573 Z41.665	N224 G01 X27.659 Z33.205 F100.000
N138 G00 X31.159 Z40.251	N226 G00 X29.073 Z34.619
N140 G01 X31.159 Z-0.500 F100.000	N228 G00 X34.073 Z34.619
N142 G00 X32.573 Z0.914	N230 G00 X34.073 Z41.665
N144 G00 X37.573 Z0.914	N232 G00 X28.573 Z41.665
N146 G00 X37.573 Z41.665	N234 G00 X27.159 Z40.251
N148 G00 X32.073 Z41.665	N236 G01 X27.159 Z35.071 F100.000

续表

程　序	程　序
N238 G00 X28.573 Z36.485	N338 G01 X28.400 Z25.000
N240 G00 X33.573 Z36.485	N340 G03 X28.396 Z24.944 I-0.400 K0.000
N242 G00 X33.573 Z41.665	N342 G02 X30.344 Z15.204 I14.823 K-2.100
N244 G00 X28.073 Z41.665	N344 G03 X30.400 Z15.000 I-0.344 K-0.204
N246 G00 X26.659 Z40.251	N346 G01 X30.400 Z10.000
N248 G01 X26.659 Z36.937 F100.000	N348 G01 X30.400 Z0.000
N250 G00 X28.073 Z38.351	N350 G00 X36.400 Z0.000
N252 G00 X33.073 Z38.351	N352 G00 X33.809 Z44.937
N254 G00 X33.073 Z41.665	N354 M01
N256 G00 X27.573 Z41.665	N356 G50 S3000
N258 G00 X26.159 Z40.251	N358 G00 G96 S150 T0101
N260 G01 X26.159 Z38.803 F100.000	N360 M03
N264 G00 X39.073 Z40.217	N362 M08
N266 G00 X37.104 Z43.515	N364 G00 X0.000 Z39.751
N268 M01	N366 G98G81X0.000Z0.000F100.000
N270 G50 S3000	N368 M01
N272 G00 G96 S150 T0700	N370 G50 S10000
N274 M03	N372 G00 G97 S320 T0200
N276 M08	N374 M03
N278 G00 X33.809 Z44.937	N376 M08
N280 G00 X36.400 Z41.846	N378 G00 X0.380 Z28.296
N282 G00 X27.739 Z41.846	N380 G00 X-10.800 Z25.651
N284 G00 X26.739 Z40.114	N382 G00 X-0.800 Z25.651
N286 G01 X29.352 Z30.362 F100.000	N384 G01 X14.200 Z25.651 F100.000
N288 G03 X29.400 Z30.000 I-1.352 K-0.362	N386 G04X0.500
N290 G01 X29.400 Z25.000	N388 G00 X-10.800 Z25.651
N292 G03 X29.386 Z24.804 I-1.400 K0.000	N390 G00 X-10.800 Z24.851
N294 G02 X31.204 Z15.714 I13.833 K-1.960	N392 G00 X-0.800 Z24.851
N296 G03 X31.400 Z15.000 I-1.204 K-0.714	N394 G01 X14.200 Z24.851 F100.000
N298 G01 X31.400 Z10.000	N396 G04X0.500
N300 G01 X31.400 Z0.000	N398 G00 X-10.800 Z24.851
N302 G00 X36.400 Z0.000	N400 G00 X-10.800 Z25.651
N304 G00 X36.400 Z41.716	N402 G00 X-5.800 Z25.651
N306 G00 X27.257 Z41.716	N404 G00 X4.200 Z25.651
N308 G00 X26.257 Z39.984	N406 G01 X16.900 Z25.651 F100.000
N310 G01 X28.869 Z30.233 F100.000	N408 G04X0.500
N312 G03 X28.900 Z30.000 I-0.869 K-0.233	N410 G00 X-5.800 Z25.651
N314 G01 X28.900 Z25.000	N412 G00 X-5.800 Z24.851
N316 G03 X28.891 Z24.874 I-0.900 K0.000	N414 G00 X4.200 Z24.851
N318 G02 X30.774 Z15.459 I14.328 K-2.030	N416 G01 X16.900 Z24.851 F100.000
N320 G03 X30.900 Z15.000 I-0.774 K-0.459	N418 G04X0.500
N322 G01 X30.900 Z10.000	N420 G00 X-5.800 Z24.851
N324 G01 X30.900 Z0.000	N422 G00 X0.380 Z28.296
N326 G00 X35.900 Z0.000	N424 M01
N328 G00 X35.900 Z41.587	N426 G50 S10000
N330 G00 X26.774 Z41.587	N428 G00 G97 S320 T0000
N332 G00 X25.774 Z39.855	N430 M03
N334 G01 X28.386 Z30.104 F100.000	N432 M08
N336 G03 X28.400 Z30.000 I-0.386 K-0.104	N434 G00 X1.655 Z45.040

续表

程　序	程　序
N436 G00 X1.655 Z39.474	N534 G00 X9.900 Z39.474
N438 G00 X9.092 Z39.474	N536 G00 X9.942 Z39.474
N440 G00 X14.092 Z39.474	N538 G00 X14.942 Z39.474
N442 G00 X14.192 Z39.474	N540 G00 X15.042 Z39.474
N444 G01 X15.392 Z39.474 F100.000	N542 G01 X16.242 Z39.474 F100.000
N446 G33 X15.500 Z28.766 K2.000	N544 G33 X16.350 Z28.766 K2.000
N448 G01 X14.300 Z28.766	N546 G01 X15.150 Z28.766
N450 G00 X14.200 Z28.766	N548 G00 X15.050 Z28.766
N452 G00 X9.200 Z28.766	N550 G00 X10.050 Z28.766
N454 G00 X9.299 Z39.474	N552 G00 X9.989 Z39.474
N456 G00 X14.299 Z39.474	N554 G00 X14.989 Z39.474
N458 G00 X14.399 Z39.474	N556 G00 X15.089 Z39.474
N460 G01 X15.599 Z39.474 F100.000	N558 G01 X16.289 Z39.474 F100.000
N462 G33 X15.707 Z28.766 K2.000	N560 G33 X16.398 Z28.766 K2.000
N464 G01 X14.507 Z28.766	N562 G01 X15.198 Z28.766
N466 G00 X14.407 Z28.766	N564 G00 X15.098 Z28.766
N468 G00 X9.407 Z28.766	N566 G00 X10.098 Z28.766
N470 G00 X9.433 Z39.474	N568 G00 X10.052 Z39.474
N472 G00 X14.433 Z39.474	N570 G00 X15.052 Z39.474
N474 G00 X14.533 Z39.474	N572 G00 X15.152 Z39.474
N476 G01 X15.733 Z39.474 F100.000	N574 G01 X16.352 Z39.474 F100.000
N478 G33 X15.841 Z28.766 K2.000	N576 G33 X16.460 Z28.766 K2.000
N480 G01 X14.641 Z28.766	N578 G01 X15.260 Z28.766
N482 G00 X14.541 Z28.766	N580 G00 X15.160 Z28.766
N484 G00 X9.541 Z28.766	N582 G00 X10.160 Z28.766
N486 G00 X9.592 Z39.474	N584 G00 X10.092 Z39.474
N488 G00 X14.592 Z39.474	N586 G00 X15.092 Z39.474
N490 G00 X14.692 Z39.474	N588 G00 X15.192 Z39.474
N492 G01 X15.892 Z39.474 F100.000	N590 G01 X16.392 Z39.474 F100.000
N494 G33 X16.000 Z28.766 K2.000	N592 G33 X16.500 Z28.766 K2.000
N496 G01 X14.800 Z28.766	N594 G01 X15.300 Z28.766
N498 G00 X14.700 Z28.766	N596 G00 X15.200 Z28.766
N500 G00 X9.700 Z28.766	N598 G00 X10.200 Z28.766
N502 G00 X9.710 Z39.474	N600 G00 X1.655 Z28.766
N504 G00 X14.710 Z39.474	N602 G00 X1.655 Z45.040
N506 G00 X14.810 Z39.474	N604 M09
N530 G00 X14.900 Z28.766	N606 M30
N532 G00 X9.900 Z28.766	%

注意：上述数控代码的生成是针对 LATHE2 机床而设置的，如果用户使用的是其他机床，那么在完成轮廓建模后，就应根据自己所使用的机床，首先进行机床类型设置，然后再往下进行。这样，生成的数控代码无需调整或者只需作个别调整，就能满足你所使用的数控机床。

思考与练习（十三）

一、思考题

(1) CAXA 数控车能绘制二维和三维图形，你认为这种说法对吗？为什么？

(2) CAXA 数控车的主要特点是什么？

(3) CAXA 数控车能实现哪些加工？

二、填空题

(1) 进行图形绘制时，当需要生成的曲线是用数学公式表示时，可以利用________模块的________生成功能来得到所需要的曲线。

(2) CAXA 数控车中，曲线有________、________、________、________、________等类型。

(3) 机床设置是针对不同的________、不同的________，设置特定的数控________、数控________及________，并生成配置文件。

(4) 生成数控程序时，系统根据________的定义，生成用户所需要的特定代码格式的加工指令。

三、选择题

(1) 在进行点的捕捉操作时，系统默认的点捕捉状态是（　）。

A. 控制点（K）　　B. 屏幕点（S）　　C. 缺省点（F）

(2) 可捕捉直线、圆弧、圆、样条曲线的端点的快捷键为（　）。

A. [N]键　B. [E]键　C. [K]键

(3) 曲线裁剪共有（　）四种方式。

A. 快速裁剪、线裁剪、点裁剪和修剪

B. 快速裁剪、线裁剪、点裁剪和投影裁剪

C. 快速裁剪、线裁剪、投影裁剪和修剪

(4) 模代码就是只要指定一次功能代码格式，以后不用再指定，系统会以（　）的功能模式，确认本程序段的功能。

A. 第一次指定　　B. 前面最近　　C. 最后一次

四、上机练习题

(1) 完成题图 13-1 所示零件的自动编程。

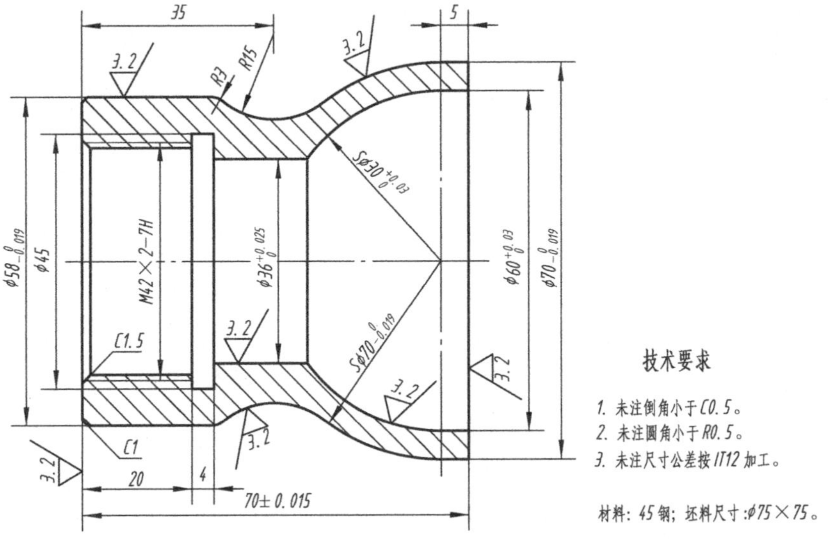

题图 13-1　零件简图

(2) 完成题图 13-2 所示零件的自动编程。

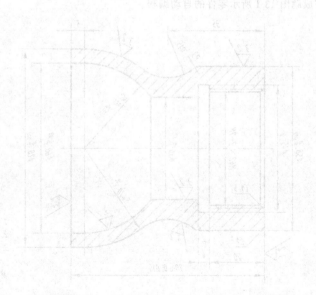

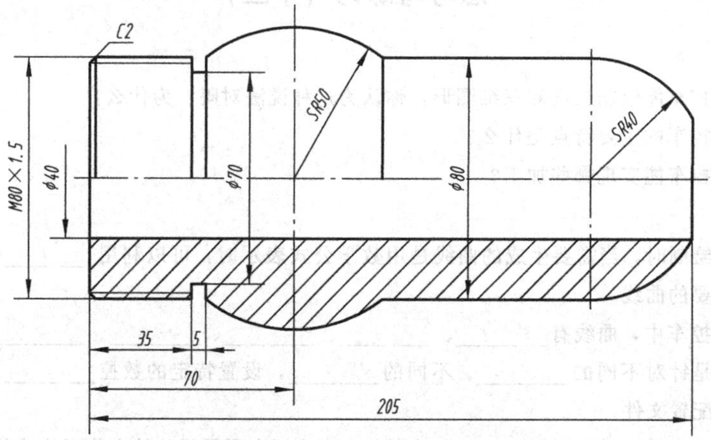

题图 13-2　零件简图

第十四章　CAXA 数控车结合其他软件的加工技术

CAXA 数控车的最大优点是易学易用，软件操作符合中国人思维习惯，全中文界面，造型设计的命令简洁明快，便于学习和操作。UG 和 MasterCAM 软件优点在于系统具有较强的数控加工编程能力，但其造型步骤较烦琐，不太符合中国人思维习惯，因此有必要取长补短，综合上述软件的优点设计和加工零件。

第一节　CAXA 造型文件转换成 MasterCAM 和 UG 文件

一、CAXA 造型文件转换成 MasterCAM 文件

（一）数据交换功能模块

MasterCAM 可将 AutoCAD、CADKEY、Mi-CAD 等 CAD/CAM 绘图软件中绘制好的零件图形，经由一些标准或特定的转换（如 IGES、DXF、CADL 等），转换到 MasterCAM 系统内。还可用 Basic、Fortran、Pascal 或 C 语言，经由 ASCⅡ 转换到 MasterCAM 中，反之亦然。

启动数据交换功能模块的方法是，选择【Lather】车削加工模块并进入其主界面，如图 4-1 所示。单击主菜单中的【File】→【Converters】命令，显示如图 14-1 所示界面，选择需要转换的文件类型。

例如，选择 IGES，再选择读文件【Read File】(或写文件)【Write File】命令，出现如图 14-2 所示菜单内容，选择需要转换的文件后，便可将对应数据 IGES 格式的文件转换到 MasterCAM 系统内（或将图形显示区的 MasterCAM 文件转换成 IGES 格式的文件）。

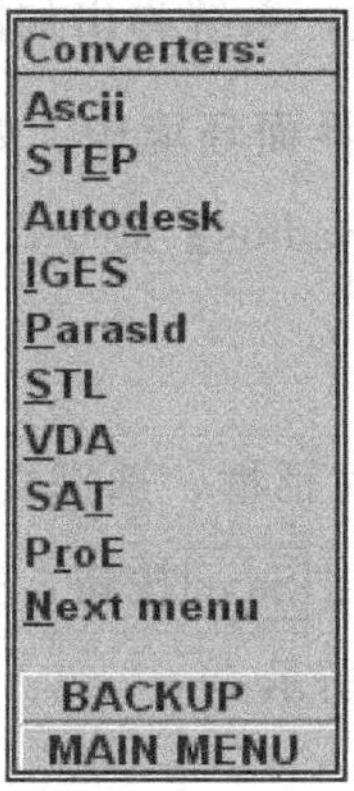

图 14-1　Converters 菜单

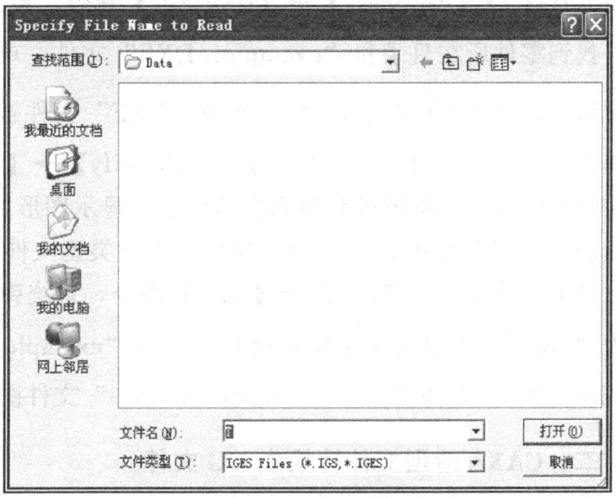

图 14-2　读写文件界面

再单击主菜单中的【File】→【Save】命令进行保存操作，如图 14-3 所示。

（二）文件转换实例

将第六章第四节实例 1 如图 6-46 零件简图所示的“example1. mxe”文件转换成 MasterCAM 的 MC9 类型文件，现将其具体的转换步骤说明如下。

① 在 CAXA 数控车环境下，将 MXE 类型文件转换成 DXF 类型文件。

将第六章第四节如图 6-55 所示实例 1 的造型文件“example1. mxe”导入 CAXA 数控车环境中，再单击主菜单中的【文件】→【数据输出】命令，系统弹出“另存为”对话框，如图 14-4 所示。

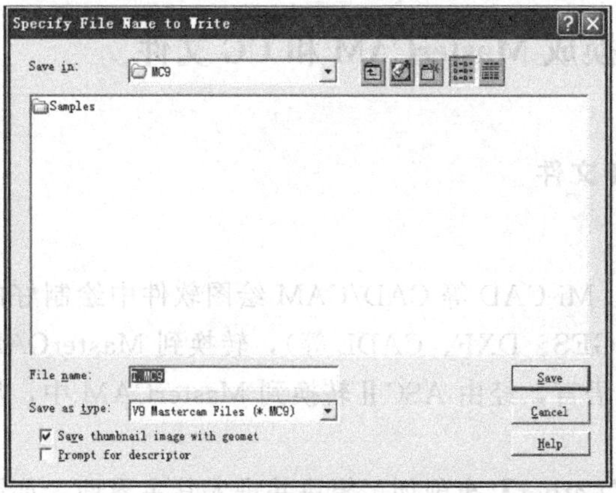

图 14-3　MC9 格式文件保存界面

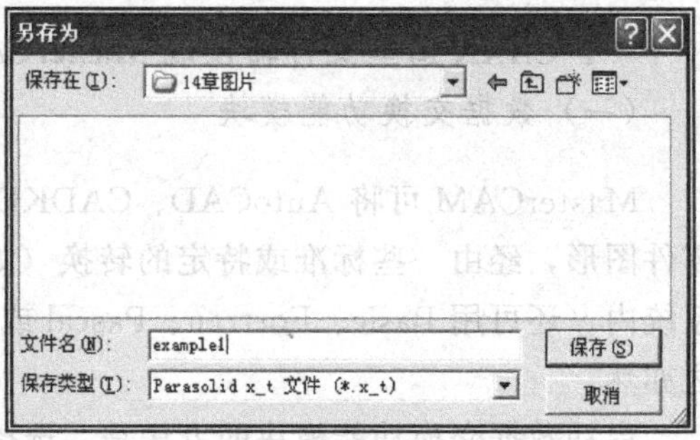

图 14-4　另存为对话框

单击“保存类型”对应的下拉列表框，选择保存文件类型为“DXF”格式，再输入文件名“example1”，单击保存按钮，将文件存储在预定的目录中，MXE 类型文件将成功转换成 DXF 类型文件“example1. DXF”。

② 在 MasterCAM 环境下，导入 DXF 类型文件。

单击主菜单中的【开始】→【程序】→【MasterCAM】→【Lathe 9】→【File】→【Converts】→【Autodesk】→【read File】命令，系统弹出如图 14-5 所示的对话框。

找到零件所在目录和“example1. DXF”文件，单击打开按钮，系统弹出如图 14-6 所示对话框，单击OK按钮，“example1. DXF”文件被成功导入主界面环境中。如果需要，则单击主菜单中的【Main Menu】→【Modify】→【Fillet】→【Radius】命令，进行线段之间的圆弧过渡。将图形旋转到合适位置，显示图形如图 14-7 所示。

③ 将 DXF 类型文件，重新保存为 MC9 类型文件。

单击主菜单中的【File】→【Save】命令，系统弹出文件保存对话框，选择文件保存类型为“MC9”，确定文件保存路径和文件名“example1”之后，单击Save按钮，完成“example1. MC9”文件的保存，“example1. MC9”文件图形如图 14-8 所示。

二、CAXA 造型文件转换成 UG 文件

1. UG 数据交换功能模块

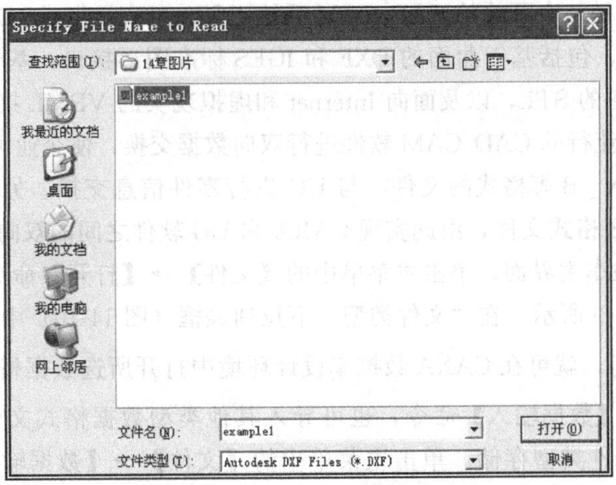

图 14-5　DXF 文件读入对话框

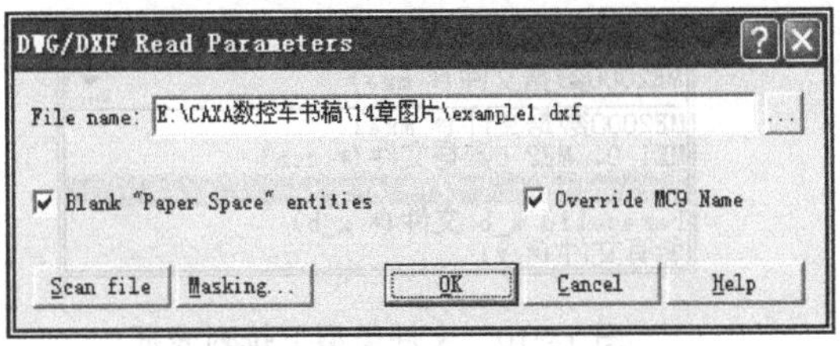

图 14-6　DXF 文件参数设置对话框

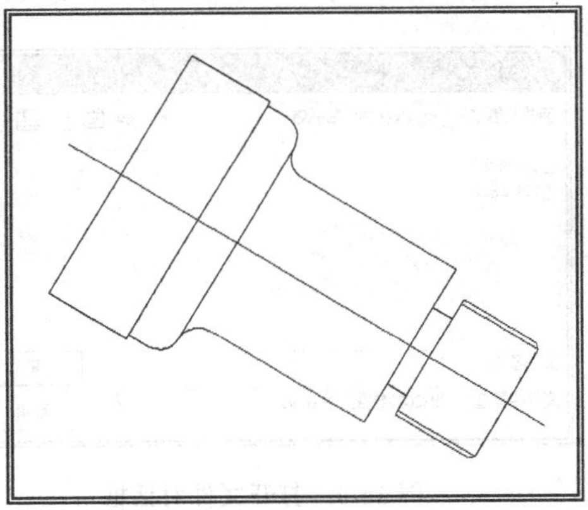

图 14-7　example1. DXF 文件图形

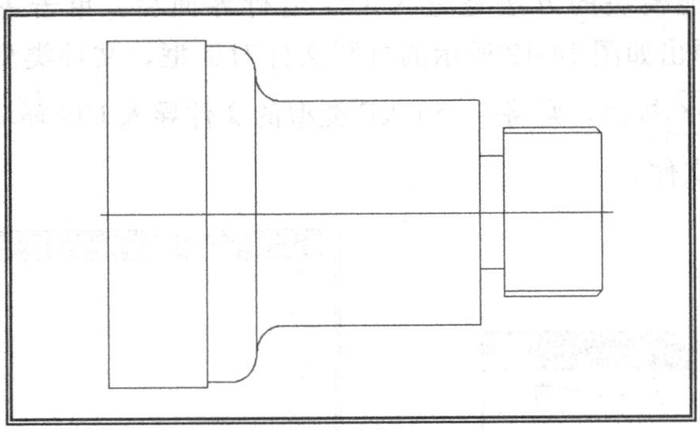

图 14-8　example1. MC9 文件图形

UG 数据交换功能模块【UG/Data Exchange】是通过【Import】或【Export】菜单命令导入或导出 UG 文件。该功能模块主要能实现将 UG 的图形文件与其他格式文件相互转换，从而有利于产品集成系统的信息交换与管理。

在实际应用中，为了实现数据共享，需要在保证数据传输的完整、可靠和有效的前提下，完成数据交换工作。通常此工作通过 CAD 数据接口软件完成。

CAXA 数控车也是一个开放的 CAD/CAM 系统工具，可直接生成 MXE 格式文件。同时还提供丰富的数据接口，包括基于曲面的 DXF 和 IGES 标准图形接口，基于实体的 X_T、X_B，面向快速成型设备的 STL，以及面向 Internet 和虚拟现实的 VRML 接口等。这些接口保证了本软件能与世界上流行的 CAD/CAM 软件进行双向数据交换，使企业可将 MXE 格式文件转换成 IGES、X_T、X_B 等格式的文件，与 UG 进行零件信息交换。另外也可读入上述格式文件，并转换成 MXE 格式文件，由此实现 CAXA 和 UG 软件之间的双向信息传送。

进入 CAXA 数控车主界面，单击主菜单中的【文件】→【打开】命令，系统弹出“打开”文件对话框，如图 14-9 所示。在“文件类型”下拉列表框（图 14-10）中选择相应的文件类型之后，单击打开按钮，就可在 CAXA 数控车设计环境中打开所选数据格式的文件，或单击主菜单中的【文件】→【数据输入】命令，也可导入其他类型数据格式文件。也可将当前图形按不同数据格式的文件类型存储。单击主菜单中的【文件】→【数据输出】命令，系统弹出如图 14-11 所示的文件“另存为”对话框，选择文件的存储类型，例如“DXF”类型，并输入文件名称“example2”，单击保存按钮即可保存相应格式的文件“example2. DXF”。

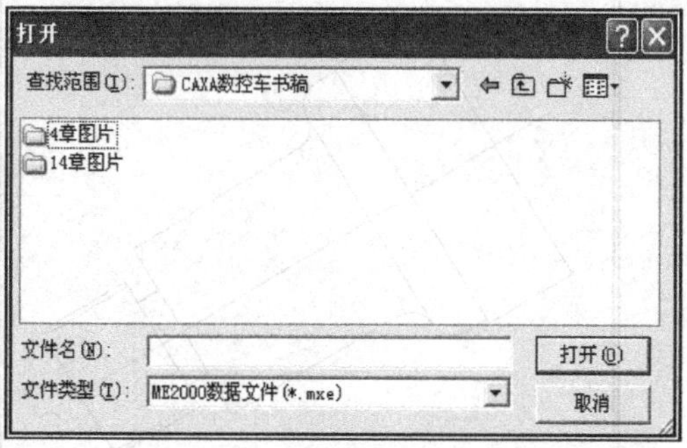

图 14-9 打开文件对话框

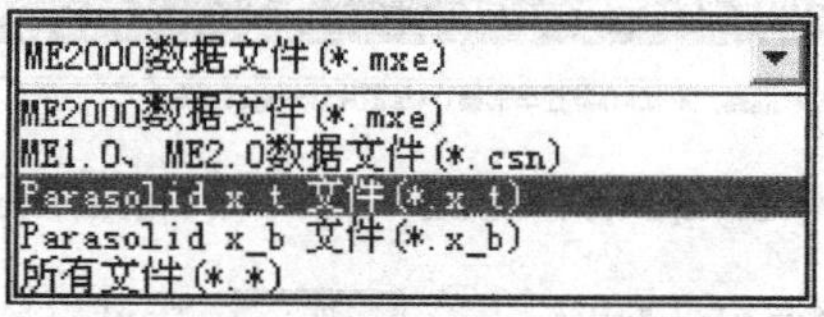

图 14-10 文件类型下拉列表框

UG 数据交换模块提供基于 Parasolid、STEP、IGES 和 DXF 等标准的双向数据接口功能。启动数据交换功能模块的方法是进入 UG 运行界面后，单击主菜单中的【File】→【Open】命令，系统弹出如图 14-12 所示的打开文件对话框，文件类型选择如图 14-13 所示的 DXF 类型，单击OK按钮，则将一个 DXF 类型的文件导入 UG 环境，还可将该类型文件另存为“PRT”类型文件。

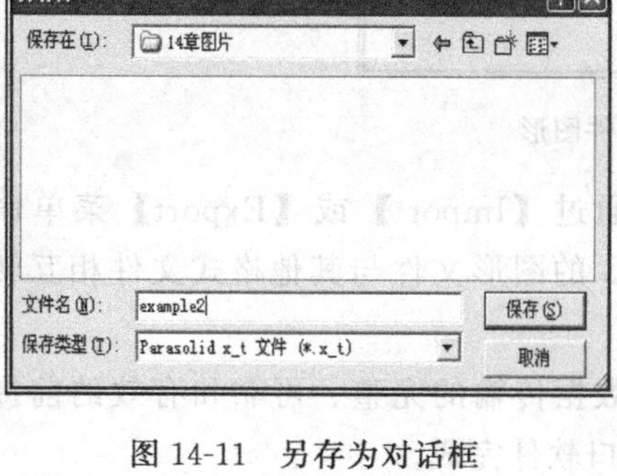

图 14-11 另存为对话框

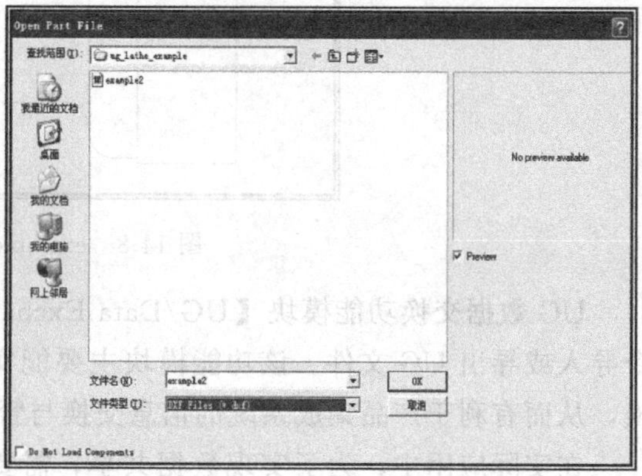

图 14-12 打开文件对话框

UG 环境中的文件也可通过单击主菜单中的【File】→【Save As】命令，在系统弹出的对话框中选择合适的文件类型并输入文件名称之后，就可将文件存储为所选择类型的文件。STEP、IGES 等标准双向数据的转换方法也可按上述步骤实现。X _ T、X _ B 类型文件要通过单击主菜单中的【File】→【Import】→【Parasolid】命令实现双向数据转换。

2. 文件转换实例

现将第六章第四节实例 2 如图 6-56 零件简图所示的“example2. mxe”文件转换成 UG 的“PRT”类型文件。

在 CAXA 数控车环境下，将“example2. mxe”文件另存为“example2. dxf”文件，再进入 UG 主界面，单击主菜单中的【File】→【Open】命令，系统弹出“Open Part File”打开文件对话框，选择“文件类型”为“DXF Files（＊. dxf)”，找到并打开“example2. dxf”文件，全屏显示的图形如图 14-14 所示。

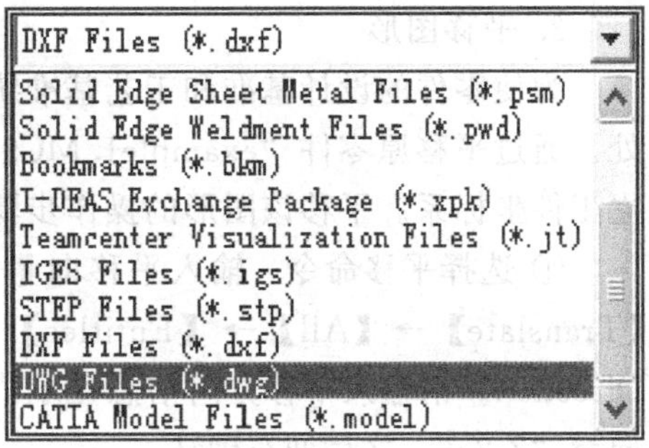

图 14-13　文件类型选择下拉列表框

单击主菜单中的【File】→【Save As】命令，选择“文件类型”为“Unigraphics Part Files（＊. Prt)”，再选择合适的文件保存路径，将文件保存为“example2. prt”，单击 OK 按钮，再单击工具栏区域的“Rotate”图形旋转图标，将零件图形旋转到合适位置，则“example2. prt”文件的图形显示如图 14-15 所示。

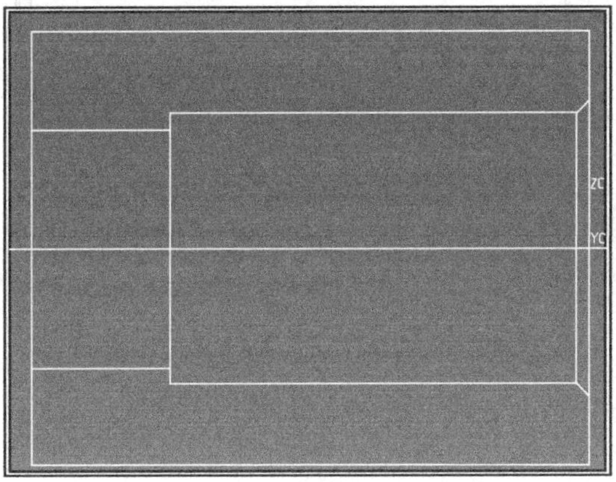

图 14-14　example2. dxf 文件图形

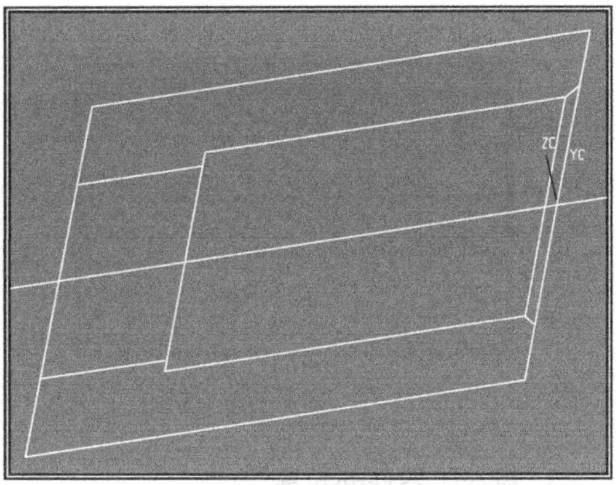

图 14-15　example2. prt 文件图形

第二节　CAXA 造型与 MasterCAM 加工综合实例

由于在车床加工系统中，工件绕车床主轴旋转，即加工得到的零件都是对称于 Z 轴的，所以在绘制加工的几何模型时，只需绘制零件的一半外形，并且还应该根据加工的不同方式，绘制出符合加工特点的零件外形。本绘图系统均采用默认的左手坐标系统绘制零件外形。

综合实例的零件图在第六章（实例 1、Example1. mxe）如图 6-46 所示。利用 CAXA 数控车得到的二维造型图形，如图 6-55 所示。本小节已将该零件所对应的 MXE 文件转换成 MasterCAM 类型文件“Example1. MC9”，如图 14-8 所示。在此基础上生成刀具加工轨迹并进行后置处理，其操作步骤如下。

1. 调入零件文件

① 单击主菜单中的【开始】→【程序】→【MasterCAM 9】→【lathe】命令，进入 MasterCAM 车削模块界面环境。

② 单击主菜单中的【Main Menu】→【File】→【Get】命令，系统弹出“打开文件”对话框，正确选择零件所在目录和文件名后，单击 Open 按钮，调入如图 14-8 所示的“example1. MC9”图形文件。

2. 平移图形

为使零件的设计基准和工艺基准统一，工件坐标系原点应选择在工件右端面回转中心点处。通过平移原零件“example1. MC9”图形可实现上述目的，即在该零件图形的右端面建立工件坐标系。平移该图形的操作步骤如下。

① 选择平移命令，输入平移向量值。单击主菜单中的【Main Menu】→【Xform】→【Translate】→【All】→【Entitles】→【Done】命令，系统信息提示区出现“Translate Direction”请输入平移方向信息提示，单击主菜单区域中的【Rectang】命令，输入平移的向量“Z-25”，之后回车确认。

② 系统弹出“Translate”平移对话框，如图 14-16 所示。在“Translate”平移对话框中填入“MOVE”、“1”等选项，单击 OK 按钮，全屏显示图形并按 F9 键，显示出坐标系位置，得到平移图形，如图 14-17 所示。

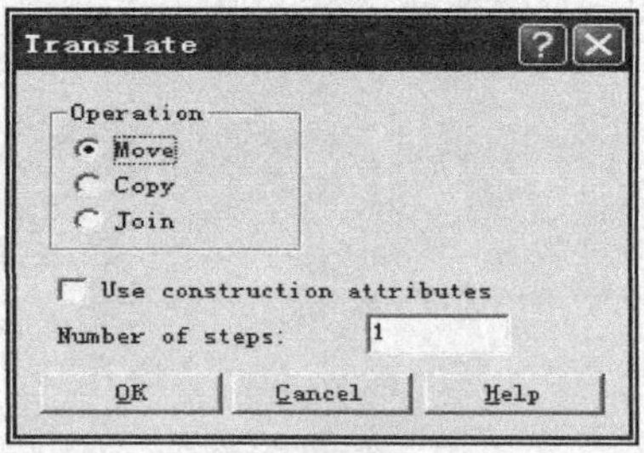

图 14-16　图形平移对话框

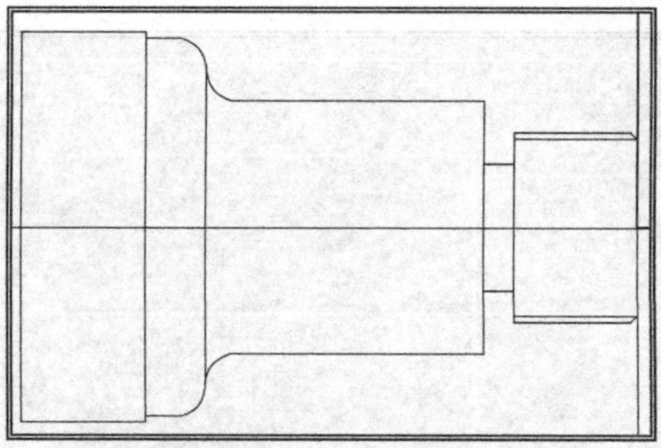

图 14-17　平移后的零件图形

3. 粗加工零件外轮廓

(1) 绘制或修改零件外轮廓线

针对零件外轮廓粗加工的特点，可将图 14-17 所示图形修改成如图 14-18 所示的外轮廓形状，也可以在 CAXA 数控车环境下修改图形完毕后，再将该图形导入 MasterCAM 环境中，导入图形时应注意区分轮廓图形的颜色与绘图环境的背景颜色。

(2) 工件设置

无论是在铣床加工系统还是在车床加工系统，在生成刀具路径之前，首先需要对要加工工件的大小、材料以及加工用刀具等进行设置。工件设置包括设置工件的外形尺寸、设置工件的夹头、设置尾座及设置刀具安全距离等内容。单击主菜单中的【Main Menu】→【Toolpaths】→【Job Setup】命令，系统弹出如图 14-19 所示的“Lathe Job Setup”车削参数设置对话框。用户可使用该对话框进行车床加工系统的工件设置、刀具设置及材料设置等。

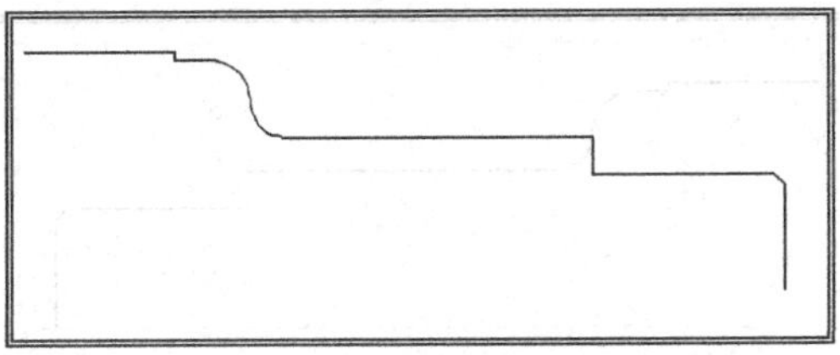

图 14-18　外轮廓粗加工图形

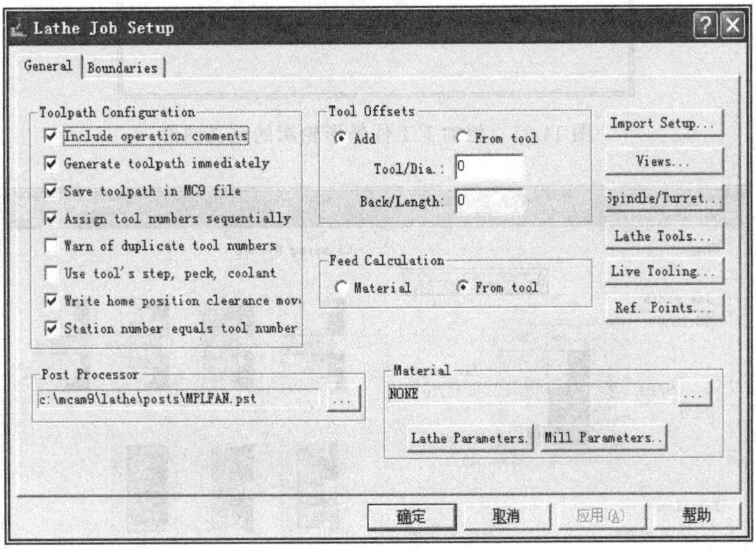

图 14-19　Lathe Job Setup 对话框

• 工件外形　通过“Stock”余量选项组来设置。单击“Stock”选项组中的 Parameters 按钮，系统弹出如图 14-20 所示的“Bar Stock”余量范围设置对话框，单击 Take from 2 points 按钮，使用鼠标或输入坐标值确定矩形的两角点，定义后的粗加工工件外形轮廓，如图 14-21 所示。单击 OK 按钮，返回工件设置对话框。

• 工件夹头　通过“Chuck”夹头选项组设置。工件夹头的设置方法与工件外形的设置方法基本相同，其主轴转向也可设置为左主轴转向（系统默认的设置）。选择夹头的外形边

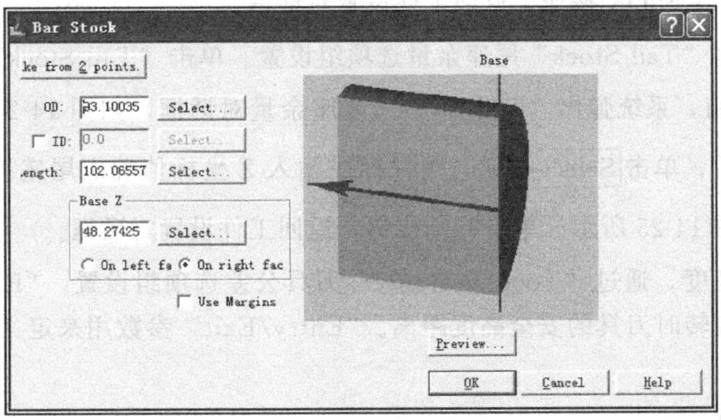

图 14-20　Bar Stock 对话框

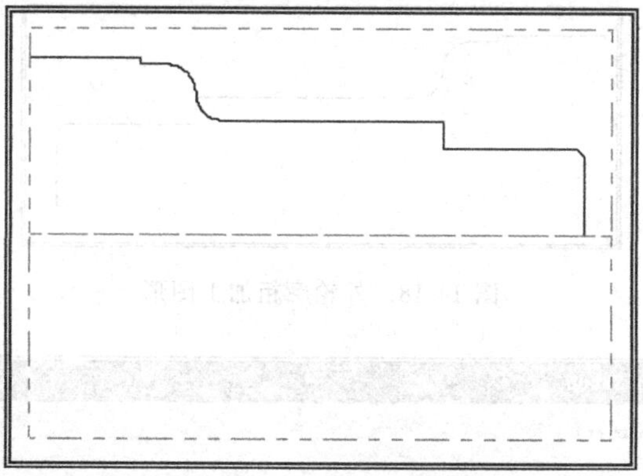

图 14-21　粗加工工件外形轮廓的定义图形

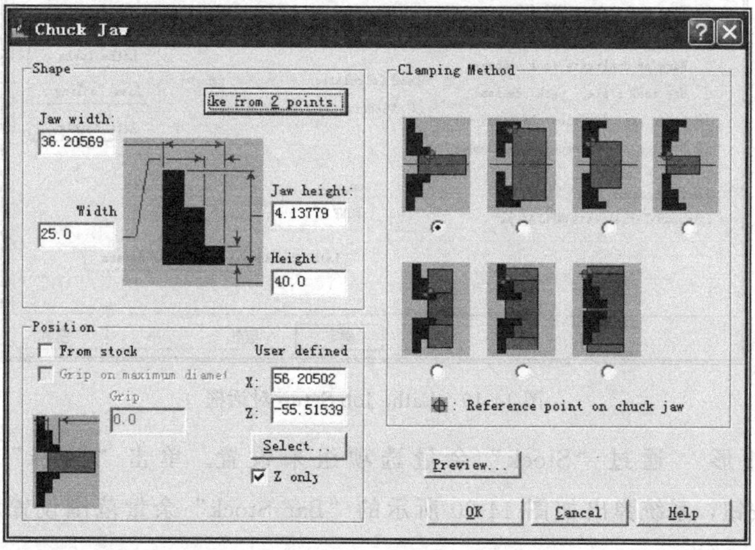

图 14-22　Chunk Jaw 工件夹爪设置对话框

界时，单击 Parameters 按钮，系统弹出“Chuck Jaw”夹爪对话框，如图 14-22 所示。单击 Take From 2 Points 按钮，使用鼠标或输入坐标值确定矩形的两角点，定义出夹头外形，如图 14-23 所示，单击 OK 按钮，返回工件设置对话框。

• 尾座　通过“Tail Stock”尾座余量选项组设置。单击“Tail Stock”尾座余量选项组的 Parameters 按钮，系统弹出“Tail Stock”尾座余量对话框，如图 14-24 所示。设置好尾座的尺寸参数之后，单击 Select 按钮，用鼠标或输入 Z 坐标值确定尾座顶尖在 Z 坐标轴上的坐标位置，如图 14-25 所示。单击 OK 按钮，返回工件设置对话框。

• 刀具安全高度　通过“Tool Clearance”刀具公差选项组设置。“Rapid”快速参数用来定义工件快速旋转时刀具的安全高度距离。“Entry/Exit”参数用来定义“进刀/退刀”时刀具的安全距离。

(3) 刀具设置

由于车床加工中使用的刀具通常为刀具插片（Insert）和刀具夹头（Holder），所以车

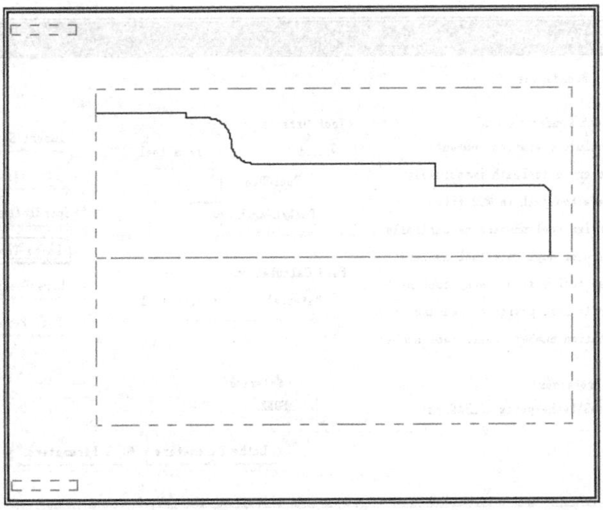

图 14-23　夹头外形轮廓示意

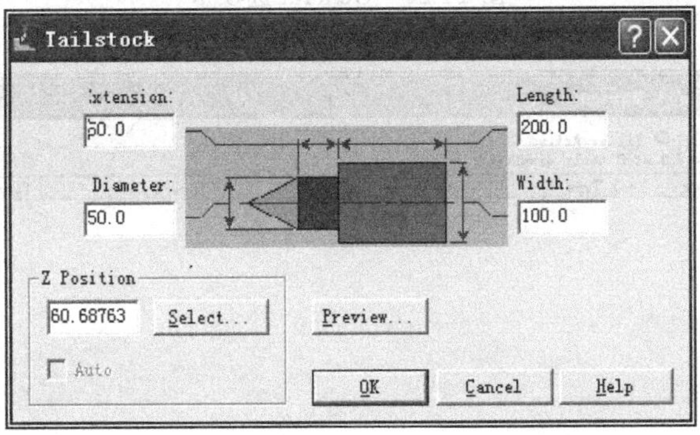

图 14-24　Tail Stock 尾座设置对话框

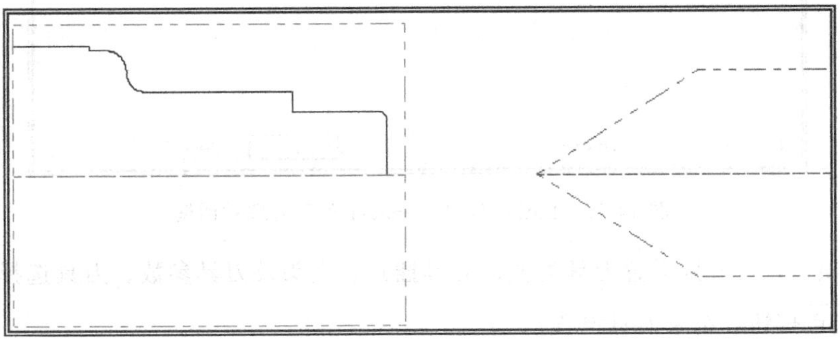

图 14-25　尾座图形示意

床系统刀具的设置包括刀具类型、插片、夹头及刀具参数的设置。选择工件设置对话框中的“General”选项卡，如图 14-26 所示，单击 Lathe Tools 按钮，系统弹出如图 14-27 所示“Lathe Tool Manager”车刀管理对话框。单击 Options 按钮，再单击“Get Tools From Library”命令，系统弹出如图 14-28 所示刀具选择对话框，可从中选择合适刀具“T0101”。如果单击的是“Create　New Tool”命令，则系统弹出如图 14-29 所示刀具创建对话框，选

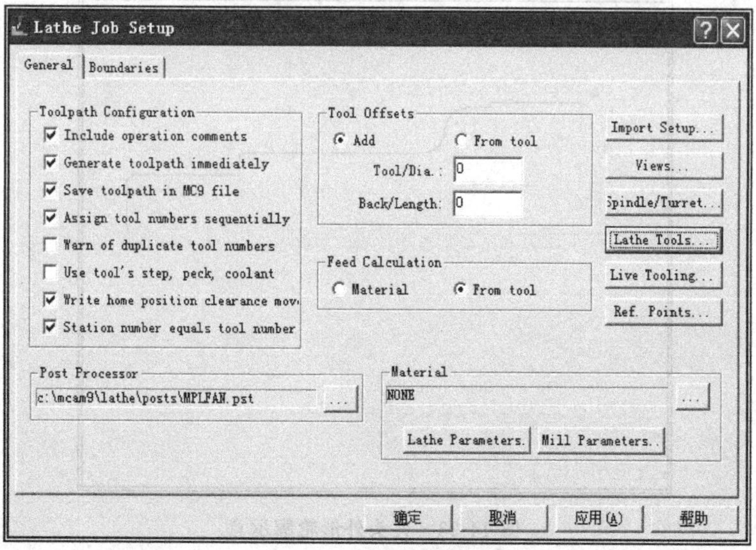

图 14-26　General 选项卡

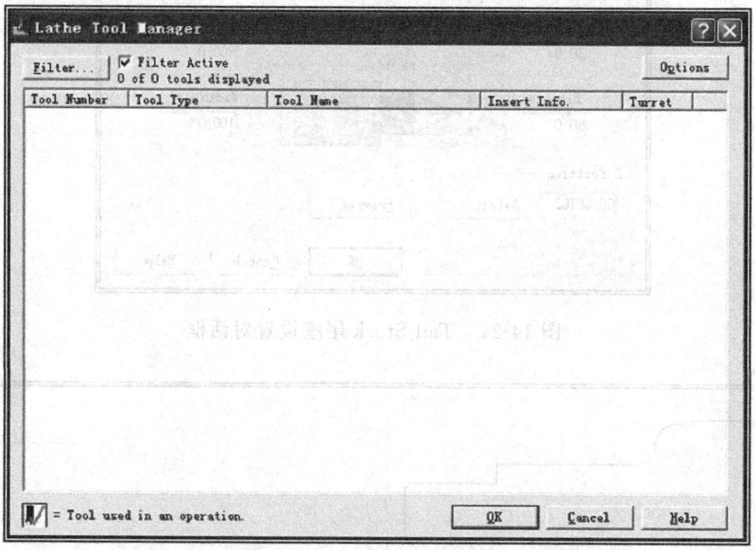

图 14-27　Lathe Tool Manager 车刀管理对话框

择相应的选项卡，可分别设置刀具类型、刀具插片、夹头及刀具参数。刀具选择完毕后，连击OK和确定按钮，结束刀具设置。

（4）粗车编程

单击主菜单中的【Main Menu】→【Toolpaths】→【Rough】→【Chain】命令，根据系统信息提示用鼠标依次拾取工件图形元素（从起始图形元素到终止图形元素），拾取结束后，单击主菜单中的【Done】命令，系统弹出刀具参数设置对话框，如图 14-30 所示，刀具参数设置如该图所示。

选择“Rough Parameters”选项卡，系统弹出如图 14-31 所示粗加工参数设置对话框，参数设置如该图所示。

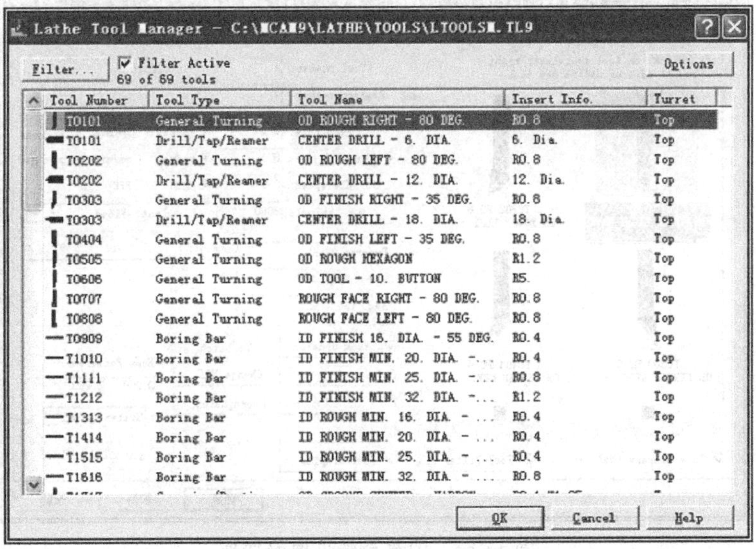

图 14-28　刀具选择对话框

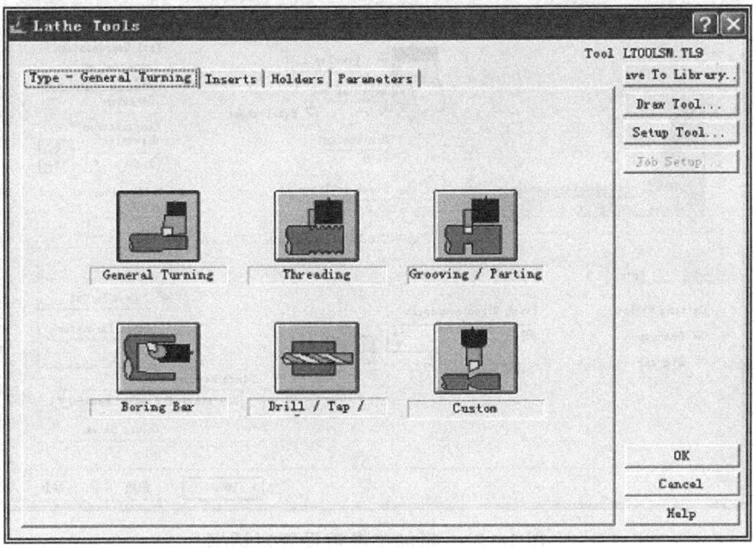

图 14-29　刀具创建对话框

单击确定按钮，系统即可生成如图 14-32 所示的粗加工刀具轨迹。

(5) 后置处理

后置处理主要是用刀具路径产生“NCI”文件和“NC”文件。单击主菜单中的【Main Menu】→【Toolpaths】→【Operations】命令，系统弹出如图 14-33 所示操作管理对话框。单击Post按钮，系统弹出如图 14-34 所示后置处理对话框，选中“Save NC File”、“Edit”、“Overwrite”选项，并给出“NC”文件名称“example1. NC”，单击OK按钮，MasterCAM 根据已生成的刀具路径，自动产生“NC”文件并进入程序编辑器，显示的“NC”文件如图 14-35 所示，可在程序编辑器中对文件进行修改或编辑。

4. 精加工零件外轮廓

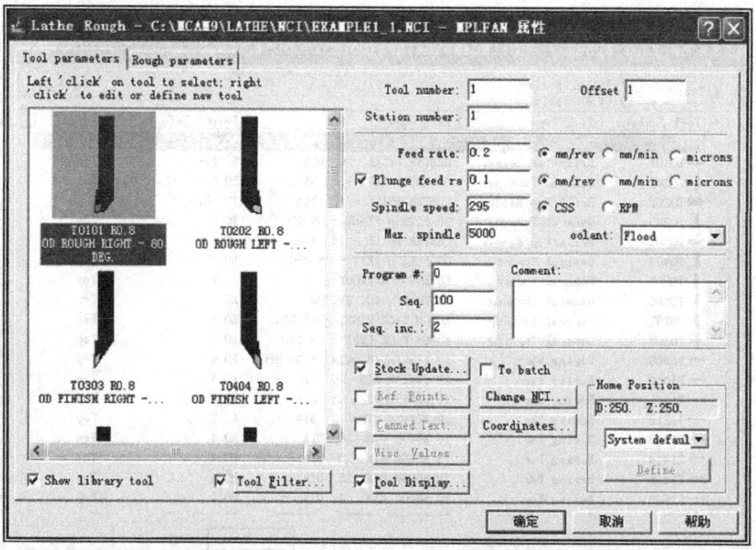

图 14-30　刀具参数设置对话框

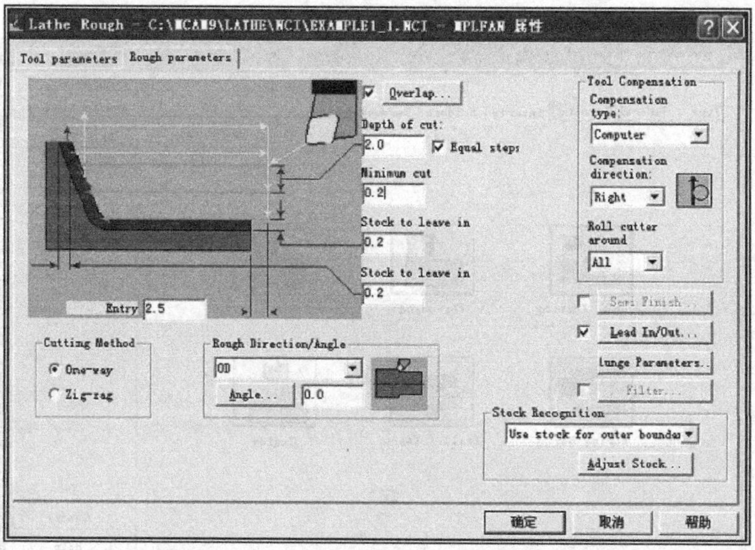

图 14-31　粗加工参数设置对话框

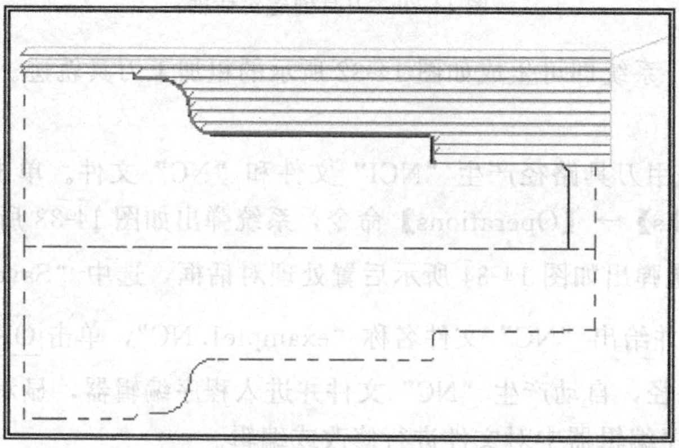

图 14-32　粗加工刀具轨迹

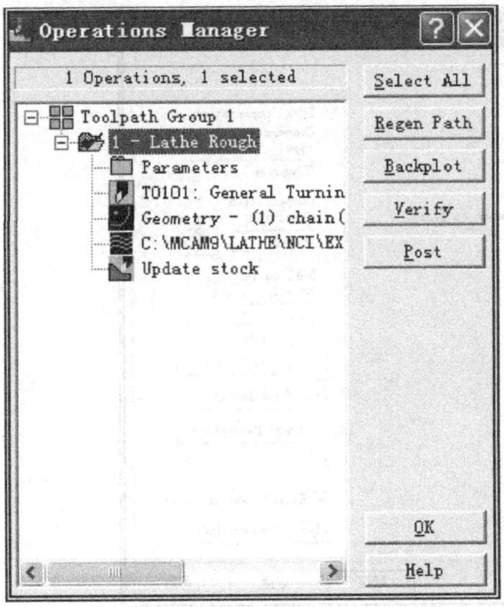

图 14-33　操作管理对话框

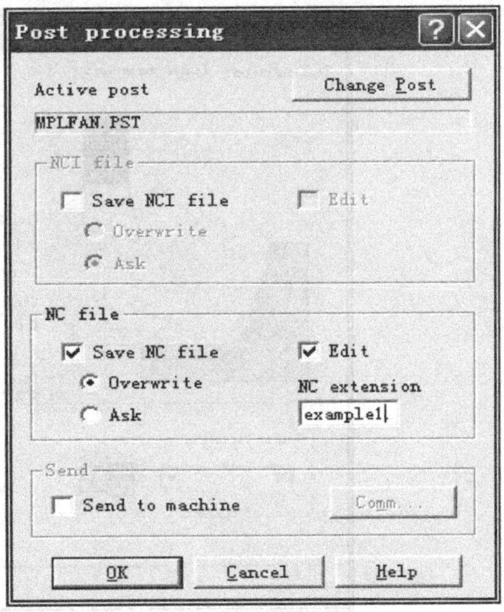

图 14-34　后置处理对话框

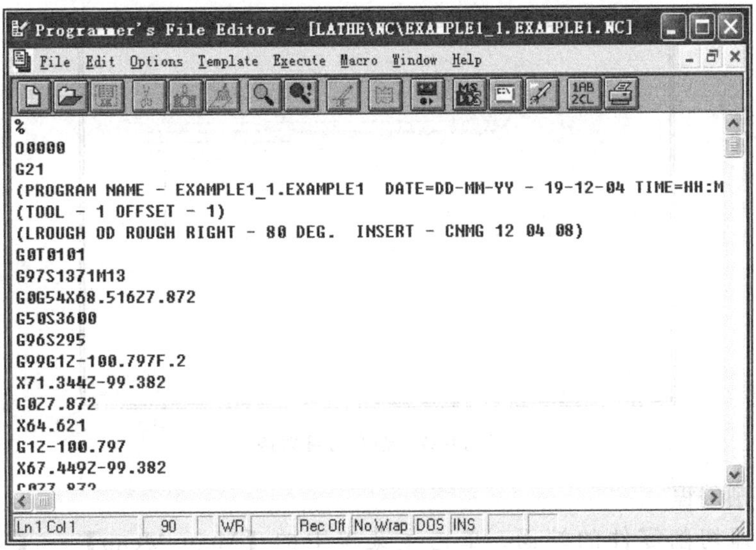

图 14-35　NC 文件程序编辑器

单击主菜单中的【Main Menu】→【Toolpaths】→【Finish】→【Chain】命令，用鼠标选择工件外圆轮廓线之后，单击主菜单区域中的【Done】命令，系统弹出精加工对话框。选择“Finish Parameters”选项卡，系统弹出如图 14-36 所示精加工参数设置对话框。精加工刀具路径用于切除工件外形外侧、内侧或端面的多余材料。同样也需要在绘图区选取一组曲线来定义工件的外形。该刀具路径的特有参数可在“Finish Parameters”对话框（图 14-36）内设置。

除了其特有的分层车削参数之外，其余参数设置均与粗加工参数的设置相同，参数设置如图 14-36 所示。用户可根据粗加工预留量及本次精加工的预留量，设置加工次数“Number Of Finish”及每次加工的车削量“Finish Stopover”。精加工次数应设置为粗加工预留量除以精加工的每次车削量。单击 确定 按钮，系统即生成如图 14-37 所示的精车刀具轨迹。

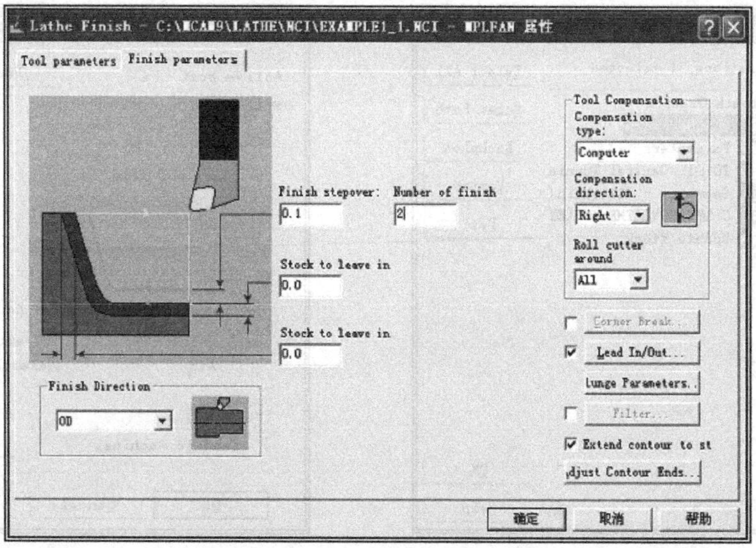

图 14-36　精加工参数设置对话框

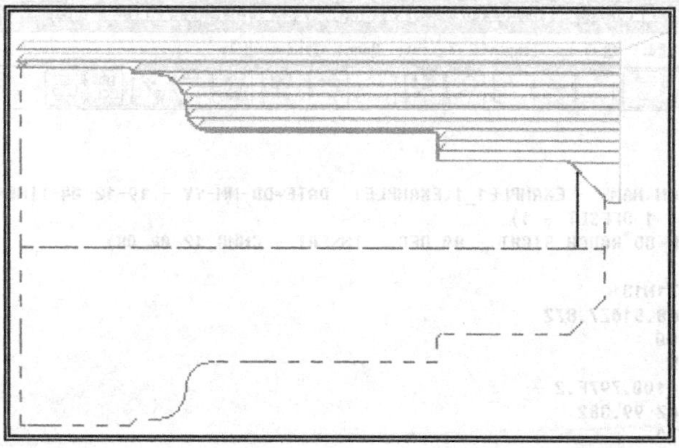

图 14-37　精车刀具轨迹

5. 端面车削编程

端面车削即切削零件的端面。单击主菜单中的【Main Menu】→【Toolpaths】→【Face】命令，系统弹出端面加工对话框，选择“Face Parameters”端面参数设置选项卡，系统弹出如图 14-38 所示对话框，端面加工参数设置如图 14-38 所示。单击 OK 按钮，系统即可生成端面车削刀具轨迹，如图 14-39 中右端面所示。

6. 切槽编程

切槽是加工轴类零件中最常见的加工工序之一。槽是在轴的表面上的一个凹口，可以是退刀槽、砂轮越程槽或在端面方向上车槽。

单击主菜单中的【Main Menu】→【Toolpaths】→【Groove】命令，系统弹出切槽加工区域设置对话框，如图 14-40 所示。

- 1 Point 的含义　通过在绘图区选取一点来设置加工区域。选取的点仅能定义槽的右外角点位置，而实际加工区域的大小需在外形定义中设置。
- 2 Points 的含义　通过在绘图区选取两点来设置加工区域。选取的点可定义槽的宽度

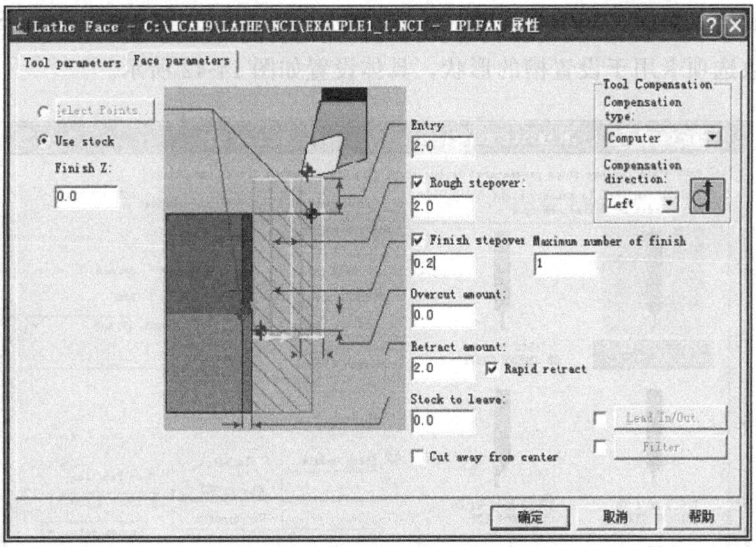

图 14-38　Face Parameters 对话框

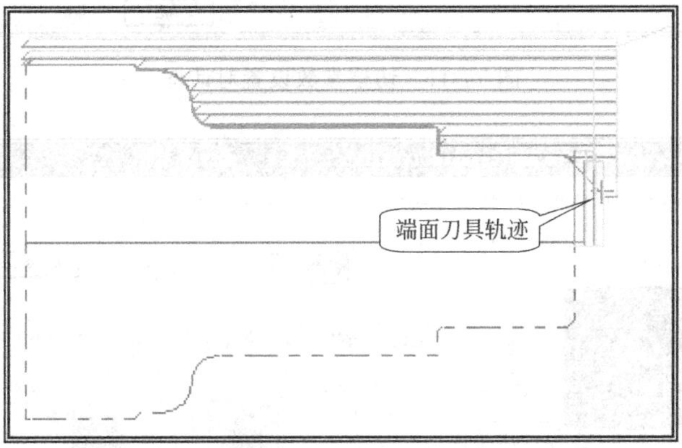

图 14-39　端面车削刀具轨迹

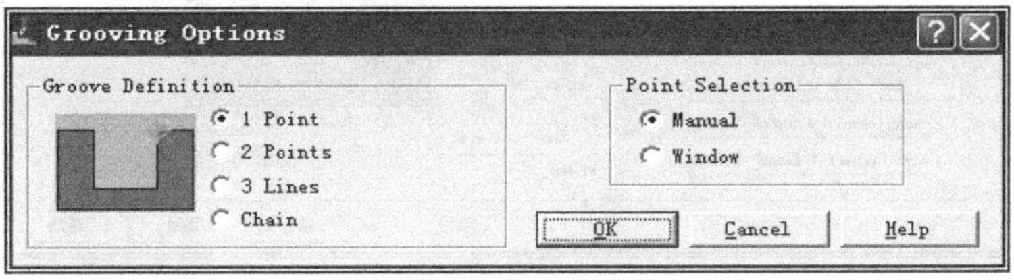

图 14-40　切槽加工区域设置对话框

和高度，加工区域的形状需在槽的外形定义中设置。

• 3 Lines 的含义　通过在绘图区选取三条直线来设置加工区域。选取的三条直线必须为一个矩形的三条边。所选取的直线可以定义槽的宽度和高度，加工区域的形状需在槽的外形定义中设置。

• Inner/Outer Boundary 的含义　是通过在绘图区选取两条链来设置加工区域，槽的外形由选取的链来定义。

切槽参数设置如图 14-40 所示，单击OK按钮，输入槽右外角点坐标值“40，−20”，按

ESC键，系统弹出切槽参数设置对话框，如图 14-41 所示。其中“Grove Shape Parameters”槽形参数选项卡用于设置槽的形状，具体设置如图 14-42 所示。

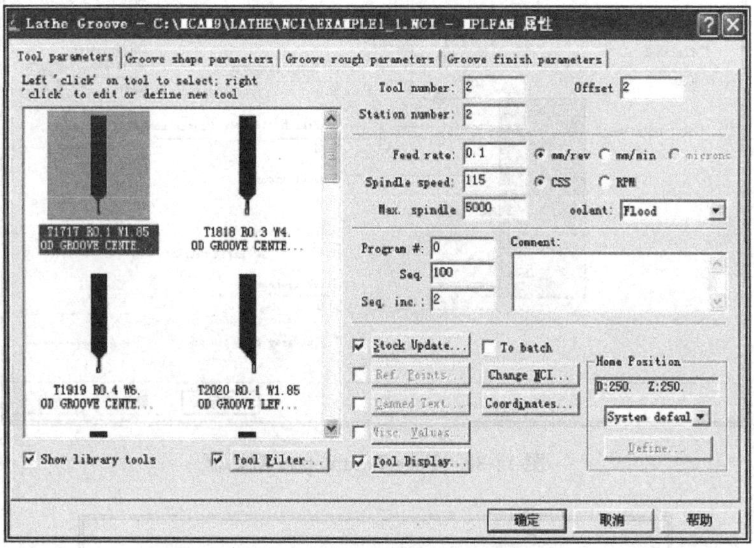

图 14-41　切槽参数设置对话框

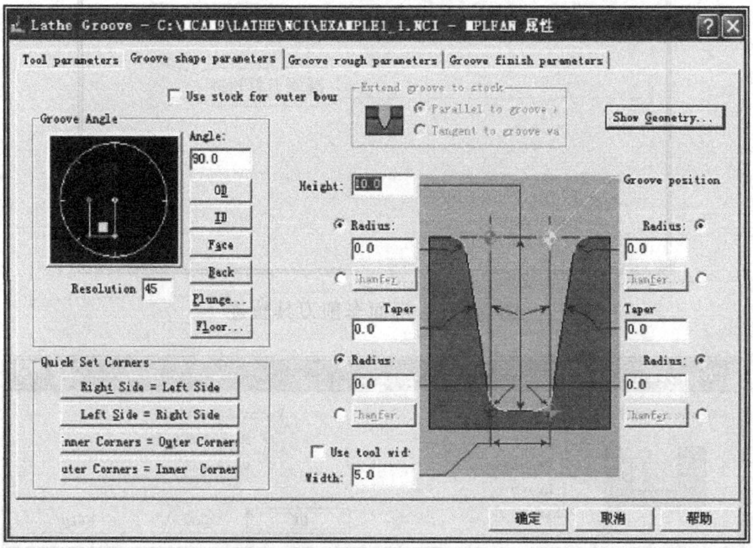

图 14-42　切槽形状设置对话框

“Grove Rough Parameters”槽形粗加工选项卡设置切槽粗车参数，具体设置如图 14-43 所示。“Grove Finish Parameters”槽形精加工选项卡设置切槽精车参数，具体设置如图 14-44 所示。单击确定按钮，系统即生成该加工槽的刀具轨迹，如图 14-45 所示。

7. 螺纹切削编程

与其他刀具轨迹不同，在生成车螺纹刀具轨迹时不需要选择几何对象，其刀具轨迹由各设置参数定义。

单击主菜单中的【Main Menu】→【Toolpaths】→【Next Menu】→【Thread】命令，

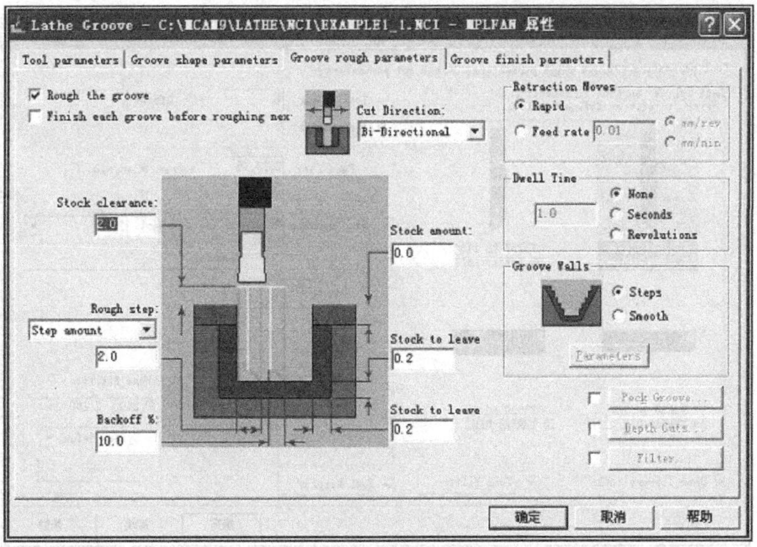

图 14-43　切槽粗车参数设置对话框

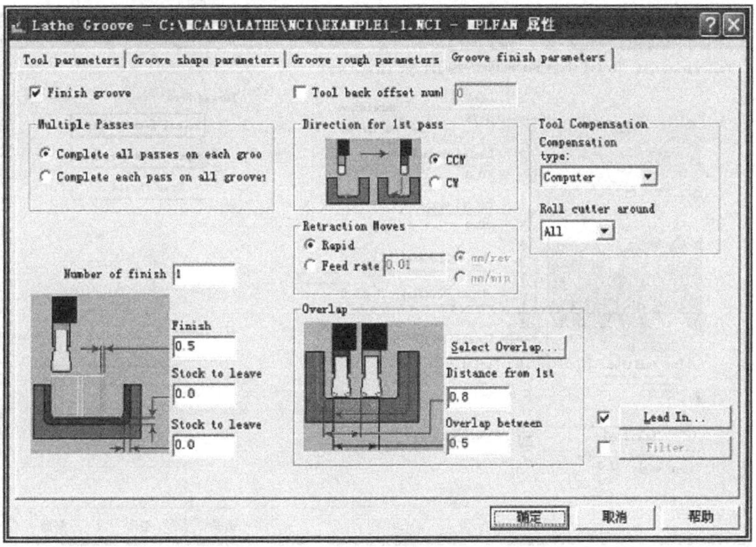

图 14-44　切槽精车参数设置对话框

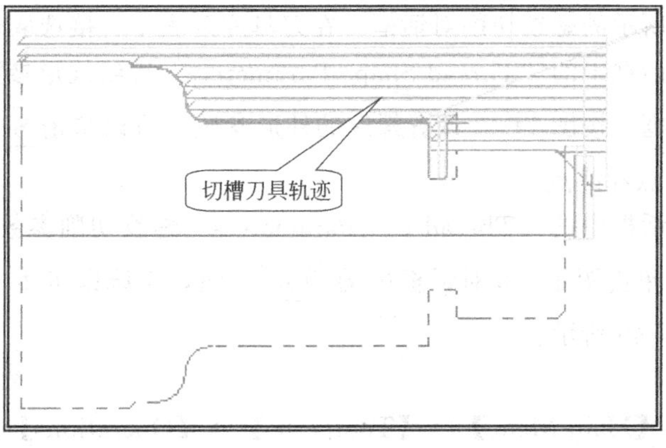

图 14-45　切槽刀具轨迹

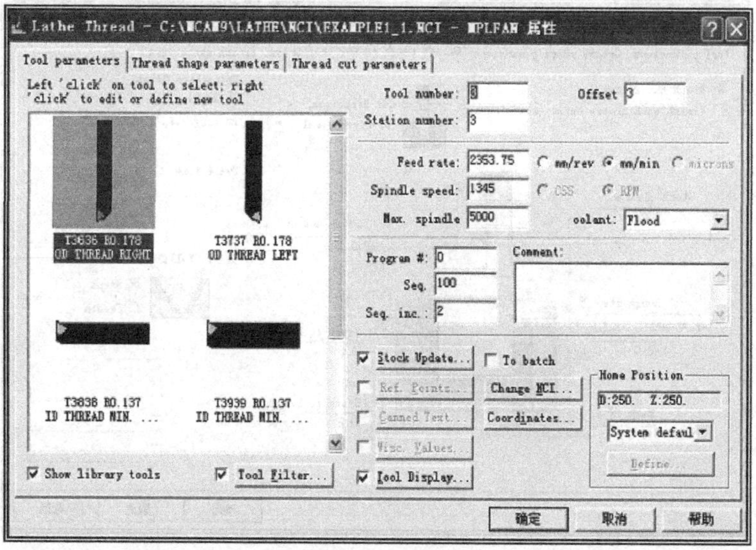

图 14-46 螺纹切削对话框

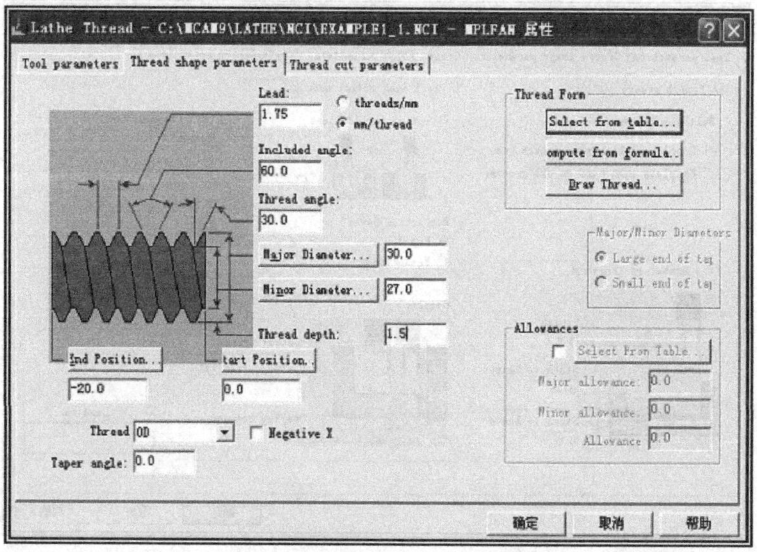

图 14-47 螺纹外形参数设置对话框

系统弹出如图 14-46 所示的螺纹切削对话框，在刀具库列表中直接选取外螺纹加工用刀具。

选择图 14-46 对话框中的“Thread Shape Parameters”螺纹线形参数选项卡，系统弹出如图 14-47 所示对话框。按图 14-47 设置螺纹的外形参数，可以单击 Start（End）Posion 按钮，选取外螺纹的起点和终点。

选择图 14-46 对话框中的“Thread Cut Parameters”螺纹切削参数选项卡，按图 14-48 设置螺纹车削参数。单击图 14-48 对话框中的 确定 按钮，系统即可生成外圆表面的螺纹加工刀具轨迹，如图 14-49 所示。

8. 后置处理

单击主菜单中的【Main Menu】→【Toolpaths】→【Operations】命令，系统弹出操作管理对话框，如图 14-50 所示。

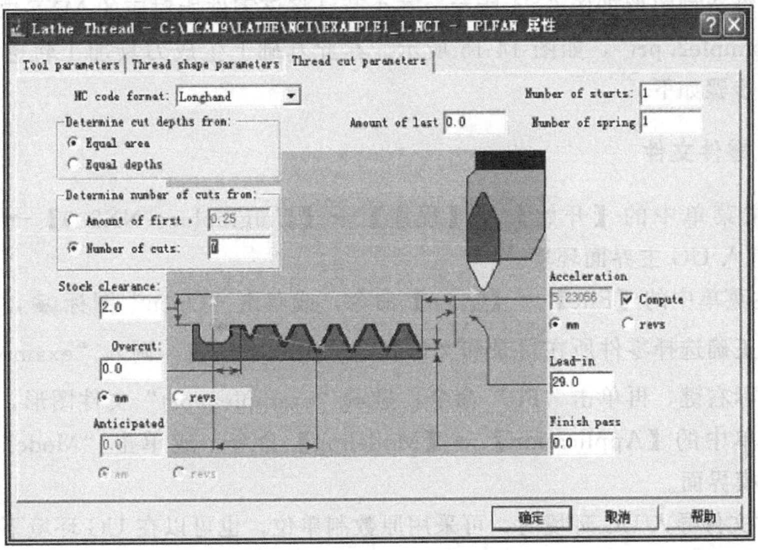

图 14-48　螺纹车削参数设置对话框

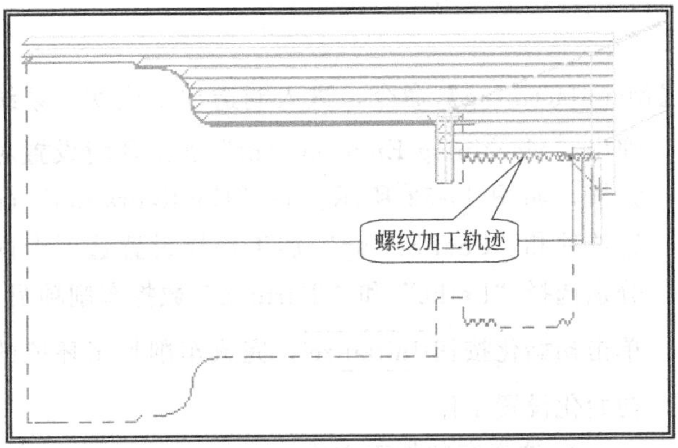

图 14-49　外圆表面的螺纹加工刀具轨迹

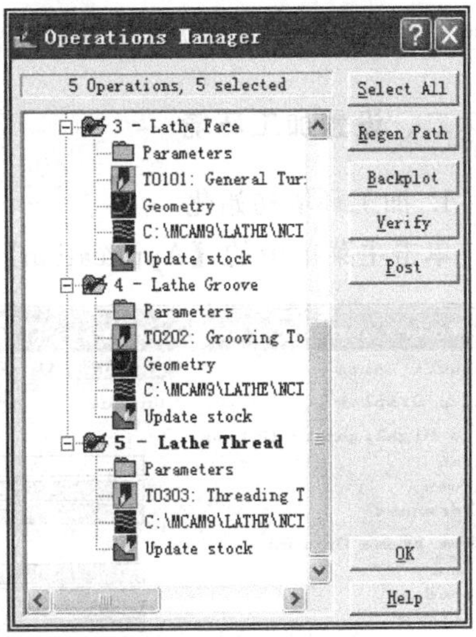

图 14-50　操作管理对话框

编程时可单独生成某一道或全部加工工序的刀具轨迹。单击各项操作或单击Select All按钮，所选择的操作或所有的操作面前会出现蓝色标记“√”，如图 14-50 所示。

如果执行后置处理，则生成的“NC”程序包括所有定义过的加工工序。后置处理具体操作可参考本小节“粗加工轮廓的后置处理”内容。同理，单击操作下面的“Parameters”参数标记，系统弹出具体工序的参数设置对话框，可修改不合适的参数内容，修改完毕后，单击Regen Path按钮，系统将重新生成对应工序的刀具轨迹。

第三节　CAXA造型与UG加工综合实例

综合实例的零件图在第六章（实例 2、example2. mxe）如图 6-56 所示。利用 CAXA 数控车得到的二维造型图形如图 6-64 所示。本小节已将该零件所对应的 MXE 文件转换成 UG 类型文件“example2. prt”，如图 14-15 所示。在此基础上生成刀具加工轨迹，并进行后置处理，其操作步骤如下。

一、调入零件文件

① 单击主菜单中的【开始】→【程序】→【Unigraphics NX2. 0】→【Unigraphics NX】命令，进入 UG 主界面环境。

② 单击主菜单中的【File】→【Open】命令，或双击“Open”图标，系统弹出打开文件对话框，正确选择零件所在目录和文件名，单击 OK 按钮，调入“example2. prt”图形文件。单击鼠标右键，再单击“Fit”命令，显示“example2. prt”文件图形，如图 14-15 所示。单击主菜单中的【Application】→【Modeling】命令，或单击“Modeling”图标，则进入实体建模界面。

③ 将零件文件导入 UG 环境时，可采用原数制单位，也可以在 UG 环境下强制采用公制或英制数制。设置数制的方法是：单击 UG 主界面下主菜单中的【Preferences】→【Geometric Tolerancing】命令，系统弹出如图 14-51 所示对话框，选择如图 14-52 所示的“Default Units”下拉列表框中的数制作为系统默认数制后，单击 OK 按钮，完成数制设置工作。

二、设置加工环境

1. 加工环境初始化

单击主菜单中的【Application】→【Manufacturing】命令，进入制造加工模块，系统弹出“Machining Environment”加工环境设置对话框，如图 14-53 所示。在“Configuration”配置选项和“Cam Set up”加工环境设置选项卡内分别选择“Lathe”和“Turning”数控车削项目，单击初始化按钮 Initialize，完成车削加工环境的初始化设置工作。

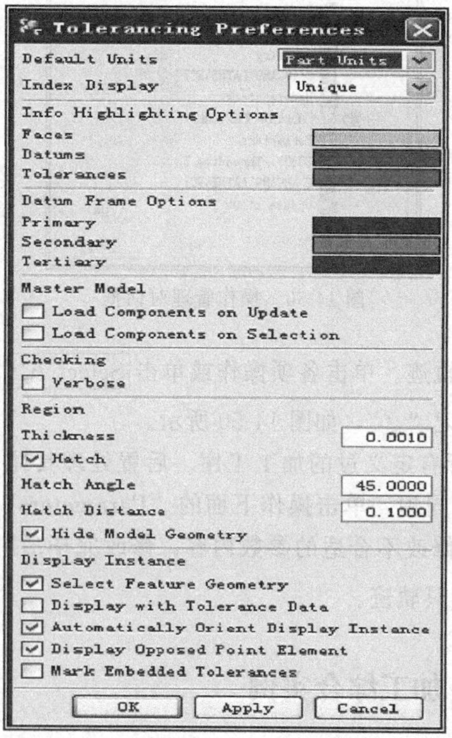

图 14-51 Tolerancing Preferences 对话框

2. 选择车削加工方式

选择主菜单中的【Insert】→【Operation】命令，或选择加工模块界面左方工具栏中的“Create Operation”图标，系统弹出“Create Operation”创建操作对话框，如图 14-54 所示。

将加工类型“Type”设置为“Turning”回转，子类型“SubType”选择“ROUGH _ TURN _ OD”回转粗加工项目，单击 OK 按钮，进入“ROUGH _ TURN _ OD”回转粗车对话框，如图 14-55 所示。

3. 选择刀具

选择“Groups”组选项卡，如图 14-56 所示，

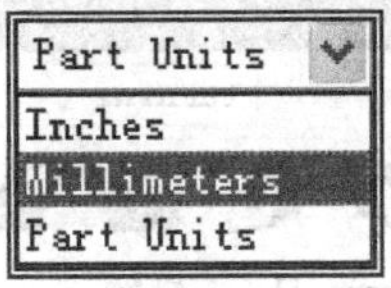

图 14-52　默认数制下拉框

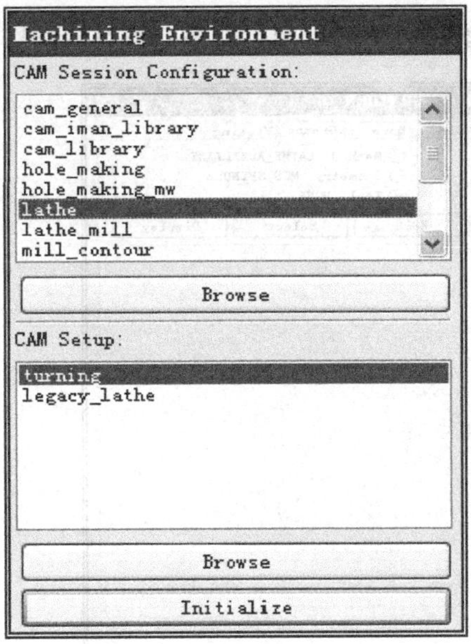

图 14-53　加工环境初始化对话框

选择“Tool”刀具项目，单击Select按钮，系统弹出“Select Tool”刀具选择对话框，如图 14-57 所示。

单击New按钮，系统弹出“New Tool”新刀具对话框，如图 14-58 所示。选择

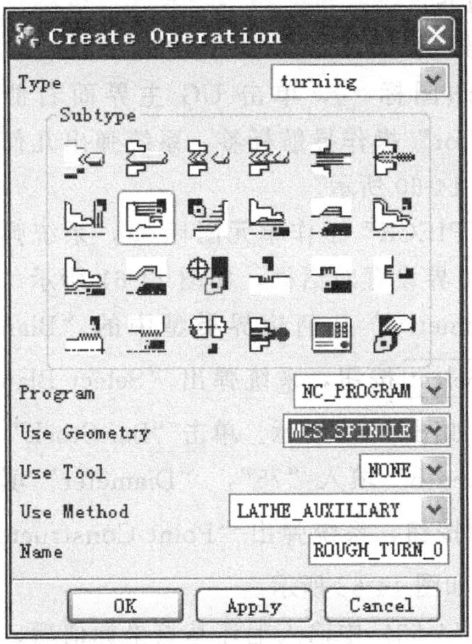

图 14-54　Create Operation 创建操作对话框

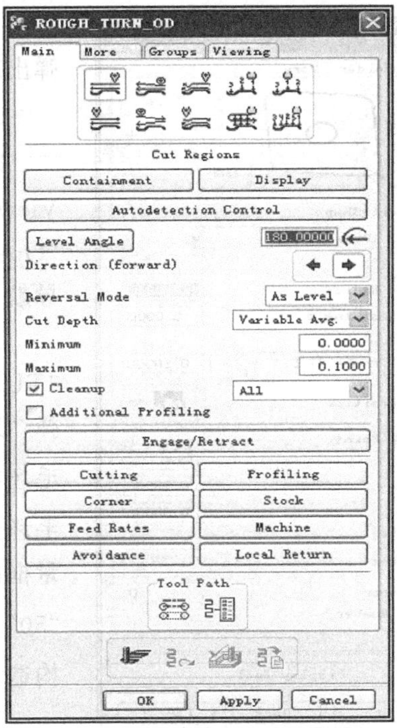

图 14-55　ROUGH _ TURN _ OD 回转粗车对话框

“Type”为“Turning”回转项目，单击“刀具类型”图标，再单击 OK 按钮。系统弹出“Turning Tool-Standard”标准回转刀具参数设置对话框，如图 14-59 所示。

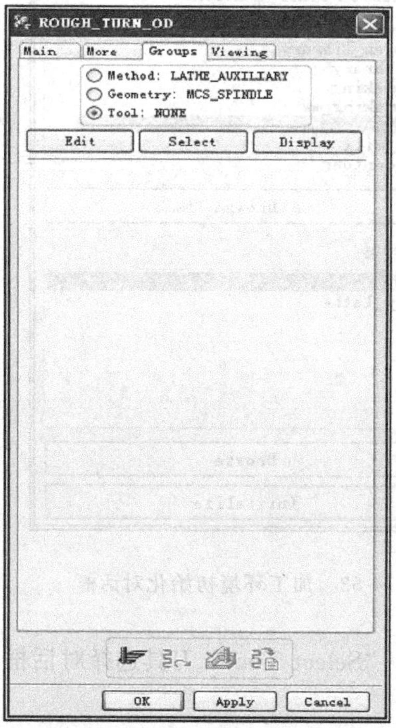

图 14-56 Groups 选项卡

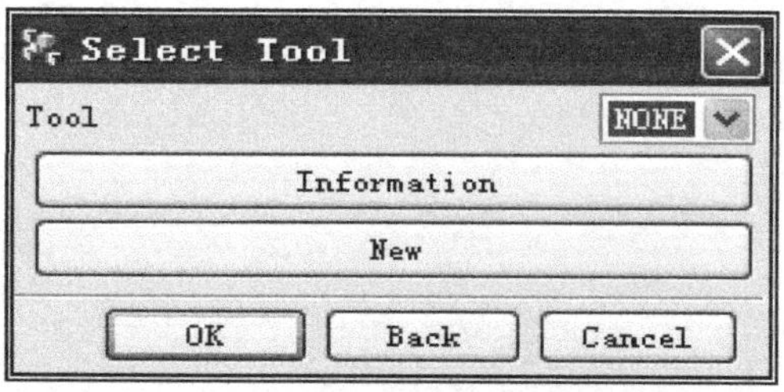

图 14-57 Select Tool 刀具选择对话框

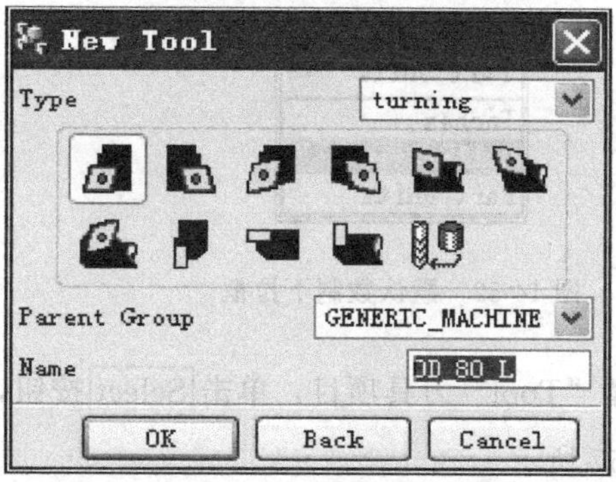

图 14-58 New Tool 新刀具对话框

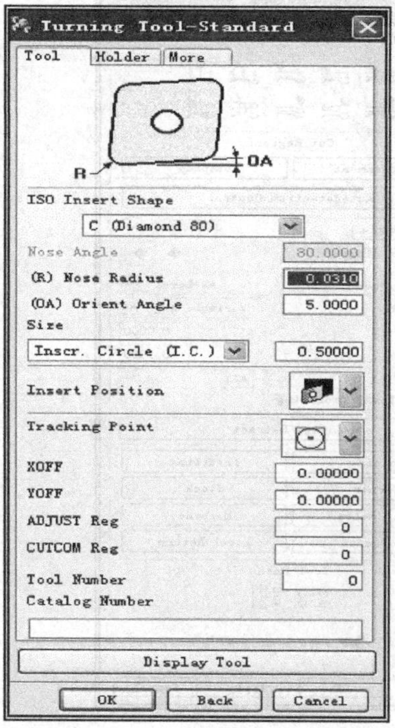

图 14-59 刀具参数设置对话框

在该对话框中设置刀具参数后，单击 OK 按钮，系统弹出对话框（图 14-56），单击 OK 按钮，刀具选择完毕。

4. 设置毛坯边界

单击 UG 主界面右上角工具栏中的“Geometry View”几何体视图图标，单击 UG 主界面右侧的“Operation Navigator”操作导航标签，系统弹出几何体导航对话框，如图 14-60 所示。

双击“WORKPIECE”工作单元图标，系统弹出“TURN _ BND”边界设置对话框，如图 14-61 所示。选择“Boundary Geometry”几何边界类型中的“Blank”毛坯类型，单击 Select 按钮，系统弹出“Select Blank”毛坯选择对话框，如图 14-62 所示。单击“Bar Stock”余量框图标，“Lenth”填入“75”，“Diameter”填入“50”，单击 Select 按钮，系统弹出“Point Constructor”构造基点对话框，如图 14-63 所示。

在对话框（图 14-63）中输入毛坯基点坐标值后，单击 OK 按钮，系统弹出对话框（图 14-62），继续单击

OK按钮，系统弹出对话框（图 14-61），完成的毛坯边界如图 14-64 所示。

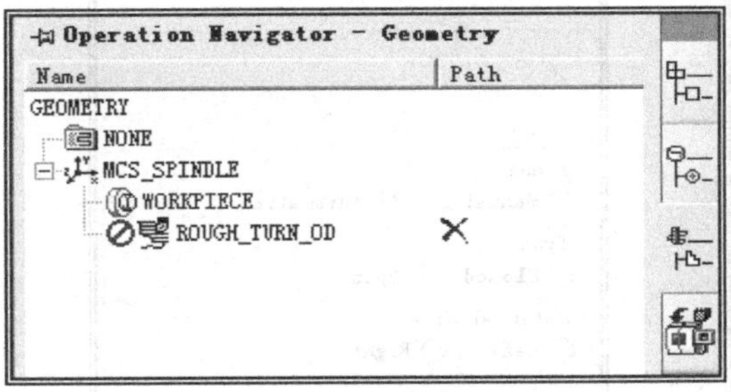

图 14-60　几何体导航对话框

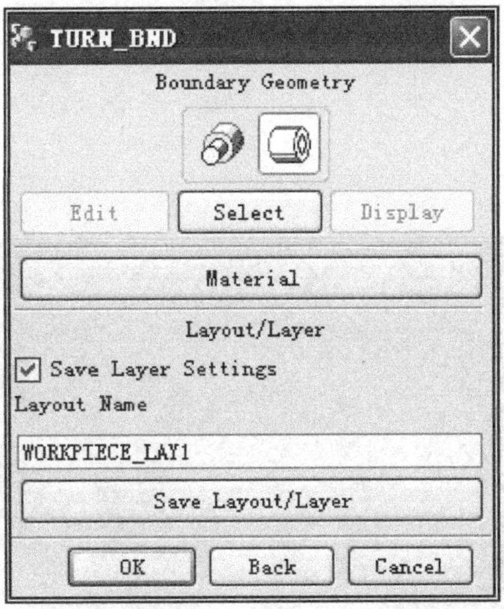

图 14-61　TURN_BND 边界设置对话框

5. 设置零件边界

在边界设置对话框（图 14-61）中，选择“Boundary Geometry”几何边界类型中的“Part”零件类型，单击Select按钮，系统弹出“Part Boundary”零件边界选择对话框，如图 14-65 所示。用鼠标选择零件待加工边界（零件图形的右端面线和外圆柱线），选中的零件边界线反红显示，如图 14-66 所示。单击OK按钮，系统弹出对话框（图 14-61），继续单击OK按钮，完成毛坯边界和零件边界的设置工作。

6. 设置加工范围

单击 UG 主界面右上角工具栏中的“Geometry View”几何体视图图标，单击 UG 主界面右侧的“Operation Navigator”操作导航标签，系统弹出几何体导航对话框（图 14-

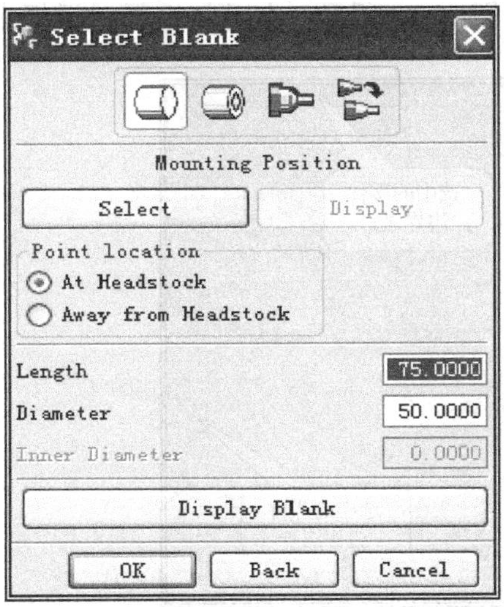

图 14-62　Select Blank 毛坯选择对话框

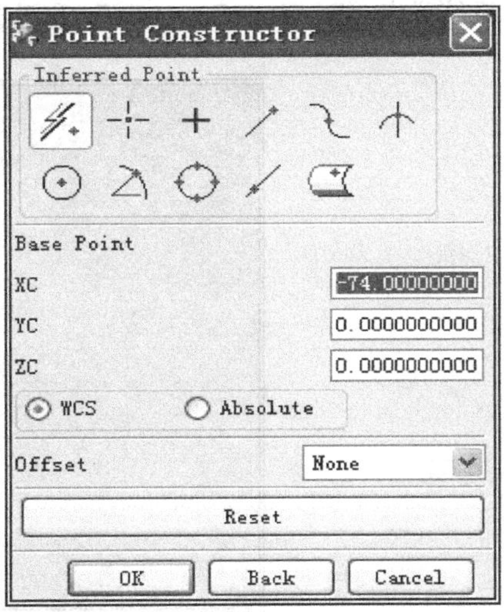

图 14-63　Point Constructor 对话框

图 14-64 毛坯边界图形

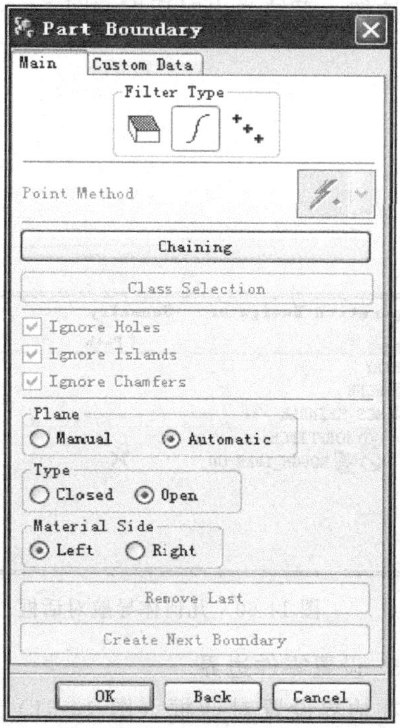

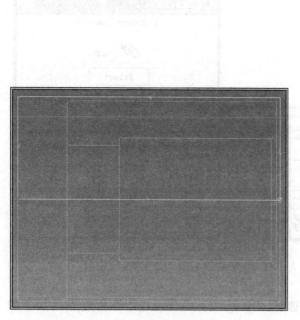

图 14-65 Part Boundary 零件边界选择对话框

60）。双击“ROUGH _ TURN _ OD”粗加工图标，系统弹出“ROUGH _ TURN _ OD”加工范围设置对话框（图 14-55）。

单击 Containment 按钮，系统弹出“Geometry Containment”几何范围对话框，如图 14-67 所示。“Trim Planes”类型中的“Radial1”和“Radial2”两项用来设置径向加工范围，“Axial1”和“Axial2”两项用来设置轴向加工范围。可用鼠标选择各加工点的位置，如图 14-68 所示。

在“Groups”组选项卡（图 14-56）中选择“Geometry”几何体项目，单击 Reselect 按钮，系统弹出“Reselect Geometry”毛坯选择对话框，如图 14-69 所示。在毛坯选择对话框中选择

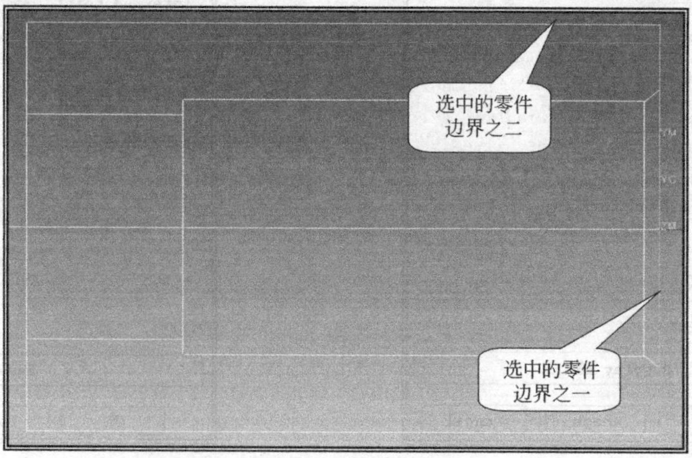

图 14-66 选中的零件边界线

“Geometry”下拉列表框中的“WORKPIECE”工作单元选项，单击New按钮，系统弹出“New Geometry”新几何体对话框，如图 14-70 所示。

选择“Type”类中的“Turning”回转类型后，系统弹出“New Geometry”新几何体对话框，如图 14-71 所示。分别单击“WORKPIECE”工作单元图标和“PART”零件图标，查看对应的“Name”名称内容之后单击OK按钮，系统弹出“WORKPIECE”工作单元对话框，如图 14-72 所示。如果毛坯和零件的边界已经确定完毕，则可直接单击OK按钮，系统弹出对话框（图 14-56），完成加工范围设置。否则，单击Select按钮，继续完成毛坯或零件的边界选择。

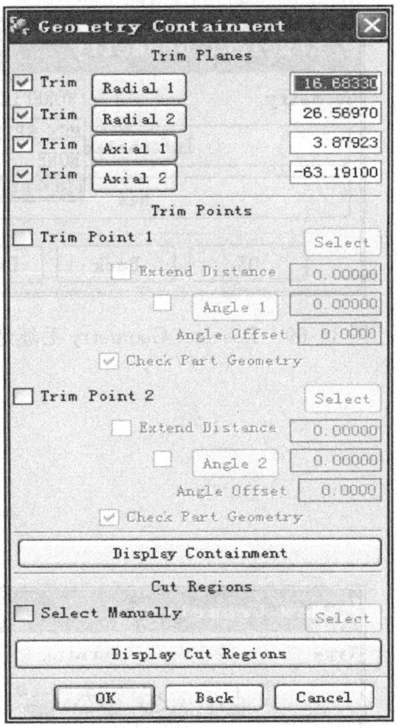

图 14-67　Geometry Containment 对话框

7. 生成刀具轨迹

单击“Generate”更新图标，生成刀具加工轨迹，如图 14-73 所示。单击“Verify”检验图标，系统弹出“Tool Path Visualization”刀具轨迹仿真控制对话框，如图 14-74 所示。单击▶开始按钮，系统开始刀具轨迹仿真，仿真结束后，单击OK按钮退出仿真环境，系统弹出对话框（图 14-55），单击OK按钮，结束刀轨生成和刀轨仿真工作。

8. 修改加工参数

单击 UG 主界面右上角工具栏中的“Geometry View”几何体视图图标，单击 UG 主界面右侧的“Operation Navigator”操作导航标签，系统弹出几何体导航对话框（图 14-60）。单击“ROUGH _ TURN _ OD”粗加工图标，在弹出的立即菜单中单击“Edit”编辑命令，系统弹出“ROUGH _ TURN _ OD”加工参数设置和修改对话框（图 14-55），对刀具、加工、毛坯和零件等内容进行参数修改，之后单击“Generate”更新图标重新进行刀轨生成和仿真，直至得到满意结果。

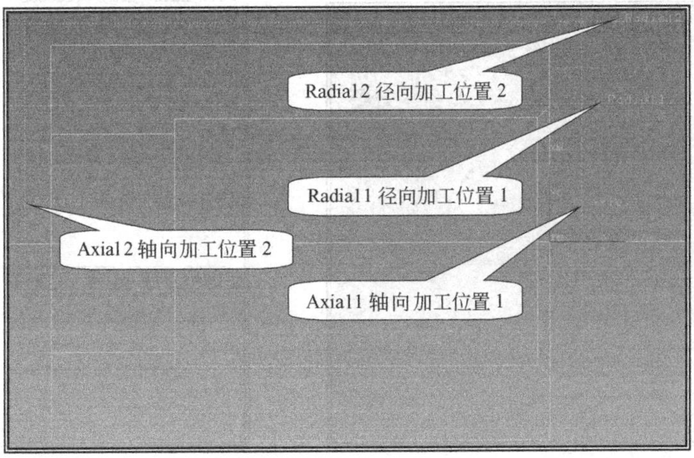

图 14-68　加工点的位置

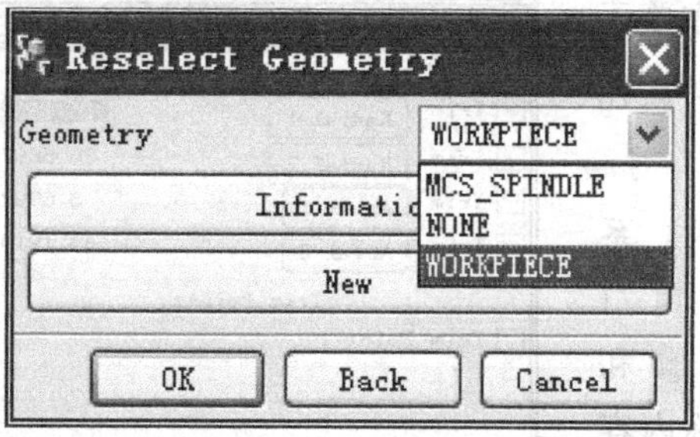

图 14-69　Reselect Geometry 毛坯选择对话框

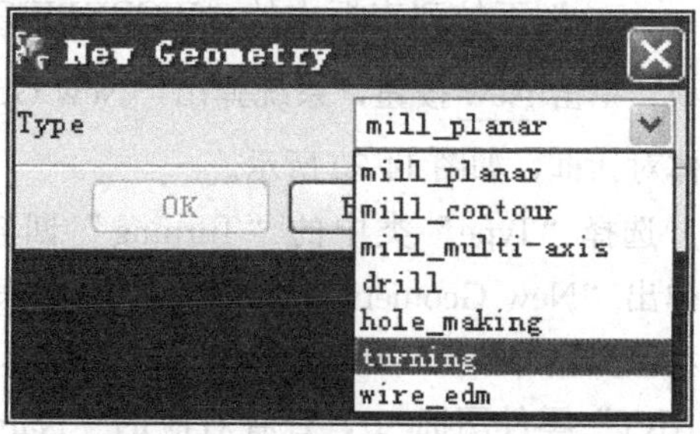

图 14-70　New Geometry 对话框

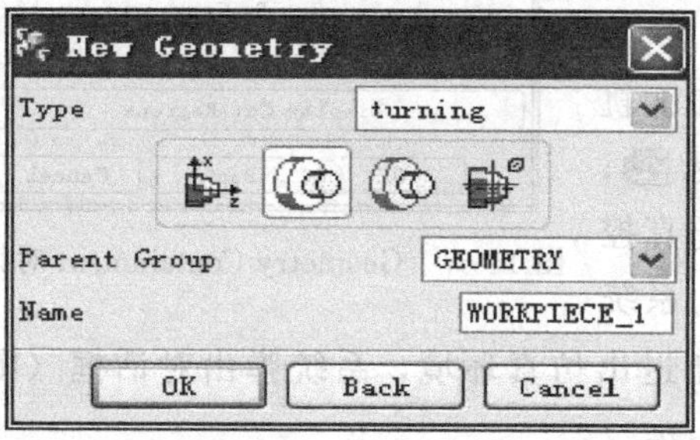

图 14-71　New Geometry 对话框

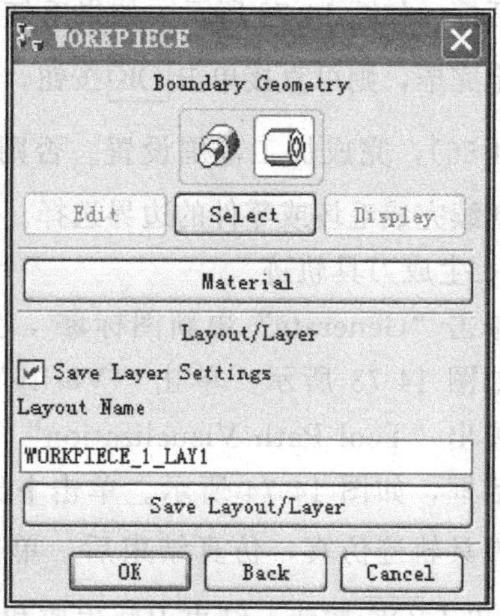

图 14-72　WORKPIECE 对话框

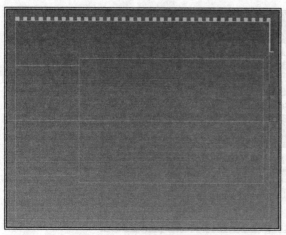

图 14-73　刀具加工轨迹

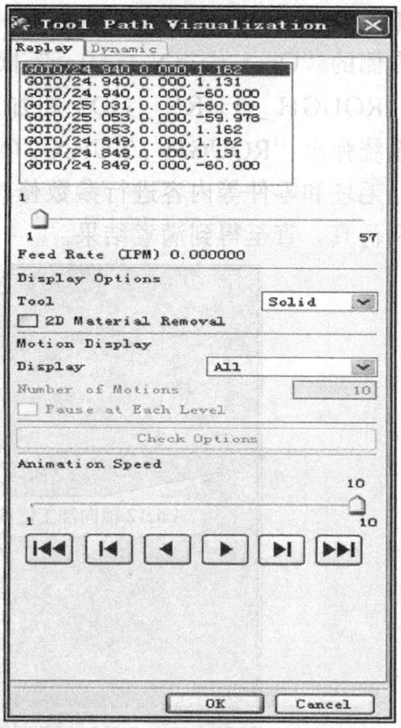

图 14-74　刀轨仿真控制对话框

9. 后置处理

刀具轨迹信息的输出方法可使用“UG POST”后置处理模块生成 NC 加工程序（*.ptp 文件）。单击主菜单中的【Tools】→【Operation Navigator】→【OutPut】→【UG/Post PostProcess】命令，系统弹出“Postprocess”后置处理对话框，如图 14-75 所示。

选择“LATHE-2-Axis-TOOL-TIP”二轴车削后置处理器，对刀轨进行后置处理。指定经后置处理生成的文件目录和文件名，设置“Out Put Units”输出单位为“Metric”公制单位，其他设置不变，单击 OK 按钮。系统显示 NC 程序源代码文件“Example2.ptp”的内容，如图 14-76 所示。在程序编辑器中，可对文件进行编辑修改。

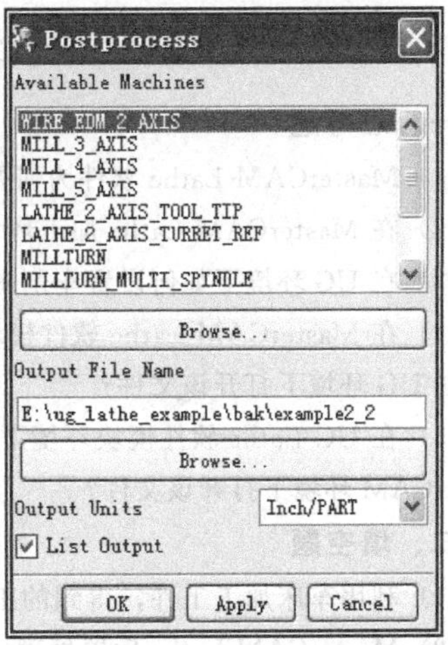

图 14-75　Postprocess 后置处理对话框

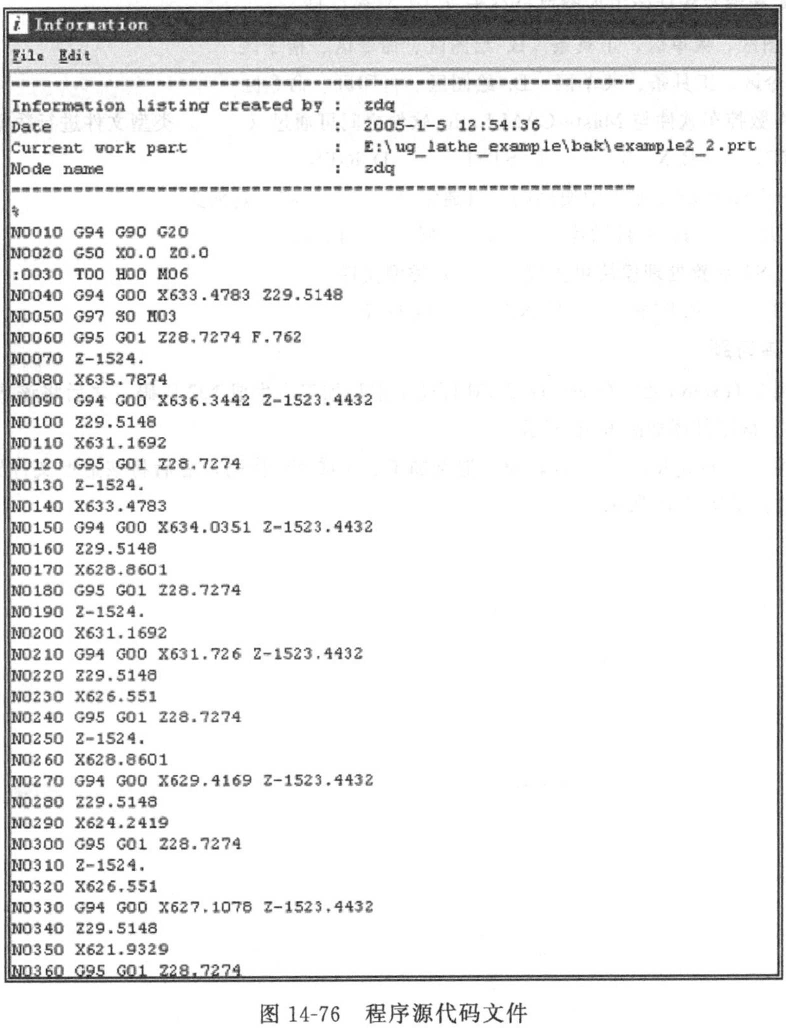

Information

File　Edit

```
===============================================================
Information listing created by :  zdq
Date                           :  2005-1-5 12:54:36
Current work part              :  E:\ug_lathe_example\bak\example2_2.prt
Node name                      :  zdq
===============================================================
%
N0010 G94 G90 G20
N0020 G50 X0.0 Z0.0
:0030 T00 H00 M06
N0040 G94 G00 X633.4783 Z29.5148
N0050 G97 S0 M03
N0060 G95 G01 Z28.7274 F.762
N0070 Z-1524.
N0080 X635.7874
N0090 G94 G00 X636.3442 Z-1523.4432
N0100 Z29.5148
N0110 X631.1692
N0120 G95 G01 Z28.7274
N0130 Z-1524.
N0140 X633.4783
N0150 G94 G00 X634.0351 Z-1523.4432
N0160 Z29.5148
N0170 X628.8601
N0180 G95 G01 Z28.7274
N0190 Z-1524.
N0200 X631.1692
N0210 G94 G00 X631.726 Z-1523.4432
N0220 Z29.5148
N0230 X626.551
N0240 G95 G01 Z28.7274
N0250 Z-1524.
N0260 X628.8601
N0270 G94 G00 X629.4169 Z-1523.4432
N0280 Z29.5148
N0290 X624.2419
N0300 G95 G01 Z28.7274
N0310 Z-1524.
N0320 X626.551
N0330 G94 G00 X627.1078 Z-1523.4432
N0340 Z29.5148
N0350 X621.9329
N0360 G95 G01 Z28.7274
```

图 14-76　程序源代码文件

思考与练习（十四）

一、思考题

（1）MasterCAM-Lathe 软件为何要具备数据交换功能？

（2）在 MasterCAM-Lathe 加工环境下如何创建新刀具？

（3）在 UG 环境下如何设置车削加工环境？

（4）在 MasterCAM-Lathe 软件模块环境下生成的图形文件，如何在 CAXA 数控车环境下打开该文件？如何在 UG 环境下打开该文件？

（5）在 UG-Lathe 软件模块环境下生成的图形文件，如何在 CAXA 数控车环境下打开该文件？如何在 MasterCAM 环境下打开该文件？

二、填空题

（1）利用车床加工工件，得到的工件都对称于________轴。

（2）MasterCAM-Lathe 后置处理主要是利用刀具路径产生________文件和________文件。

（3）UG 造型文件的扩展名是________。

（4）X _ T 类型文件属于________。

三、选择题

（1）CAXA 数控车软件的工作窗口可分为（　　）等区域。

A. 绘图区、菜单区、工具条　B. 绘图区、命令区、指令区

C. 命令区、工具条、菜单区　D. 绘图区、打印区、命令区

（2）CAXA 数控车软件与 MasterCAM-Lathe 软件之间可通过（　　）类型文件进行数据交换。

A. DXF　B. X _ T　C. STEP　D. IGES

（3）MasterCAM-Lathe 加工中使用的刀具通常是（　　）和刀具夹头。

A. 刀尖　B. 刀具插片　C. 刀杆　D. 刀刃

（4）UG POST 后置处理模块可生成（　　）类型文件。

A. NCI　B. PTP　C. NC　D. DXF

四、上机练习题

（1）将实例 2（example2）在 MasterCAM 环境下造型加工、生成 NC 代码，之后将该造型文件转换成 MXE 格式文件。该零件图如图 6-56 所示。

（2）将实例 1（example1）在 UG 环境下造型加工、生成 NC 代码，之后将该造型文件转换成 MXE 格式文件。该零件图如图 6-46 所示。

附　　录

一、代码表

附表1　数控车床G功能一览表

组别	代码	功能含义	组别	代码	功能含义
00	G04	暂停	01	G32	螺纹切削
	G10	偏移值设定		G90	外圆、内圆车削循环
	G27	返回参考点检查		G92	螺纹切削循环
	G28	返回参考点		G94	端面切削循环
	G29	从参考点返回	02	G96	恒线速 ON
	G31	跳跃功能		G97	恒线速 OFF
	G36	X轴自动刀偏设定	03	G54	工件坐标系1
	G37	Y轴自动刀偏设定		G55	工件坐标系2
	G50	坐标系设定		G56	工件坐标系3
	G65	宏程序命令		G57	工件坐标系4
	G70	精加工循环		G58	工件坐标系5
	G71	外圆粗车循环		G59	工件坐标系6
	G72	端面粗车循环		G98	每分进给
	G73	封闭切削循环		G99	每转进给
	G74	端面深孔加工循环	04	G20	英制数据输入
	G75	外圆、内圆切槽循环		G21	公制数据输入
	G76	复合形螺纹切削循环	06	G68	X轴镜向 ON
01	G00	快速定位(点定位)		G69	X轴镜向 OFF
	G01	直线插补	07	G40	刀尖半径补偿取消
	G02	顺时针方向圆弧插补		G41	刀尖半径补偿(左)
	G03	逆时针方向圆弧插补		G42	刀尖半径补偿(右)

附表2　数控车床M功能一览表

代码	功能含义	代码	功能含义
M03	主轴正转	M11	松开
M04	主轴反转	M32	润滑开
M05	主轴停	M33	润滑关
M08	冷却液开	M00	程序暂停,按“循环启动”程序继续执行
M09	冷却液关		
M10	夹紧	M30	程序结束,程序返回开始

附表3　数控车床其他功能一览表

代码	功能含义
F	进给功能字,用来指定刀具相对工件运动的速度(单位一般为 mm/min)
S	主轴速度功能字,用来指定主轴速度(单位为 r/min)
T	刀具功能字,用以选择替换的刀具

二、常用术语及数控产品

附表4 数控技术常用术语

序号	常用术语	解释
1	计算机数值控制(Computerized Numerical Control,CNC)	用计算机控制加工功能,实现数值控制
2	轴(Axis)	机床的部件可以沿着其作直线移动或回转运动的基准方向
3	机床坐标系(Machine Coordinate System)	固定于机床上,以机床零点为基准的笛卡儿坐标系
4	机床坐标原点(Machine Coordinate Origin)	机床坐标系的原点
5	工件坐标系(Work-piece Coordinate System)	固定于工件上的笛卡儿坐标系
6	工件坐标原点(Work-piece Coordinate Origin)	工件坐标系的原点
7	机床零点(Machine Zero)	由机床制造商规定的机床原点
8	参考位置(Reference Position)	机床启动用的沿着坐标轴上的一个固定点,它可以机床坐标原点为参考基准
9	绝对尺寸(Absolute Dimension)/绝对坐标值(Absolute Coordinate)	距一坐标系原点的直线距离或角度
10	增量尺寸(Incremental Dimension)/增量坐标值(Incremental Coordinate)	在一序列点的增量中,各点距前一点的距离或角度值
11	最小输入增量(Least Input Increment)	在加工程序中可以输入的最小增量单位
12	最小命令增量(Least Command Increment)	从数值控制装置发出的命令坐标轴移动的最小增量单位
13	插补(Interpolation)	在所需的路径或轮廓线上的两个已知点之间,根据某一数学函数(例如直线、圆弧或高阶函数),确定其多个中间点的位置坐标值的运算过程
14	直线插补(Line Interpolation)	一种插补方式,在此方式中,两点间的插补沿着直线的点群来逼近,沿此直线控制刀具的运动
15	圆弧插补(Circle Interpolation)	一种插补方式。在此方式中,根据两端点间的插补数字信息,计算出逼近实际圆弧的点群,控制刀具沿这些点运动,加工出圆弧曲线
16	顺时针圆弧(Clockwise Arc)	刀具参考点围绕轨迹中心,按负角度方向的旋转所形成的轨迹
17	逆时针圆弧(Counter Clockwise Arc)	刀具参考点围绕轨迹中心,按正角度方向的旋转所形成的轨迹
18	手工零件编程(Manual Part Programming)	手工进行零件加工程序的编制
19	计算机零件编程(Computer Part Programming)	用计算机和适当的通用处理程序以及后置处理程序准备零件程序,得到加工程序
20	绝对编程(Absolute Programming)	用表示绝对尺寸的控制字进行编程
21	增量编程(Increment Programming)	用表示增量尺寸的控制字进行编程
22	字符(Character)	用于表示一组值或控制数据的一组元素符号
23	控制字符(Control Character)	出现于特定的信息文本中,表示某一控制功能的字符
24	地址(Address)	一个控制字开始的字符或一组字符,用来辨认其后的数据
25	程序段格式(Block Format)	字、字符和数据在一个程序段中的安排
26	指令码(Instruction code)/机器码(Machine code)	计算机指令代码机器语言,用来表示指令集中的指令代码
27	程序号(Program Number)	以号码识别加工程序时,在每一程序的前端指定的编号
28	程序名(Program Name)	以名称识别加工程序时,为每一程序指定的名称
29	指令方式(Command Mode)	指令的工作方式
30	程序段(Block)	程序中为实现一种操作的一组指令的集合

续表

序号	常用术语	解释
31	零件程序(Part Program)	在自动加工中,为了使自动操作有效,按某种语言或某种格式书写的顺序指令集。零件程序是写在输入介质上的加工程序,也可以是为计算机准备的输入,经处理后得到加工程序
32	加工程序(Machine Program)	在自动加工控制系统中,按自动控制语言和格式书写的顺序指令集。这些指令记录在适当的输入介质上,完全能实现直接的操作
33	程序结束(End of Program)	指出工件加工结束的辅助功能
34	数据结束(End of Data)	程序段的所有命令执行完后,使主轴功能和其他功能(如冷却功能)均被删除的辅助功能
35	准备功能(Preparatory Function)	使机床或控制系统建立加工功能方式的命令
36	辅助功能(Miscellaneous Function)	控制机床或系统的开关功能的一种命令
37	刀具功能(Tool Function)	依据相应的格式规范,识别或调入刀具及与之有关功能的技术说明
38	进给功能(Feed Function)	定义进给速度技术规范的命令
39	主轴速度功能(Spindle Speed Function)	定义主轴速度技术规范的命令
40	进给保持(Feed Hold)	在加工程序执行期间,暂时中断进给的功能
41	刀具轨迹(Tool Path)	切削刀具上规定点所走过的轨迹
42	零点偏置(Zero Offset)	数控系统的一种特征。它容许数控测量系统的原点,在指定范围内相对于机床零点的移动。但其永久零点则存在于数控系统中
43	刀具偏置(Tool Offset)	在一个加工程序的全部或指定部分,施加于机床坐标轴上的相对位移。该轴的位移方向由偏置值的正负来确定
44	刀具长度偏置(Tool Length Offset)	在刀具长度方向上的偏置
45	刀具半径偏置(Tool Radius Offset)	刀具在两个坐标方向的刀具偏置
46	刀具半径补偿(Cutter Compensation)	垂直于刀具轨迹的位移,用来修正实际的刀具半径与编程的刀具半径的差异
47	刀具半径补偿(Cutter Compensation)	垂直于刀具轨迹的位移,用来修正实际的刀具半径与编程的刀具半径的差异
48	刀具轨迹进给速度(Tool Path Feed Rate)	刀具上的基准点沿着刀具轨迹相对于工件移动时的速度,其单位通常用每分钟或每转的移动量来表示
49	固定循环(Fixed Cycle,Canned Cycle)	预先设定的一些操作命令,根据这些操作命令使机床坐标轴运动,主轴工作,从而形成固定的加工动作。例如,钻孔、镗孔、攻丝以及这些加工的复合动作
50	子程序(Sub Program)	加工程序的一部分,子程序可由适当的加工控制命令调用而生效
51	工序单(Planning Sheet)	在编制零件的加工工序前为其准备的零件加工过程表
52	执行程序(Executive Program)	在 CNC 系统中,建立运行能力的指令集合
53	倍率(Override)	使操作者在加工期间能够修改速度的编程值(例如进给率、主轴转速等)的手工控制功能
54	伺服机构(Servo-Mechanism)	这是一种伺服系统,其中被控量为机械位置或机械位置对时间的导数
55	误差(Error)	计算值、观察值或实际值与真值、给定值或理论值之差
56	分辨率(Resolution)	两个相邻的离散量之间可以分辨的最小间隔

附表 5 数控厂家的主要产品

数控厂家	数控系统产品	性能和特点
FANUC（日本）	Power Mate 0系列	用于控制2轴的小型车床，取代步进电机的伺服系统；可配画页清晰、操作方便、中文显示的CRT/MDI，也可配性能/价格比高的DPL/MDI
	普及型CNC 0-D系列	0-TD用于车床，0-MD用于铣床及小型加工中心，0-GCD用于圆柱磨床，0-GSD用于平面磨床，0-PD用于冲床
	全功能型的0-C列	0-TC用于通用车床、自动车床，0-MC用于铣床、钻床、加工中心，0-GCC用于内、外圆磨床，0-GSC用于平面磨床，0-TTC用于双刀架4轴车床
	高性能/价格比的0i系列	整体软件功能包，高速、高精度加工，并具有网络功能。0i-MB/MA用于加工中心和铣床，4轴四联动；0i-TB/TA用于车床，4轴二联动，0i-mate MA用于铣床，3轴三联动；0i-mate TA用于车床，2轴二联动
	具有网络功能的超小型、超薄型CNC 16i/18i/21i系列	控制单元与LCD集成于一体，具有网络功能，超高速串行数据通信。其中FS16i-MB的插补、位置检测和伺服控制以纳米为单位。16i最大可控8轴，六轴联动518t最大可控6轴，四轴联动；21i最大可控4轴，四轴联动
SIEMENS公司（德）	SINUMERIK 802S/C	用于车床、铣床等，可控3个进给轴和1个主轴，802S适于步进电机驱动，802C适于伺服电机驱动，具有数字I/O接口
	SINUMERIK 802D	控制4个数字进给轴和1个主轴，PLC I/O模块，具有图形式循环编程，车削、铣削/钻削工艺循环，FRAME（包括移动、旋转和缩放）等功能，为复杂加工任务提供智能控制
	SINUMERIK 810D	用于数字闭环驱动控制，最多可控6轴（包括1个主轴和1个辅助主轴），紧凑型可编程输入/输出
	SINUMERIK 840D	全数字模块化数控设计，用于复杂机床、模块化旋转加工机床和传送机，最大可控31个坐标轴
FAGOR（西班牙）	CNC8070	CNC技术与PC技术的结晶，是与PC兼容的数控系统，采用Pentium CPU，可运行WINDOWS和MS-DOS。可控制16轴+3电子手轮+2主轴，可运行VISUAL BASIC，VISUAL C++，程序段处理时间<1ms，PLC可达1024输入点/1024输出点，具有以太网、CAN、SERCOS通信接口，可选用±10V模拟量接口
	8055系列	高档数控系统，可实现7轴七联动+主轴+手轮控制。按其处理速度不同分为8055/A、8055/B、8055/C三种档次。适用于车床、车削中心、铣床、加工中心及其他数控设备。具有连续数字化仿形、RTCP补偿、内部逻辑分析仪、SERCOS接口、远程诊断等许多高级功能
	8040/8055-i标准系列	中高档数控系统，采用中央单元与显示单元合为一体的结构。8040可控4轴四联动+主轴+2个手轮。8055-i可实现7轴七联动+主轴+2个手轮，两者用户内存均可达到1MB字节且具有±10V模拟量接口及数字化SERCOS光缆接口，可配置带CAN接口的分布式PLC
	8040/8055-i/8055TCO/MCO	开放式的数控系统，可供OEM再开发成为专用数控系统，适用于任何机床设备
	8040/8055-i/8055TC/MC系列	人机对话式数控系统，其主要特点是无需采用ISO代码编程，可将零件图中的数据通过人机交互图形界面直接输入系统，从而实现编程，俗称傻瓜式数控系统
	8025/8035系列	可控2～5轴不等，该数控系统是操作面板、显示器、中央单元合一的紧凑结构
华中数控	"世纪星"系列数控单元	HNC-21T为车削系统，最大联动轴数为4轴
北京航天数控	CASNUC 2100数控系统	以PC机为硬件基础的模块化、开放式的数控系统，可用于车床、铣床、加上中心等8轴以下机械设备的控制，具有2轴、3抽、4轴联动功能

三、系统文件及后缀说明

附表 6 CAXA 存储支持文件类型

扩 展 名	后 缀 说 明
. Epb 文件	EB3D 默认的自身文件(可以读入或输出)
. X_T、X_B 文件	与其他支持 Parasolid 软件的实体交换文件,如 UG、Solidworks、SolidEdge 等(可以读入或输出)
. Dxf 文件	AutoCAD(不支持实体,可以读入或输出)
. Iges 文件	所有大中型软件的线框、曲面交换(可以输出)
. Wrl 文件	虚拟现实文件数据(Internet,可以输出)
. Exb 文件	电子图板(可以读入)
. Csn 文件	DOS 版制造工程师(可以读入)
. Dat 文件	点、直线、样条曲线、曲面、文本接口,如用于三坐标测量仪

附表 7 UG 文件后缀说明

扩 展 名	后 缀 说 明
. Prt 文件	包括模型、二维图、装配图、分析模型等图形文件
. Res 文件	分析模型结果文件
. Cls 文件	加工模型的刀具轨迹文件
. Macro 文件	宏命令文件
. Udf 文件	用户定义特征文件
. Bkm 文件	书签文件
. Exp 文件	表达式文件
. Utd 文件	用户定义文件
. Par 文件	SolideEdge 模型文件
. Psm 文件	SolideEdge 钣金文件
. Jt 文件	Product Vision 文件

附表 8 MasterCAM 系统文件说明

扩 展 名	后 缀 说 明
. Exe 文件	可执行文件
. Txt 文件	文本文件
. Com 文件	命令文件或显示卡、打印机、绘图机等驱动程序文件
. Pst 文件	后置处理程序文件
. NC 文件	加工程序文件
. NCI 文件	刀具路径文件
. NCS 文件	连接外形文件
. Ind 文件	曲面中间文件
. Cdb 文件	补正后的刀具路径文件
. Doc 文件	ASCⅡ类型的注解文件
. Dat 文件	资料文件
. Met 文件	米制的材料库文件
. Ge3 文件	几何图形文件

四、网上资源

(1) UG　http://www.ug.eds.com
(2) Pro/E　http://www.ptc.com
(3) MasterCAM　http://www.mastercam.com
(4) Catia　http://www.catia.com
(5) CAXA　http://www.caxa.com
(6) Cimatron　http://www.cimatron.com
(7) Solid Works　http://www.solidworks.com

参 考 文 献

1 范悦等编著．CAXA数控车V2实例教程．北京：北京航空航天大学出版社，2002
2 杨伟群等编著．数控工艺培训教程（数控车部分）．北京：清华大学出版社，2002
3 张超英等主编．数控加工综合实训．北京：化学工业出版社，2003
4 熊熙主编．数控加工实训教程．北京：化学工业出版社，2003
5 王贵明编著．数控实用技术．北京：机械工业出版社，2000
6 许详泰等编著．数控加工编程实用技术．北京：机械工业出版社，2001
7 明兴祖主编．数控加工技术．北京：化学工业出版社，2002
8 王爱玲等编著．现代数控编程技术及应用．北京：国防工业出版社，2002
9 金涤尘等编著．机械加工实用技术．北京：机械工业出版社，2000
10 郑文虎编著．机械加工实用经验．北京：国防工业出版社，2002
11 吴明友主编．数控机床加工技术．南京：东南大学出版社，2000
12 廖卫献主编．数控车床加工自动编程．北京：国防工业出版社，2002
13 彭志强，杜文杰，高秀艳编著．CAXA制造工程师应用教程．北京：化学工业出版社，2005
14 戴向国等编著．MasterCAM9.0数控加工基础教程．北京：人民邮电出版社，2004
15 网冠科技编著．MasterCAM9.0时尚创作百例．北京：机械工业出版社，2002
16 刘建超主编．模具CAD/CAM. 北京：化学工业出版社，2004
17 张方瑞主编．UGNX入门精解与实战技巧．北京：电子工业出版社，2004
18 崔风奎等编著．UG机械设计．北京：机械工业出版社，2004
19 张柏钦等编著．Unigraphics实作范例．北京：北京大学出版社，2000
20 网冠科技编著．Unigraphics时尚创作百例．北京：机械工业出版社，2002
21 李发致编著．模具先进制造技术．北京：机械工业出版社，2003
22 KINSEN100T用户手册．2003
23 KINSEN100X用户手册．2003
24 HASS VF和HS系列加工中心机床手册．2003